高职高专土建类专业“十三五”规划教材

建筑力学

JIANZHU LIXUE

主编 刘玉清 闫玉萍

郑州大学出版社
郑州

图书在版编目(CIP)数据

建筑力学/刘玉清,闫玉萍主编. —郑州:郑州大学出版社,2020.6(2021.8 重印)
ISBN 978-7-5645-7022-4

Ⅰ.①建… Ⅱ.①刘…②闫… Ⅲ.①建筑力学-力学-高等职业教育-教材 Ⅳ.①TU311

中国版本图书馆 CIP 数据核字(2020)第 092017 号

郑州大学出版社出版发行
郑州市大学路 40 号　　邮政编码:450052
出版人:孙保营　　发行电话:0371-66966070
全国新华书店经销
郑州印之星印务有限公司印制
开本:787 mm×1 092 mm　1/16
印张:20.5
字数:501 千字
版次:2020 年 6 月第 1 版　　印次:2021 年 8 月第 2 次印刷

书号:ISBN 978-7-5645-7022-4　　定价:49.00 元

编写指导委员会

本书作者

主　　编　刘玉清　闫玉萍

副 主 编　赵立菊

编　　委　（以姓氏笔画为序）

刘　阳　刘玉清　闫玉萍

邵晓华　赵立菊　候盛楠

前言

建筑力学是高职高专建筑类专业重要的专业技术基础课程，它不仅为后续专业课程提供必备知识，同时也是从事建筑工程一线设计、施工和管理的工程技术人员必不可少的理论基础。

本书在编写过程中，根据国务院关于《国家职业教育改革实施方案》和教育部下发的《高等职业学校专业教学标准》的要求，遵循高职教育人才培养目标，结合目前高职学生学习特点，以“必须、够用”为度，对建筑力学的内容进行了调整和精简。重视基本概念，强调宏观分析，突出工程应用，降低计算难度；叙述深入浅出，通俗易懂，并配有相应的习题解答，便于教师授课和学生自学。

全书分3篇共14章，由刘玉清、闫玉萍担任主编，赵立菊担任副主编。各章节具体编写分工如下：信阳职业技术学院刘玉清编写绪论、第7章、第8章、附录，郑州铁路职业技术学院闫玉萍编写第1章、第11章、第12章，信阳职业技术学院赵立菊编写第13章、第14章，河南质量工程职业学院邵晓华编写第9章、第10章，郑州铁路职业技术学院刘阳编写第5章、第6章，商丘职业技术学院候盛楠编写第2章、第3章、第4章。书中的“*”部分作为选讲内容。全书由刘玉清统稿，闫玉萍对部分书稿进行了认真、细致的审阅，提出了许多中肯意见。

在教材编写中，许多同行也提出了宝贵的意见和建议，在此表示深深的谢意！

本书可作为高职高专院校建筑工程类专业教材，也可作为相关工程技术人员参考用书。

为了突出本教材的特色，我们做了许多努力，但鉴于编者水平有限，书中可能尚有不妥之处，恳请广大读者给予批评指正。

编　者

2019年12月

目 录

第三篇　结构力学

绪　论

学习目标

1. 了解建筑力学课程的性质和任务以及与其他专业课程之间的关系。
2. 理解结构构件正常工作的要求。
3. 掌握结构的概念和分类以及强度、刚度和稳定性的概念。

第一节　建筑力学的研究对象和任务

一、建筑力学的研究对象

建筑力学是一门理论性较强的技术基础课。掌握基本的力学知识和计算方法可为建筑工程领域的结构设计和建筑施工等提供基本保障，也为进一步学习相关的专业课程打下必要的基础。

任何建筑物在施工过程中和建成后的使用过程中，都要受到各种各样力的作用。例如，建筑物各部分的自重、人和设备的重力、风力等，在工程上这些直接主动作用在建筑物上的外力称之为**荷载**或**载荷**。

在建筑物中承受和传递荷载而起骨架作用的部分或体系称为**结构**。组成结构的每一个部件称为**构件**。如图 0.1 是一个单层工业厂房承重骨架的示意图，它由屋面板、屋架、吊车梁、柱子及基础等构件组成，每一个构件都起承受和传递荷载的作用。如屋面板承受着屋面上的荷载并通过屋架传给柱子，吊车荷载通过吊车梁传给柱子，柱子将其受到的各种荷载传给基础，最后传给地基。

结构中构件的形状多种多样，其中大量的构件如梁、柱等，它们的长度比其他两个方向的尺寸大得多(5 倍以上)，这类构件统称为**杆件**[如图 0.2(a)]。当构件两个方向(长和宽)的尺寸远大于另一个方向(厚度)的尺寸时，称为**薄壳**或**薄板**[如图 0.2(b)(c)]。当构件三个方向(长、宽、高)的尺寸均接近时，称为**实体构件**[如图 0.2(d)]。

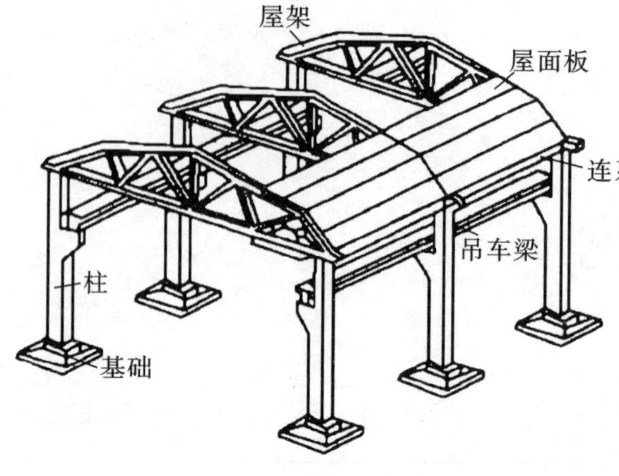

图 0.1

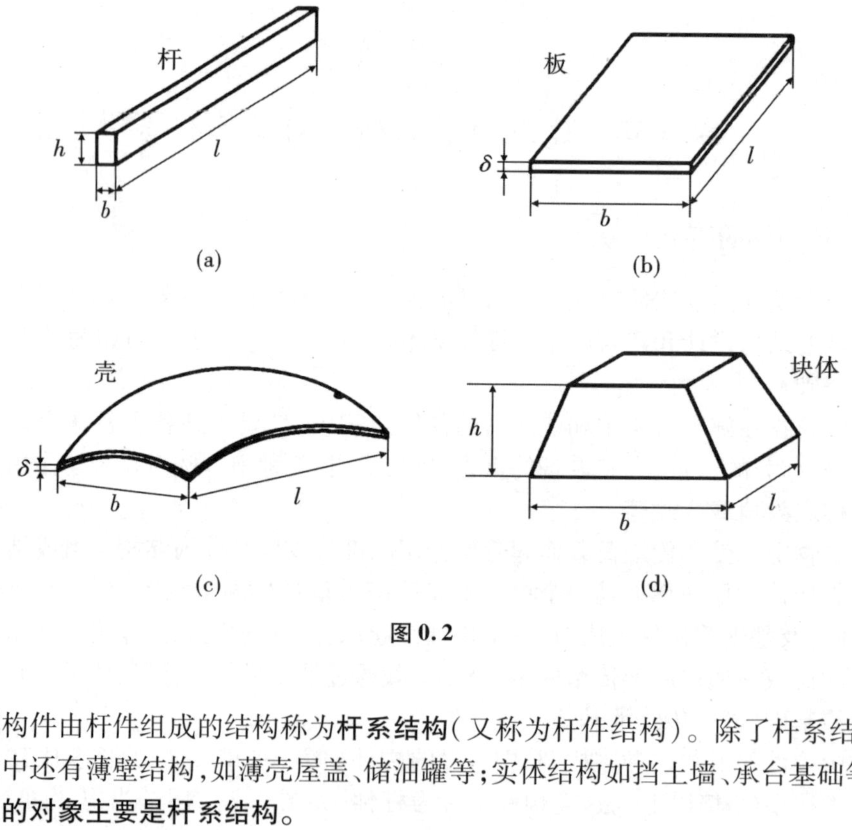

图 0.2

全部构件由杆件组成的结构称为**杆系结构**(又称为杆件结构)。除了杆系结构,实际工程结构中还有薄壁结构,如薄壳屋盖、储油罐等;实体结构如挡土墙、承台基础等。**建筑力学研究的对象主要是杆系结构。**

二、建筑力学的任务

当结构承受和传递荷载时,各构件都必须能够正常工作,这样才能保证整个结构的正常使用。为此,首先要求构件在承受荷载作用时不发生破坏,如当吊车起吊重物时荷载过大,会使吊车梁发生弯曲断裂,这是材料的**强度**问题。其次,只要求不发生破坏并不能保证构件的正常工作,例如,吊车梁的变形如果超过一定的限度,吊车就不能正常的行驶;楼板变形过大,其上的抹灰层就会脱落,这些是构件的**刚度**问题。此外,有一些构件在荷载作用下,其原来形状的平衡可能丧失稳定性。例如,细长的轴心受压柱子,当压力超过某一限定值时,会突然地改变原来的直线平衡状态而发生弯曲,以致结构倒塌,这种现象称为“**失稳**”。由此可见,要保证构件的正常工作,在设计时必须满足以下基本要求:

(1)在荷载作用下构件不发生破坏,即应具有足够的**强度**。所谓强度是指构件抵抗破坏的能力。

(2)在荷载作用下构件所产生的变形在工程允许的范围内,即应具有足够的**刚度**。所谓刚度是指构件抵抗变形的能力。

(3)构件在承受荷载作用时,其原有形状下的平衡应保持稳定的平衡,即应具有足够的**稳定性**。所谓稳定性是指构件保持其原有平衡状态的能力。

构件的强度、刚度和稳定性统称为构件的**承载能力**。其高低与构件的材料性质、截面的几何形状及尺寸、受力性质、工作条件及构造情况等因素有关。在结构设计中,如果把构件截面设计得过小,构件会因刚度不足导致变形过大而影响正常使用,或因强度不足而迅速破坏;如果构件截面设计得过大,其能承受的荷载过分大于所受的荷载,则又不经济,造成人力、物力上的浪费。因此,结构和构件的安全性与经济性是矛盾的。建筑力学的任务就在于力求合理地解决这种矛盾,即研究和分析作用在结构(或构件)上的力与平衡的关系,归纳总结结构(或构件)的内力、应力、变形的计算方法以及构件的强度、刚度和稳定性条件,为保证结构(或构件)既安全可靠又经济合理提供计算理论依据。

第二节　学习建筑力学的目的和方法

建筑力学是研究建筑结构的力学计算理论和方法的一门科学,它是后续建筑结构、建筑施工技术、地基与基础等专业课程的基础,它将为读者打开进入结构设计和解决施工现场许多受力问题的大门。显然作为结构设计人员必须掌握建筑力学知识,才能正确地对结构进行受力分析和力学计算,保证所设计的结构既安全可靠又经济合理。

同时,作为施工技术及施工管理人员,也要求必须掌握建筑力学知识。只有知道结构和构件的受力情况、什么位置是危险截面、各种力的传递途径以及结构和构件在这些力的作用下会发生怎样的破坏等,才能很好地理解图纸设计的意图及要求,科学地组织施工,制定出合理的安全和质量保证措施。另外,在施工过程中,要将设计图纸变成实际建筑物,往往需要搭设一些临时设施和机具,要确定施工方案、施工方法和施工技术组织措施。如对一些重要的梁板结构施工,为了保证梁板的形状、尺寸和位置的正确性,对安装的模板及其支架系统必须要进行设计或验算;进行深基坑(槽)开挖时,如采用土壁支撑的施工方法防止土壁坍落,对支撑特别是大型支撑和特殊的支撑必须进行设计和计算,这些工作都是由施工技术人员来完成的。因此,只有懂得力学知识才能很好地完成设计及施工任务,避免发生质量和安全事故,确保建筑施工正常进行。

第一篇

静力学

第一章 静力学基础

学习目标

1. 了解静力学的研究对象及任务。
2. 理解建筑工程中常见的荷载、约束和约束反力、结点和支座的概念。
3. 掌握建筑结构计算简图的简化原则。

静力学是建筑力学的基础,在土木工程实际中有着广泛的应用。

静力学是研究建筑结构在力系作用下保持平衡的科学。所谓物体的平衡,一般是指物体相对于地面保持静止状态或作匀速直线运动状态。要使物体处于平衡状态,作用于物体上的力系必需满足一定的条件,这些条件称为力系的平衡条件。在建筑力学范围内,静力学所研究的平衡即相对于地面保持静止状态。因此,可以说静力学是研究建筑结构在力系作用下保持静止不动的条件。

本章将阐述静力学中的一些基本概念、静力学公理、建筑工程上常见的典型约束与约束反力、结点和支座的概念以及建筑结构计算简图的简化方法。

第一节　基本概念

一、力

1. 力的定义

力是**物体之间相互的机械作用**。物体受力分为**外力**和**内力**。如果以厂房整体结构为研究对象,如图 0.1 所示,则结构自重、风载、吊车荷载和地基对基础的作用力等都是外力。屋架作用于立柱的力则是内力。如果以单独一根立柱为研究对象,则屋架对立柱的力、吊车梁对立柱的力以及基础对立柱的力都是外力。

静力学研究的是建筑结构或构件在外力作用下如何保持平衡的问题。材料力学研究的是构件在外力作用下所引起的内力以及变形问题。所以要学好静力学,一定要先明确研究对象,画其受力简图时,切记只画外力不画内力。

2. 力的效应

由于力的作用,物体的机械运动状态将发生改变,同时还引起物体产生变形。

运动效应——力使物体的运动状态发生改变即力的**运动效应**(或外效应);力的运动效应包括**滑动效应**和**滚动效应**。

变形效应——力引起物体的形状发生改变称为力的**变形效应**(或内效应)。

刚体静力学主要讨论力对物体的运动效应,材料力学主要讨论力对物体的变形效应。

3. 力的三要素

实践表明,力对物体作用的效应取决于**力的大小、方向**(包括方位和指向)和**作用点**,这三个因素称为**力的三要素**。

在力的三要素中,如果改变其中任何一个要素,也就改变了力对物体的作用效应。例如,沿水平面推一个木箱,如图 1.1(a),当推力 $\boldsymbol{F}$ 较小时,木箱不动,当推力 $\boldsymbol{F}$ 增大到某一数值时,木箱开始滑动。

(a)

(b)

图 1.1

如果推力 $\boldsymbol{F}$ 的指向改变了,变为拉力,则木箱将沿相反的方向滑动。如果推力 $\boldsymbol{F}$ 不作用在 A 点而移到 B 点,则木箱的运动趋势就不仅是滑动,而且可能绕 C 点转动(倾覆)。所以,要确定一个力,必须说明它的大小、方向和作用点,缺一不可。

(1) 力的表示。力是矢量。力可用一具有方向的线段来表示,如图 1.1(b)所示。用线段的长度(按一定的比例尺)表示力的大小,用线段的方位和箭头指向表示力的方向,用线段的起点或终点表示力的作用点。通过力的作用点沿力的方向的直线称为力的作用线。

(2)力的单位。在国际单位制中,力的单位是牛顿(N)或者千牛(kN)。

二、力系

(1)力系。作用在物体上的若干个力的总称为**力系**,以 $(\boldsymbol{F}_1,\boldsymbol{F}_2,\cdots,\boldsymbol{F}_n)$ 表示,如图 1.2(a)。力系中各个力的作用线如果不在同一平面内,则该力系称为**空间力系**;如果在同一平面内,则称为**平面力系**。

(2)等效力系。如果作用于物体上的一个力系可用另一个力系来代替,而不改变原力系对物体作用的运动效应,则这两个力系称为**等效力系**,以 $(\boldsymbol{F}_1,\boldsymbol{F}_2,\cdots,\boldsymbol{F}_n)=(\boldsymbol{F}'_1,\boldsymbol{F}'_2,\cdots,\boldsymbol{F}'_n)$ 表示, 如图 1.2(b)。

需要强调的是,这种等效力系的等效仅仅是指对于受力物体的运动效应,至于变形效应，显然将随力的作用位置等因素的改变而有所不同。

(3)合力。如果一个力 $\boldsymbol{F}_R$ 与一个力系 $(\boldsymbol{F}_1, \boldsymbol{F}_2, \cdots, \boldsymbol{F}_n)$ 等效，则力 $\boldsymbol{F}_R$ 称为此力系的合力，而力系中的各力则称为合力 $\boldsymbol{F}_R$ 的分力，如图 1.2(c)。

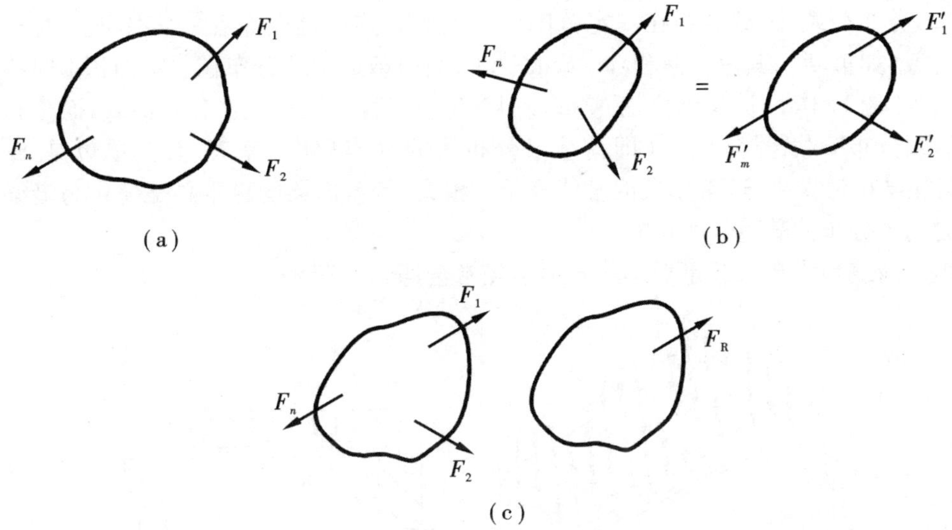

图 1.2

(4)物体的平衡及平衡力系。所谓物体的平衡，一般是指物体相对于地面保持静止状态或作匀速直线运动状态。要使物体处于平衡状态，作用于物体上的力系必需满足一定的条件，这些条件称为力系的平衡条件。作用于物体上正好使之保持平衡的力系则称为**平衡力系**。静力学研究物体的平衡问题，实际上就是研究作用于物体上的力系的平衡条件，并利用这些条件解决具体问题。

三、荷载

土木工程中的各类建筑物，如房屋、桥梁以及水塔等，在使用过程中都要受到各种力的作用。如图 0.1 所示厂房，其受到的力有自重、风力、屋顶积雪重量、吊车作用力等。这些直接主动作用于建筑物上的外力称为**荷载**。

结构所承受的荷载往往比较复杂。为了计算方便，可参考有关结构设计规范，根据不同的特点加以分类。

1. 按作用时间长短分类

按作用时间长短不同，荷载可分为永久荷载(恒载)、可变荷载(活载)和偶然荷载等。

(1)永久荷载：长期作用于结构上的不变荷载，如结构的自重、安装在结构上的设备的重量等。

(2)可变荷载：大小、方向或作用位置随时间发生变化的荷载，如雪、人群和风等荷载。

2. 按作用范围不同分类

按作用范围不同，荷载可分为集中荷载和分布荷载。

(1)集中荷载:荷载作用面积很小,可近似认为作用在一点上。如屋架传给柱子的压力、吊车轮子传给吊车梁的压力等,都属于集中荷载,其单位是牛顿(N)或千牛(kN)。

(2)分布荷载:荷载分布在一定范围上。当荷载连续地分布在一定体积上时称为体分布荷载(如重度),其单位是 N/m^3 或 kN/m^3;当荷载连续地分布在一定面积上时称为面分布荷载[图 1.3(a)],其单位是 N/m^2 或 kN/m^2;工程上往往把体分布荷载、面分布荷载简化为线分布荷载,用集度 q(即荷载沿分布线的密集程度)来表示,其单位是 N/m 或 kN/m;在结构计算中,通常用梁的轴线表示一根梁,等截面梁的自重总是简化为沿梁轴线方向的均匀分布荷载[图 1.3(b)]。

集中荷载和均布荷载是后续建筑力学经常会遇到的荷载。

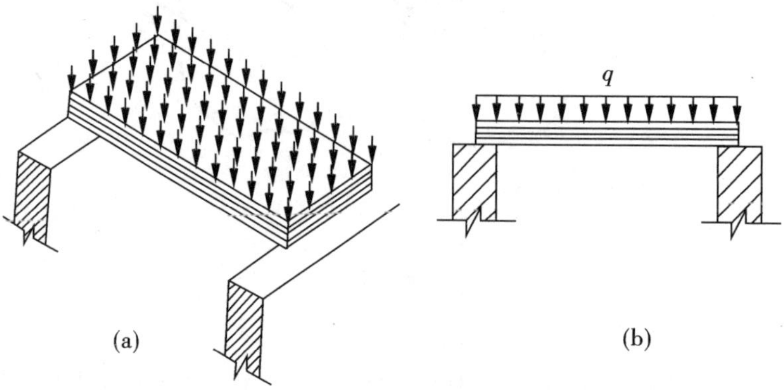

图 1.3

3. 按作用性质不同分类

按作用性质不同,荷载可分为静荷载和动荷载。

(1)静荷载:缓慢施加而不引起结构冲击或振动的荷载。

(2)动荷载:能引起明显冲击或振动的荷载。

静力学讨论的主要是静荷载。

4. 按作用位置不同分类

按作用位置不同,荷载可分为固定荷载和移动荷载。

(1)固定荷载:作用的位置不变的荷载,如结构的自重等。

(2)移动荷载:可以在结构上自由移动的荷载,如车轮压力等。

四、支座及支座反力

(一)自由度

可在空间自由运动不受任何限制的物体称为自由体。所谓**自由度**,指用来确定自由运动物体的空间位置所需要的独立几何参数的数量。例如,在平面内的某一动点 A,其位置由两个坐标 x 和 y 来确定,如图 1.4(a)。所以点 A 的自由度等于 2,即点在平面内可以作两种相互独立的运动,通常用平行于坐标轴的两种移动来描述。当然,一点在三维空间内的自由度为3。

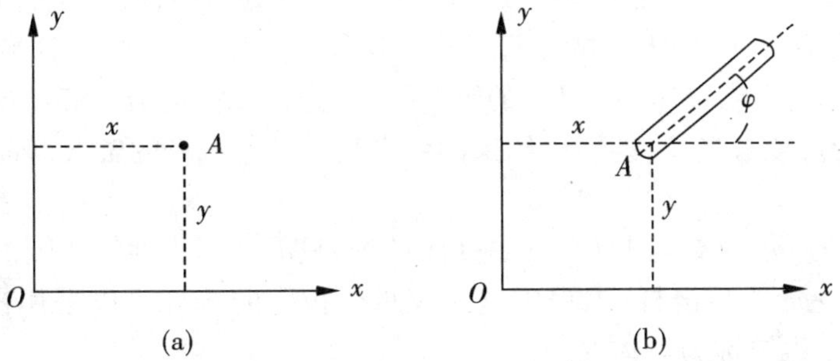

图1.4

刚体在三维空间内的自由度是多少?这个问题比较复杂,为解决此问题,我们先研究平面内刚体的自由度问题。

空间内的刚体在平面问题中相应地可称为平面刚体,简称**刚片**。

一个刚片在平面内运动时,其位置将由它上面的任一点 A 的坐标 x、y 和过 A 点的任一直线的倾角 φ 来确定,如图1.4(b)。因此,一个刚片在平面内的自由度等于3,即刚片在平面内不但可以自由移动,而且还可以自由转动。

相应地,一个刚体在空间的自由度等于6,即刚体在空间三个坐标轴方向的移动和转动,理由在此不再赘述。实际工程中的结构和构件都属于空间问题,研究它们的受力与平衡时,常常简化为相对比较容易理解的平面问题。因此,后续的静力学甚至大部分建筑力学都是在平面范围内讨论。

(二)约束

对其他物体的运动起限制作用的物体称为**约束**。约束总是通过物体之间的直接接触形成的。如图0.1所示厂房结构,屋架是屋面板的约束,柱子是屋架和吊车梁的约束,基础是柱子的约束。

约束分为内部约束和外部约束。外部约束称为**支座**。内部约束包括内部链杆、结点。如图0.1所示,如果以厂房整体为研究对象,则画计算简图时,屋架与立柱之间的连接就简化为结点,是研究对象的内部约束。而厂房整体所受的外部约束则来自于基础下面的地基。如果单独研究某一榀屋架,则与这榀屋架接触的立柱是它的外部约束即支座。刚体静力学主要研究荷载与支座反力之间的平衡关系。

由于约束限制了被约束物体的运动,在被约束物体沿着约束所限制的方向有运动或运动趋势时,约束必然对被约束物体有力的作用,这种力称为**约束反力**。因此,约束反力的方向总是与所约束的物体的运动或运动趋势的方向相反。

(三)常见约束

对刚片加入约束装置,它的自由度将会减少,凡能减少一个自由度的装置称为一个约束。工程中常见的约束有链杆约束、光滑圆柱铰链约束和全约束。

1. 链杆约束

两端铰接,中间不受力(一般忽略自重)的直杆称为链杆。如图 1.5(a)所示的支架,以横杆 *AB* 为研究对象,*AB* 在 *A* 端用铰与墙连接,在 *B* 处与斜杆 *BC* 通过铰连接。忽略自重时,*BC* 杆就可以看成是 *AB* 杆的链杆约束。这种约束只能限制 *AB* 杆沿链杆 *BC* 轴线方向运动。(横杆 *AB* 不能看作斜杆 *BC* 的链杆约束,为什么?请结合链杆定义自行思考。)

链杆可以受拉或者受压,即链杆约束的约束反力沿着链杆的轴线,背离或者指向被约束构件。

如图 1.5(a)所示的支架中 *BC* 杆是受压链杆,只能采用刚性杆。图 1.5(b)所示的支架中 *BC* 杆显然是个受拉链杆,工程中这些仅承受拉力的链杆可以采用链条、钢丝、绳索等柔性材料,所以也被称为**柔体约束**。

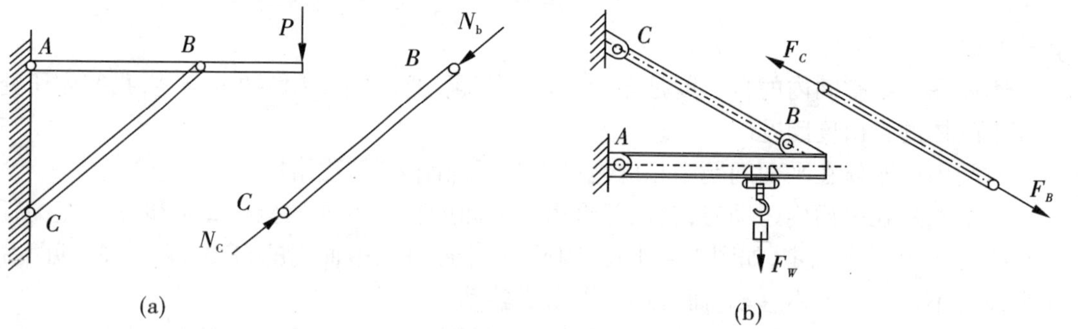

图 1.5

用一根链杆将刚片与基础相连,如图 1.6(a),刚片将不能沿链杆方向移动,确定刚片的位置只需 φ_1、φ_2 两个坐标即可,因而减少了一个自由度。

用一根链杆将两个刚片相连,如图 1.6(b),确定体系的位置只需 x、y、φ_1、φ_2、φ_3 五个坐标即可,因而也减少了一个自由度。因此,一根链杆相当于一个约束。

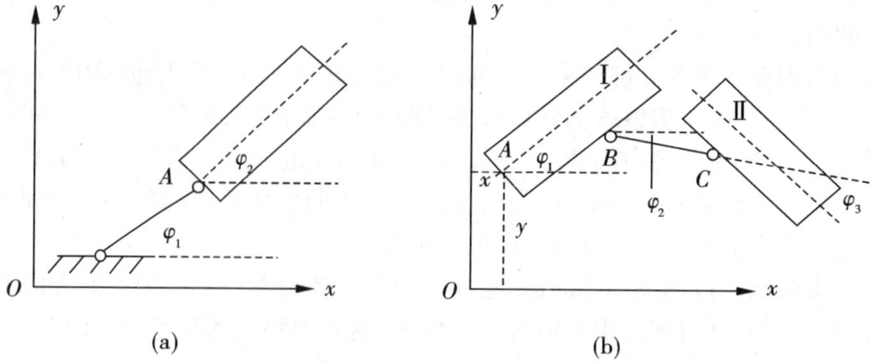

图 1.6

2. 光滑圆柱铰链约束

光滑圆柱铰链约束简称铰链或**铰**,它是由一个圆柱形销钉插入两个物体的圆孔中而构成,如图 1.7(a)(b)所示,并假设销钉与圆孔的表面都是完全光滑的。铰的计算简图如图 1.7(c)或图 1.7(d)所示。铰的约束反力在垂直于销钉轴线的平面内,通过销钉中心,而方向未定,如图 1.7(e)。在对物体进行受力分析时,通常把图 1.7(e)中的 R_C 用两个相互垂直的分力 R_x 和 R_y 来表示,如图 1.7(f)。

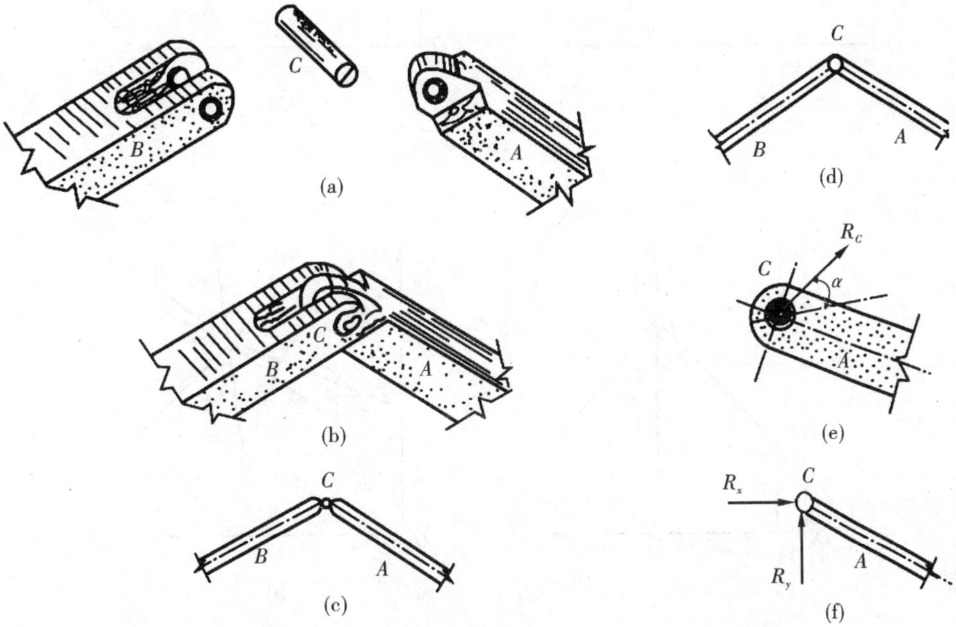

图 1.7

用一个铰将刚片与基础相连,如图 1.8(a),刚片将只能绕铰转动,确定刚片的位置只需 φ 一个坐标即可,因而减少了两个自由度。

用一个圆柱铰将两个刚片相连,如图 1.8(b),确定体系的位置只需 x、y、φ_1、φ_2 四个坐标即可,因而也减少了两个自由度。只连接两个刚片的铰称为单铰,因此,一个单铰相当于两个约束反力。

同时连接两个以上刚片的铰称为复铰,连接 n 个刚片的复铰相当于 $(n-1)$ 个单铰约束,减少的自由度个数为 $2\times(n-1)$。如图 1.9(a),减少了四个自由度 $4=2\times(3-1)$,如图 1.9(b),减少了六个自由度 $6=2\times(4-1)$。理由比较复杂,在此不再赘述。

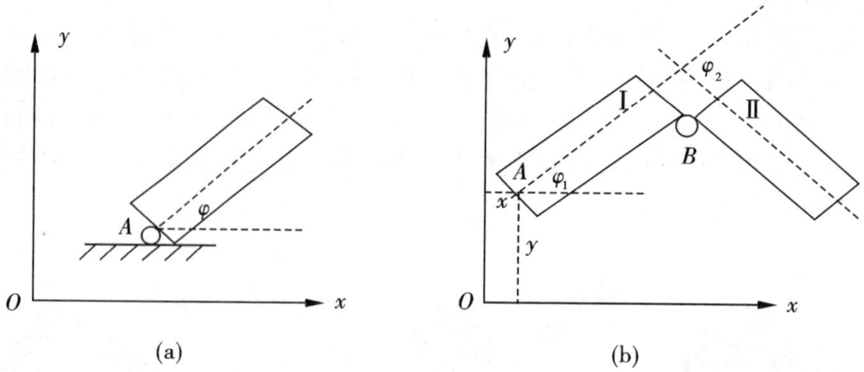

图 1.8

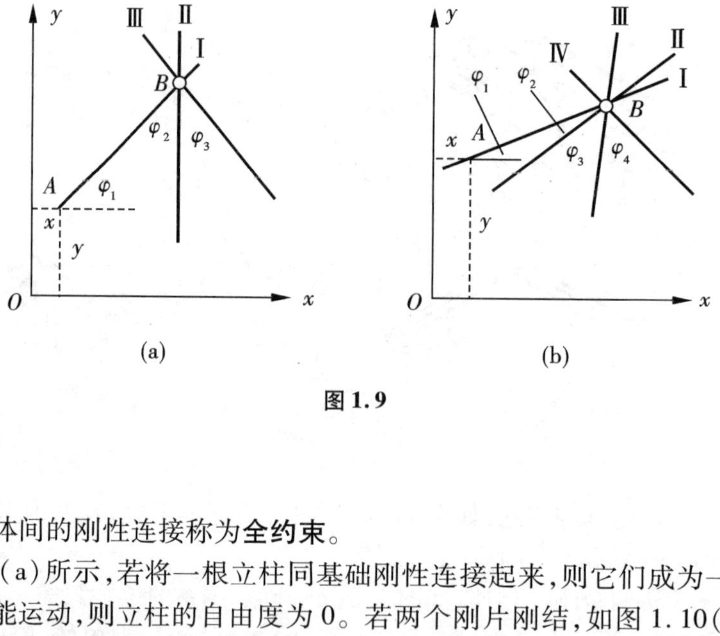

图 1.9

3. 全约束

物体与物体间的刚性连接称为**全约束**。

如图 1.10(a)所示,若将一根立柱同基础刚性连接起来,则它们成为一个整体,立柱相对于基础不能运动,则立柱的自由度为 0。若两个刚片刚结,如图 1.10(b)所示,则确定 A 和 B 所组成的体系的位置只需要 x、y、φ 三个坐标即可,因此减少了三个自由度,所以,刚结点相当于三个约束。

平面问题中,全约束约束的三个方向运动趋势分别为平面内 x 方向移动、平面内 y 方向移动和平面内的转动。所以全约束对应的约束反力是三个:R_x、R_y 和 M。M 称为力偶矩,是限制物体转动的一个物理量,后续章节会学到。

(四)工程中常见的几种支座和支座反力

工程上将结构或构件连接在支承物上的装置,称为**支座**。在工程上常常通过支座将构件支承在基础或另一静止的构件上。支座对构件就是一种外部约束。支座对它所支承的构件的约束反力也叫**支座反力**。支座的构造是多种多样的,其具体情况也是比较复杂的,只有加以简化,归纳成几个类型,方便于分析计算。工程中比较常见的支座包括可动铰支座、固定铰支座、固定端支座和定向支座。

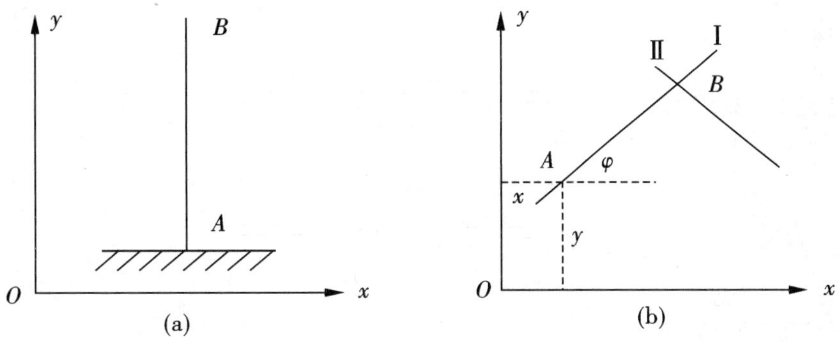

图 1.10

1. 可动铰支座

如图 1.11(a)所示**可动铰支座**,构件与支座用铰连接,而支座可沿支承面移动。这种约束,只能限制构件沿垂直于支承面方向的移动,而不能阻止构件绕铰的转动和沿支承面方向的移动。所以,这种支座的作用相当于构件外部的一个链杆约束,因此可动铰支座的简图如图 1.11(b)所示,可动铰支座的支座反力如图 1.11(c)所示。支座反力用沿链杆轴向的未知力 R_A 表示,实际方向要根据计算结果的正负再来确定,正值表示与图示箭头方向一致,负值表示与图示箭头方向相反。

如图 1.12(a)是一个搁置在砖墙上的梁,砖墙就是梁的支座,如略去梁与砖墙之间的摩擦力,则砖墙只能限制梁向下运动,而不能限制梁的转动与水平方向的移动。这样,研究梁的受力时,就可以将砖墙简化为可动铰支座,如图 1.12(b)所示。

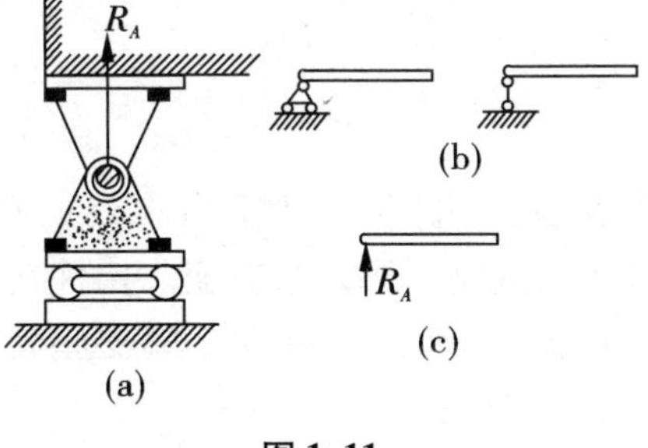

图 1.11

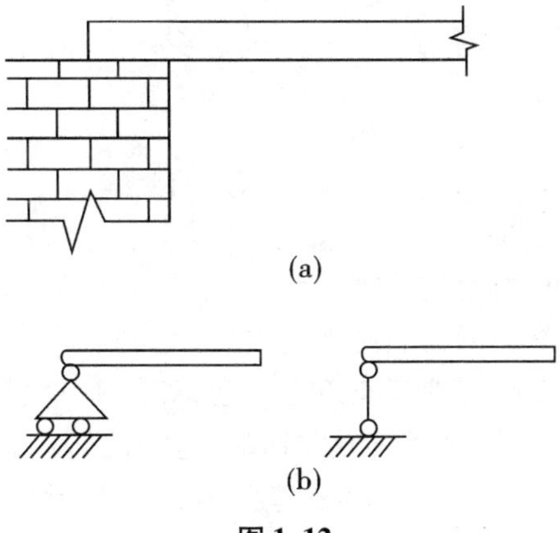

图 1.12

2. 固定铰支座

图 1.13(a)是固定铰支座的示意图。构件与支撑件通过单铰连接,构件不能产生沿任何方向的移动,但可以绕铰转动,可见**固定铰支座**就是构件的外部铰约束。固定铰支座的简图如图 1.13(b)所示,**支座反力**如图 1.13(c)所示,可以用未知力 R_A 和未知方向的

角 α 表示，也可以用一个未知水平力 X_A 和未知垂直力 Y_A 表示。

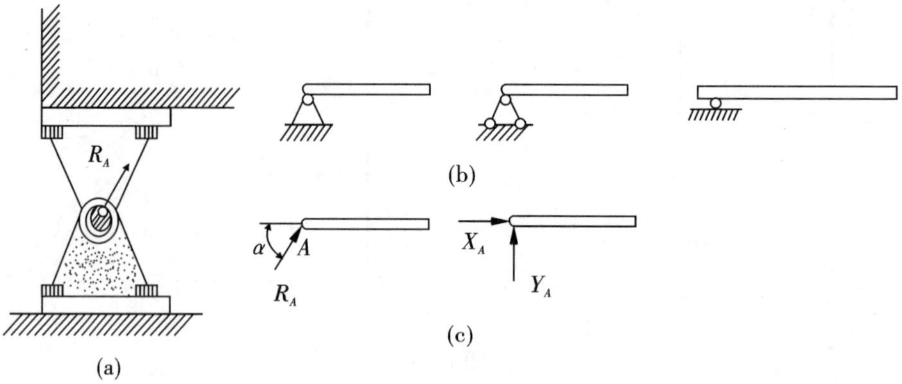

图 1.13

如图 1.14 所示一榀屋架，用预埋在混凝土垫块内的螺栓和支座连接在一起，混凝土垫块与墙是一体的，这样，支座阻止了屋架的垂直移动和水平移动，但是不能阻止屋架的微小转动，这就是一个典型的固定铰支座。

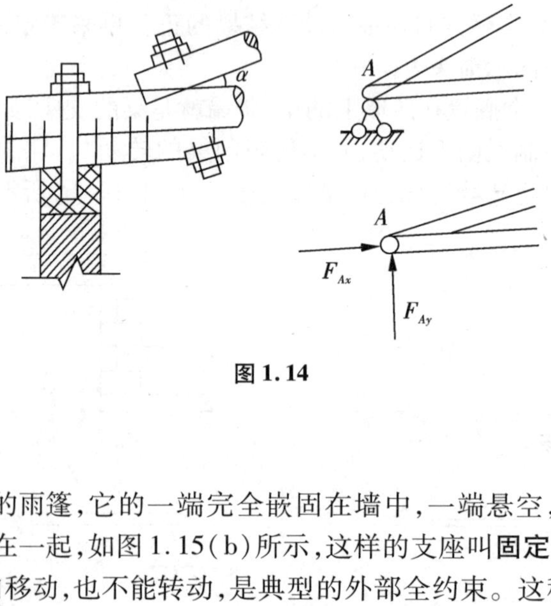

图 1.14

3. 固定端支座

整浇钢筋混凝土的雨篷，它的一端完全嵌固在墙中，一端悬空，如图 1.15(a)所示。再如基础与地基浇筑在一起，如图 1.15(b)所示，这样的支座叫**固定端支座**。构件在嵌固端，既不能沿任何方向移动，也不能转动，是典型的外部全约束。这种**固定端支座简图**如图 1.15(c)所示，其**支座反力** X_A 、Y_A 和 M_A 如图 1.15(d)所示。

4. 定向支座

如图 1.16(a)所示**定向支座**，它只允许结构沿一个方向移动，不允许沿其他方向移动，也不能转动。计算简图如图 1.16(b)所示。定向支座对应的支座反力如图 1.16(c)所示。

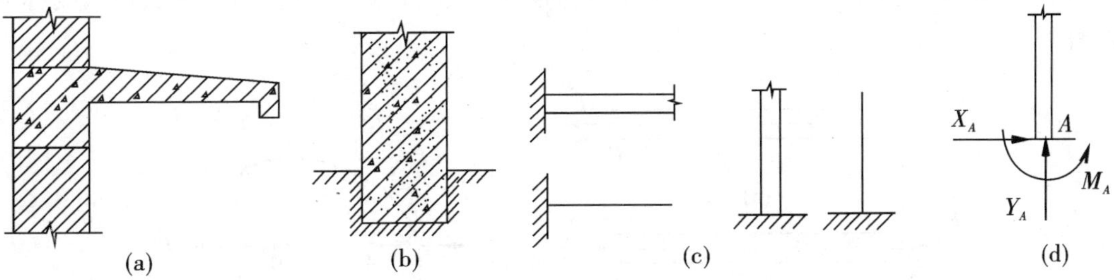

图 1.15

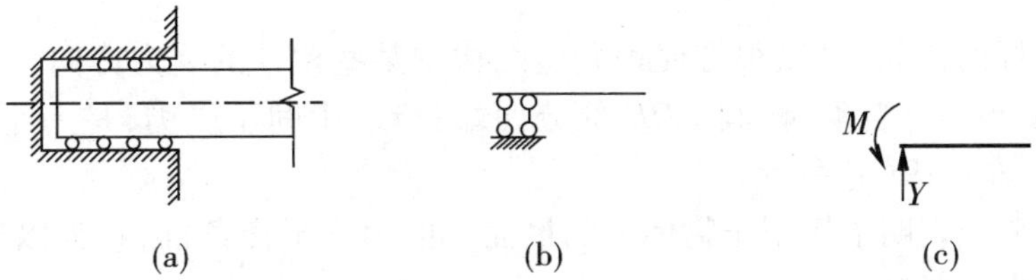

图 1.16

第二节　静力学公理

静力学公理是人类在长期的生活和生产实践中，经过反复观察和实验总结出来的客观规律，它正确地反映和概括了作用于物体上的力的一些基本性质。静力学的全部理论，即关于力系的简化和平衡条件的理论，都是以这些公理为依据而得出的。

一、作用力与反作用力公理

作用力等于反作用力

两个物体之间的作用力与反作用力总是同时存在，大小相等，方向相反，沿同一条直线且分别作用在两个物体上。

这个公理在中学学过，不再赘述。关于这个公理强调以下两点：①作用力与反作用力总是成对出现的，同时存在，同时消失；②作用力与反作用力分别作用在两个物体上，二者不能互相平衡。

二、二力平衡公理

梁、板、墙的作用力与反作用力

作用于**刚体**上的两个力，使刚体保持平衡的必要与充分条件是：**这两个力大小相等，方向相反，且作用于同一直线上**（即等值、反向、共线）（图 1.17）。

二力平衡公理对于刚体是必要的又是充分的。但对于变形体则只是必要的，而不是充分的。例如，软绳受两个等值反向共线的拉力作用可以平衡，而受两个等值反向共线的压力作用就不能平衡。

只受两个力作用而处于平衡的物体称为**二力杆**，也叫**二力构件**，如图 1.18。它的受力特点是:两个力的方向必在二力的作用点的连线上。如果二力构件是一根直杆,则称为**链杆**。

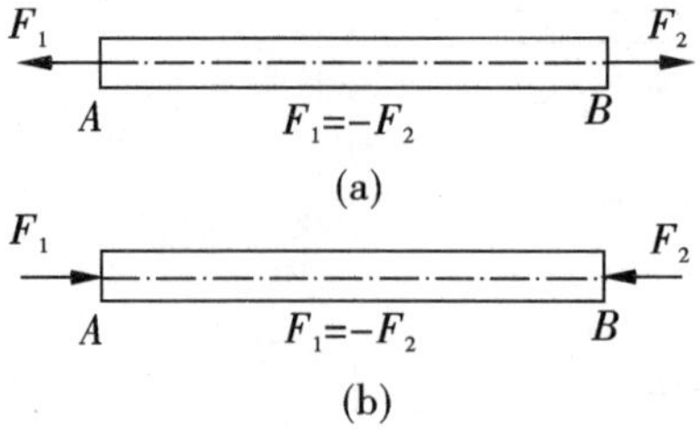

图 1.17

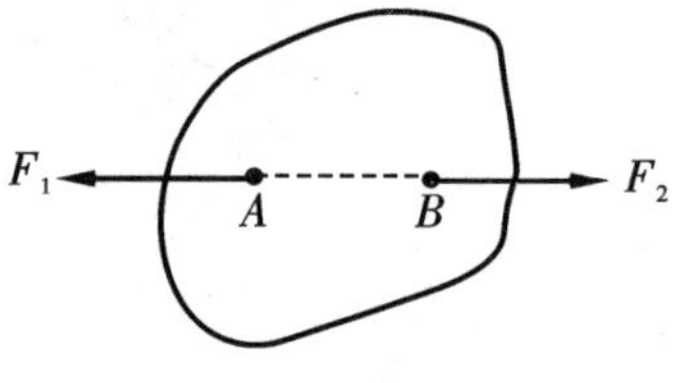

图 1.18

应用二力杆的概念,可以很方便地判定结构中某些构件的受力方向。如图 1.19(a)所示三铰刚架,当不计自重时,其 *CDE* 部分两端是铰,中间不受力,是一个二力构件,故 *CDE* 的受力图如 1.19(b)所示。

二力平衡公理表明了作用于物体上的最简单的力系平衡条件,它为以后研究一般力系的平衡条件提供了基础。

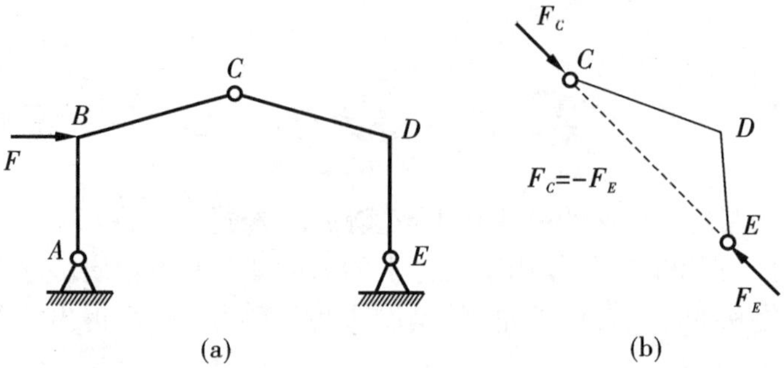

图 1.19

三、加减平衡力系公理

在作用于刚体上的已知力系中,加上或减去任一平衡力系,并不改变原力系对刚体的运动效应。这是因为平衡力系对刚体的运动效应等于零,它不会改变刚体的平衡或运动的状态。这个公理常被用来简化某一已知力系。

应用二力平衡公理和加减平衡力系公理可以导出作用于刚体上的力的如下一个重要性质。

力的可传性原理:作用于刚体上的力,可沿其作用线移动到刚体内任意一点,而不改变该力对刚体的运动效应。例如,图 1.20 中在车后 *A* 点加一水平力 *F* 推车,如在车前 *B* 点加一水平力 *F* 拉车,对于车的运动效应而言,其效果是一样的。

证明:设有力 *F* 作用于刚体上 *A* 点,如图 1.21(a)所示,根据加减平衡力系,可在力的作用线上任取一点 *B*,加上两个相互平衡的力 F_1 和 F_2,使 $F_1=-F_2=F$,如图 1.21(b),

由于 F 和 F_2 又组成一个平衡力系，故可以减去，于是就剩下了一个力 F_1 作用在 B 点，如图 1.21(c)。这样就相当于把原来作用在 A 点的力 F 沿其作用线移到了 B 点，而且没有改变对刚体的运动效应。

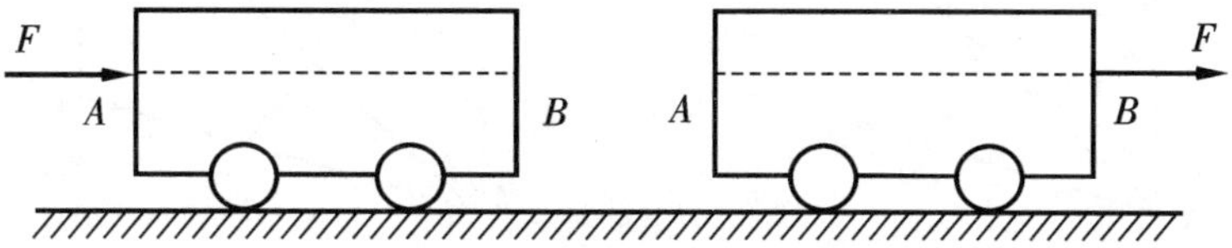

图 1.20

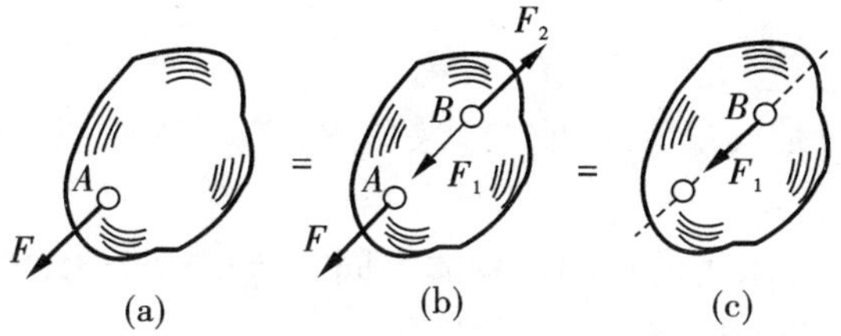

图 1.21

根据力的可传性，力在刚体上的作用点已被它的作用线所代替，所以作用于刚体上的力的三要素又可以说是力的大小、方向和作用线。

应当指出，加减平衡力系公理以及力的可传性原理，只适用于刚体，即只有在研究刚体的平衡或运动时才是正确的。后续学习材料力学，研究对象是变形物体，如果加减任何平衡力系，或将力沿其作用线作任何移动，都将会使物体产生形变或改变物体内部的受力情况。例如，图 1.22(a)所示的杆 AB，在平衡力系（F_1，F_2）作用下产生拉伸形变；如去掉该平衡力系，则杆就没有变形；如根据力的可传性，将这两个力沿作用线分别移到杆的另一端，如图 1.22(b)，则该杆就要产生压缩形变。

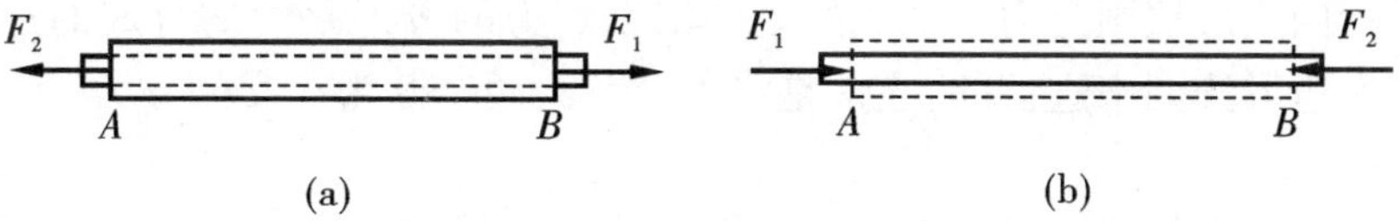

图 1.22

四、力的平行四边形法则

作用于物体上同一点上的两个力，可以合成为一个合力，合力的作用点仍在该点，合力的大小和方向由以这两个力为邻边所构成的平行四边形的对角矢量来表示，如图 1.23(a)所示，而原来的两个力称为这个合力的分力。

图 1.23 中三个力的关系可用矢量式表示为

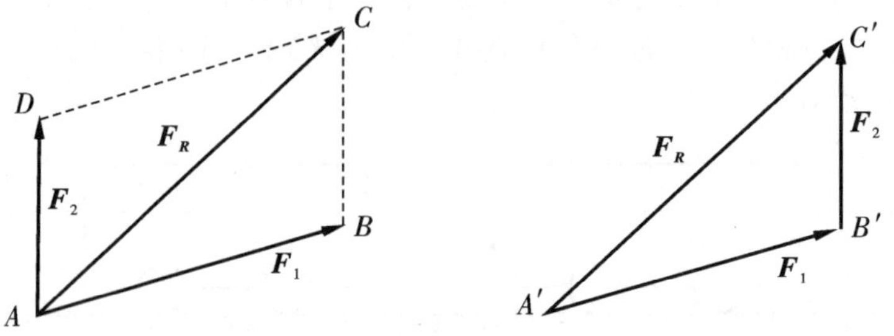

(a) (b)

图 1.23

$$\boldsymbol{F}_R = \boldsymbol{F}_1 + \boldsymbol{F}_2 \tag{1.1}$$

应该指出，式(1.1)是矢量等式，它与代数等式 $F_R = F_1 + F_2$ 的意义完全不同，不能混淆。

应用平行四边形法则求得的作用在物体上同一点的两个力的合力，不仅在运动效应上，而且在变形效应上，都与原来的两个力等效。

从图 1.23(a)很容易看出，在用矢量加法求合力矢量时，只要作出力的平行四边形的一半，即一个三角形就可以了。为了使图形清晰起见，常把这个三角形画在力所作用的物体之外，如图 1.23(b)所示，从 A' 点作一个与力 $\boldsymbol{F}_2$ 大小相等、方向相同的矢量 $A'B'$，过 B' 点作一个与力 $\boldsymbol{F}_2$ 大小相等、方向相同的矢量 $B'C'$，则 $A'C'$ 表示力 $\boldsymbol{F}_1$、$\boldsymbol{F}_2$ 的合力 $\boldsymbol{F}_R$ 的大小和方向。

图中 $\triangle A'B'C'$ 称为力三角形，而这种求合力矢量的方法称为力三角形法则。作力三角形时，必须遵循以下条件：①分力矢量首尾相接，但次序可变；②合力矢量的箭头与最后分力矢量的箭头相连。

还应该注意，力三角形只表明力的大小和方向，它不表示力的作用点或作用线。根据力三角形，可用三角形公式来表达合力的大小和方向。

力的平行四边形法则是力系合成的主要依据。力的分解是力的合成的逆运算，因此也是按平行四边形法则来进行的，通常是将力分解为两个互为正交的分力。

第三节　结构计算简图

在实际工程中，结构的构造复杂，结构上作用的荷载也比较复杂，完全按照实际情况进行分析会使问题非常复杂，也是不必要的。必须围绕要解决的问题，从与问题有关的许多结构或构件中选择确定某一构件(或几个构件的组合)作为研究对象。对指定研究对象的荷载和约束经过简化后得到的，用于力学分析与计算的图形，称为**结构计算简图**。

画计算简图是求解平衡问题的第一步，不能有任何错误。为简化问题，本教材中如果没有特殊说明，构件的重力一般不计。

结构的计算简图包括研究对象的简化、荷载的简化和支座的简化三部分内容。荷载和支座的简化方法前面已经讲过。在此重点讲述研究对象的简化。

一、研究对象的简化

1. 结构、构件的简化

建筑力学主要是以平面杆系结构为研究对象的。

实际结构中,杆件截面的大小及形状虽千变万化,但它的尺寸总远远小于杆件的长度。因此,在**结构计算简图中,截面以它的形心来替代,而整个杆件则以其轴线来代表**。

例如,图 1.5(a)所示支架,*AB* 杆和 *BC* 杆可以如图 1.24 所示简化,只画杆件轴线,而不必表示杆件横截面大小。

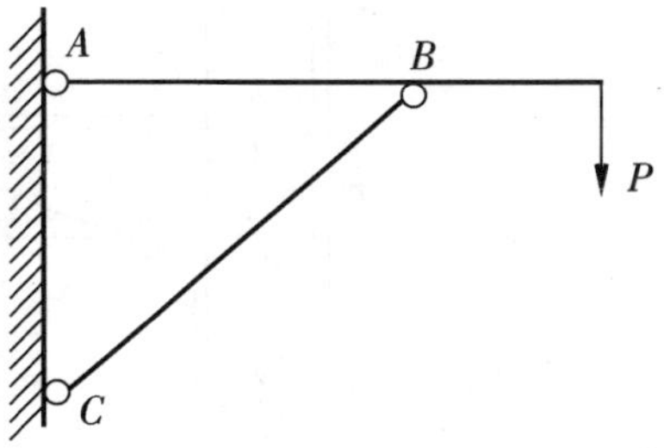

图 1.24

2. 结点的简化

在杆件简化为杆轴线的前提下,杆件内部不同部分之间相互衔接的部分简化为**结点**。尽管杆件之间的连接方法各不相同,构造形式多种多样,差异很大。但在结构的计算简图中,把结点简化成两种极端理想化的基本形式:铰结点和刚结点。

铰结点是指杆件内部不同部分之间通过铰连接,连接的部分可以分别绕结点中心自由地作相对转动而不能产生相对移动。在工程实际中,完全用理想铰来连接杆件的实例是非常少见的。但是,在力学分析时,可以把它们近似地看成理想铰结点,所造成的误差并不显著。如图 1.25(a)所示的木屋架结点,一般认为各杆件之间可以产生比较微小的转动,所以,其杆件与杆件之间的连接方式,在计算简图中常简化成如图 1.25(b)所示的铰结点。又如图 1.26(a)所示的桥梁板的企口结合或木结构的斜搭结合处,在计算时也可以简化为铰结点,得到如图 1.26(b)所示的计算简图。

杆件的简化

简支梁和悬臂梁计算简图

简支梁荷载计算简图

站台计算简图

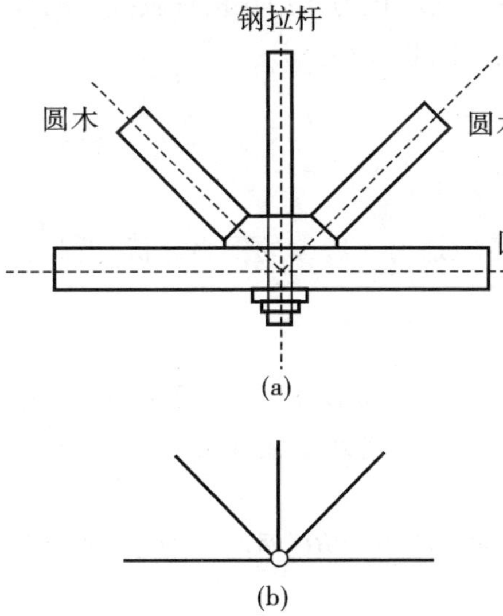

图 1.25

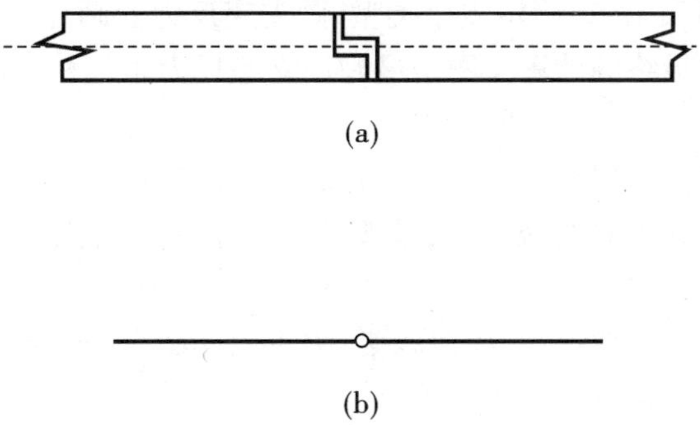

图 1.26

刚结点是指杆件不同部分之间的全约束连接。即在刚结点连接处,任何相对运动都受到了限制,既不能产生相对移动,也不能产生相对转动。工程中一般采用焊接(钢结构的连接)或者是现浇(钢筋混凝土梁与柱子的连接)的连接方式。如图 1.27(a)所示梁和柱子的结点即刚结点。同时也可以说图 1.27(b)中梁和柱子上任何一点都是刚结点。

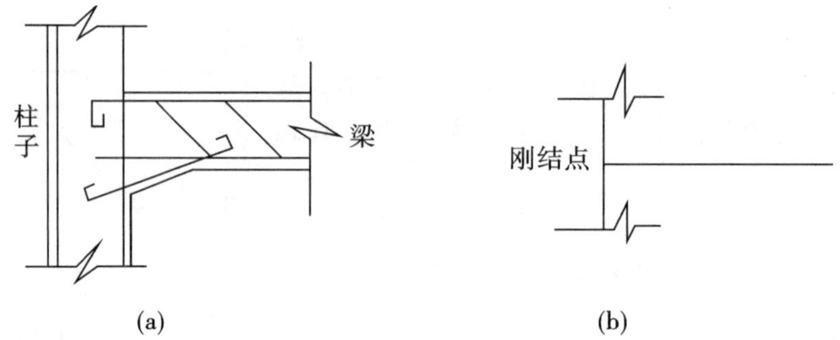

图 1.27

混合结点是指刚结点和铰结点的组合结点。如图 1.24 所示,如果把横杆 AB 和斜杆 BC 所组成的支架整体作为研究对象,则 B 结点就是典型的混合结点。如果 B 结点变成纯铰结点,那么这个支架还能承受外荷载 P 吗?请自行思考。

二、支座的简化

在实际工程结构中,各种支承的装置随着结构形式或材料的差异而各不相同。在选取计算简图时,可根据实际构造和约束情况,参照上述所讲支座内容进行恰当的简化。

三、荷载的简化

荷载的简化是指将实际结构构件上所受到的各种荷载简化为作用在构件轴线上的线荷载、集中荷载或力偶。在简化时应注意力的作用点、方向和大小。

四、画结构受力图的步骤

(1)选取研究对象。

(2)确定支座类型,画支座反力。画计算简图的目的是为了后续的受力分析,因此在最终的计算简图中最好用支座反力来代替支座。

(3)画外荷载。

【例 1.1】在如图 1.28(a)所示的单臂旋转吊车,A、C 为固定铰支座,横梁 AB 和杆 BC 在 B 处用铰连接,吊重为 W,作用在 D 点。不计结构自重。试画出梁 AB 和杆 BC 的受力图。

解:(1) 分别取梁 AB 和杆 BC 为研究对象。解除梁 AB 和杆 BC 两端的约束,画出其隔离体。

(2)按二力平衡公理,确定斜杆 BC 为二力杆。画出 BC 杆受力,如图 1.28(b)所示。

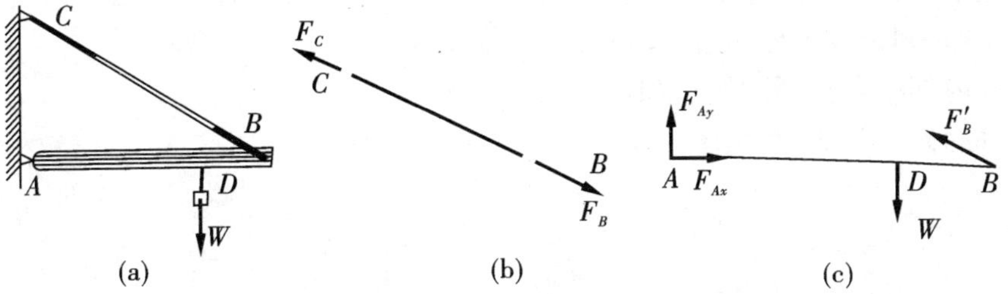

图 1.28

(3)在 AB 梁上 D 点画吊重 W。

A 端为固定铰支座,其支座反力可用水平分力 F_{Ax}、垂直分力 F_{Ay} 表示;

B 端通过铰与杆 BC 连接,已判断杆 BC 为二力杆,根据作用力与反作用力公理,梁 AB 在 B 处的支座反力与杆 BC 在 B 处的支座反力大小相等、方向相反、作用在同一条直线上,故在梁 AB 的 B 端画支座反力 F'_B。

五、画结构受力图时应注意的问题

(1)明确研究对象。研究对象可以是单个构件,也可以是多个构件组成的结构。如果研究对象比较复杂时,注意**只画外力,不画内力**,即研究对象内部构件之间的相互作用力不能画出。上例中如果要求画以 AB 和 BC 为一体的结构受力图,则 AB 与 BC 之间的相互作用力 F_B 与 F'_B 就不会出现。

(2)注意正确判断二力杆,可以减少未知量,使受力图更简洁。

(3)注意作用力与反作用力的关系。例如上面例子中 F_B 与 F'_B,一定是大小相等,方向相反,作用在同一条直线上。

章后小结

1. 静力学是研究刚体在力系作用下平衡规律的科学,它主要是解决力系的简化(或力系的合成)问题和力系平衡的问题。

2. 力的三要素:力的大小、方向(包括方位和指向)和作用点。作用在物体上的若干个力总称为力系。力系包括空间力系和平面力系。如果作用于物体上的一个力系可用另一个力系来代替,而不改变原力系对物体作用的外效应,则这两个力系称为等效力系。

3. 建筑力学的研究对象是结构与构件。建筑物中支承荷载、传递荷载而起骨架作用的部分称为结构。结构中的每一个基本部分称为构件。直接主动作用于物体上的外力称为荷载。

4. 静力学四公理:作用力与反作用力公理、二力平衡公理、平衡力系公理、力的平行四边形法则。

5. 对其他物体的运动起限制作用的物体称为**约束**。约束施加于被约束物体上的力称为约束力。

6. 工程中常见的约束包括链杆约束、光滑圆柱铰链约束、全约束。工程中常见支座包括可动铰支座、固定铰支座、定向支座和固定端支座。

7. 构件内部结点包括刚结点和铰结点。

8. 构件的计算简图、受力图。

习 题

1.1 在图1.8(a)所示的三角钢架，自重不计，其 A 点处的作用力是否在铰 A 和 C 的连线上？

1.2 “分力不一定小于合力”这种说法对吗？为什么？试举例说明。

1.3 如图1.29所示，作用于三角架的 AB 杆中点处的铅垂力 F 如果沿其作用线移到 BC 杆的中点，那么 A、C 处支座的约束力的方向是否不变？

1.4 如图1.30所示，构架 ABC 中，力 F 作用在销钉 C 上，试问销钉 C 对 AC 的作用力与销钉 C 对杆 BC 的作用力是否分别等值、反向、共线？

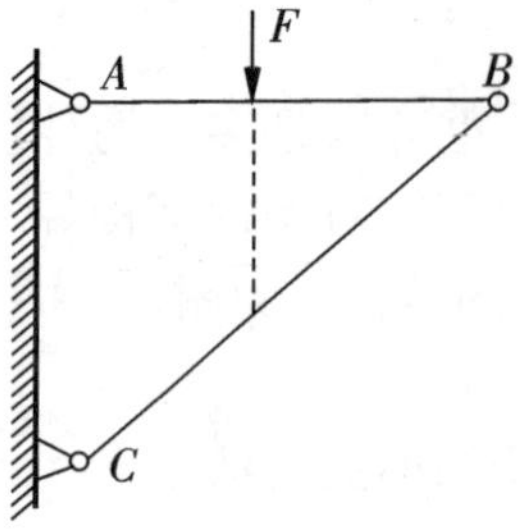

图1.29

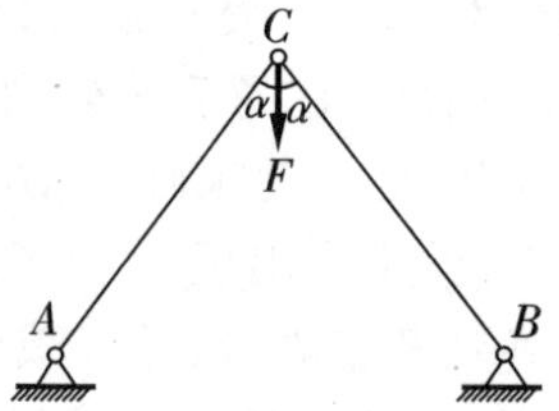

图1.30

1.5 找出受力图1.31中错误的地方并加以改正。

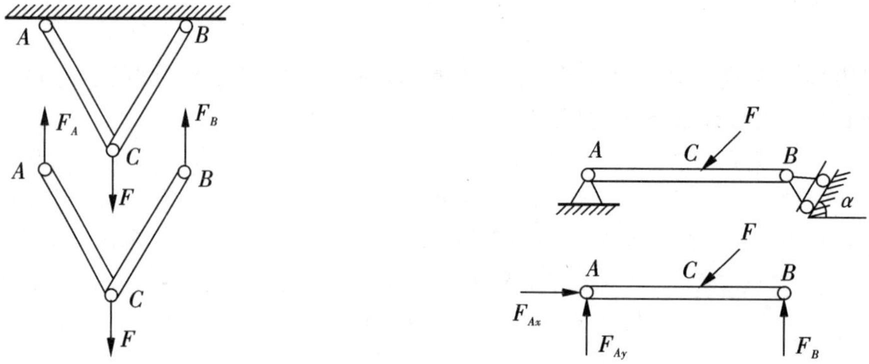

图1.31

1.6　试作图 1.32 中各杆件的受力图。

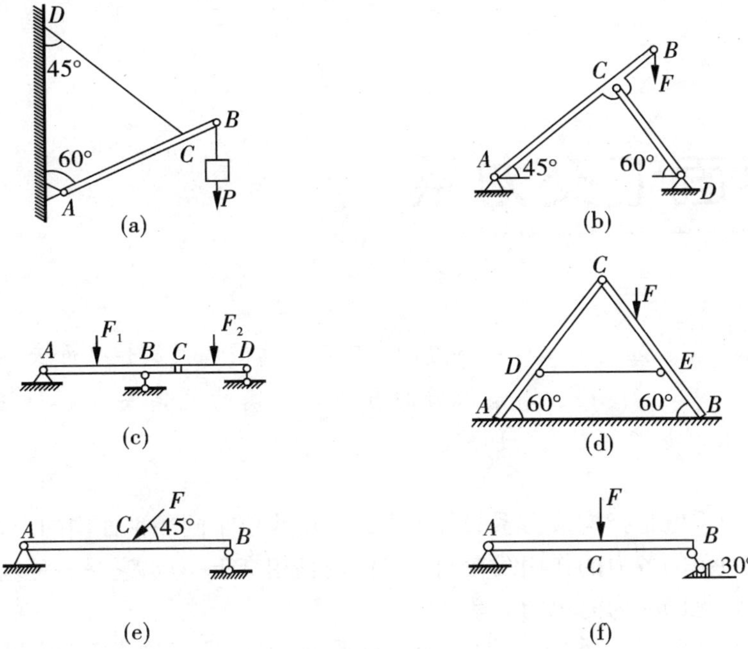

图 1.32

1.7　如图 1.33 所示，水平梁由 AB 与 CD 两部分组成，A 端插入墙内，C 端及 D 处搁在可动铰支座上，B 处用铰连接。试分别作出 AB 段、BC 段和全梁的受力图。

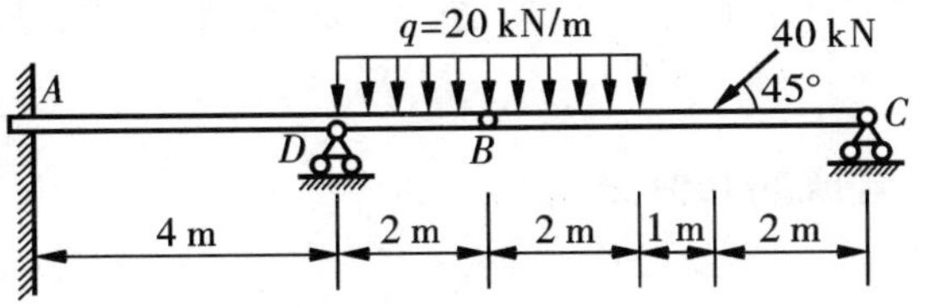

图 1.33

1.8　如图 1.5(b)所示悬臂式吊车，A、B、C 三处均为铰链，试作吊车横梁 AB 的受力图。

第二章 平面汇交力系

学习目标

1. 理解力的合成与平衡的几何法和解析法。
2. 会用力的合成与平衡的几何法和解析法解决实际问题。

所谓平面力系就是指构成力系的各个力的作用线位于同一平面内的力系。**平面汇交力系**是指构成力系的各力的作用线在同一平面内且相交于一点，它是一种基本的力系，也是工程结构中常见的较为简单的力系。

本章研究平面汇交力系的合成（简化）与平衡，重点是讨论平衡问题。研究的方法有：①几何法（矢量法）；②解析法（投影法）。

平面汇交力系的平衡问题不仅是研究复杂力系平衡问题的基础，而且由于它所涉及的基本概念和分析方法具有一般性，因而在整个静力学理论中占有重要的地位。

第一节　平面汇交力系合成与平衡的几何法

一、平面汇交力系合成的几何法

平面汇交力的合成

1. 三力情况

设刚体上作用有汇交于同一点 O 的三个力 $\boldsymbol{F}_1$、$\boldsymbol{F}_2$、$\boldsymbol{F}_3$，如图 2.1(a)所示。显然，连续应用力的平行四边形法则或力的三角形法则，将平面汇交力学中两两力依次合成，就可以求出三个力的合力。

首先，将各力沿其作用线移至 O 点，成为平面共点力系，如图 2.1(b)所示。然后，按力的三角形法则，将这些力依次相加。为此，先选一点 A，按一定比例尺，作矢量 $\boldsymbol{AB}$ 平行且等于 $\boldsymbol{F}_1$，再从 B 点作矢量 $\boldsymbol{BC}$ 平行且等于 $\boldsymbol{F}_2$，于是矢量 $\boldsymbol{AC}$ 即表示力 $\boldsymbol{F}_1$ 与 $\boldsymbol{F}_2$ 的合力 $\boldsymbol{F}_{12}$，如图 2.1(c)所示。同样，再从 C 点作矢量 $\boldsymbol{CD}$ 平行且等于 $\boldsymbol{F}_3$，于是矢量 $\boldsymbol{AD}$ 即表示力 $\boldsymbol{F}_{12}$ 与 $\boldsymbol{F}_3$ 的合力，也就是 $\boldsymbol{F}_1$、$\boldsymbol{F}_2$ 和 $\boldsymbol{F}_3$ 的合力 $\boldsymbol{F}$。其大小和方向可由图上量出，而合力的作用线通过汇交点 O，如图 2.1(e)所示。

其实，由图2.1(c)可见，作图时中间矢量 $\boldsymbol{AC}$ 是可以省略的。只要把 $\boldsymbol{F}_1$、$\boldsymbol{F}_2$、$\boldsymbol{F}_3$ 各矢量首尾相接，形成一条折线 $ABCD$，最后将 $\boldsymbol{F}_1$ 的始端 A 与 $\boldsymbol{F}_3$ 的末端 D 相连，所得的矢量

AD 就代表合力 $\boldsymbol{F}_R$ 的大小和方向。这个多边形 $ABCD$ 叫力多边形，而代表合力的 **AD** 边叫力多边形的封闭边。这种以力多边形求合力的方法称为平面汇交力系合成的**几何法**。

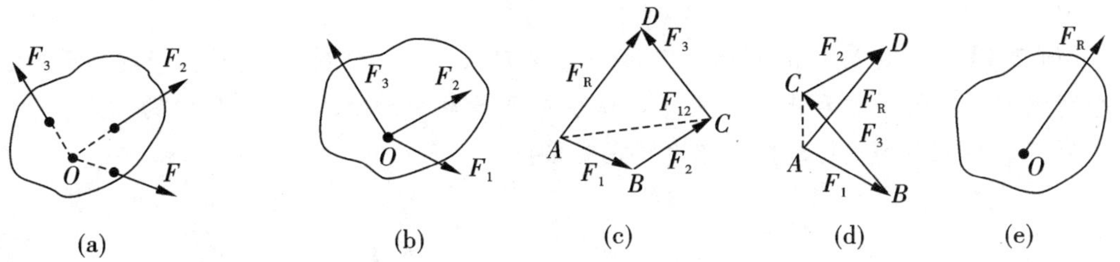

图 2.1

2. 一般情况

上述方法可以推广到包含任意几个力的汇交力系求合力的情况，合力的大小和方向仍由多边形的封闭边来表示，其作用线仍通过各力的汇交点，即合力等于力系中各力的矢量和（或几何和），其表达式为

$$\boldsymbol{F}_R = \boldsymbol{F}_1 + \boldsymbol{F}_2 + \boldsymbol{F}_n = \sum \boldsymbol{F}_i \tag{2.1}$$

由于矢量加法满足加法律，故画力多边形时，各力的次序可以是任意的。改变力的次序，只影响力多边形的形状，而不影响最后所得合力的大小和方向，如图 2.1(d) 所示。应当注意，各分力矢量必须首尾相接，并环绕同一方向，而合力矢量的方向则是从第一个力的起点指向最后一个力的终点。

二、平面汇交力系平衡的几何法

从上面平面汇交力系的合成结果可知，平面汇交力系合成的结果通常是一个不等于零的合力。显然，如果合力等于零，则力的多边形首尾相重合，即力多边形自行封闭，物体必处于平衡状态；反之，欲使物体处于平衡状态即平面汇交力系平衡，则合力必须等于零，力多边形自行封闭，如图 2.2(b) 所示。所以，平面汇交力系平衡的必要和充分的几何条件是力多边形自行封闭。

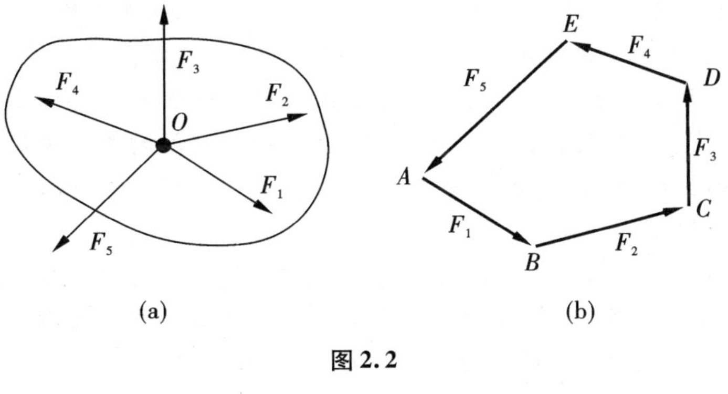

图 2.2

平面汇交力系可以用一个合力来代替，因此，物体在平面汇交力系作用下平衡的必要和充分条件是合力等于零，用矢量式表示为

$$\boldsymbol{F}_n = 0 \text{ 或 } \sum \boldsymbol{F}_i = 0 \tag{2.2}$$

【例2.1】 如图2.3(a)所示。已知钢管重 $P=6$ kN，$\alpha=60°$；起重机吊起钢管时，处于平衡状态。不计吊索和吊钩的重量。试求铅垂吊索和钢丝绳 AB、AC 中的拉力。

解：(1)根据题意，先选整体作为研究对象。

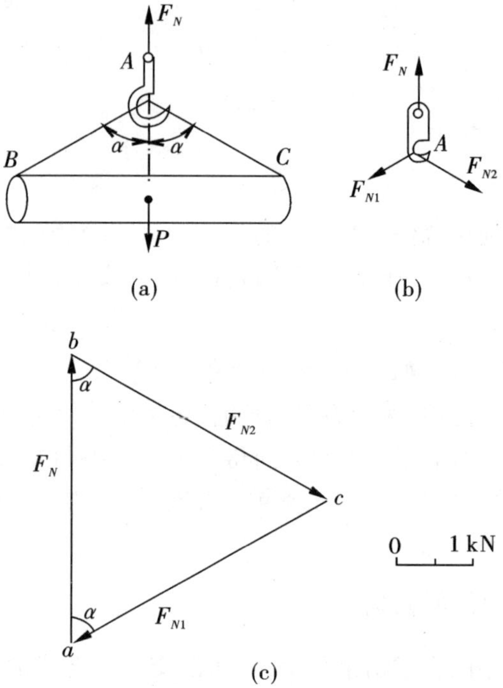

图2.3

画受力图如图2.3(a)所示，由二力平衡条件，显然 $F_N = P = 6$ kN。

(2)再取吊钩 A 为研究对象。吊钩受铅垂吊索的拉力 F_N 和钢丝绳拉力 F_{N1} 和 F_{N2} 的作用，其受力图如图2.3(b)所示。这是一个平面汇交力系，根据平衡的几何条件，这三个力所构成的力三角形应自行封闭。现作力三角形，求未知量 F_{N1}、F_{N2}。首先选取比例尺，如图2.3(c)中所示，其次任选一点 a，作矢量 ab 平行且等于 F_N，再从 a 和 b 两点分别作两条直线与 F_{N1}、F_{N2} 相平行，它们相交于 c 点，于是得到封闭的力三角形 abc。按各力首尾相接的次序，标出 bc 和 ca 的指向，则矢量 bc 代表 F_{N2}，矢量 ca 代表 F_{N1}，如图2.3(c)所示。量得 $F_{N1} = 6$ kN，$F_{N2} = 6$ kN。

(3)分析讨论。从力三角形可以看出，钢丝绳的拉力与角 α 有关，在重力 P 不变的情况下，角 α 越大，钢丝绳的拉力也越大。所以，起吊重物时应将钢丝绳放长一些，使夹角 2α 较小些，这样钢丝绳才不易被拉断。

【例 2.2】 简易铰车如图 2.4(a)所示，A、B、C 处均由铰链连接，钢丝绳绕过滑轮 A 将 $P=20$ kN 的重物缓缓吊起。杆件和滑轮重量以及一切摩擦均不计。滑轮 A 半径很小，可视为一个点。试求杆 AB 和 AC 所受的力。

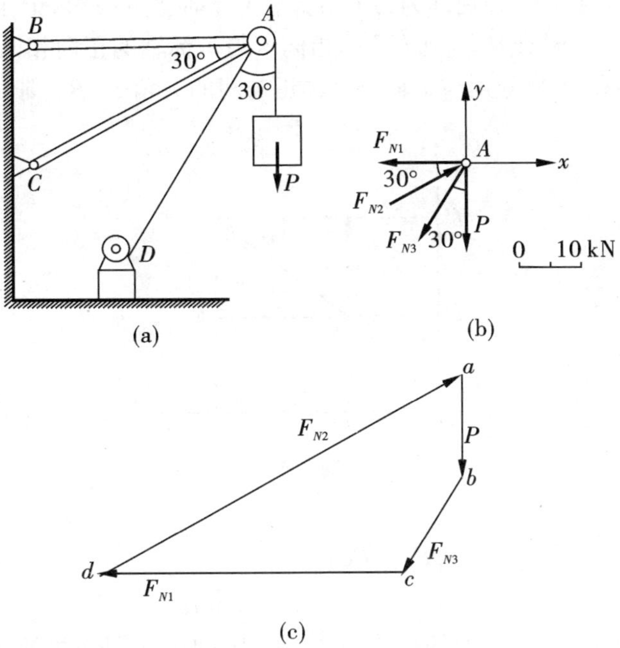

图 2.4

解：(1)选取滑轮 A 为研究对象。

(2)画受力图。重物通过钢丝绳给滑轮 A 以向下大小为 P 的力；铰车 D 通过钢丝绳给滑轮向左下方的力为 F_{N3}。因为平衡且不计摩擦力，所以这两个力大小相等，$F_{N3}=P=20$ kN。又 AB、AC 是二力杆，所以 F_{N1}、F_{N2} 的方向沿直线 AB、AC，指向待定。作用于滑轮 A 的这四个力是一平面汇交的平衡力系。

(3)作力多边形，求未知量 F_{N1} 及 F_{N2}，选图示比例尺。

任选一点 a，作 $ab=P$，$bc=F_{N3}=P$，再从 a 及 c 分别作直线平行于 F_{N1} 和 F_{N2}，相交于点 d，于是得到封闭的力多边形 $abcd$，如图 2.4(c)。根据力多边形法则，按各力首尾相接的顺序，标出 cd 和 da 的指向，则矢量 cd 和 da 分别代表 F_{N1} 和 F_{N2}。按比例尺量得

$$F_{N1}=cd=55\ \text{kN},\ F_{N2}=da=75\ \text{kN}$$

根据各杆假设知[图 2.4(b)]，杆 AB 受拉力，杆 AC 受压力。

第二节 平面汇交力系合成与平衡的解析法

求解平面汇交力系合成与平衡问题的解析法是以力在坐标轴上的投影为基础的。为此，下面就先介绍力在坐标轴上投影的概念。

一、力在坐标轴上的投影

设力 $\boldsymbol{F}=\boldsymbol{AB}$ 在 Oxy 平面内，如图 2.5。从力 $\boldsymbol{F}$ 的两端向坐标轴引垂线，得垂足 a、b 和 a'、b'，则线段 ab 和 $a'b'$ 分别称为力 $\boldsymbol{F}$ 在 x 轴与 y 轴上的投影，记作 F_x 与 F_y。投影的正负号规定为：从 a 到 b（或从 a' 到 b'）的指向若与坐标轴的正向相同就为正，反之为负。如已知力 $\boldsymbol{F}$ 的大小和力 $\boldsymbol{F}$ 分别与 x 轴及 y 轴正向间的夹角 α、β，则由图 2.5 可知

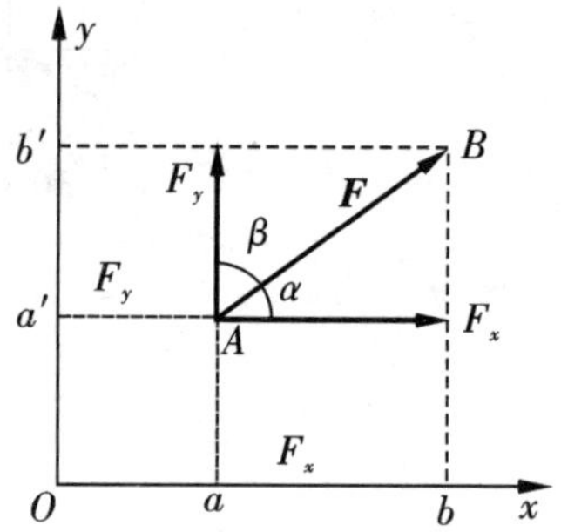

图 2.5

$$\begin{cases} F_x = F\cos\alpha \\ F_y = F\cos\beta = F\sin\alpha \end{cases} \tag{2.3}$$

即力在某轴上的投影等于力的模乘以力与该轴的正向间夹角的余弦。当 α、β 为锐角时，F_x、F_y 均为正值；当 α、β 为钝角时，F_x 或 F_y 可能为负值。故力在坐标轴上的投影是个代数量。

如将力 $\boldsymbol{F}$ 沿正交的 x、y 坐标轴方向分解，如图 2.5 所示，则所得分力 $\boldsymbol{F}_x$、$\boldsymbol{F}_y$ 的大小与力 $\boldsymbol{F}$ 在相应轴上的投影 F_x、F_y 的绝对值相等。但是，当 Ox、Oy 两轴不正交时，则没有这种关系。此外还须注意，力的投影是代数量，而力的分力是矢量；投影无所谓作用点，而分力不须作用在原力作用点上。

若已知力 $\boldsymbol{F}$ 在正交坐标轴上的投影为 F_x 和 F_y，则由几何关系可求出力 $\boldsymbol{F}$ 的大小和方向

$$\begin{cases} F = \sqrt{F_x^2 + F_y^2} \\ \cos\alpha = \dfrac{F_x}{\sqrt{F_x^2 + F_y^2}},\cos\beta = \dfrac{F_y}{\sqrt{F_x^2 + F_y^2}} \end{cases} \tag{2.4}$$

式中，$\cos\alpha$ 和 $\cos\beta$ 称为力 F 的方向余弦。

【例 2.3】试求图 2.6 中各力在坐标轴上的投影。已知：$F_2 = F_4 = 15$ kN，$F_1 = F_3 = F_5 = 10$ kN，$F_6 = 20$ kN，各力方向如图 2.6 所示。

解：应用公式(2.3)得

$F_{1x} = F_1 = 10$ kN，$F_{1y} = 0$

$F_{2x} = 0$，$F_{2y} = F_2 = 15$ kN

$F_{3x} = F_3\cos 30° = 10 \times 0.866$ kN $= 8.66$ kN

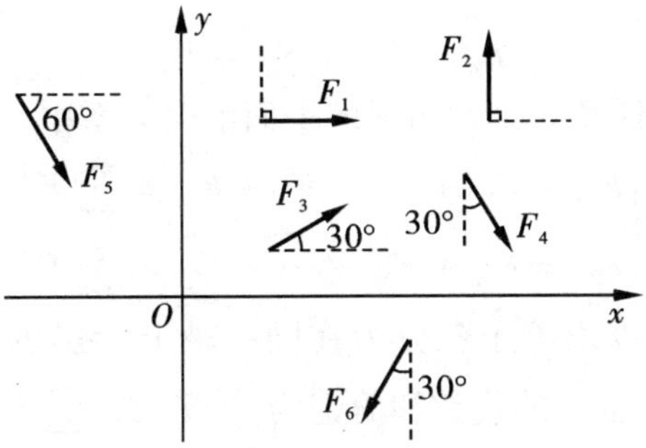

图 2.6

$F_{3y} = F_3 \sin 30° = 10 \times 0.5\ \text{kN} = 5\ \text{kN}$

$F_{4x} = F_4 \sin 30° = 15 \times 0.5\ \text{kN} = 7.5\ \text{kN}$

$F_{4y} =- F_4 \cos 30° =- 15 \times 0.866\ \text{kN} = 12.99\ \text{kN}$

$F_{5x} = F_5 \cos 60° = 10 \times 0.5\ \text{kN} = 5\ \text{kN}$

$F_{5y} =- F_5 \sin 60° =- 10 \times 0.866\ \text{kN} =- 8.66\ \text{kN}$

$F_{6x} =- F_6 \sin 30° =- 20 \times 0.5\ \text{kN} =- 10\ \text{kN}$

$F_{6x} =- F_6 \cos 30° =- 20 \times 0.866\ \text{kN} =- 17.3\ \text{kN}$

二、合力投影定理

设刚体上某点作用一平面汇交力系 $\boldsymbol{F}_1$、$\boldsymbol{F}_2$、$\boldsymbol{F}_3$，如图 2.7(a)所示。该力系组成的力多边形,如图 2.7(b)所示。自平面内任意点 A 作力多边形 $ABCD$，则矢量 $\boldsymbol{AD}$ 即表示该力系的合力 $\boldsymbol{F}_R$ 的大小和方向。

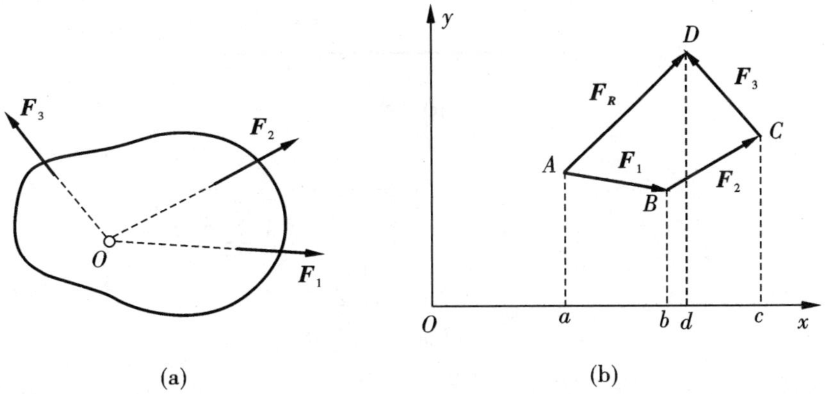

图 2.7

取坐标系 Oxy，将所有的力投影到 x 轴上，则由图 2.7(b)可知 $ad = ab + bc + cd$，按投影定义，上式左端为合力 $\boldsymbol{F}_R$ 的投影，右端为四个分力的投影的代数和，即

$$F_{Rx} = F_{1x} + F_{2x} + F_{3x}$$

同理可得

$$F_{Ry} = F_{1y} + F_{2y} + F_{3y}$$

将上述关系推广到由任意 n 个力组成的平面汇交力系中，则得

$$\begin{cases} F_{Rx} = F_{1x} + F_{2x} + \cdots + F_{nx} = \sum F_{ix}^{*} \\ F_{Ry} = F_{1y} + F_{2y} + \cdots + F_{ny} = \sum F_{iy}^{*} \end{cases} \tag{2.5}$$

即合力在任一轴上的投影等于各分力在同一轴上投影的代数和(为了表达上的简便，以下各分力在 x 轴或 y 轴上的代数和简记为 $\sum F_x$ 或 $\sum F_y$)，这就是**合力投影定理**。

三、平面汇交力系合成的解析法

设在刚体上作用一平面汇交力系($\boldsymbol{F}_1, \boldsymbol{F}_2, \cdots, \boldsymbol{F}_n$)的合力为 $\boldsymbol{F}_R$，合力的投影 F_{Rx} 和 F_{Ry}，根据合力投影定理，$F_{Rx} = \sum_{i=1}^{n} F_{ix}$，$F_{Ry} = \sum_{i=1}^{n} F_{iy}$

如图 2.8 所示，在按式(2.4)或图 2.8 即可求出合力的大小和方向。

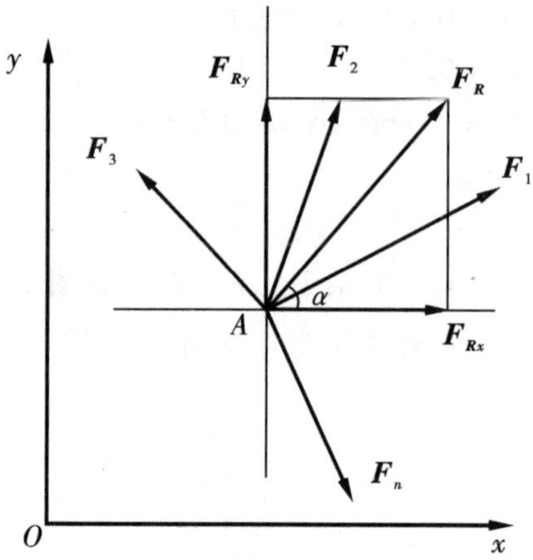

图 2.8

$$F_R = \sqrt{F_{Rx}^2 + F_{Ry}^2} = \sqrt{\left(\sum_{i=1}^{n} F_{ix}\right)^2 + \left(\sum_{i=1}^{n} F_{iy}\right)^2}$$

$$\tan\alpha = \left|\frac{F_{Ry}}{F_{Rx}}\right| = \left|\frac{\sum F_y}{\sum F_x}\right| \tag{2.6}$$

式中，α 表示合力 F_R 与 x 轴间所夹的锐角。合力指向由 F_{Rx}、F_{Ry} 的正负号用图判定。这种运用投影求合力的方法，称为解析法。

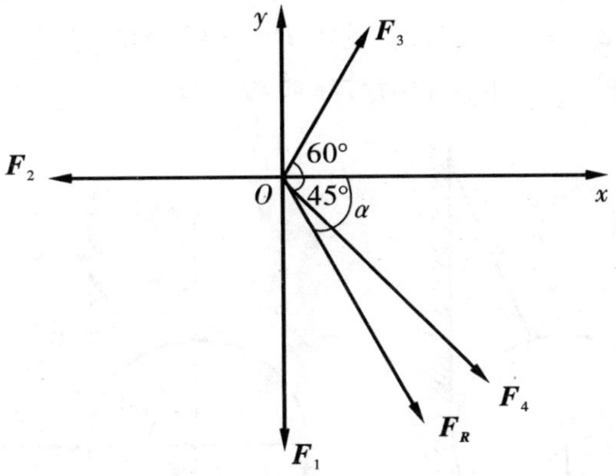

图 2.9

【例 2.4】　用解析法求图 2.9 所示平面汇交力系的合力的大小和方向。已知 $F_1 = 15\ \text{kN}, F_2 = 5\ \text{kN}, F_3 = 2\ \text{kN}, F_4 = 10\ \text{kN}$。

解:由式(2.5)计算合力 F_R 在 x、y 轴上的投影。

$$F_{Rx} = \sum F_x = (0 - 5 + 2 \times \cos 60° + 10 \times \cos 45°) = 3.07\ \text{kN}$$

$$F_{Ry} = \sum F_y = (-15 + 0 + 2 \times \sin 60° - 10 \times \sin 45°) = -20.338\ \text{kN}$$

故合力 F_R 的大小为

$$F_R = \sqrt{F_{Rx}^2 + F_{Ry}^2} = \sqrt{(3.07)^2 + (-20.338)^2} = 20.57\ \text{kN}$$

合力 F_R 的方向余弦为

$$\cos\alpha = \frac{F_{Rx}}{F_R} = \frac{3.07}{20.57} = 0.149, \cos\beta = \frac{F_{Ry}}{F_R} = \frac{-20.338}{20.57} = -0.988$$

故 $|\alpha| = 81.4°$。合力 F_R 的作用线通过力系的汇交点 O，在第四象限(因为 F_{Rx} 正，F_{Ry} 为负)，指向如图 2.9 所示。

四、平面汇交力系平衡的解析条件

在前面已讲过，平面汇交力系平衡的必要和充分条件是该力系的合力为零，即 $F_R = 0$。由式(2.6)可知，要使

$$F_R = \sqrt{F_{Rx}^2 + F_{Ry}^2} = \sqrt{\left(\sum_{i=1}^{n} F_{ix}\right)^2 + \left(\sum_{i=1}^{n} F_{iy}\right)^2} = 0$$

必须也只需

$$\sum F_{Rx} = 0, \quad \sum F_{Ry} = 0 \tag{2.7}$$

于是，可得结论，即平面汇交力系平衡的解析条件是：力系中各力在两个坐标轴中每一轴上的投影的代数和均为零。

式(2.7)是两个独立的方程式，可以求解两个未知量。在求解平衡问题时，若事先不

能判明未知力的指向，那么可任意假定。如计算结果为正值，则表示所设力的指向与实际指向相同；若为负值，则说明所设力的指向与实际指向相反。

【例 2.5】 如图 2.10(a)所示，重量为 $P=5$ kN 的球悬挂在绳上，且和光滑的墙壁接触，绳和墙的夹角为 30°。试求绳和墙对球的约束力。

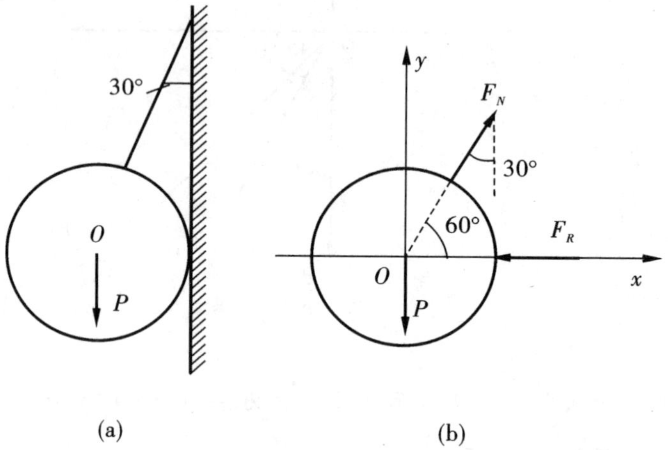

图 2.10

解：(1)选研究对象。

因已知的重力 **P** 和待求的约束力都作用在球上，故应选球为研究对象。

(2)画受力图。图中 $\boldsymbol{F}_R$ 是墙对球的约束力，$\boldsymbol{F}_N$ 为绳对球的约束力[图 2.10(b)]。

(3)选坐标系。选定水平方向和铅垂方向为坐标轴的方向，则 **P** 与 y 轴重合，$\boldsymbol{F}_N$ 与 x 轴成 60°角。

(4)根据平衡条件列平衡方程。可先求出各力在 x、y 轴上的投影，见表 2.1，于是

$$\sum F_x=0, F_N\cos 60^\circ - F_R=0 \qquad (1)$$

$$\sum F_y=0, F_N\sin 60^\circ - P=0 \qquad (2)$$

表 2.1 各力在 x、y 轴上的投影

投影	F_N	F_x	P
F_x	$F_N\cos 60^\circ$	$-F_R$	0
F_y	$F_N\sin 60^\circ$	0	$-P$

由式(2)得

$$F_N=\frac{P}{\sin 60^\circ}=\frac{5}{0.886}=5.77\ \text{kN}$$

以此代入式(1)得

$$F_R=F_N\cos 60^\circ=5.77\times 0.5=2.89\ \text{kN}$$

【例 2.6】　重 $P=1$ kN 的球放在与水平成 30°角的光滑斜面上，并用与斜面平行的绳 AB 系住，如图 2.11(a)所示。试求绳 AB 受到的拉力及球对斜面的压力。

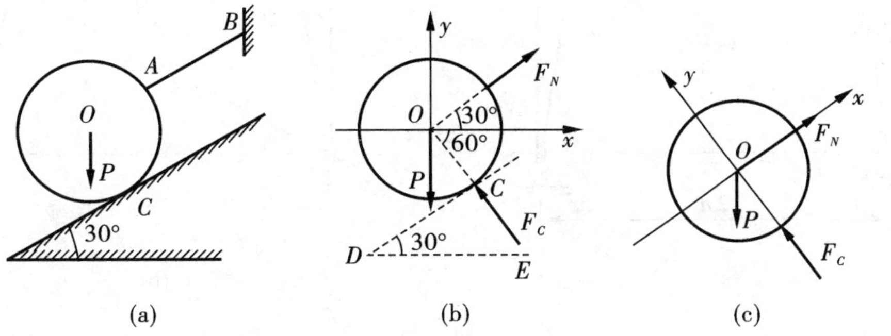

图 2.11

解：(1)选重球为研究对象。

(2)画受力图。作用于重球上的力有重力 $\boldsymbol{P}$、斜面的约束力 $\boldsymbol{F}_C$ 及绳对球的拉力 $\boldsymbol{F}_N$。这是一个平衡的平面汇交力系，如图 2.11(b)所示。

(3)选坐标系 Oxy，如图 2.11(b)所示。

(4)列平衡方程

$$\sum F_x = 0, F_N\cos 30° - F_C\cos 60° + 0 = 0 \tag{1}$$

$$\sum F_y = 0, F_N\sin 30° - F_C\sin 60° - P = 0 \tag{2}$$

联解之，得

$$F_C = 0.866\ \text{kN}, F_N = 0.50\ \text{kN}$$

根据作用与反作用定律可知，绳子所受的拉力为 0.50 kN；球对斜面的压力为 0.866 kN，其指向与图中力 F_C 的指向相反。

讨论　如选取坐标系如图 2.11(c)所示，则由

$$\sum F_x = 0, F_N + 0 - P\cos 60° = 0$$

得

$$F_N = \frac{1}{2}P = 0.5\ \text{kN}$$

由

$$\sum F_y = 0, 0 + F_C - P\sin 60° = 0$$

得

$$F_C = \frac{\sqrt{3}}{2}P = 0.866\ \text{kN}$$

由此可知，若选取恰当的坐标系，则所得平衡方程较易求解(一个平衡方程中只出现一个未知数)。

【例 2.7】平面刚架如图 2.12(a)所示，力 F 和尺寸 a 均为已知，求支承 A 和 D 处的约束力。刚架的自重不计。

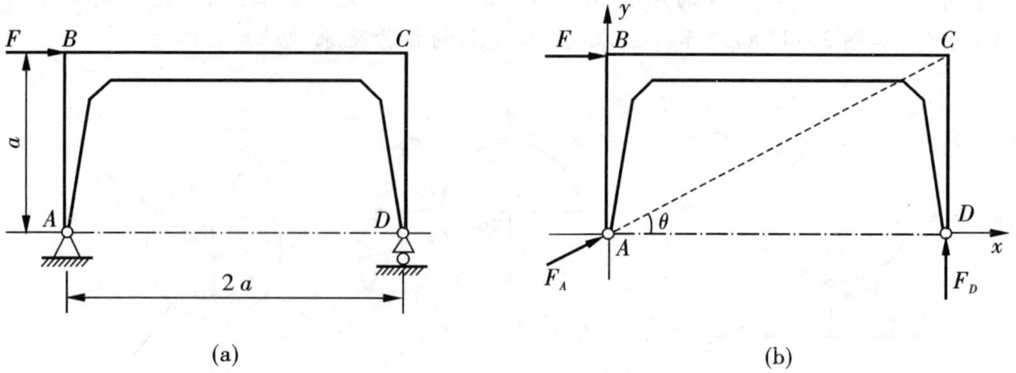

图 2.12

解:(1)选刚架为研究对象。

(2)画受力图。根据约束的性质,D 处为辊轴支座,故其约束 $\boldsymbol{F}_D$ 的方向是竖直的;A 处为固定铰支座。其约束力 $\boldsymbol{F}_A$ 的方向一般为未知。但在此情况下,根据三力平衡汇交定理,可知 $\boldsymbol{F}_A$ 的方向必沿 AC 线,即 $\theta = \arctan(\alpha/2\alpha) = 26.6°$。刚架的受力如图 2.12(b)所示。

(3)选坐标系如图 2.12(b)所示。

(4)列平衡方程

$$\sum F_x = 0, F + F_A \cos 26.6° = 0 \tag{1}$$

$$\sum F_y = 0, F_D + F_A \sin 26.6° = 0 \tag{2}$$

解之得

$$F_A = -1.12F \text{(负号表示其实际指向与所设指向相反)}$$

$$F_D = -0.488F_A = (-0.448)(-1.12F) = 0.502F$$

注意:写平衡方程式时,F_A 的指向是以图示指向为准,故将 F_A 代入式(2)时保留其负号。

章后小结

1. 各力的作用线在同一平面内且相交于一点的力系,称为平面汇交力系。研究平面汇交力系重点是讨论平衡问题。研究的方法有:①几何法(矢量法);②解析法(投影法)。

2. 平面汇交力系平衡的必要和充分条件是该力系的合力为零。

3. 求解平面汇交力系合成与平衡问题的解析法是以力在坐标轴上的投影为基础的。

习 题

2.1 如图 2.13 所示,已知 $F_1 = 150\ \text{N}, F_2 = 200\ \text{N}, F_3 = 250\ \text{N}, F_4 = 100\ \text{N}$,试分别用几何法和解析法求这四个力的合力。

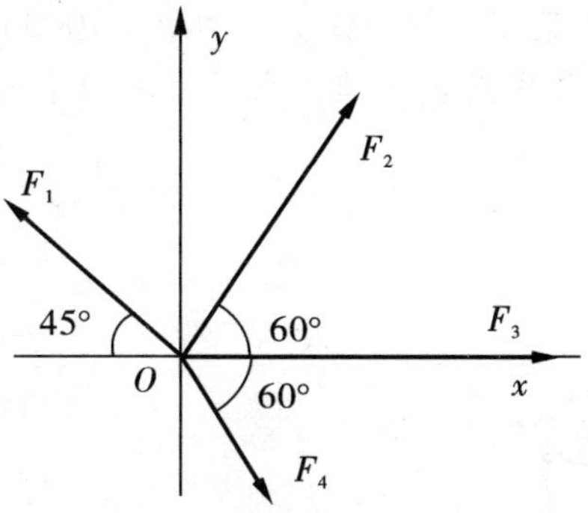

图 2.13

2.2　支架由 AB、AC 两杆组成，绳及杆的重量均可不计，A、B、C 均为光滑铰链，在 A 点悬挂重为 P 的物体。试求在图 2.14 所示四种情况下，杆 AB 与杆 AC 所受的力。

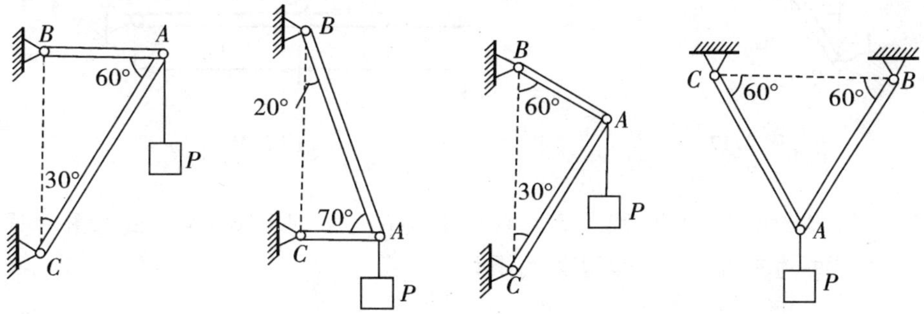

图 2.14

2.3　如图 2.15 所示，三铰刚架由 AB 和 BC 两部分组成，A、C 为固定铰支座，B 为中间铰。试求支座 A、C 和铰链 B 的约束力。设刚架的自重及一切摩擦力均不计。

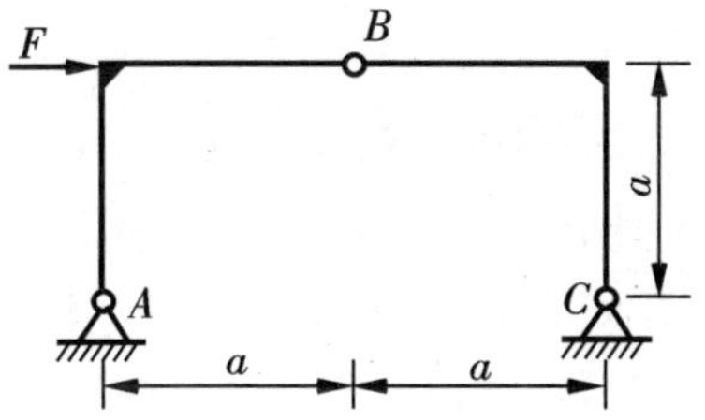

图 2.15

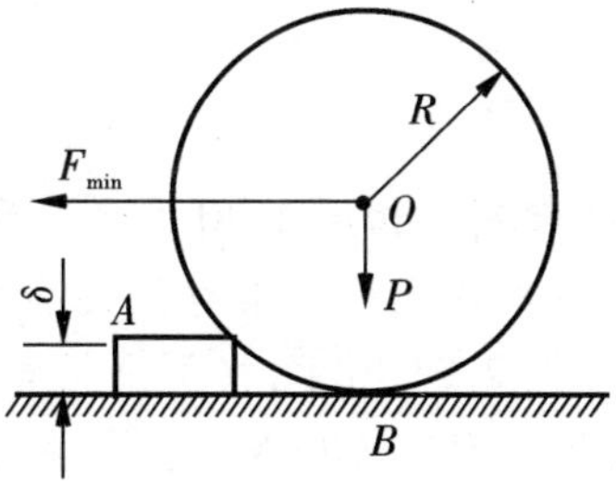

图 2.16

2.4　如图 2.16 所示，压路的碾子 O 重 $P = 20$ kN，截面半径 $R = 400$ mm 。试求碾子越过厚度 $\delta = 800$ mm 的石块时，所需最小的水平拉力 $F_{\min}$ 。设石块不动。

2.5　如图 2.17 所示，简易起重机用钢丝绳吊起重的物体 $P = 2000$ N。起重机由杆 AB、AC 及滑轮 A、D 组成，不计及轮的自重。试求平衡时杆 AB、AC 所受的力（忽略滑轮尺寸）。

2.6 如图2.18所示,构架 $ABCD$ 在 A 点受力 $F=1000$ N 作用。杆 AB 和 CD 在 C 点用铰链连接,B、D 两点处均为固定铰支座。如不计杆重及摩擦,试求杆 CD 所受的力和支座 B 的约束力。

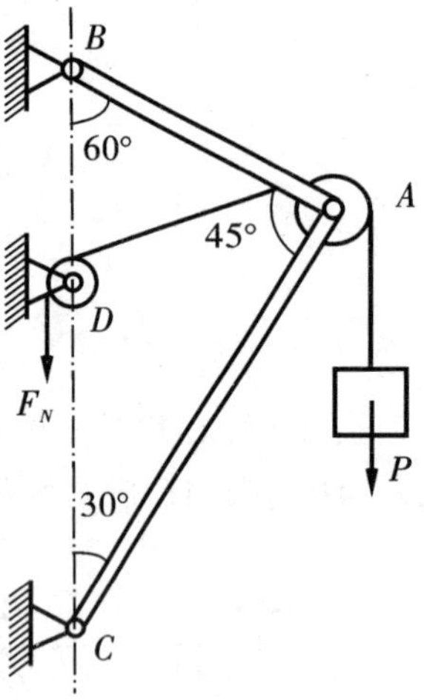

图2.17

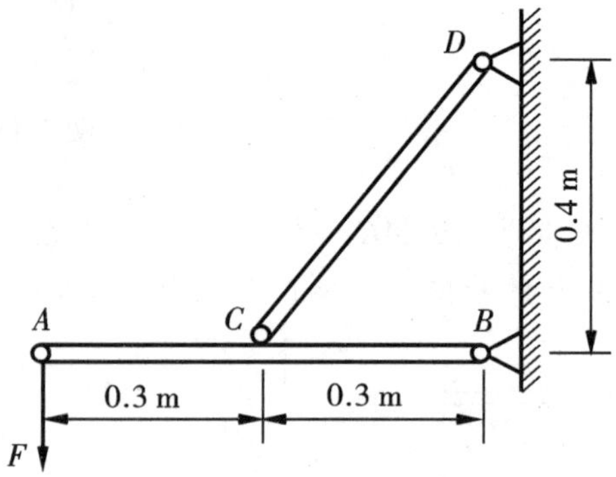

图2.18

2.7 梁 AB 如图2.19所示,作用在跨度中点 C 的力 $F=20$ kN 。试求图示两种情况下支座 A 和 B 的约束力。梁重及摩擦均不计。

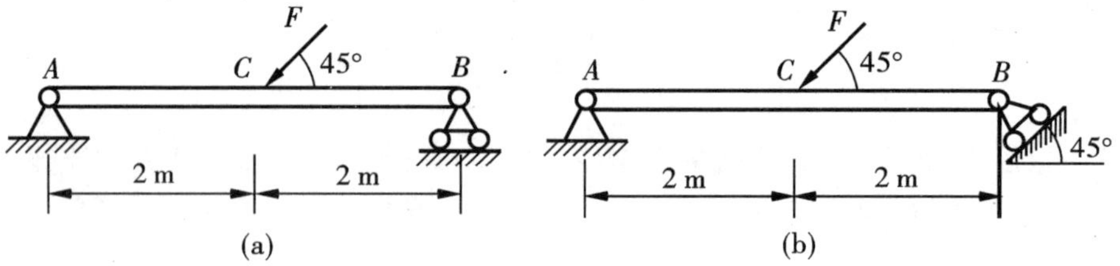

图2.19

2.8 托架制成如图2.20所示三种形式,已知 $F=1000$ N, $AC=CB=AD$ 。试分别就三种情况计算出 A 点的约束力的大小和方向。不计托架自重及一切摩擦。

2.9 如图2.21所示,将两个相同的光滑圆柱放在矩形槽内,各圆柱的半径均为 $r=200$ mm,重 $P_1=P_2=600$ N。求接触点 A、B、C 处的约束力。

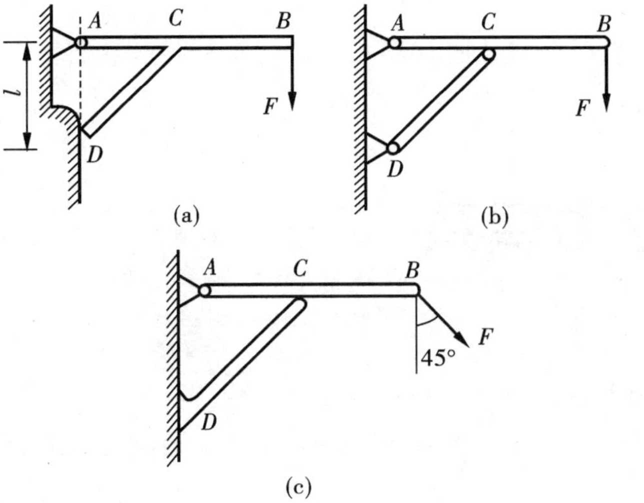

图 2.20

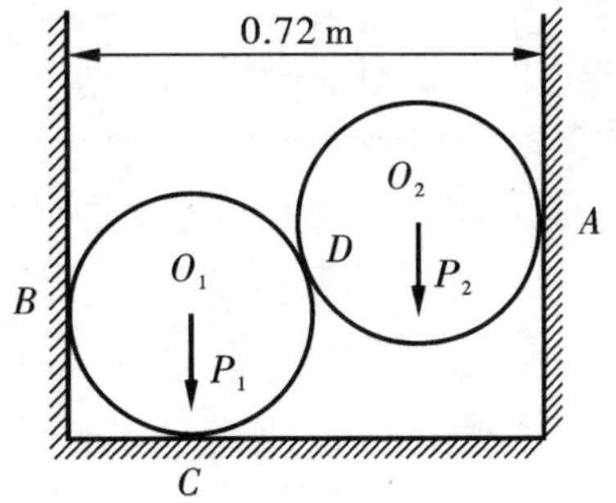

图 2.21

2.10　在图 2.22 所示压榨机机构 ABC 中，铰链 B 固定不动，作用在铰链 A 处的水平力 F 使压块 C 压紧物体 D。试求物体 D 所受的压力。各杆自重及摩擦都不计。

2.11　如图 2.23 所示，机构 $ABCD$，杆重及摩擦均可不计。在铰链 B 上作用力 F_2，在铰链 C 上作用力 F_1，方向如图 2.23 所示。试求当机构在图示位置平衡时 F_1 和 F_2 两力之间的关系。

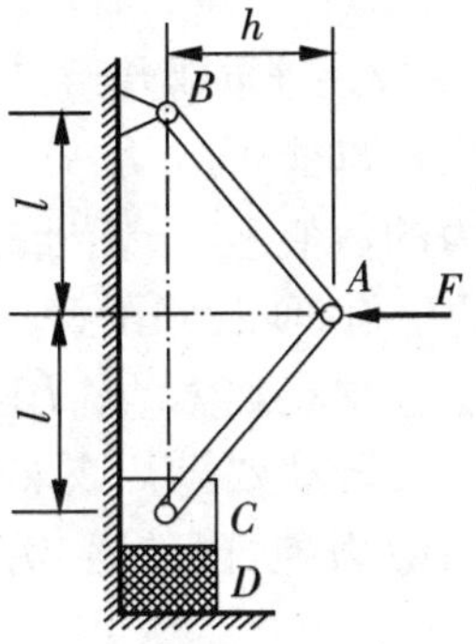

图 2.22

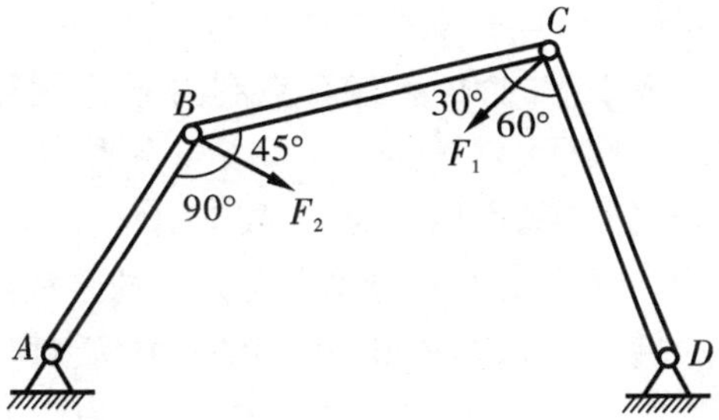

图 2.23

第三章 力矩　平面力偶系

学习目标

1. 理解力矩、力偶、力偶系的概念。
2. 会求力对点之矩；能解决平面力偶系的合成与平衡问题。

第一节　力对点之矩　合力矩定理

力不仅能使物体移动，还能使物体转动。力的移动效应取决于力的大小和方向，前面已经讲过。力使物体绕某点转动效应的度量，称为力对点之矩。

一、力对点之矩的定义

如图 3.1 所示，用扳手拧紧螺母，作用在扳手上的力 $\boldsymbol{F}$ 使扳手连同螺母绕螺母中心 O 点（实为绕通过 O 点而垂直于图面的轴）转动。由经验可知，螺母能否旋动、旋紧，不仅取决于作用在扳手上的力，还有 O 点到力 $\boldsymbol{F}$ 作用线的距离。力的数值愈大，螺母拧得愈紧；力的作用线离螺母中心愈远，拧紧螺母愈省力。许多这样的事例，使我们了解到：力 $\boldsymbol{F}$ 使物体绕 O 点转动，其作用效应，不仅与力的大小有关，而且还与 O 点到力的作用线的垂直距离 d 有关。因此要用力的大小与力臂的乘积 Fd 来度量力的转动效应。该乘积并根据转动效应的转向取适当的正负号称为力 $\boldsymbol{F}$ 对点 O 之矩，简称**力矩**，以符号 $M_O(\boldsymbol{F})$ 表示，即

$$M_O(\boldsymbol{F}) = \pm Fd \tag{3.1}$$

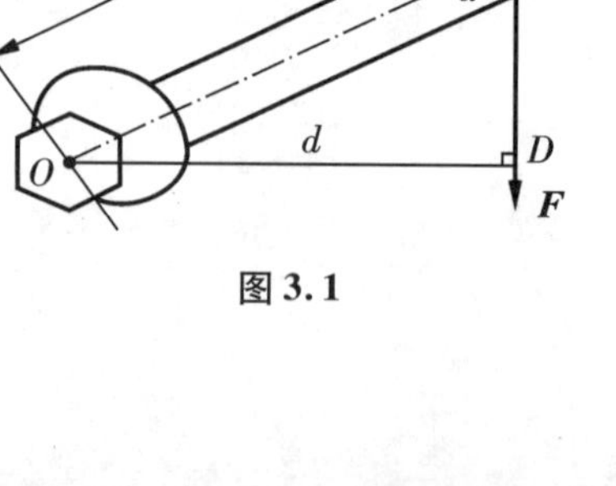

图 3.1

O 点称为力矩中心，简称**矩心**；O 点到力 $\boldsymbol{F}$ 作用线的垂直距离 d，称为**力臂**。力矩的正负号用来区别力 $\boldsymbol{F}$ 使物体绕 O 点转动的两种转向，通常规定：力使物体绕矩心逆时针方向转动时为正，反之为负。力对点之矩只取决于力矩的大小及其旋转方向（力矩的正负），它是一个代数量。力矩的单位是 N · m（牛 · 米）或 kN · m（千牛 · 米）。

力 $\boldsymbol{F}$ 对 O 点之矩的大小可用图 3.2 中 $\triangle OAB$ 的面积的 2 倍来表示，即

$$M_O(\boldsymbol{F}) = \pm 2 \cdot \triangle OAB \tag{3.2}$$

由上述力矩的定义和式(3.1)可知：

(1)力对点之矩不仅取决于力的大小，还与矩心的位置有关。虽然力矩随矩心的位置变化而变化，但是力对任一已知点之矩，不会因该力沿作用线移动而改变。

(2)力的作用线如通过矩心，则力矩为零；反之，如果一个力其大小不为零，而它对某点之矩为零，则此力的作用线必通过该点。

(3)互成平衡的二力对同一点之矩的代数和为零。

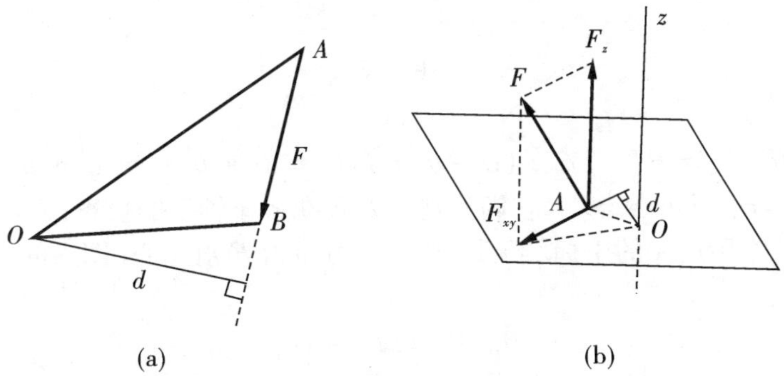

图 3.2

附带指出：本教材讨论平面问题中力对点之矩，未详细讨论空间问题。上述力矩的概念是由力对物体上固定点的作用线引出的，实际上，作用于物体上的力可以对任意点取矩，这是今后解题中应该注意的。

此外，在平面问题中，力对点之矩实际上指力使物体绕通过矩心的某一轴转动效果的度量，该轴垂直于由力的作用线和矩心所决定的平面。而在空间问题中，力对轴之矩定义为：力 $\boldsymbol{F}$ 对 z 轴之矩等于力 $\boldsymbol{F}$ 在通过其作用点并与 z 轴垂直的平面上的投影 F_{xy} 对 z 轴与此平面的交点 O 之矩。如图 3.2(b)所示。

【例 3.1】　图 3.1 中，如作用于扳手上的力 $F=200$ N，$l=0.40$ m，$\alpha=60°$，试计算力 $\boldsymbol{F}$ 对点 O 之矩。

解：根据式(3.1)有

$M_O(\boldsymbol{F}) = -Fd = -Fl\sin\alpha = -200 \times 0.40 \times \sin 60° = -69.3$ N · m

此处力 $\boldsymbol{F}$ 使扳手绕 O 点作顺时针方向转动，取力矩为负值。应注意，力臂是 OD（自矩心 O 至力作用线的垂直距离）而不是 OA。

二、合力矩定理

由式(3.1)计算力矩时,有时力臂的计算比较麻烦。为了方便,常采用计算力矩的解析公式。

由图 3.3 可见

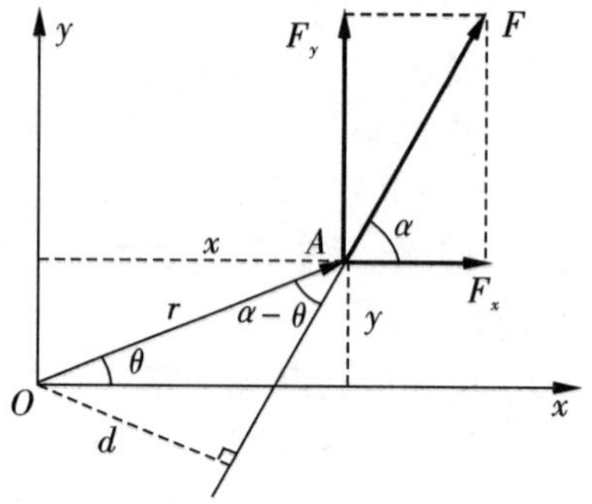

图 3.3

$$M_O(\boldsymbol{F}) = Fd = Fr\sin(\alpha-\theta) = Fr(\sin\alpha\cos\theta - \cos\alpha\sin\theta)$$

而 $F\cos\alpha = F_x$, $F\sin\alpha = F_y$,它们分别是力 $\boldsymbol{F}$ 在 x、y 轴上的投影;又 $r\cos\theta = x$, $r\sin\theta = y$ 分别是力 $\boldsymbol{F}$ 作用点 A 的坐标。于是,由上式可得力 $\boldsymbol{F}$ 对矩心(图中的坐标原点) O 之矩的解析表达式

$$M_O(\boldsymbol{F}) = xF_y - yF_x \tag{3.3}$$

如果作用在 A 点上的是一个汇交力系($\boldsymbol{F}_1$, $\boldsymbol{F}_2$, …, $\boldsymbol{F}_n$),则由式(3.3)可求出每个力对矩心 O 之矩,加在一起可得

$$\sum M_O(\boldsymbol{F}) = x\sum F_y - y\sum F_x$$

而由式(3.3),该汇交力系的合力 $\boldsymbol{F_R} = \sum \boldsymbol{F}$, 它对矩心 O 的矩为

$$\sum M_O(\boldsymbol{F_R}) = xF_{Ry} - F_{Rx} = x\sum F_y - y\sum F_x$$

比较以上两式,可以看出

$$M_O(\boldsymbol{F}) = M_O(\boldsymbol{F}_1) + M_O(\boldsymbol{F}_2) + \cdots + M_O(\boldsymbol{F}_n) = \sum M_O(\boldsymbol{F}) \tag{3.4}$$

式(3.4)称为**平面汇交力系的合力矩定理**,即平面汇交力系的合力对作用面内任一点的矩等于力系中各分力对同一点之矩的代数和。该定理同样适用于空间问题中力对轴之矩,即空间力系的合力对任意轴之矩,等于力系中各分力对同一轴之矩的代数和。

【**例** 3.2】 试用合力矩定理计算例 3.1 中力 $\boldsymbol{F}$ 对 O 点之矩。

解:取坐标系 Oxy 如图 3.4 所示,则

$$|F_x| = F\cos\alpha,\quad |F_y| = F\sin\alpha$$

由合力矩定理

$$M_O(\boldsymbol{F}) = M_O(F_x) + M_O(F_y) = |F_x|\times 0 - |F_y|\times 0.4 = -F\sin\alpha\times 0.4$$
$$= (-200\times\sin 60^\circ\times 0.4) = -69.3\ \mathrm{N\cdot m}$$

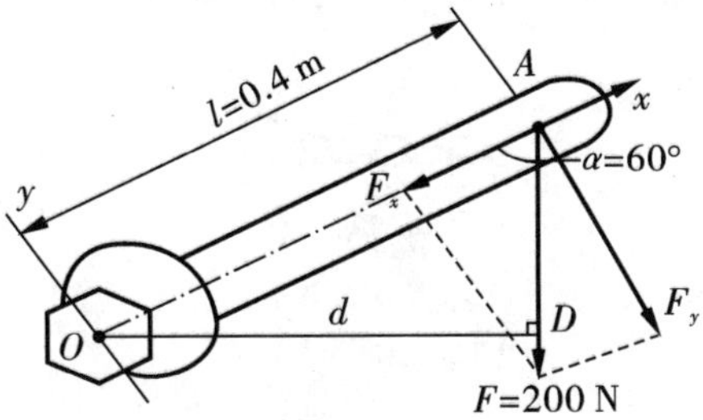

图 3.4

【例 3.3】 求图 3.5 中均布线荷载 q 对 O 点之矩(已知:$q=20$ kN/m,$l=4$ m)。

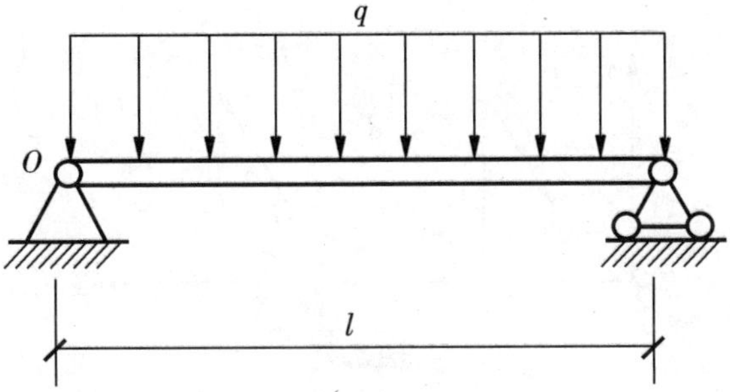

图 3.5

解:均布线荷载合力大小为 ql, 合力到 O 点的距离为 $\frac{l}{2}$

由合力矩定理得

$$M_O(q)=-ql\frac{l}{2}=-\frac{1}{2}ql^2=-\frac{l}{2}\times 20\text{ kN}\times(4^2)\text{m}=-160\text{ kN}\cdot\text{m}$$

第二节 力偶及其特性

一、力偶

(一)力偶

1. 力偶

在生活和生产实践中,我们常见到两个大小相等的反向平行力作用于物体的情形。例如,汽车司机用双手转动方向盘,人们用手指拧水龙头以及钳工用丝锥功螺纹,如图 3.6所示。

这样的两个力不满足二力平衡条件,显然不会平衡,只会使物体转动或改变物体的转动状态。那么我们就把这样大小相等、指向相反、作用线平行的两个力所组成的力系叫作**力偶**,并记作($\boldsymbol{F}$, $\boldsymbol{F}'$),力偶是一种最基本的力系也是一种特殊力系,如图 3.7 所示。力偶中两个作用线之间的垂直距离 d 称为力偶臂,力偶所在的平面称为力偶作用面。

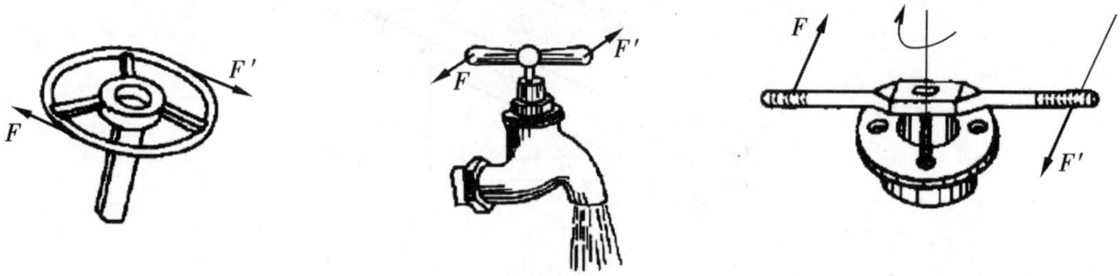

(a) (b) (c)

图 3.6

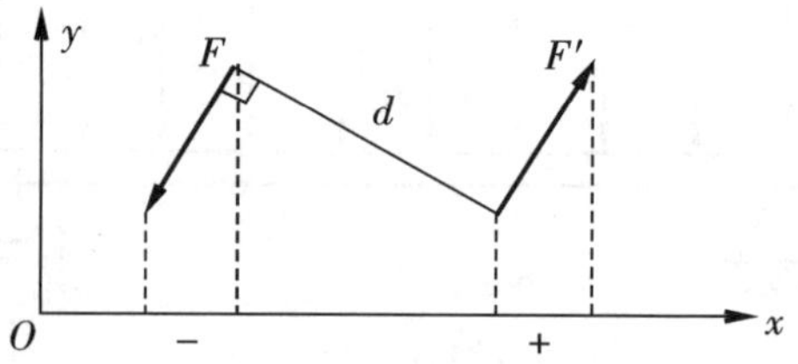

图 3.7

2. 力偶三要素

由于力偶在平面内的转动方向不同,其作用效果不同,因此力偶对物体的转动效应取决于下列三个要素:①力偶矩的大小;②力偶的转向;③力偶的作用面。

(二)力偶矩

力偶的转动效应该如何度量呢?由经验可知,力使物体转动的效应与力的大小及力偶臂的长短有关。因此力偶对物体的转动效应,自然也可以用力偶中的两个力对其作用面内任一点之矩的代数和来度量。设物体上作用有一力偶臂为 d 的力偶($\boldsymbol{F}$, $\boldsymbol{F}'$),如图 3.8 所示,则该力偶对作用面内任一点 O 之矩为

$$M_O(\boldsymbol{F}) + M_O(\boldsymbol{F}') = F(x + d) - F'x = Fd$$

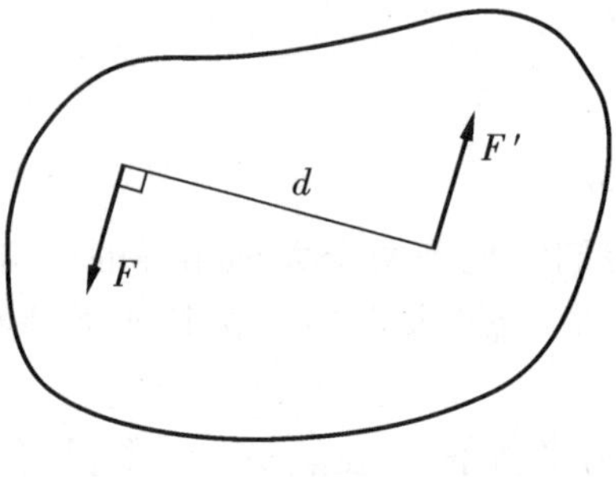

图 3.8

因为矩心是任意选取的，所以力偶对作用面内任一点之矩的大小恒等于力偶中一力的大小和力偶臂的乘积，而与矩心的位置无关，因此，力偶对物体的转动效应可以用力与力偶臂的乘积 Fd 加上区分力偶在作用面内的两种不同转向的正负号来量度，这一物理量称为**力偶矩**，以符号 $M(\boldsymbol{F},\boldsymbol{F}')$ 或 M 表示，即

$$M(\boldsymbol{F},\boldsymbol{F}') = \pm Fd$$

或

$$M = \pm Fd \tag{3.5}$$

式(3.5)中的正负号表示力偶的转动方向。通常规定：力偶使物体逆时针方向转动时，力偶矩取正号；力偶使物体顺时针方向转动时，力偶矩取负号。如图 3.9 所示。

力偶矩的单位与力矩的单位相同，N · m 或 kN · m 。

由图 3.10 可见，力偶矩的大小也可用以力偶中一个力为底边而以另一个力作用线上任意点为顶点的三角形的面积的两倍来表示，于是

$$M = \pm 2\triangle ABC \tag{3.6}$$

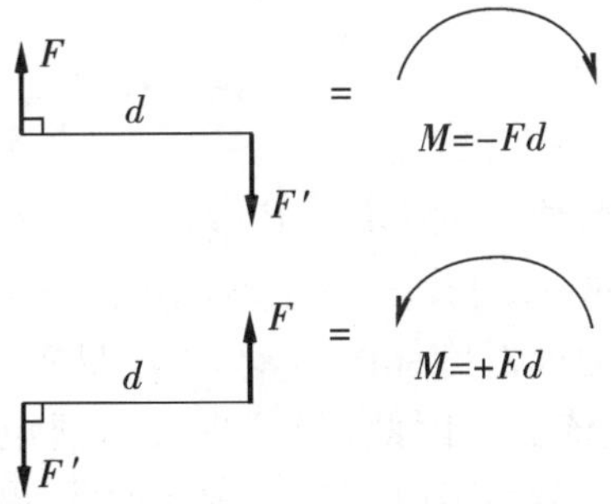

图 3.9

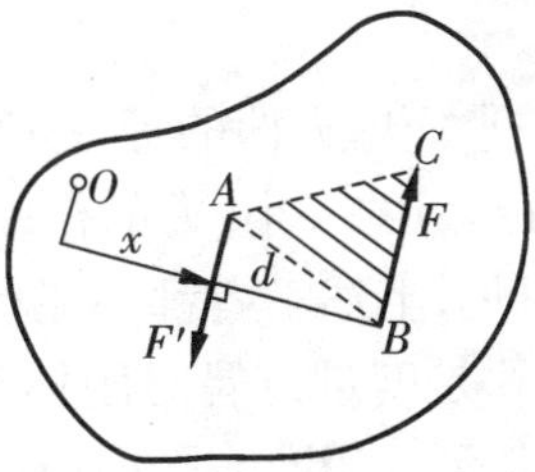

图 3.10

二、力偶的性质

由于力偶在平面内的两个力在任意坐标轴上的投影的代数和等于零，因此力偶不存在合力，并且由于这两个力是平行的关系，并不在同一条作用线上，因此更不是平衡力，力偶对物体只有转动效应，它与力一样，是一种基本力学量。

（一）力偶的性质

(1) 力偶在任何坐标轴上的投影等于零。由于力偶中的两个力大小相等、指向相反、作用线平行，故它们在任何坐标轴上投影之和必等于零，如图 3.11 所示。

(2) 力偶不能合成为一个力，或者说力偶没有合力，即它不能与一个力等效，因而也不能被一个力平衡；力偶只能由力偶来平衡，力偶是一种最简单的特殊力系。

(3) 力偶对物体不产生移动效应，只产生转动效应，即它可以而且也只能改变物体的转动状态。

（二）同一平面内力偶的等效定理

下面根据静力学公理导出同一平面内力偶的等效定理，这是多力偶合成的理论基础。

由经验证实,汽车司机转动方向盘,不论将力偶($\boldsymbol{F}$, $\boldsymbol{F}'$)加在 A、B 位置,还是将同一力偶加在 C、D 位置,如图 3.12 所示,对方向盘的转动效应不变;而且如果司机将双手施加的力增加一倍,而两个力之间的距离减小一半,如图 3.12 所示力偶($\boldsymbol{F}_1$, $\boldsymbol{F}'_1$),则对方向盘的转动效应仍然不变。这就直观的说明一个力偶可以和另一个力偶等效。

一般地说:在同一平面内的两个力偶,如果它们的力偶矩大小相等,而且转向相同,则此两力偶等效。这称为**同一平面内力偶等效定理**。

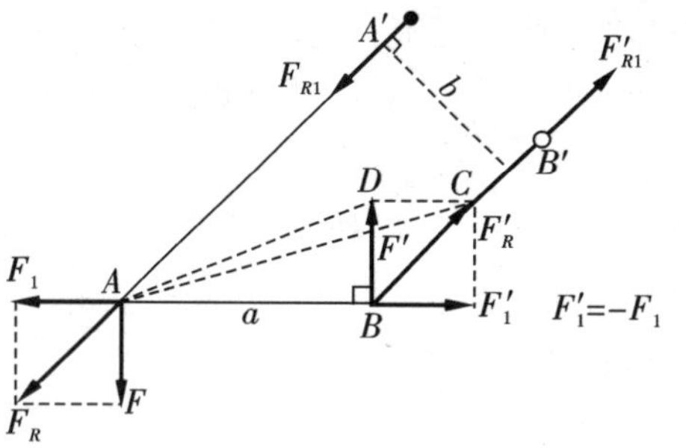

图 3.11

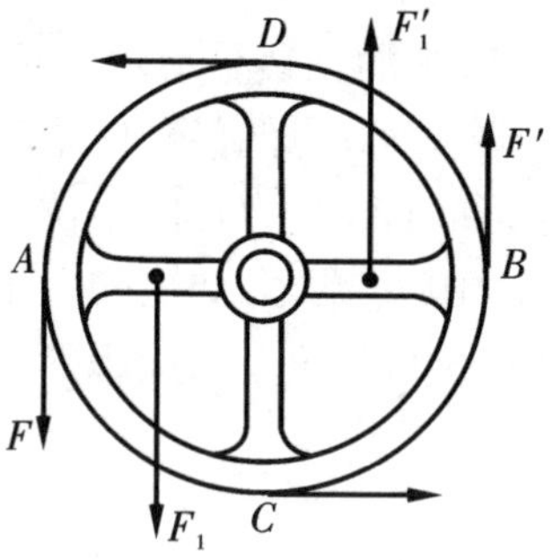

图 3.12

应用同一平面内力偶的等效定理时应注意,原来的力偶($\boldsymbol{F}$, $\boldsymbol{F}'$)与等效替换的力偶($\boldsymbol{F}_1$, $\boldsymbol{F}'_1$),虽然力的大小、力的作用位置和力偶臂的长度三者都不相同,而这两个力偶却是等效的。可见,上述三者都不能单独地度量力偶对刚体的转动效应,只有力偶矩(包括大小和转向)才是度量力偶对刚体转动效应的依据。因此,只要保证力偶矩的代数值不变,一个力偶就可以用同一平面内的另一力偶代替而不改变它对刚体的转动效应。

由同一平面内力偶的等效定理,可以得出下面两个重要推论。

推论 1 力偶可以在其作用面内任意移转而不改变它对刚体的转动效应。

推论 2 在保持力偶矩的大小和转向不变的条件下,可以任意改变力偶中力和力偶臂的大小而不改变力偶对刚体的转动效应。

特别指出,上述结论只适用于刚体,而不适用于变形效应的研究。

第三节 平面力偶系的合成与平衡

作用在同一物体的同一平面内的若干力偶,总称为平面力偶系。

一、平面力偶系的合成

(一) 两个力偶的情况

先讨论平面内两个力偶的合成,设在同一平面内的两个力偶($\boldsymbol{F}_1$, $\boldsymbol{F}'_1$)和($\boldsymbol{F}_2$, $\boldsymbol{F}'_2$),它们的力偶臂分别为 d_1 和 d_2, 如图 3.13(a)所示。则该两力偶的力偶矩分别为

$$M_1 = + F_1 d_1, M_2 = - F_2 d_2$$

在力偶作用面内任取一线段 $AB = d$, 在保持力偶矩不变的条件下,同时改变这两个

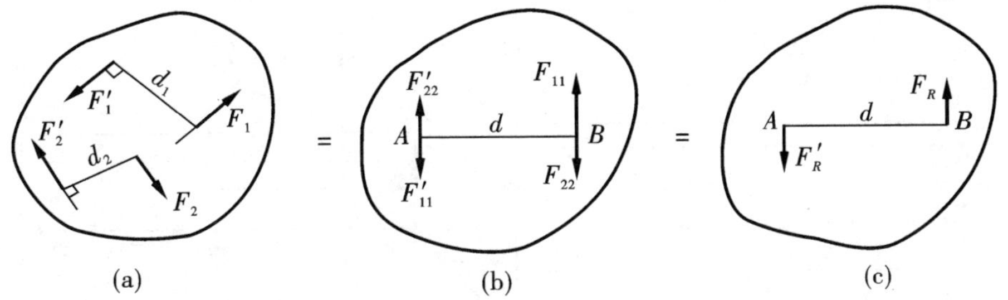

图 3.13

力偶的力的大小和力偶臂的长短,使它们具有相同的臂长 d, 并将它们在平面内移转,使力的作用线重合,如图 3.13(b)所示。于是得到分别与原力偶等效的两个新力偶($\boldsymbol{F}_{11}$, $\boldsymbol{F}_{11}'$)和($\boldsymbol{F}_{22}$, $\boldsymbol{F}_{22}'$)。

$\boldsymbol{F}_{11}$ 和 $\boldsymbol{F}_{22}$ 的大小可由下列等式算出

$$M_1 = + F_{11}d, M_2 = - F_{22}d$$

将作用在 A 点的力 $\boldsymbol{F}_{11}'$、$\boldsymbol{F}_{22}'$ 和作用在 B 点的力 $\boldsymbol{F}_{11}$、$\boldsymbol{F}_{22}$ 分别合成(设 $\boldsymbol{F}_{11} > \boldsymbol{F}_{22}$),则

$$F_R = F_{11} - F_{22}, \ F_R' = F_{11}' - F_{22}'$$

于是力 $\boldsymbol{F}_R$ 与 $\boldsymbol{F}_R'$ 组成一个新的力偶($\boldsymbol{F}_R$, $\boldsymbol{F}_R'$),如图 3.13(c)所示。这就是原来两力偶的合力偶,其力偶矩为

$$M_R = F_R d = (F_{11} - F_{22})d = F_{11}d - F_{22}d = M_1 + M_2$$

(二)任意个力偶的情况

因为力偶没有合力,它的作用效应完全取决于力偶矩,所以若平面力偶系由 n 个力偶组成,那么力偶矩的代数值分别为 M_1, M_2, $\cdots$, M_n, 则用上述同样的方法可将它们合成为一个合力偶,其力偶矩为

$$\boldsymbol{M}_R = \boldsymbol{M}_1 + \boldsymbol{M}_2 + \cdots + \boldsymbol{M}_n = \sum \boldsymbol{M}_i \tag{3.7}$$

即平面力偶系合成的结果是一个力偶,合力偶矩等于力偶系中各力偶矩的代数和(为了表达上的简便,以下力偶矩的代数和简记为 $\sum M$)。

二、平面力偶系的平衡条件

平面力偶系合成的结果既然是一个合力偶,那么,要使力偶系平衡,则合力偶矩必须等于零,而如果合力偶矩等于零,则表示力偶系中各力偶对物体的转动效应相互抵消,物体处于平衡状态,如果合力偶矩不等于零,物体必然会产生转动。因此,平面力偶系平衡的必要和充分条件是:力偶系中各力偶矩的代数和等于零,即

$$\sum M = 0 \tag{3.8}$$

式(3.8)称为平面力偶系的平衡条件或平衡方程。利用这个平衡条件,可以求解一个未知量。

【例 3.4】 如图 3.14(a)所示,梁 AB 受矩为 $M_e = 300\ \text{N} \cdot \text{m}$ 的力偶作用。试求支座

A、B 的约束力。

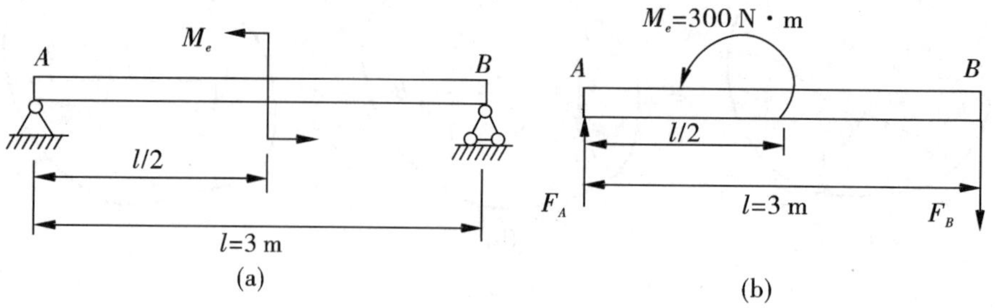

图 3.14

解:(1)取梁 AB 为研究对象。

(2)画受力图。作用在梁上的力有已知力偶和支座处 A、B 的约束力。因梁上的荷载为力偶,而力偶只能与力偶平衡,所以 $\boldsymbol{F}_A$ 与 $\boldsymbol{F}_B$ 必组成一力偶,即 $\boldsymbol{F}_A=-\boldsymbol{F}_B$。$\boldsymbol{F}_B$ 的方位由约束性质确定,$\boldsymbol{F}_A$ 与 $\boldsymbol{F}_B$ 的指向假定如图 3.14(b)所示。

(3)列平衡方程式。

由 $\sum M_B=0$　　　得　　　$M_e-F_Al=0$

所以

$$F_A=\frac{M_e}{l}=\frac{300}{3}=100\ \text{N},F_B=-F_A=-100\ \text{N}$$

所求得的 F_A 为正值,表示 $\boldsymbol{F}_A$ 与 $\boldsymbol{F}_B$ 的原假设指向正确。

【例 3.5】 横梁 AB 长 l, A 端用铰链杆支撑, B 端为铰支座。梁上受到一力偶的作用,其力偶矩为 M, 如图 3.15(a)所示。不计梁和支杆的自重,求 A 端和 B 端的约束力。

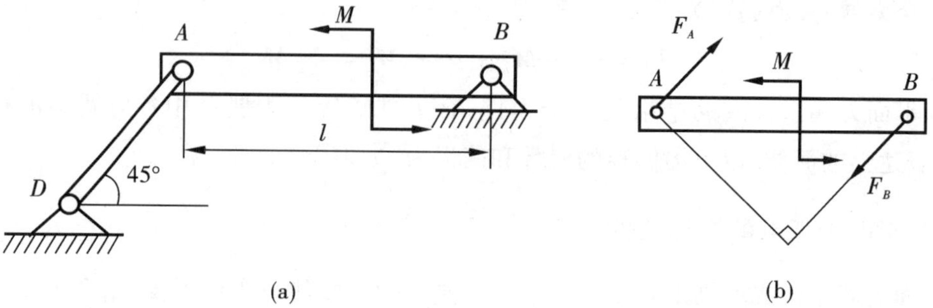

图 3.15

解:(1)取梁 AB 为研究对象,梁所受的主动力为一力偶,AD 是二力杆,因此 A 端的约束力必沿 AD 杆。根据力偶只能与力偶平衡的性质,可以判断 A 端与 B 端的约束力 F_A 和 F_B 构成一力偶,因此有 $F_A=-F_B$。

(2)画梁 AB 受力图,如图 3.15(b)所示。

(3)列平衡方程

由 $\sum M = 0$ 得　　　　$M - F_A l\cos 45° = 0$

解得

$$F_A = F_B = \frac{M}{l\cos 45°} = \frac{\sqrt{2}M}{l}$$

章后小结

1. 力矩、力对点之矩以及力矩正负值的确定，合力矩定理。

2. 大小相等、指向相反、作用线平行的两个力叫作力偶。力偶对物体的转动效应，取决于下列三个要素：①力偶矩的大小；②力偶的转向；③力偶的作用面。力偶的三条性质。

3. 力偶对物体的转动效应可以用力与力偶臂的乘积 Fd 加上区分力偶在作用面内的两种不同转向的正负号来量度，这一物理量称为力偶矩。

4. 平面力偶系的合成方法与平衡条件。

习　题

3.1　试计算图 3.16 中力 F 对 O 点之矩。

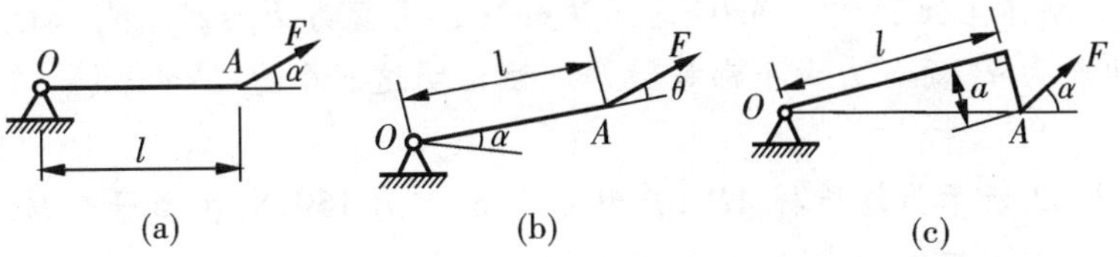

图 3.16

3.2　如图 3.17 所示，刚架上作用着力 F，试分别计算力 F 对点 A 和点 B 的力矩。

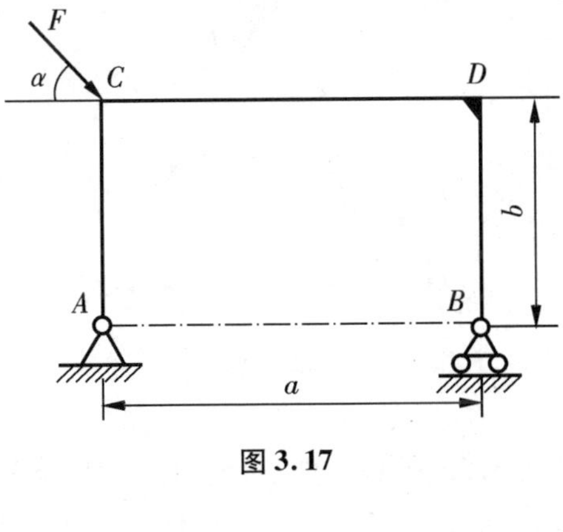

图 3.17

3.3　折梁的约束和荷载如图 3.18 所示。不计梁的自重及摩擦，试求支座 A、B 处的约束力。

3.4 图3.19为一三角形构架，自重不计，在A、C、D处为光滑铰链连接，B端作用有一力偶，力偶矩大小$M_e = 1$ kN·m。求A、C铰链处的约束力。

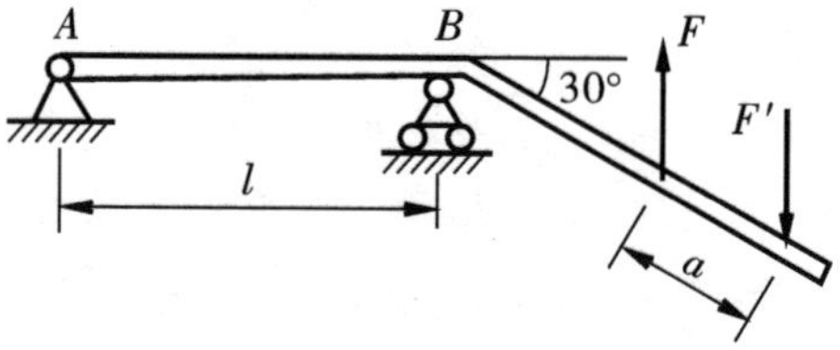

图3.18

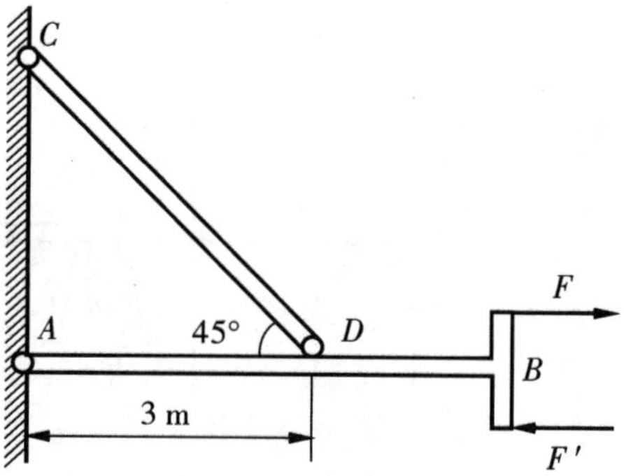

图3.19

3.5 如图3.20所示，汽锤在锻打工件时，由于工件偏置使锤头受力偏心而发生偏斜，它将在导轨DA和BE上产生很大的压力，从而加速导轨的磨损并影响锻件的精度，已知锻打力$F = 1000$ kN，偏心距$e = 20$ mm，锤头高度$h = 200$ mm，试求锻锤给两侧导轨的压力。

3.6 沿着刚体上正三角形ABC的三边分别作用着力$\boldsymbol{F}_1$、$\boldsymbol{F}_2$、$\boldsymbol{F}_3$，如图3.21所示。已知三角形边长为a，而各力大小都等于F。试证明这三个力必合成为一个力偶，并求出它的力偶矩。

3.7 图3.22所示为均质杆AB，长为1.5 m，重为150 N，由绳子悬挂于房顶。杆的两端与光滑铅垂墙壁接触。求A、B两点处的约束力。

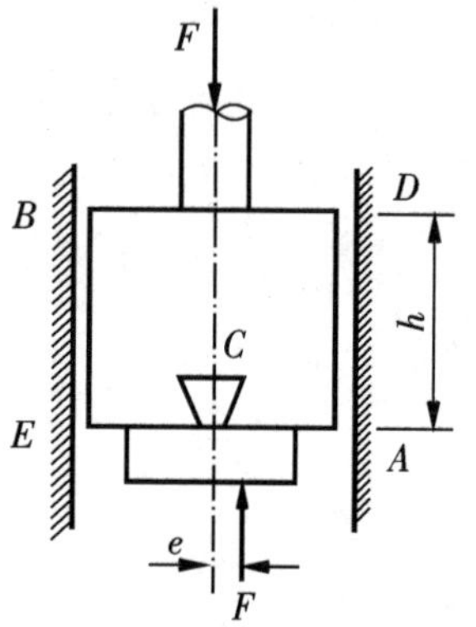

图3.20

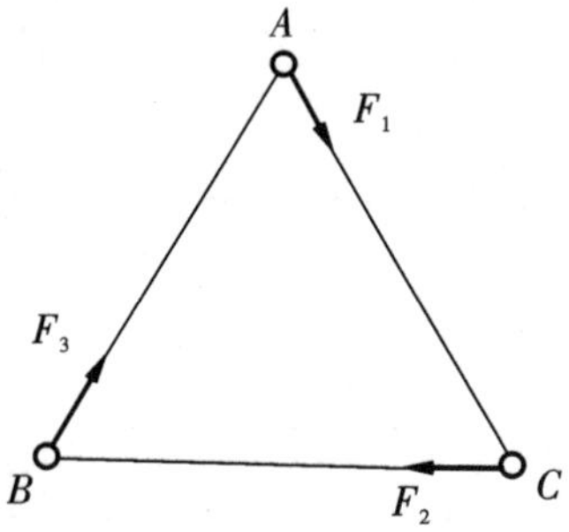

图3.21

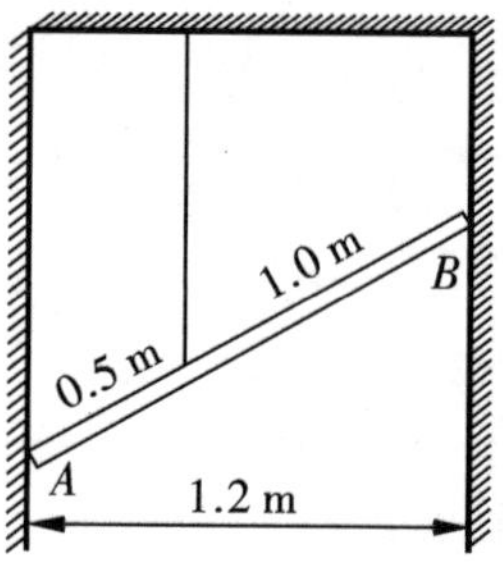

图3.22

3.8 机构$OABO_1$，在图3.23所示位置平衡。已知$OA = 400$ mm，$O_1B = 600$ mm，作用在OA上的力偶的力偶矩之大小$|M_{e1}| = 1$ N·m。试求力偶矩M_{e2}的大小和杆AB所受的力F_N。各杆的重量及各处摩擦均不计。

3.9　在图3.24所示机构中，AB 杆有一导槽，套在 CD 杆的销子 E 上。在 AB 与 CD 杆上各有一力偶作用，使机构处于平衡。已知 $|M_{e1}|=20\ \mathrm{N\cdot m}$，求 M_{e2}（不计摩擦和杆重，图中尺寸单位为 mm）。

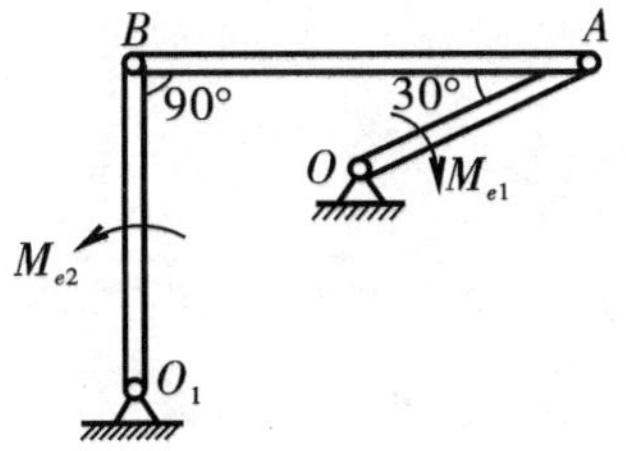

图3.23

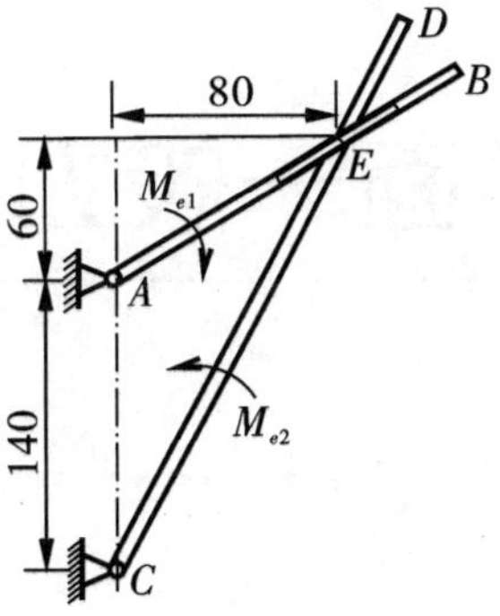

图3.24

第四章 平面一般力系

学习目标

1. 理解力的平移定理和平面一般力系向一点简化。
2. 能用力的平移定理和平面一般力系向一点简化解决实际问题。

由实际经验可知，很多时候，作用在同一个物体上的力都分布在同一平面或近似分布在同一平面，但它们的作用线往往任意分布，也就是既不汇交于一点，又不全部相互平行，这就是平面一般力系。在前面两章中已经研究了平面汇交力系和平面力偶系的合成与平衡，本章将在此基础上讨论平面一般力系的简化与平衡问题。

所谓**平面一般力系**，是指位于同一平面内的诸力，其力的作用线既不汇交于一点，也不互相平行。工程计算中的很多实际问题都可简化为平面一般力系问题来处理。图 4.1(a)所示的房架，它所承受的恒载、风载以及支座约束力可简化为如图 4.1(b)所示的平面一般力系。图 4.2(a)所示的吊车，横梁 AB 的自重 $\boldsymbol{P}$、荷载 $\boldsymbol{F}$、拉杆 BC 的拉力 $\boldsymbol{F}_N$ 以及支座约束力 F_{Ax}、F_{Ay}，也可视为一个平面一般力系，如图 4.2(b)所示。

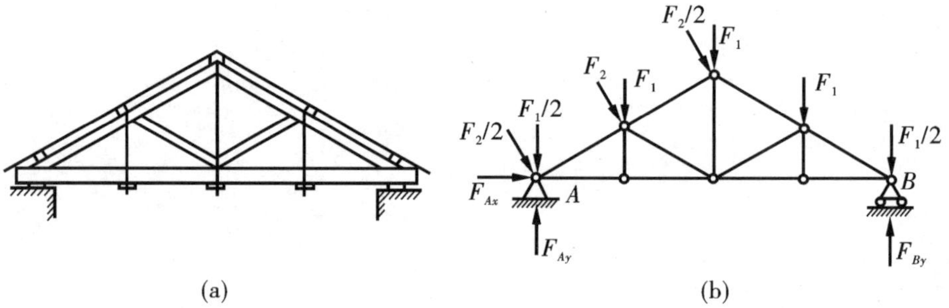

图 4.1

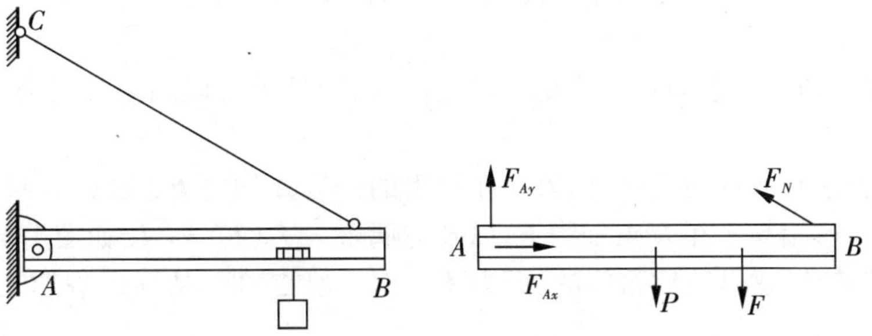

(a)　　　　(b)

图 4.2

第一节　力的平移定理

平移定理:作用在刚体上某点的力 $\boldsymbol{F}$, 可以平行移动到该刚体上任一点,但必须同时附加一个力偶,这个附加力偶的力偶矩等于原来的力 $\boldsymbol{F}$ 对新作用点之矩。

证明:设力 $\boldsymbol{F}$ 作用于刚体上的 A 点,如图 4.3(a)所示。如在刚体上任取一点 B, 并在该点加上等值、反向且与力 $\boldsymbol{F}$ 平行的力 $\boldsymbol{F}'$ 和 $\boldsymbol{F}''$, 并使 $F' = F'' = F$, 如图 4.3(b)。显然,根据加减平衡力系公理,力系($\boldsymbol{F}$, $\boldsymbol{F}'$, $\boldsymbol{F}''$)与力 $\boldsymbol{F}$ 是等效的。而力系($\boldsymbol{F}$, $\boldsymbol{F}'$, $\boldsymbol{F}''$)可看作是一个作用在 B 点的力 $\boldsymbol{F}'$ 和一个力偶($\boldsymbol{F}$, $\boldsymbol{F}''$)。于是原来作用在 A 点的力 $\boldsymbol{F}$, 现在被一个作用在 B 点的力 $\boldsymbol{F}'$ 和一个力偶($\boldsymbol{F}$, $\boldsymbol{F}''$)等效替换,如图 4.3(c)。

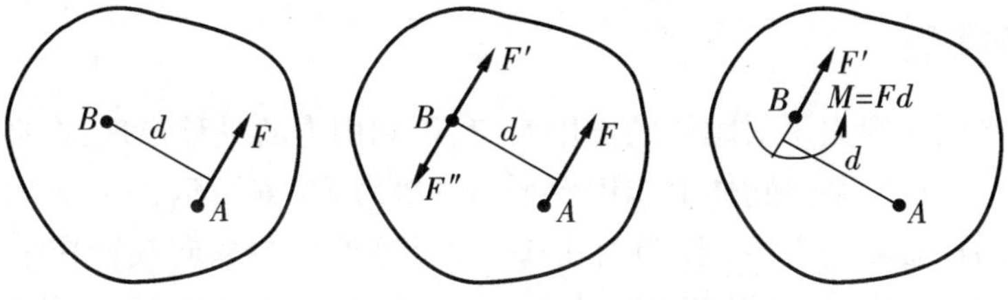

(a)　　　　(b)　　　　(c)

图 4.3

这就是说,可以把作用于 A 点的力 $\boldsymbol{F}$ 平移到另一点 B, 但必须同时附加一个力偶,其矩为 $M = Fd$ 。其中, d 为附加力偶的力偶臂。由图易见, d 就是点 B 到力 $\boldsymbol{F}$ 作用线的垂直距离,所以乘积 Fd 也就是原力 $\boldsymbol{F}$ 对于点 B 之矩,即

$$M_B(\boldsymbol{F}) = Fd$$

因此得

$$M = M_B(\boldsymbol{F}) \tag{4.1}$$

即力向一点平移时所得附加力偶矩等于原力对平移点之矩。

由此可见,一个力可以分解为一个等值与其平行的力和一个位于平面内的力偶。反

之,一个力偶和一个位于该力偶作用面内的力,也可以用一个位于力偶作用平面内的力来等效替换。

力的平移定理是力系向一点简化的理论依据,而且也可以用来分析力对物体的作用效应。

例如,用扳手和丝锥功螺纹,如果只在扳手的一端 A 加力 $\boldsymbol{F}$, 如图 4.4(a)所示,由力平移定理可知,这相当于在 O 点加力 $\boldsymbol{F}'$ 以及力偶 $M=M_O(\boldsymbol{F})=Fd$, 如图4.4(b)所示。力偶可以使丝锥转动,这是我们希望的,而力 $\boldsymbol{F}'$ 却使丝锥弯曲,从而影响加工精度,甚至会使丝锥折断。

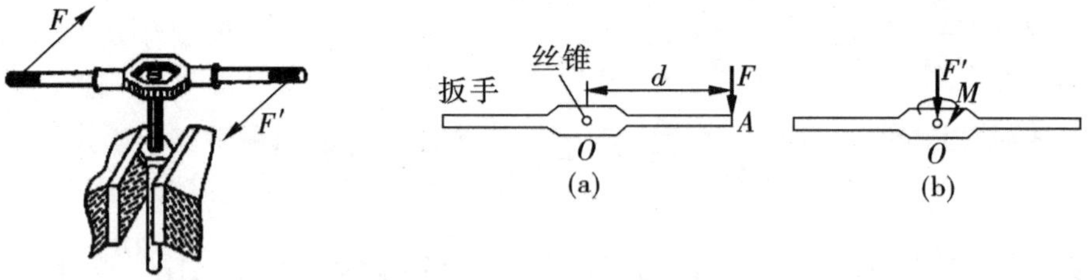

图4.4

思考:力的平移在划船时的应用。

第二节 平面一般力系向作用面内任一点简化

一、主矢和主矩

为了分析平面一般力系对刚体的作用效应,可利用力的平移定理,将平面一般力系向一点处进行简化。设在某一物体上作用着平面一般力系($\boldsymbol{F}_1, \boldsymbol{F}_2, \cdots, \boldsymbol{F}_n$),如图 4.5(a)所示。在平面内任意取一点 O, 称为简化中心,当要求将力系向其所在平面内的一点 O 简化时,如图 4.5(b)所示,可根据力的平移定理将各力平移到 O 点,得到作用于该点的一个平面汇交力系($\boldsymbol{F}'_1, \boldsymbol{F}'_2, \cdots, \boldsymbol{F}'_n$)及一个平面附加力偶系($M_1, M_2, \cdots, M_n$),后者的力偶矩分别是 $M_1=M_O(\boldsymbol{F}_1)$, $M_2=M_O(\boldsymbol{F}_2)$, $\cdots$, $M_n=M_O(\boldsymbol{F}_n)$, 如图 4.5(c)所示。

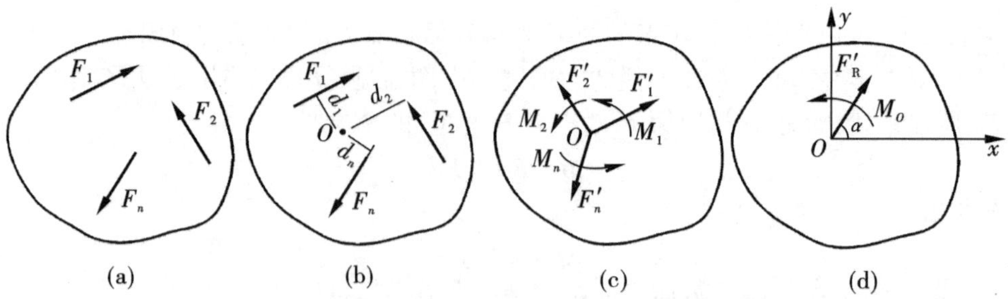

图4.5

(一)主矢

平面汇交力系($\boldsymbol{F}_1'$, $\boldsymbol{F}_2'$, …, $\boldsymbol{F}_n'$)[图4.5(c)]可合成为作用在 O 点的一个合力,如图4.5(d)所示,其矢量 $\boldsymbol{F}_R'$ 等于力系($\boldsymbol{F}_1'$, $\boldsymbol{F}_2'$, …, $\boldsymbol{F}_n'$)的矢量和。注意到力系($\boldsymbol{F}_1'$, $\boldsymbol{F}_2'$, …, $\boldsymbol{F}_n'$)分别与力系($\boldsymbol{F}_1$, $\boldsymbol{F}_2$, …, $\boldsymbol{F}_n$)大小相等、方向相同,所以

$$\boldsymbol{F}_R' = \boldsymbol{F}_1' + \boldsymbol{F}_2' + \cdots + \boldsymbol{F}_n' = \boldsymbol{F}_1 + \boldsymbol{F}_2 + \cdots \boldsymbol{F}_n = \sum \boldsymbol{F} \tag{4.2}$$

式(4.2)只是反映了共点力系与原力系的矢量关系,而不涉及两力系中各力作用线位置,因此 $\boldsymbol{F}_R'$ 虽是共点力系的合力,但只是原力系中的一部分,故将 $\boldsymbol{F}_R'$ 称为原力系的**主矢**。它等于力系中所有力的矢量和,所以它与简化中心的选择无关。至于求 $\boldsymbol{F}_R'$ 的几何法和解析法可参阅本教材的第二章。

(二)主矩

平面附加力偶系(M_1, M_2, …, M_n)可合成为一个合力偶,合力偶之矩 M_O 等于各附加力偶矩的代数和,即

$$M_O = M_1 + M_2 + \cdots + M_n = M_O(\boldsymbol{F}_1) + M_O(\boldsymbol{F}_2) + \cdots + M_O(\boldsymbol{F}_n) = \sum M_O(\boldsymbol{F}) \tag{4.3}$$

M_O 称为原力系对简化中心 O 的**主矩**,它等于原力系中各力对 O 点之矩的代数和。

综上所述可得如下结论:平面一般力系向任意一点简化可得到作用于简化中心的一个力和一个力偶;这个力的矢量等于力系的主矢,而这个力偶之矩等于力系中各力对简化中心之矩的代数和。由于主矩等于各力对简化中心主矩的代数和,那么当取不同的点为简化中心时,各力臂将有改变,各力对简化中心之矩也将随之而改变。因此在一般情况下主矩与简化中心的选择有关。所以提到主矩时,必须指出哪一点是简化中心。

二、简化方法和结果

平面力系向一点简化,一般地可得到一个力 $\boldsymbol{F}_R'$ 和一个矩为 M_O 的力偶。实际上可能有四种情况:① $F_R'=0$, $M_O\neq 0$;② $F_R'\neq 0$, $M_O=0$;③ $F_R'\neq 0$, $M_O\neq 0$;④ $F_R'=0$, $M_O=0$。这四种情况可以归结为下面三种结果。

1. 力系简化为力偶

若 $F_R'=0$, $M_O\neq 0$,平面一般力系简化为一个合力偶,其力偶矩等于原力系中各力对于简化中心之矩的代数和。因为力偶对其作用面内任一点之矩恒等于力偶矩,所以当力系合成为一个力偶(或者说 $F_R'=0$)时,主矩与简化中心的选择无关。此时 $M=M_O$ 。

2. 力系简化为合力

若 $F_R'\neq 0$, $M_O=0$,平面一般力系简化的最后结果就是一个合力,即 $\boldsymbol{F}_R'$ 就是原力系的合力 $\boldsymbol{F}_R$,合力的作用线通过简化中心 O 。

若 $F_R'\neq 0$, $M_O\neq 0$,平面一般力系简化的最后结果仍为一合力,但合力的作用线不通过简化中心,现详述如下:将矩为 M_O 的力偶[图4.6(a)]以与 $\boldsymbol{F}_R'$ 大小相等的两个力 $\boldsymbol{F}_R''$ 和 $\boldsymbol{F}_R$ 构成力偶($\boldsymbol{F}_R''$, $\boldsymbol{F}_R$)来代替,其中力 $\boldsymbol{F}_R''$ 的作用点为简化中心,而力 $\boldsymbol{F}_R$ 作用点在 O',力偶臂应为 $d=M_O/F_R''$,如图4.6(b)所示。显然,作用于 O 点的力 $\boldsymbol{F}_R'$ 和力偶($\boldsymbol{F}_R''$, $\boldsymbol{F}_R$)合

成为一个作用点 O 的力 $\boldsymbol{F}_R$，如图 4.6 所示。它就是原力系的合力，其矢量等于主矢，从 O 点到其作用线的距离则为

$$d = \frac{|M_O|}{F'_R} \tag{4.4}$$

至于合力的作用线在 O 点的哪一侧应根据力 $\boldsymbol{F}'_R$ 的指向和 M_O 的转向共同来确定。

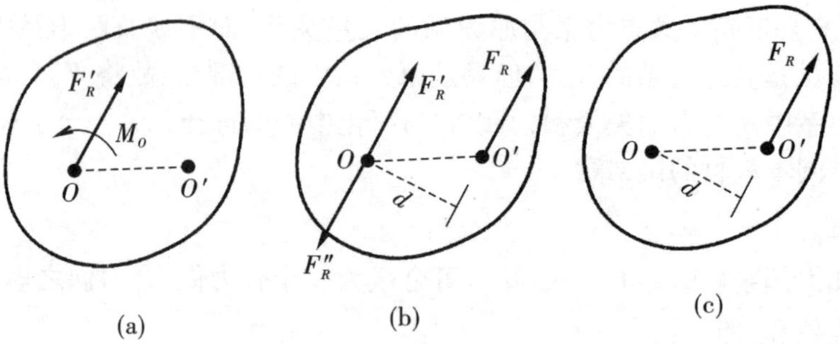

图 4.6

3. 力系平衡

这是指 $F'_R = 0$，$M_O = 0$ 的情况，平面一般力系相当于既没有力的作用也没有力偶的作用，即力系处于平衡状态。

【例 4.1】 在长方形平板的 O、A、B、C 点上分别作用着有四个力：$F_1 = 1$ kN，$F_2 = 2$ kN，$F_3 = F_4 = 3$ kN［如图 4.7(a)］，试求以上四个力构成的力系对点 O 的简化结果，以及该力系的最后的合成结果。

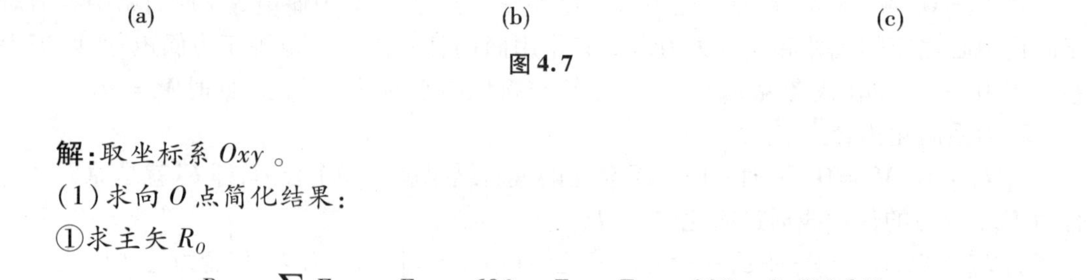

图 4.7

解：取坐标系 Oxy。

(1) 求向 O 点简化结果：

①求主矢 R_O

$$R_{Ox} = \sum F_x = -F_2\cos 60° + F_3 + F_4\cos 30° = 0.598 \text{ kN}$$

$$R_{Oy}=\sum F_y=F_1-F_2\sin 60°+F_4\sin 30°$$

$$=1-2\times\frac{\sqrt{3}}{2}+3\times\frac{1}{2}=0.768\ \text{kN}$$

则 $R_O=\sqrt{R_{Ox}^2+R_{Oy}^2}=0.794\ \text{kN}$

$$\cos(\boldsymbol{R}_O、x)=\frac{R_{Ox}}{R_O}=0.614,\Rightarrow\angle(R,x)=52°6'$$

$$\cos(R_O、y)=\frac{R_{Oy}}{R_O}=0.789,\Rightarrow\angle(R_O,y)=37°54'$$

② 求主矩

$$M_O=\sum m_O(F_i)=2F_2\cos 60°-2F_3+3F_4\sin 30°=0.5(\text{kN}\cdot\text{m})$$

(2)求合成结果:合成为一个合力 R,R 的大小、方向与 R_O 相同。其作用线与 O 点的垂直距离为

$$\frac{M_O}{R_O}=\frac{0.5}{0.794}=0.93\ \text{m}$$

第三节 平面一般力系的平衡方程

一、平衡方程的基本形式

现在详细讨论第二节中平面一般力系的主矢和对任意点 O 的主矩都等于零(即 $\boldsymbol{F}'_R=0$, $M_O=0$)的情形。也就是平面一般力系向任一点简化的主矢和主矩都等于零,则力系平衡。反之,由 $\boldsymbol{F}'_R=0$ 可知,则作用于简化中心 O 的力($\boldsymbol{F}'_1,\boldsymbol{F}'_2,\cdots,\boldsymbol{F}'_n$)(参看图4.5)必然相互平衡;由 $M_O=0$ 可知,附加力偶必然也相互平衡。所以,平面一般力系平衡的必要和充分条件是:力系的主矢 $\boldsymbol{F}'_R$ 和力系对于任一点的主矩 M_O 都等于零。这一条件可写作

$$\boldsymbol{F}'_R=0,\ M_O=\sum M_O(\boldsymbol{F})=0$$

所以有

$$\begin{cases}\sum F_x=0\\ \sum F_y=0\\ \sum M_O=0\end{cases}\tag{4.5}$$

上式就是平面一般力系平衡的基本形式(或解析条件),表明:当物体处于平衡时,作用于其上的平面力系中各力在两个任选的坐标轴(两坐标轴不一定正交)中每一轴上投影的代数均等于零,各力对于任一点之矩的代数和也等于零。式(4.5)称为平面一般力系的平衡方程。方程有三个,可以求出三个未知量。

【例4.2】图4.8(a)所示一轻重机,A、B、C 处均为光滑铰链,水平杆 AB 的重量 $P=4$ kN,荷载 $F=10$ kN,有关尺寸如图4.8(a)所示,BC 杆自重不计。试求 BC 杆所受的拉力和铰链 A 给杆 AB 的约束力。

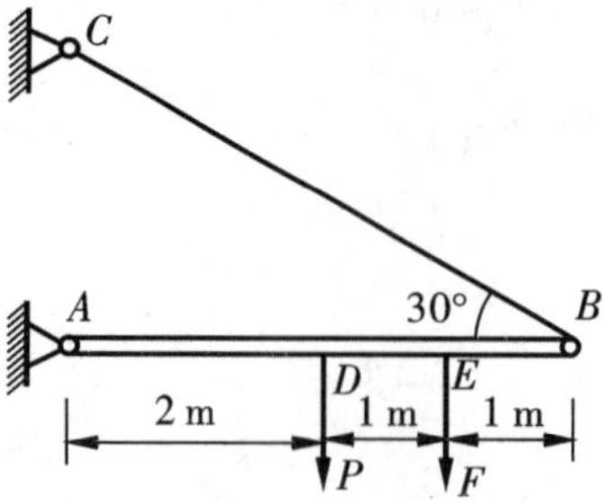

(a)

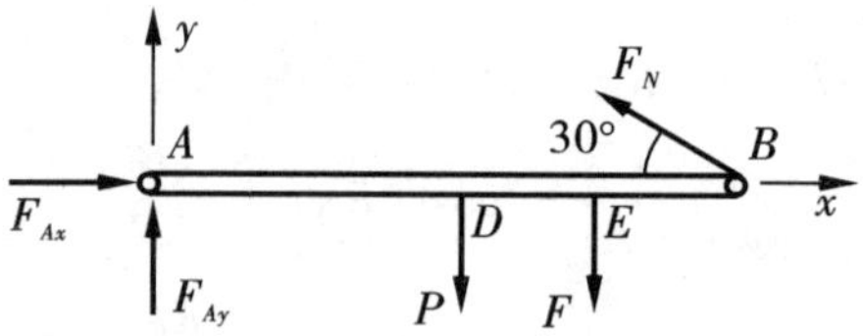

(b)

图 4.8

解：(1)根据题意，选杆 AB 作为研究对象。

(2)画受力图。作用于杆上的力有重力 P、荷载 F、拉杆 BC 的拉力 F_N 和铰链 A 的约束力 F_A。BC 杆(二力杆)的拉力 F_N 沿 BC 方向；F_A 方向未知，故将其分解为两个分力 F_{Ax} 和 F_{Ay}，指向按坐标轴正向假定，如图 4.8(b)所示。

(3)根据平衡条件列平衡方程，求未知量。

$$\sum F_x = 0, F_{Ax} - F_N\cos 30^\circ = 0 \tag{1}$$

$$\sum F_{Ay} = 0, F_{Ay} + F_N\sin 30^\circ - P - F = 0 \tag{2}$$

$$\sum M_A = 0, F_N \cdot 4 \cdot \sin 30^\circ - P \cdot 2 - F \cdot 3 = 0 \tag{3}$$

由式(3)解得

$$F_N = \frac{2P + 3F}{4\sin 30^\circ} = \frac{2 \times 4 + 3 \times 10}{4 \times 0.5}\text{kN} = 19\ \text{kN}$$

将 $\boldsymbol{F}_N$ 之值带入式(1)(2)，可得

$$F_{Ax} = 16.5\ \text{kN},\ F_{Ay} = 4.5\ \text{kN}$$

即铰链 A 给杆 AB 的约束力为 $F_A = \sqrt{F_{Ax}^2 + F_{Ay}^2} = 17.1\ \text{kN}$，它与 x 轴的夹角 $\theta = \arctan\dfrac{F_{Ay}}{F_{Ax}} = 15.3^\circ$。

计算所得 F_{Ax}、F_{Ay}、F_N 皆为正值，表明假定的指向与实际的指向相同。

二、平衡方程的其他形式

平面一般力系平衡的解析条件除了式(4.5)表示的那种基本形式外，还可以写成二矩式、三矩式和平面平行力系平衡条件表达式等形式。

1. 二矩式

平面一般力系平衡的解析条件的二矩式是

$$\begin{cases} \sum M_A = 0 \\ \sum M_B = 0 \\ \sum F_x = 0 \end{cases} \tag{4.6}$$

式中矩心 A、B 两点的连线不垂直于 x 轴。

2. 三矩式

$$\begin{cases} \sum M_A = 0 \\ \sum M_B = 0 \\ \sum M_C = 0 \end{cases} \tag{4.7}$$

式中矩心 A、B、C 三点不能在同一直线上。

上述三组方程(4.5)(4.6)(4.7)都可以来解决平面一般力系的平衡问题。究竟选哪一组方程须根据具体情况确定,但无论采取哪一组方程,都只能求解三个未知量。解题时,一般来说,力求所写出的每一个平衡方程中只含有一个未知量。

3. 平面平行力系的平衡条件

各力的作用线在同一平面内且互相平行的力系称为平面平行力系。平面平行力系是平面一般力系的一种特殊情况,它的平衡条件可以沿用平面一般力系的平衡条件。不过,对于如图 4.9 所示,受平面平行力系($\boldsymbol{F}_1$, $\boldsymbol{F}_2$, $\cdots$, $\boldsymbol{F}_n$)作用的物体,如选取 x 轴与各力作用线垂直,则不论该力系是否平衡,各力在 x 轴上的投影之和显然恒等于零,即 $\sum F_x = 0$。可见,平面平行力系的平衡条件为

$$\begin{cases} \sum F_y = 0 \\ \sum M = 0 \end{cases} \tag{4.8}$$

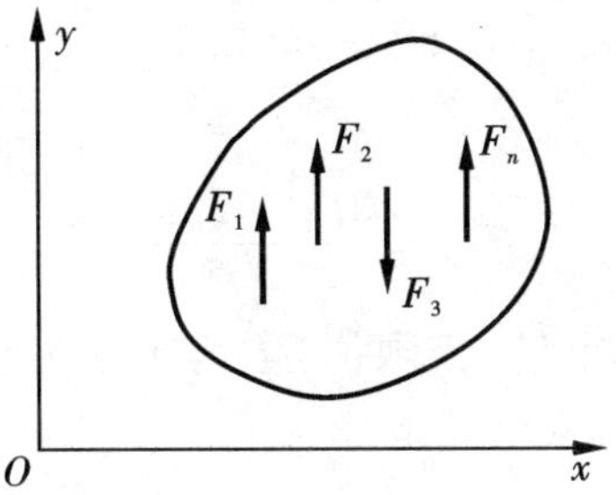

图 4.9

也就是说,平面平行力系平衡的必要条件和充分条件是:力系中各力的代数和以及各力对任一点之矩的代数和都等于零。

平面平行力系的平衡条件也可以写成两个力矩方程的形式,即

$$\begin{cases} \sum M_A = 0 \\ \sum M_B = 0 \end{cases} \tag{4.9}$$

式中 A、B 两点的连线不能与各力的作用线平行。

平面平行力系独立的平衡方程式只有两个,因此只能求解两个未知量。

【例 4.3】 一汽车起重机,车身重 P_1,转盘重 P_2,起重机吊臂重 P_3,吊起重量为 P 的重物,如图 4.10 所示。试求当吊臂在汽车纵向对称面内时,不至于使汽车翻倒的最大

起重量 P_{max}。

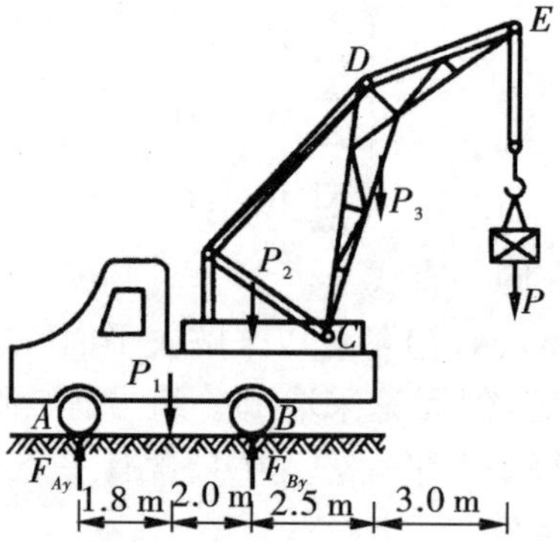

图 4.10

解:(1)取汽车起重机为研究对象。

(2)画受力图。当吊臂在汽车纵向对称面内时,力 P_1、P_2、P_3、P、F_{Ay} 和 F_{By} 构成一个平面平行力系。汽车的受力图如图 4.10 所示。

(3)列平衡方程。

为了求得最大起重量,应研究汽车将绕后轮 B 顺时针倾倒而又尚未倾倒时的情形。此时 $F_{Ay}=0$。以 B 点为力矩中心,则有

$$\sum M_B = 0, P_1 \times 2 - P_3 \times 2.5 - P_{max} \times 5.5 = 0$$

于是得

$$P_{max} = \frac{2P_1 - 2.5P_3}{5.5}$$

这是汽车起重机的最大起重量(极限值)。为了保障实际上允许的最大起重量应小于这个极限值,应使之有一定的安全储备。

三、平衡方程的应用

平面一般力系的平衡方程可以求出相应的未知反力,其平衡条件有三种不同的表达形式,在求解时可以根据不同情况选取其中任一种形式,其具体求解步骤如下:

(1)选取研究对象,根据已知条件和待求量,选择合适的物体作为研究对象。

(2)画受力图。分析研究对象的受力情况,在研究对象的分离体画出受力图。

(3)取坐标系,并列平衡方程。选择适当的坐标轴和力矩中心,列出平衡方程。坐标轴应尽量选取与力系中多个未知力平行或垂直,矩心选在两个未知力交点上,尽量使一个方程只包含一个未知量,避免解联立方程。

(4)解方程,求未知量。

【例 4.4】图 4.11(a)所示梁 AB,其 A 端为固定铰支座,B 端为活动铰支座。梁的跨度为 $l=4a$,梁的左半部分作用有集度为 q 的均布荷载,在 D 截面处有矩为 M_e 的力偶作

用。梁的自重及各处摩擦均不计。试求：A 和 B 处的支座约束力。

解：(1)根据题意，选取梁 AB 作为研究对象。

(2)画受力图。

梁上的主动力有集度为 q 的均布荷载和矩为 M_e 的力偶；梁所受的约束力有固定铰链 A 处的力 $\boldsymbol{F}_{Ax}$ 和 $\boldsymbol{F}_{Ay}$ 以及活动铰链支座 B 处的 $\boldsymbol{F}_{By}$，三个未知力的指向均假设如图 4.11(b)所示。

(3)取坐标系如图 4.11 所示。

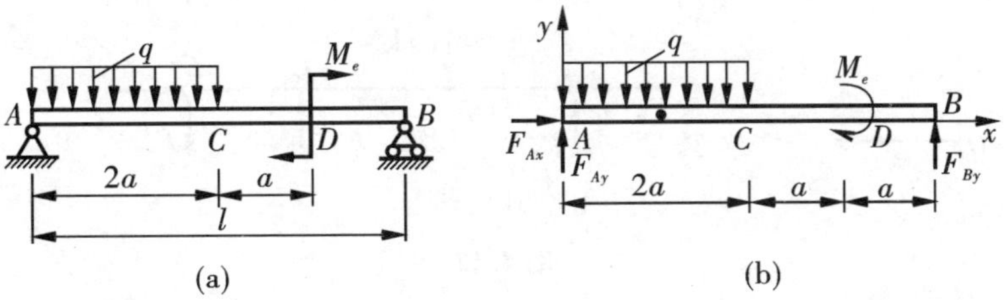

图 4.11

(4)列平衡方程

$$\sum M_A = 0, F_{By} \cdot 4a - M_e - (q \cdot 2a)\ a = 0 \tag{1}$$

$$\sum M_B = 0,\ -F_{Ay} \cdot 4 \cdot a + (q \cdot 2a)\ 3a\ - M_e = 0 \tag{2}$$

$$\sum F_x = 0, F_{Ax} = 0 \tag{3}$$

解得

$$F_{Ax} = 0, F_{By} = \frac{1}{2}qa + \frac{M_e}{4a}, F_{Ay} = \frac{3}{2}qa - \frac{M_e}{4a}$$

【**例 4.5**】图 4.12(a)所示为由三根梁 AC、CE 和 EG 利用中间铰 C 和 E 连接而成的梁系。这种梁的全部约束力(未知力)利用平衡条件便可全部解出，故统称为多跨静定梁。

现求图 4.12(a)所示多跨静定梁的支座约束力。梁自重及摩擦均不计。

解：这里支座约束力共有五个未知量 F_{Ax}、F_{Ay}、F_{By}、F_{Dy}、F_{Gy}。如果只考虑整体的平衡，则只有三个独立的平衡方程，所以还不能用来求解全部支座约束力。现将三根梁在中间铰 C 处及 E 处分开，画出受力图如图 4.12(b)所示。这时每个中间铰的两侧两个梁相互作用的力也就成为外力，而且是未知量(F_{Cx}、F_{Cy}、F_{Ex}、F_{Ey})。这样，总共就有九个未知量了。但是注意到对于在中间铰处分开了的三根梁，总共可列出九个独立的平衡方程，从而可解出全部未知量，故此系统是静定的。求算未知力时，显然宜从未知量较少的那根梁即 EG 梁入手。

(1)研究 EG 梁。

$$\sum F_x = 0, F_{Ex} = 0$$

由对称关系，得

$$F_{Ey} = F_{Gy} = \frac{1}{2}(2 \times 4.5)\mathrm{kN} = 4.5\ \mathrm{kN}(\uparrow)$$

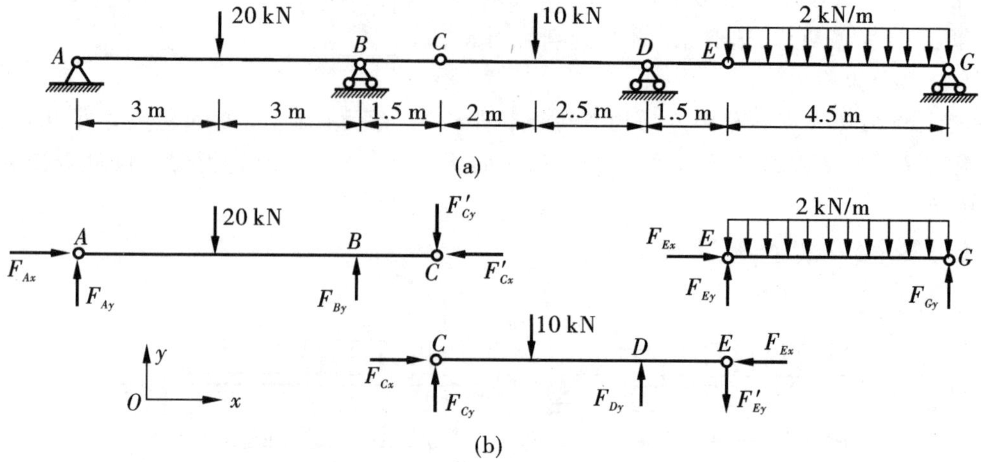

图 4.12

(2)研究 CE 梁。

根据作用力与反作用力定律 $F'_{Ex}=F_{Ex}=0, F'_{Ey}=F_{Ey}=4.5$ kN

从而 CE 梁上现在也只有三个未知量,可由平衡方程得出

$$\sum F_x=0, F_{Cx}-F'_{Ex}=0$$

$$\sum M_C=0, F_{Dy}\times 4.5-10\times 2-F'_{Ey}\times 6=0$$

从而得 $F_{Cx}=F'_{Ex}=0, F_{Dy}=10.44$ kN, $F_{Cy}=4.06$ kN

(3)研究 AC 梁。

AC 梁上作用于中间铰处的 F'_{Cx}、F'_{Cy} 分别等于上面求得的 F_{Cx}、F_{Cy}。现由平衡方程求 F_{Ax}、F_{Ay} 及 F_{By}。

$$\sum F_x=0, F_{Ax}-F'_{Cx}=0$$

$$\sum M_A=0, F_{By}\times 6-20\times 3-F'_{Cy}\times 7.5=0$$

从而得 $F_{Ax}=0, F_{By}=15.08$ kN, $F_{Ay}=8.98$ kN

为了校核所得支座约束力是否正确,读者可检验整个梁系的平衡。

【例 4.6】 如图 4.13(a)所示的三铰刚架,在左半跨上作用着均匀分布的铅垂荷载,其集度为 qN/m,刚架自重不计。试求铰链 A、B 处的约束力。

解:(1)将刚架整体作为研究对象,其受力图如图 4.13(b)所示。

由 $\sum M_A=0, F_{Ay}\cdot l-\left(q\cdot\frac{l}{2}\right)\cdot\frac{1}{4}=0$

由 $\sum M_B=0, -F_{Ay}\cdot l+\left(q\cdot\frac{l}{2}\right)\cdot\frac{3}{4}l=0$

从而得

$$F_{By}=\frac{ql}{8}, F_{Ay}=\frac{3}{8}ql$$

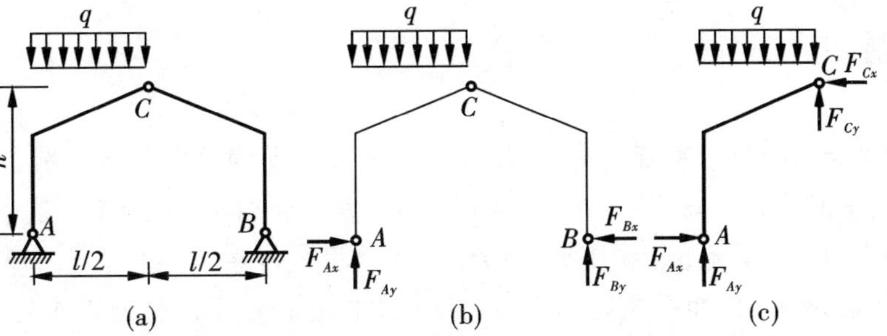

图 4.13

至于作用在一直线的两个未知力 F_{Ax} 和 F_{Bx}，平衡条件 $\sum F_x = 0$ 只给出 $F_{Ax} = F_{Bx}$ 而不能求出它们的值。为此，须研究中间铰任一侧的半个刚架的平衡。

(2)研究左半个刚架，受力图如图 4.13(c)所示。

由于约束力前面已求出，即 $F_{Ay} = \frac{3}{8}ql$。故由式 $\sum M_C = 0$ 就可以求出 F_{Ax}。

$$\sum M_C = 0, F_{Ax} \cdot h - \frac{3}{8}ql \cdot \frac{l}{2} + \frac{ql}{2} \cdot \frac{l}{4} = 0$$

得

$$F_{Ax} = \frac{ql^2}{16h}$$

从而也有

$$F_{Bx} = \frac{ql^2}{16h}$$

在求出 F_{Ax} 和 F_{Ay} 后，如果还要求出右半个刚架 BC 通过中间铰 C 作用于左半个刚架 AC 上的力 F_{Cx}、F_{Cy}，那么由图 4.13(c)可见，只需利用平衡条件 $\sum F_x = 0$、$\sum F_y = 0$ 即可。

以上是求三铰刚架支座约束力的一般方法。就此题而言，右半个刚架是二力构件，利用此特点可使解题简化，读者不妨试一试。

章后小结

1. 平面一般力系是指位于同一平面内的诸力，其力的作用线既不汇交于一点，也不互相平行的情况。

2. 力的平移定理：作用在刚体上某点的力 $\boldsymbol{F}$，可以平行移动到该刚体上任一点，但必须同时附加一个力偶，其力偶矩等于原来的力 $\boldsymbol{F}$ 对平移点之矩。

3. 主矢与主矩。

4. 平面一般力系平衡方程的基本形式和其他形式。

5. 平面一般力系平衡方程的应用。

习　题

4.1　在图 4.14 所示平板上作用有四个力和一个力偶，其大小分别为：$F_1 = 80$ N，$F_2 = 50$ N，$F_3 = 60$ N，$F_4 = 40$ N，$M_e = 140$ N·m，方向如图 4.14 所示。试求其合成结果。

4.2　如图 4.15 所示，均质杆 AB 重 P，在 A 端用光滑铰链连接在水平地板上，另一端 B 则用绳子系在墙上，已知平衡时的角 α、β。试求绳中的拉力和铰链 A 处的约束力。

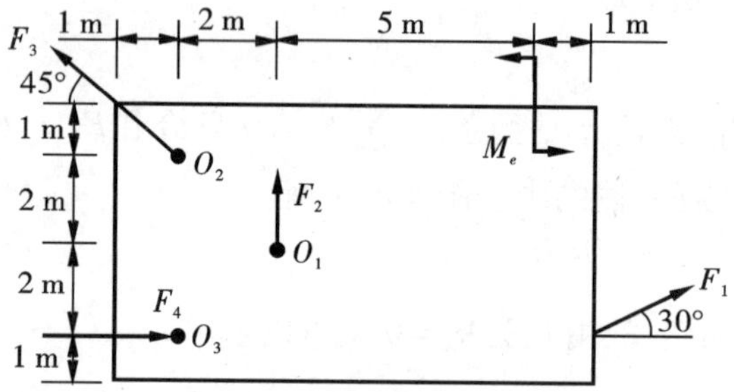

图 4.14

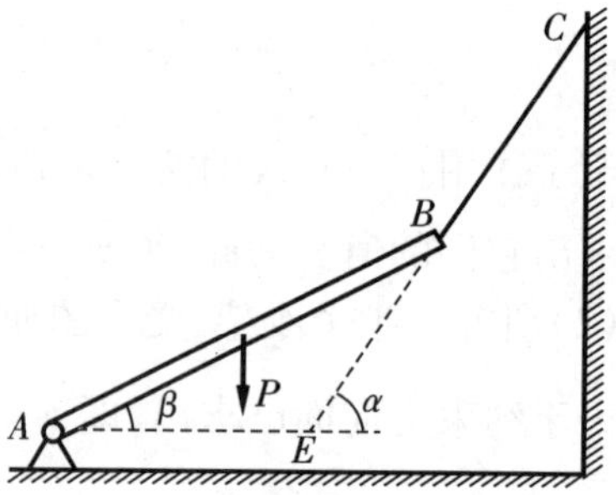

图 4.15

4.3　在图 4.16 所示结构中，A、B、C 处均为光滑铰链。已知 $F = 400$ N，杆重不计，尺寸如图 4.16 所示。试求 C 点处的约束力。

4.4　如图 4.17 所示，左端 A 固定而右端 B 自由的悬臂梁 AB，自重不计，承受集度为 q (N/m) 的满布均匀荷载，并在自由端受集中荷载 F 作用，梁的长度为 l。试求插入端（固定端）A 处的约束力。

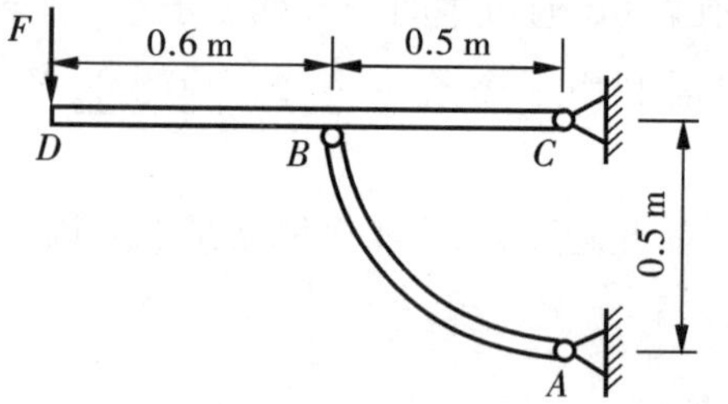

图 4.16

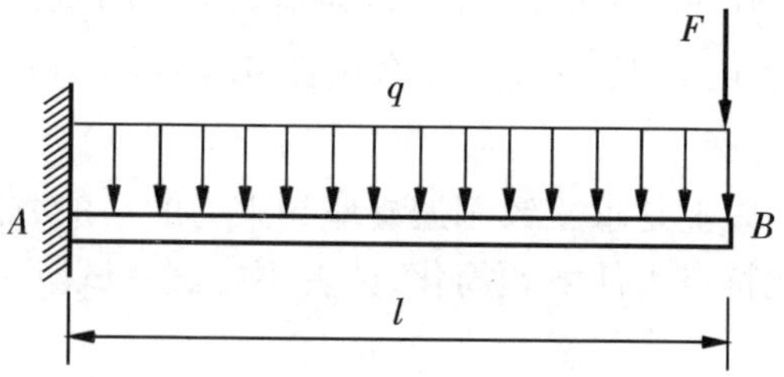

图 4.17

4.5　试分别求图 4.18 中两根外伸梁其支座处的约束力。梁自重及摩擦均不计。

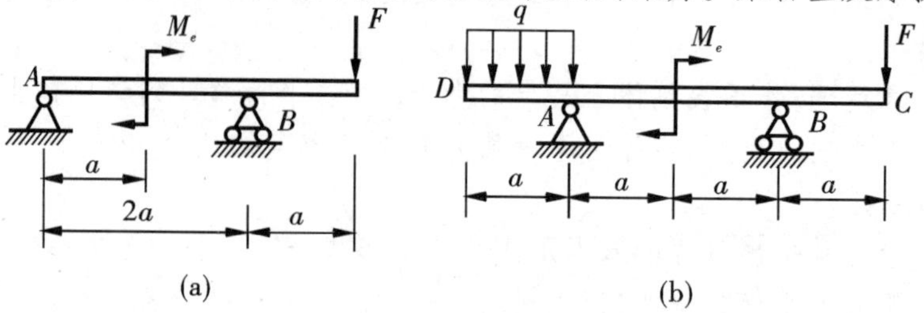

(a)　　(b)

图 4.18

4.6　试分别求图 4.19 所示两个构架上 A、B 处所受到的约束力。不计构件自重及各处的摩擦。图(b)中 C 处为铰链。

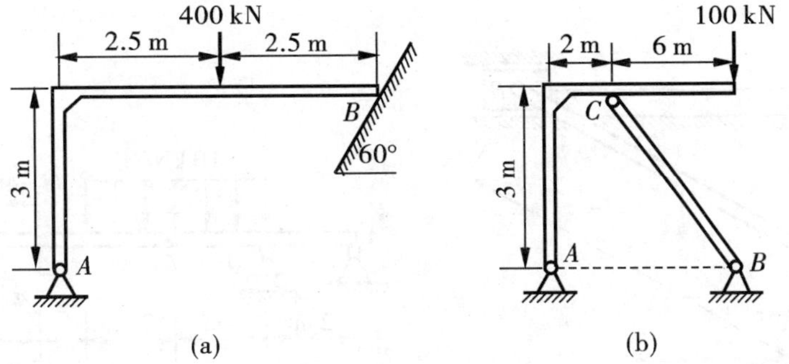

图 4.19

4.7　某活塞机构如图 4.20 所示，与 ED 垂直地作用在手柄上的力 $F = 800$ N 。假设活塞 D 和缸壁间的接触面是光滑的，各构架重量均不计。试求活塞 D 作用于物块 C 上的压力。

4.8　均质杆 AB 重 P_1，长为 l 。杆的 A 端用铰链支承，B 端用绳系住，该绳绕过定滑轮 C 而在另一端挂有重为 P_2 的物体，如图 4.21 所示。设 A、C 两点在同一铅垂线上，且 $AC = AB$ 。试问杆保持平衡时 θ 角等于多少？滑轮的半径 R 与杆长 l 相比很小。绳重及摩擦均不计。

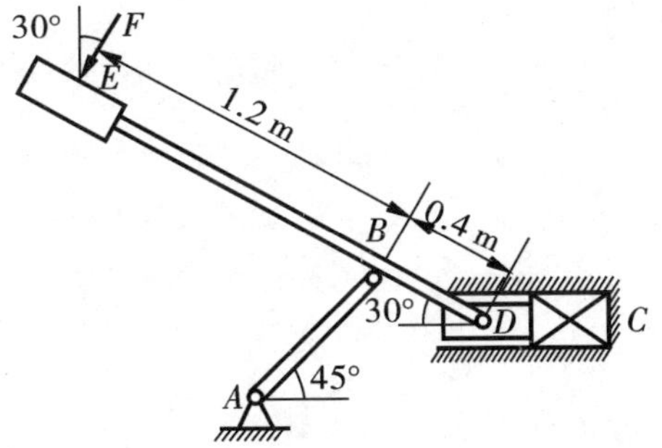

图 4.20

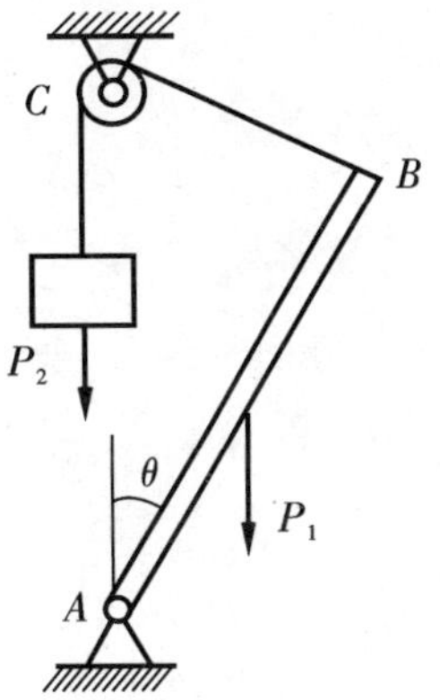

图 4.21

4.9　如图 4.22 所示，均质杆 AB，其重为 P 。杆的两端 A、B 处用铰链与滑块相连，滑块可在导槽内滑动，两滑块由跨过定滑轮 C 的绳子相连，若各接触处都是光滑的，滑块 A、B 的重量不计。

(1) 试求平衡时绳中的拉力 F_N 与 P、θ 之间的关系；

(2) 若平衡时绳中的拉力 $F_N = 2P$，试求角 θ 的数值。

4.10 如图4.23所示，双跨静定梁系由梁 AC 和 CD 梁通过铰链 C 连接而成。试求支座 A、B、D 处的约束力和中间铰 C 处两梁之间的相互作用力。梁的自重及摩擦均不计。

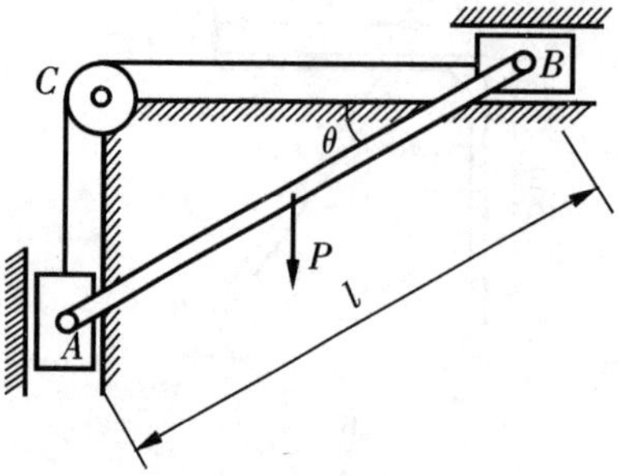

图4.22

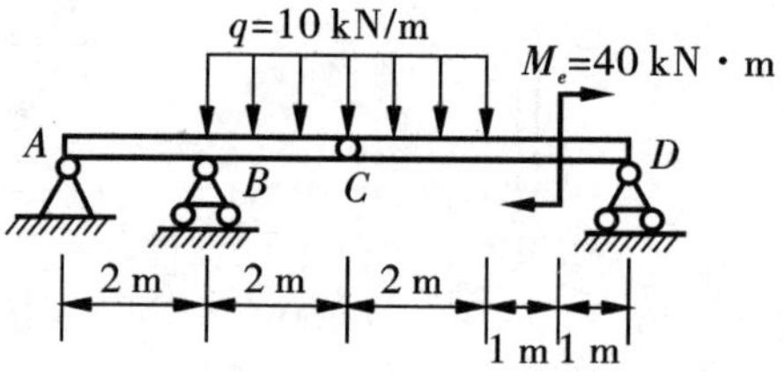

图4.23

第二篇

材料力学

第五章 材料力学基础

学习目标

1. 理解变形固体的三种基本假设。
2. 初步了解杆件的基本变形形式。
3. 理解内力的含义。
4. 了解截面法的基本步骤。
5. 理解杆件、横截面、轴线定义。
6. 理解应力的定义，领会任意应力分解为正应力与剪应力。

在静力学中，我们把物体都看作是刚体，实际上这样的刚体是不存在的。任何物体受力后，其几何形状和尺寸都会发生一定程度的改变。构件几何形状和尺寸的改变，称为变形。工程结构中的构件，在载荷作用下都应满足以下三方面的要求。

(1)**强度**要求:构件在外力作用下具有足够的抵抗破坏的能力。

(2)**刚度**要求:构件在外力作用下具有足够的抵抗变形的能力。

(3)**稳定性**要求:构件在外力作用下必须具有足够的保持平衡状态的能力。

材料力学的主要研究工作就是:为构件选择合理的材料、截面形状和尺寸，在满足构件强度、刚度、稳定性三方面的要求的同时，还要考虑尽可能地节省材料，达到既安全又经济的目的。

第一节　变形固体的性质及其基本假设

一、变形固体的概念

工程构件中应用最多的各种固体材料，如钢、木材、混凝土等，它们在荷载作用下会产生变形。因此，这些固体材料统称为**变形固体**。

固体在荷载作用下产生的变形，就其性质可分为**弹性变形和塑性变形**。

弹性变形是指变形体上的荷载去掉后可消失的变形。如果外力去掉后，变形不能全部消失而留有残余，此残余部分就称为**塑性变形**，也叫作残余变形。

通常情况下，物体在荷载作用下，既有弹性变形，又有塑性变形。工程中常用的材料，在荷载不超过一定范围时，塑性变形很小，我们认为其只有弹性变形而不产生塑性变形。

此外，工程中大多数构件在荷载作用下，其几何尺寸的改变量与构件本身的尺寸相比，常是很微小的，我们称这类变形为"**小变形**"。因此，在研究构件的强度和刚度等问题时，均按构件原始的尺寸和形状进行计算，这便是小变形的理论。在后面的章节中，将按小变形理论在材料弹性范围内进行研究。

二、变形固体的基本假设

材料力学研究构件的强度、刚度、稳定性时，常根据与问题有关的一些主要因素，省略一些关系不大的次要因素，对变形固体作某些假设，把它抽象成理想模型。材料力学中对变形固体作了如下假设：

1. 连续性假设

认为组成固体的物质毫无间隙地充满了固体的几何空间。实际的固体物质，就其结构来说，组成固体的粒子并不连续。但它们之间所存在的空隙与构件的尺寸相比，极其微小，可以忽略不计。

2. 均匀性假设

认为在固体的体积内，各处的力学性质完全相同。例如，对于混凝土材料，如果只考虑个别的石块、砂砾或水泥小块，它们的性质是不相同的，但在混凝土中，大量的石块、砂砾和水泥混杂地固结在一起，可以认为其各部分的性质是均匀的。

3. 各向同性假设

认为固体在各个方向上的力学性质是相同的，具备这种属性的材料称为各向同性材料。工程中的大多数材料都具有各向同性的性能，如钢、混凝土、玻璃等基本上都符合上述假设，可称为是各向同性材料。沿不同方向力学性能不同的材料，称为各向异性，如竹、木材等纤维类材料。材料力学所研究的物体，仅限于各向同性的变形固体。

综上所述，材料力学是将构件的材料看作均匀、连续、各向同性的变形固体，而且主要是按小变形理论在材料弹性范围内进行研究。

第二节　杆件变形的基本形式

一、杆件

在工程实际中，构件的形状可以是各式各样的，但大多可以认为是杆件。所谓**杆件**，是指长度远大于其他两个方向尺寸的构件（图 5.1）。如房屋中的梁、立柱，屋架的各根杆等。

杆件的几何特征可由轴线和横截面来描述。**横截面**是指与杆长方向垂直的截面，而**轴线**是各横截面形心的连线。

轴线为直线的杆件称为直杆；横截面的大小和形状完全相同的杆件称为等截面杆。**材料力学主要研究对象是等截面直杆**。

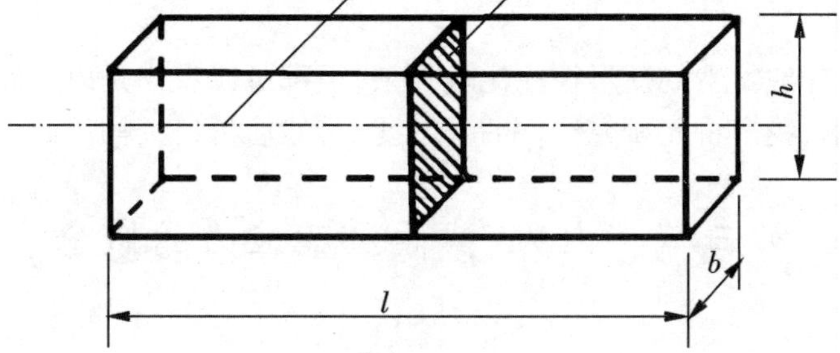

图 5.1

二、杆件变形的基本形式

当外力以不同方式作用在杆件上时，杆件将产生不同形式的变形。经过分析，杆件变形的基本形式可以归纳为以下四种。

1. 轴向拉伸或压缩

外载荷作用线与杆件的轴线重合，直杆的主要变形是沿着轴线伸长[图 5.2(a)]或缩短[图 5.2(b)]。

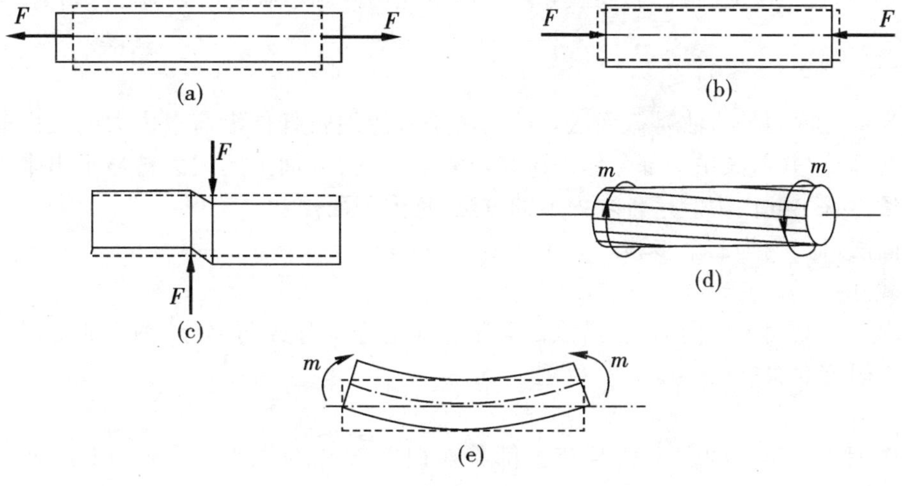

图 5.2

2. 剪切

剪切变形

由大小相等，方向相反，作用线垂直于杆轴线并相距较近的一对外力引起，杆件的主要变形是在二力间的各横截面产生相对错动[图 5.2(c)]。

3. 扭转

在一对大小相等、转向相反、作用面与杆轴线垂直的力偶作用下，杆件的主要变形是杆件的横截面绕其轴线发生相对转动[图 5.2(d)]。

4. 弯曲

在一对大小相等、方向相反、位于杆的纵向平面内的力偶作用下，杆件轴线由直线变成曲线[图 5.2(e)]。

工程实际中，杆件发生的变形往往比较复杂，但都可以看作是以上四种基本变形的组合。在以后的各章，我们将先研究构件的基本变形，然后再讨论构件的组合变形问题。

第三节　内力、截面法及应力的概念

一、内力

杆件在外力作用下，内部将产生一种抵抗变形的抗力，例如用手拉一根皮筋的时候，我们会感到皮筋内有一种反抗拉长的力，我们把这种抵抗变形的力就称为内力。

我们来研究(图 5.3)杆件在外力作用下 $m-m$ 截面上的内力。当杆件承受外力作用而处于平衡状态时，截面 $m-m$ 以左部分 Ⅰ 和以右部分 Ⅱ 也必然处于平衡状态。如果分别取 Ⅰ 或 Ⅱ 部分来分析，那么为了平衡它们各自所受的外力，在截面 $m-m$ 上必将产生相互作用力 F_{I} 和 F_{II} [图 5.3(b)(c)]，这就是杆件截面 $m-m$ 上的内力。**内力是杆件在外力作用下，相连两部分之间的相互作用力。**

内力是由外力引起的并随着外力的增大而增大。但对构件来说，内力的增大是有限的，当内力超过限度时，构件就会破坏。所以研究构件的承载能力必须先分析其内力。

二、截面法

用截面法求杆间内力

计算杆件内力的方法是截面法。截面法是假想地将杆件沿需求内力的截面截开，将杆分为两部分，并取其中一部分作为研究对象。此时，截面上的内力被显示出来，再由静力平衡条件求出此内力。这种求内力的方法，称为**截面法**。

截面法可归纳为**三个步骤**。

1. 截开

欲求某一截面上的内力时，沿该截面假想地把杆件分成两部分[图 5.3(a)]，任取一部分作为研究对象。

2. 代替

用作用于截面上的内力代替弃去部分对研究部分的作用[图 5.3(b)]或[图 5.3(c)]。

3. 平衡

对研究部分建立平衡方程，从而确定截面上内力的大小和方向。

三、应力

构成杆件的材料是连续均匀的，所以内力在整个截面上也是连续分布的。由截面法求得的是整个截面上分布内力的合力。但是仅仅知道内力的大小，还不能判断杆件的强度。例如两根材料相同、截面面积不同的杆，受同样大小的轴向拉力 F 作用，两根杆件横

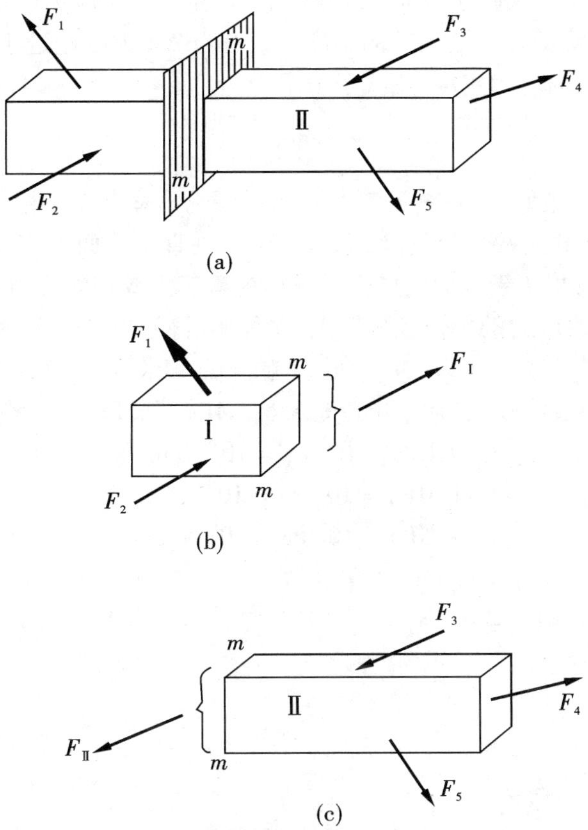

图 5.3

截面上的内力显然相同。随着拉力 F 的逐渐增大,截面面积小的杆件必然先断。这表明构件的破坏不仅与内力大小有关,还与内力在构件截面上的密集程度(简称集度)有关。通常将**内力在一点处的集度称为应力。**

为了说明截面 $m-m$ 上某一点 E 处的应力,可绕点 E 取一微小面积 ΔA, 作用在微小面积 ΔA 上的微内力为 ΔF [图 5.4(a)],那么比值

$$F_m = \frac{\Delta F}{\Delta A}$$

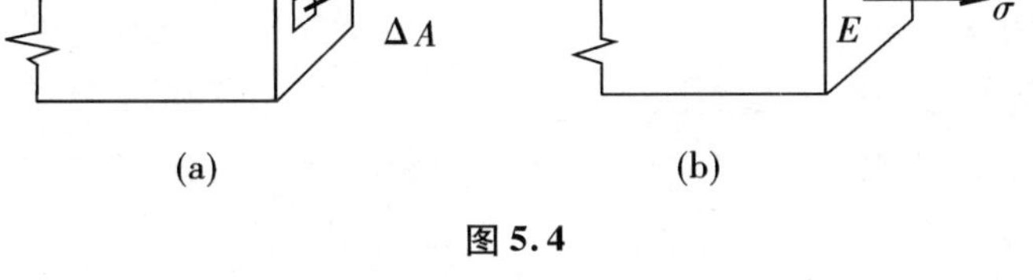

图 5.4

F_m 称为 ΔA 上的平均应力。当内力分布不均匀时，平均应力的值将随 ΔA 的大小而变化，它不能确切地反映 E 点处内力的集度。只有当 ΔA 无限趋近于零时，平均应力的极限值才能代表 E 点处的内力集度，用式子表示为

$$P = \lim_{\Delta A \to 0} \frac{\Delta F}{\Delta A}$$

上式中 P **称为** E **点处应力**，一般应力 P 与截面既不垂直也不相切。通常将它分解为垂直于截面和相切于截面两个分量[图 5.4(b)]。垂直于截面的应力分量称为**正应力**或法向应力，用 σ 表示；相切于截面的应力分量称为**剪应力**或切向应力，用 τ 表示。

在国际单位制中，应力的单位是帕斯卡，简称帕，符号为 Pa

$$1\ \text{Pa} = 1\ \text{N/m}^2 (1\ \text{帕} = 1\ \text{牛/米}^2)$$

工程实际中应力数值较大，常用单位是 kPa、MPa 或 GPa

$$1\ \text{kPa} = 10^3\ \text{Pa} = 10^3\ \text{N/m}^2$$

$$1\ \text{MPa} = 10^6\ \text{Pa} = 10^6\ \text{N/m}^2$$

$$1\ \text{GPa} = 10^9\ \text{Pa} = 10^9\ \text{N/m}^2$$

工程图纸上，长度尺寸常以 mm 为单位，则

$$1\ \text{MPa} = 10^6\ \text{N/m}^2 = 10^6\ \text{N/}10^6\ \text{mm}^2 = 1\ \text{N/mm}^2$$

章后小结

1. 变形固体的基本假设

(1) **连续性假设**：认为组成固体的物质毫无间隙地充满了固体的几何空间。

(2) **均匀性假设**：认为在固体的体积内，各处的力学性质完全相同。

(3) **各向同性假设**：认为固体在各个方向上的力学性质是相同的。

2. 杆件的四种基本变形形式

(1) 轴向拉伸或压缩。

(2) 剪切。

(3) 扭转。

(4) 弯曲。

3. 内力与应力的概念

(1) **内力**是杆件在外力作用下，相连两部分之间的相互作用力，工程上最常见的是计算杆件横截面上的内力。

(2) **应力**是内力在某一点处的集度，杆件中某截面上任一点的应力一般有两个分量：**正应力** σ **和剪应力** τ 。

4. 求内力的基本方法——截面法

步骤：截开，代替，平衡。

习　题

5.1　材料力学主要的研究对象和任务是什么？

5.2　材料力学对所研究的构件的材料作哪些假设？

5.3　杆件变形有哪四种基本变形？

5.4　何谓内力？求解内力的基本方法是什么？求解内力的步骤是什么？

第六章 杆的轴向拉伸和压缩

学习目标

1. 了解轴向拉伸和压缩概念，掌握轴向拉伸和压缩变形的受力和变形特征。
2. 理解轴向拉伸和压缩杆件横截面上内力、正负号规定，并能熟练绘制轴向拉伸或压缩杆的轴力图。
3. 能熟练计算轴向拉伸和压缩杆件横截面上的应力。
4. 了解轴向拉伸和压缩杆件纵向变形的胡克定律(两种表达形式)，能熟练计算轴向拉伸或压缩杆件的变形量。
5. 了解材料在拉伸和压缩时的力学性能。
6. 了解材料极限应力、许用应力、安全系数等概念。
7. 了解等截面直杆轴向拉伸和压缩时的强度条件，能熟练运用轴向拉伸压缩时强度条件进行拉压强度校核，设计杆件截面尺寸，计算拉压杆的承载能力。

第一节 轴向拉伸和压缩的概念

轴心受力构件拉伸与压缩

一、轴向拉伸和压缩变形实例

生产实践中，经常会遇到轴向拉伸或压缩的杆件。如起重机吊装重物 P 时[图 6.1(a)]，吊索 AB 即受拉力 F 的作用[图 6.1(b)]；三角支架 ABC [图 6.2(a)]在结点 B 受重物 F 作用时，AB 杆将受到拉伸[图 6.2(b)]，BC 杆将受到压缩[图 6.2(c)]；连接两块钢板用的螺栓[图 6.3(a)]，当螺母拧紧时，螺栓杆将受到拉力的作用[图 6.3(b)]；又如图 6.4 所示的桁架，上弦杆是压杆，下弦杆是拉杆。

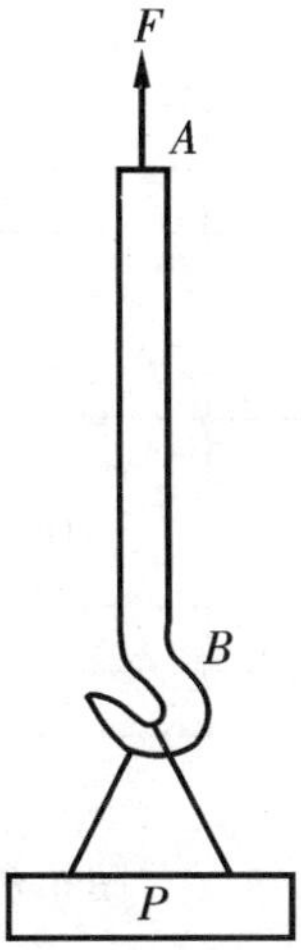

图 6.1

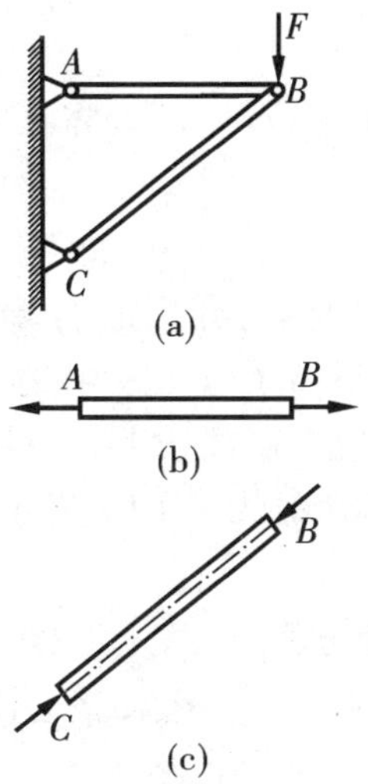

图 6.2

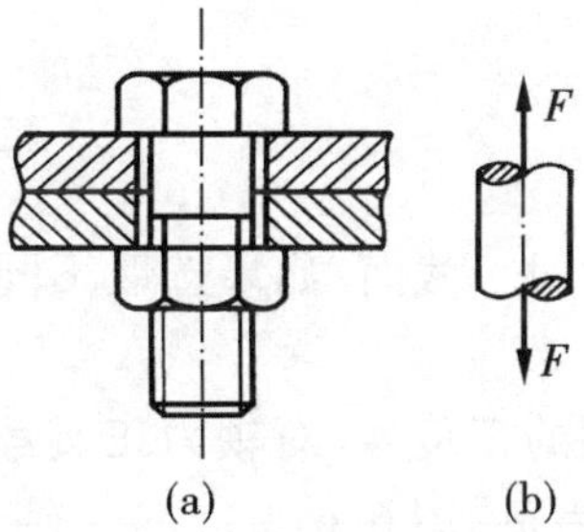

图 6.3

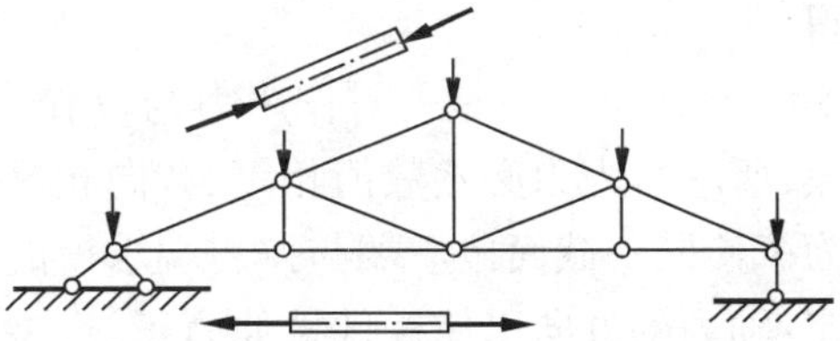

图 6.4

二、轴向拉伸和压缩概念

上述各种杆件的受力特点是，作用在杆端各外力的合力作用线与杆件轴线重合，杆件沿轴线方向伸长或缩短（图 6.5），这种变形，称为轴向拉伸或压缩。

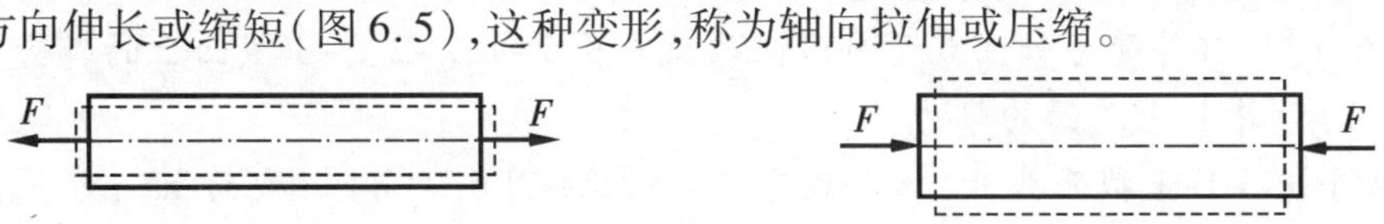

图 6.5

本章重点讨论杆件在受轴向拉伸或压缩时的内力、应力、变形、强度的计算和材料的力学性质，以及静定超静定问题。

第二节　轴向拉伸和压缩时的内力

一、轴力

杆件受一对拉力 F 的作用[图 6.6（a）]。为了求出横截面 $m-m$ 上的内力，可运用

截面法,其步骤如下:

1. 截开

截面法求轴心拉杆横截面上正应力

假想用一平面,在 $m-m$ 处将杆截开,使其成为两部分。

2. 代替

取左端为研究对象,弃去的右端对左端的作用以内力代替[图 6.6(b)]。由于外力与轴线重合,所以内力也必在轴线上,这种**与杆件轴线相重合的内力称为轴力**,用 F_N 表示。

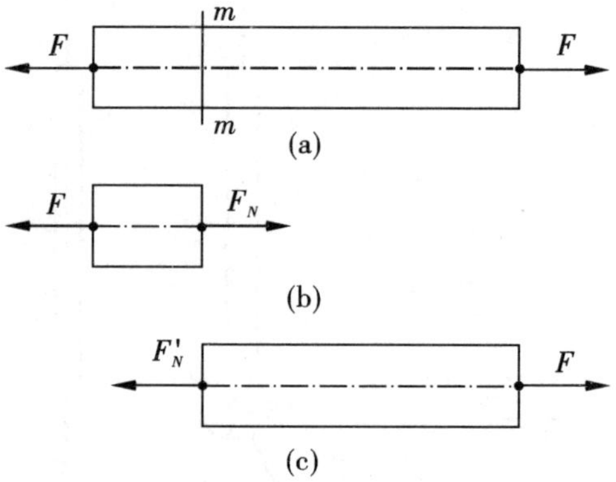

图 6.6

3. 平衡

由左端的平衡方程

$$\sum F_x = 0 \qquad F_N - F = 0$$

$$F_N = F$$

若以右段杆为研究对象[图 6.6(c)],同样可得

$$\sum F_{ix} = 0 \qquad F'_N - F = 0$$

得

$$F'_N = F$$

实际上,F_N 与 F'_N 是一对作用力与反作用力。因此,对同一截面,如果选取不同的研究对象,所求得内力必然数值相等、方向相反。

为了使同一截面按左端与按右端求得的轴力具有相同的正负号,对**轴力正负号作如下规定**:轴力的方向以使杆件**拉伸为正**,反之,使杆件**压缩为负**[图 6.6(b)(c)中轴力 F_N 均为正]。

运用截面法求轴力时,轴力的方向一般按正方向假设,由此计算结果的正负可与轴力的正负号规定保持一致,即计算结果为正表示正值轴力,计算结果为负表示负值轴力。

在国际单位制中,轴力的单位是牛顿(N)或千牛顿(kN)。

【例 6.1】 杆件受力如图 6.7(a)所示,试求出 1-1、2-2、3-3 截面上的轴力。

解:(1)计算 1-1 截面的轴力。

假想将杆沿 1-1 截面截开,取左端为研究对象[图 6.7(b)],截面上轴力 F_{N1} 按正方向假设。

由平衡方程

$$\sum F_x = 0,\ F_{N1} - F = 0$$

$$F_{N1} = F\ (\text{拉力})$$

(2)计算 2-2 截面的轴力。

假想将杆沿 2-2 截面截开,取左端为研究对象[图 6.7(c)],截面上轴力 F_{N2} 按正方向假设。

由平衡方程

$$\sum F_x = 0,\ F_{N2} + 2F - F = 0$$

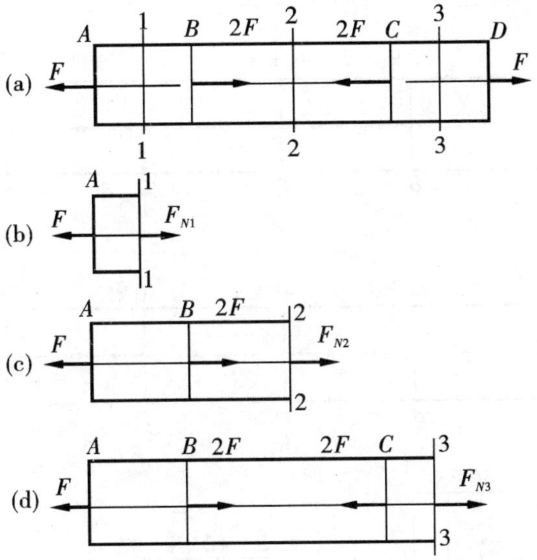

图 6.7

$$F_{N2} = F - 2F = -F\ (\text{压力})$$

负值轴力说明实际方向与假设方向相反,即 BC 段轴力为压力。

(3)计算 3-3 截面的轴力。

假想将杆沿 3-3 截面截开,取左端为研究对象[图 6.7(d)],截面上轴力 F_{N3} 按正方向假设。

由平衡方程

$$\sum F_x = 0,\ F_{N3} - 2F + 2F - F = 0$$

$$F_{N3} = 2F - 2F + F = F\ (\text{拉力})$$

计算截面的轴力,亦可选取右端为研究对象,得到同样的结果。

二、轴力图

作轴力图

为了形象地表示轴力沿直杆轴线的变化规律,可用平行于轴线的坐标表示截面位置,用垂直于轴线的坐标表示横截面上轴力的数值,画出轴力与截面位置的关系图线,称为**轴力图**。从轴力图可以确定最大轴力及其所在的截面位置。

画轴力图时应注意以下几点:

(1)轴力图要与计算简图对齐。

(2)图中的竖标表示相应位置截面轴力的大小,一定要与表示轴力的坐标轴平行,或与表示横截面位置的坐标轴垂直。

(3)标明正负号和数值。在画轴力图时,通常两个坐标轴也可省略不画,可用一条基线表示横截面位置,习惯上将正轴力画在上方或者左侧,负轴力画在下方或右侧。

【例 6.2】 杆件受力[图 6.8 (a)]所示,试作其轴力图。

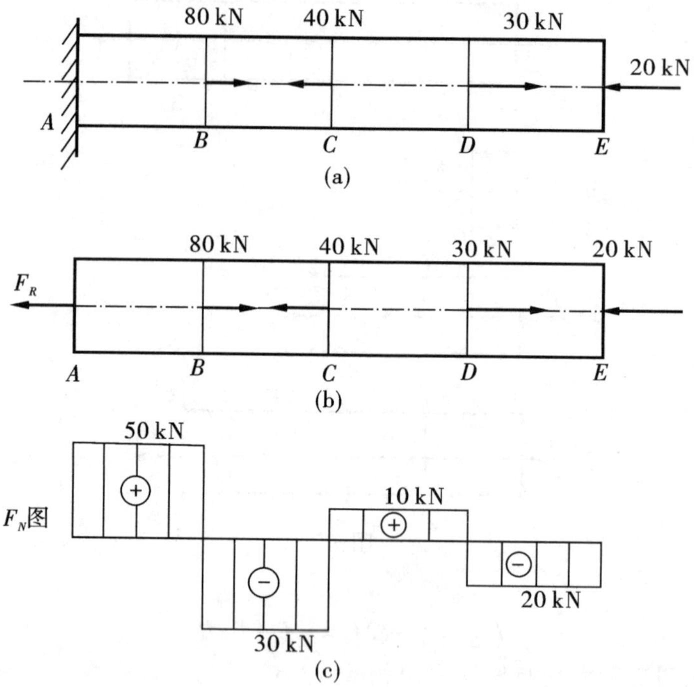

图 6.8

解:(1)计算约束反力(也可不求)。

取 AE 杆为研究对象,其受力图如图 6.8(b)所示。

由平衡方程

$$\sum F_x = 0,\ 80 + 30 - 20 - 40 - F_R = 0$$

$$F_R = 50\ \text{kN}$$

(2)计算各段的轴力。

AB 段:考虑 AB 段内任一截面的左侧,由计算轴力的规律可得

$$F_{NAB} = F_R = 50\ \text{kN}$$

BC 段:同理,考虑左侧

$$F_{NBC} = F_R - 80 = 50 - 80 = -30\ \text{kN}$$

CD 段:考虑右侧

$$F_{NCD} = 30 - 20 = 10\ \text{kN}$$

DE 段:考虑右侧

$$F_{NDE} = -20\ \text{kN}$$

(3)画轴力图。

由各段轴力的计算结果,按一定比例可作出其轴力图,如图 6.8(c)所示。

从图上可看出最大轴力在 AB 段,其值 $F_{N\max} = 50\ \text{kN}$。

第三节 轴向拉(压)杆横截面上的应力

为求得拉(压)杆横截面上的应力,必须知道横截面上内力的分布规律,而内力的分布又与变形的分布密切相关。因此首先要通过实验观察杆件的变形情况。

取一等截面直杆,在其表面画两条垂直于杆轴的横线 ab 和 cd,并在两条横线间画两条平行于杆轴的纵向线。然后在杆两端加上一对轴向拉力,使杆件产生拉伸变形(图 6.9)。从杆件表面可观察到,ab 和 cd 直线分别平移至 a_1b_1 和 c_1d_1 位置,仍为直线且和杆轴垂直;两条纵向线伸长,且伸长量相等,并仍然与杆轴平行。

根据表面的变形现象,可以进一步推断杆内的变形,并提出如下假设:变形前为平面的横截面,变形后仍为垂直于杆轴线的平面。这一假设称为平面假设。根据平面假设可知,变形后同一横截面上任意点的伸长一定都相等。由材料的均匀、连续性假设可知,横截面上的内力是均匀分布的,即各点的应力相等且方向都垂直于横截面。

如图 6.10 所示,此时的应力称为正应力,以 σ 表示,其计算公式为

$$\sigma = \frac{F_N}{A} \tag{6.1}$$

轴心受拉横截面正应力

式中 σ——横截面上的正应力;

F_N——横截面上的轴力;

A——横截面面积。

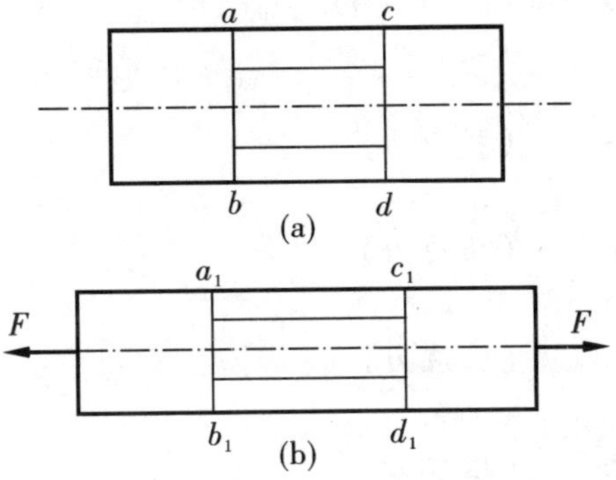

图 6.9

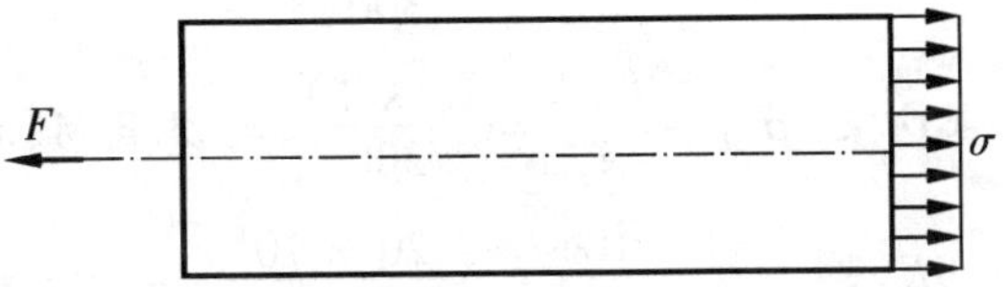

图 6.10

σ 的正负号与轴力相同,当 F_N 为正时,σ 也为正,称为拉应力;当 F_N 为负时,σ 也为负,称为压应力。

正应力公式应符合下列两个条件,才可使用:①等截面直杆;②外力(或外力的合力)的作用线与杆轴线重合或杆件横截面上的内力只有轴力。

【例 6.3】 试求图 6.11(a)所示阶梯形直杆各横截面上的应力。已知横截面面积为 $A_1 = 400\ \text{mm}^2$,$A_2 = 300\ \text{mm}^2$,$A_3 = 200\ \text{mm}^2$。

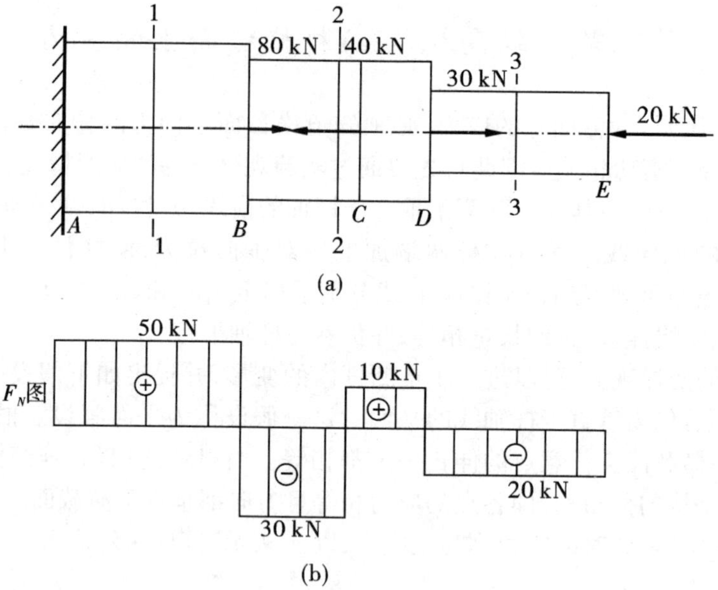

图 6.11

解:(1)计算轴力,画轴力图。

本题杆件所受外力与例 6.2 相同,只是直杆换成阶梯形杆。由例 6.2 知 $F_{N1}=50$ kN, $F_{N2}=-30$ kN, $F_{N3}=10$ kN, $F_{N4}=-20$ kN。轴力图如图 6.11(b)。

(2)计算各段正应力。

$$AB\text{ 段}: \sigma_{AB}=\frac{F_{N1}}{A_1}=\frac{50\times10^3}{400}=125\ \text{MPa}\qquad(\text{拉应力})$$

$$BC\text{ 段}: \sigma_{BC}=\frac{F_{N2}}{A_2}=\frac{-30\times10^3}{300}=-100\ \text{MPa}\qquad(\text{压应力})$$

$$CD\text{ 段}: \sigma_{CD}=\frac{F_{NCD}}{A_2}=\frac{10\times10^3}{300}=33.3\ \text{MPa}\qquad(\text{拉应力})$$

$$DE\text{ 段}: \sigma_{DE}=\frac{F_{NDE}}{A_3}=\frac{-20\times10^3}{200}=-100\ \text{MPa}\qquad(\text{压应力})$$

【例 6.4】 一构架受力情况与尺寸如图 6.12(a)所示。已知 $F=60$ kN, $d=3.2$ cm, $a=14$ cm。试求各杆的应力。

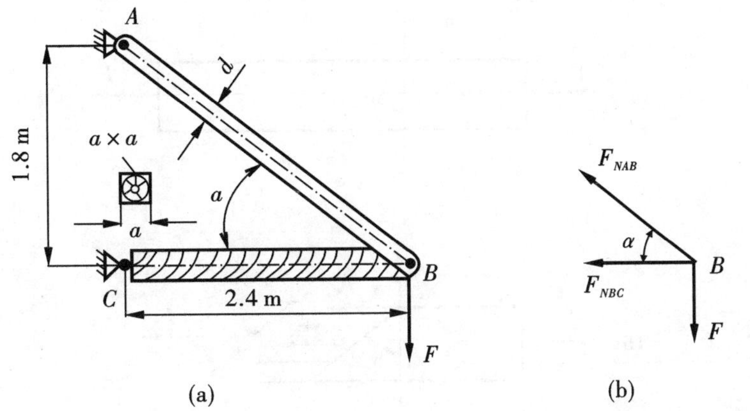

图 6.12

解：(1)求各杆的内力。

取B铰为研究对象，进行受力分析，受力图如图6.12(b)所示。列平衡方程

$$\sum F_y = 0, F_{NAB}\sin\alpha - F = 0$$

$$\sum F_x = 0, -F_{NBC} - F_{NAB}\cos\alpha = 0$$

得

$$F_{NAB} = \frac{F}{\sin\alpha} = \frac{60\ \text{kN}}{\frac{3}{5}} = 100\ \text{kN} \qquad \text{(拉力)}$$

$$F_{NBC} = -F_{NAB}\cos\alpha = -100\ \text{kN} \times \frac{4}{5} = -80\ \text{kN} \qquad \text{(压力)}$$

(2)计算各杆的正应力。

$$\sigma_{AB} = \frac{F_{NAB}}{A_{AB}} = \frac{100 \times 10^3\text{N}}{\frac{\pi}{4} \times (3.2 \times 10\ \text{mm})^2} = 124.3\ \text{MPa}$$

$$\sigma_{BC} = \frac{F_{NBC}}{A_{BC}} = \frac{-80 \times 10^3\text{N}}{14 \times 14 \times 10^2} = -4.08\ \text{MPa}$$

第四节　轴向拉(压)杆斜截面上的应力

前节研究了横截面上的应力，但杆件受到拉伸和压缩变形时，其破坏不一定是沿横截面，有时是沿斜截面发生。所以，有必要研究斜截面上的应力。

一直杆受轴向拉力 F 的作用[图6.13(a)]，其横截面 $m-m$ 面积为 A，则横截面上的正应力

$$\sigma = \frac{F_N}{A} \qquad \text{(a)}$$

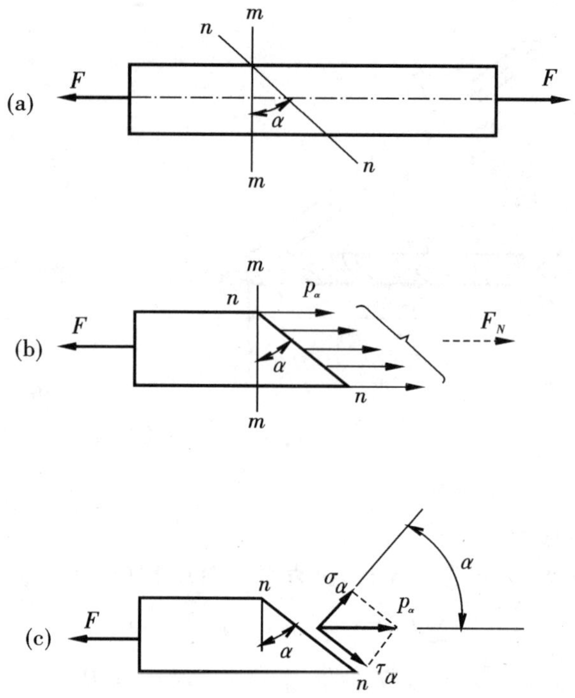

图 6.13

设与横截面 $m-m$ 成 α 角的 $n-n$ 斜截面的面积为 A_α，依照横截面上正应力分布的推理方法，可得斜截面上应力 p_α 也是均匀分布的[图 6.13(b)]，其值为

$$p_\alpha=\frac{F_N}{A_\alpha} \tag{b}$$

式中，A_α是斜截面面积。由横截面面积为 A，则

$$A_\alpha=\frac{A}{\cos\alpha} \tag{c}$$

将(c)式代入(b)式，可得

$$p_\alpha=\frac{F_N}{\mathrm{A}}\cos\alpha=\sigma\cos\alpha \tag{d}$$

这样，即可将斜截面上的应力 P_α 通过横截面上的应力 σ 来表达。

P_α 的方向与轴力方向一致，常将 P_α 分解为垂直于斜截面的正应力 σ_α 和相切于斜截面的剪应力 τ_α [图 6.13(c)]

$$\sigma_\alpha=P_\alpha\cos\alpha=\sigma\cos^2\alpha \tag{6.2}$$

$$\tau_\alpha=P_\alpha\sin\alpha=\sigma\cos\alpha\sin\alpha=\frac{\sigma}{2}\sin 2\alpha \tag{6.3}$$

由式(6.2)和式(6.3)可知，杆件承受拉伸或压缩时，斜截面上既有正应力，又有切应力，它们的大小均为角 α 的函数，即两种应力均随斜截面方位的变化而变化。

(1)当 $\alpha=0°$ 时，即为横截面，由式(6.2)和式(6.3)得

$$\sigma_{\alpha=0°} = \sigma_{\max} = \sigma$$

$$\tau_{\alpha=0°} = 0$$

即当杆件承受拉伸(或压缩)时,横截面上只有正应力而无切应力,且正应力值达到最大值。

(2)当 $\alpha = 45°$ 时,有

$$\sigma_{\alpha=45°} = \frac{1}{2}\sigma$$

$$\tau_{\alpha=45°} = \tau_{\max} = \frac{1}{2}\sigma$$

即当杆件受到轴向拉伸(或压缩)时,在与横截面成 45° 的斜截面上,有最大切应力。

(3)当 $\alpha = 90°$ 时,与杆轴成平行的纵截面

$$\sigma_{90°} = 0, \tau_{90°} = 0$$

即当杆件承受拉伸(或压缩)时,纵截面上无正应力和切应力。

第五节　轴向拉(压)杆的变形

一、纵向变形及线应变

当杆件受拉伸与压缩作用时,长度方向将发生的尺寸改变,称为纵向变形,如图 6.14、图 6.15 所示,实线为变形前的形状,虚线为变形后的形状,可得到

图 6.14

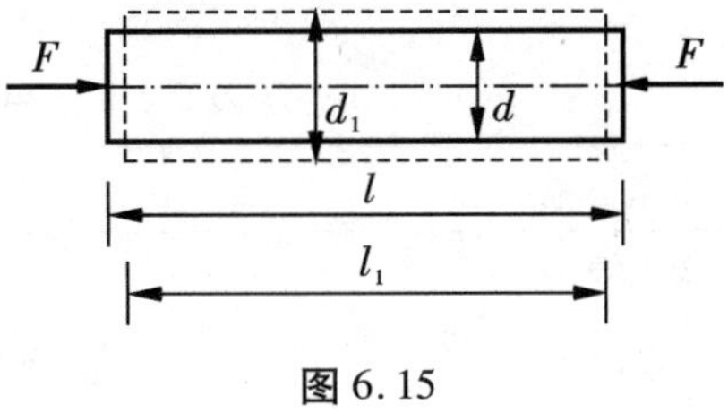

图 6.15

$$\Delta l = l_1 - l$$

式中,Δl 称为绝对变形,拉伸时为正值,压缩时为负值。Δl 的单位常用毫米(mm)。

纵向变形是总变形量,不能反映杆件的变形程度,为了说明杆件的变形程度,常用单位长度内的变形量来表示。单位长度内的变形称为纵向线应变,简称线应变,以 ε 表示。即

$$\varepsilon = \frac{\Delta l}{l}$$

线应变是无量纲的量,其正负号的意义与纵向变形相同。

二、胡克定律

实验表明,当杆的应力不超过某一限度时,杆件的纵向伸长 Δl 与力 F 及杆长 l 成正

比,与截面面积 A 成反比,即

$$\Delta l \propto \frac{Fl}{A}$$

引入与材料有关的比例常数 E, 则有

$$\Delta l = \frac{Fl}{EA} \tag{6.4}$$

由于杆件只在两端受轴向荷载 F, 有 $F_N = F$, 则

$$\Delta l = \frac{F_N l}{EA} \tag{6.5}$$

比例常数 E 称为**弹性模量**。各种材料的弹性模量各不相同,工程中常用材料的弹性模量见表6.1。对杆件来说, EA 值越大,杆件 Δl 越小,所以 EA 代表杆件抵抗拉伸或压缩变形的能力,称为杆件的**抗拉(压)刚度**。

若将 $\varepsilon = \frac{\Delta l}{l}$,$\sigma = \frac{F_N}{A}$ 代入上式,可得

$$\varepsilon = \frac{\sigma}{E} \text{ 或 } \quad \sigma = E\varepsilon \tag{6.6}$$

式(6.6)表明,当应力不超过某一限度时,正应力与线应变成正比。

式(6.4)~式(6.6)均称为胡克定律。

利用胡克定律时,需注意公式的适用范围:①杆的应力不超过某一限度;②单向拉伸(或压缩)的情况;③在杆长 l 内,轴力 F_N、材料 E 及截面面积 A 都应是常量,否则,需分段计算。

表6.1 常用材料的 E、μ 值

材料名称	弹性模量 E/GPa	泊松比 μ
灰口铸铁	115~160	0.23~0.27
低碳钢	200~220	0.25~0.33
合金钢	190~220	0.24~.033
铜及其合金	74~130	0.31~0.42
铝及硬铝合金	71	0.33
混凝土	15~36	0.16~0.18
橡胶	0.008	0.47
木材(顺纹)	10~12	0.054

【例6.5】 阶梯形钢杆如图6.16(a)所示。已知 AC 段截面面积 A_{AC} = 500 mm^2,CD 段截面面积 A_{CD} = 200 mm^2, 材料的弹性模量 E = 200 GPa, 所受荷载 F_1 = 30 kN,F_2 = 10 kN。试求:

(1)各段杆横截面上的内力和应力;

(2)杆件的总变形。

解:(1)由截面法求得各段杆的轴力为

$$F_{NAB}=-20\ \text{kN}\qquad(\text{压力})$$

$$F_{NBD}=F_2=10\ \text{kN}\quad(\text{拉力})$$

(2)画轴力图[图6.16(b)]。

(3)计算各段应力。

AB 段

$$\sigma_{AB}=\frac{F_{NAB}}{A_{AC}}=-\frac{20\times10^3}{500}=-40\ \text{MPa}(\text{压应力})$$

BC 段

$$\sigma_{BC}=\frac{F_{NBD}}{A_{AC}}=\frac{10\times10^3}{500}=20\ \text{MPa}(\text{拉应力})$$

CD 段

$$\sigma_{CD}=\frac{F_{NBD}}{A_{CD}}=\frac{10\times10^3}{200}=50\ \text{MPa}(\text{拉应力})$$

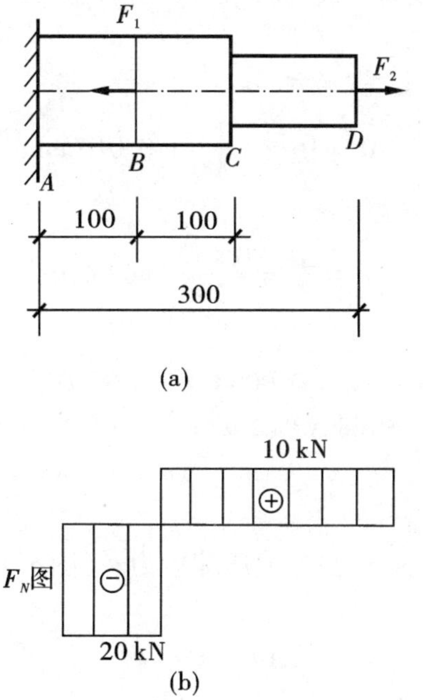

图 6.16

(4)计算杆件的总变形。因为杆件各段的面积和轴力不一样,所以应分段计算变形,再求代数和。

$$\begin{aligned}\Delta l&=\Delta l_{AB}+\Delta l_{BC}+\Delta l_{CD}\\&=\frac{F_{NAB}l_{AB}}{EA_{AC}}+\frac{F_{NBD}l_{BC}}{EA_{AC}}+\frac{F_{NBD}l_{CD}}{EA_{CD}}\end{aligned}$$

$$= \frac{-20 \times 100}{200 \times 500} + \frac{10 \times 100}{200 \times 500} + \frac{10 \times 100}{200 \times 200} = 0.015 \text{ mm}$$

所以整个杆件伸长0.015 mm。

【例6.6】 为测定钢桁架 CD 杆的应力,在杆 CD 上装上仪器,如图所示6.17。当桁架受力时,仪器的指针移动了16小格,每小格代表1/1000 mm,仪器的标距 $l=20$ mm。若钢材的弹性模量 $E=2.1\times10^5$ MPa,试计算 CD 杆的应力。

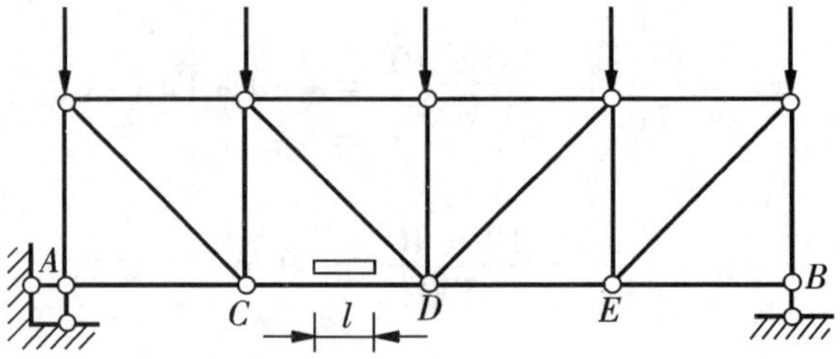

图6.17

解:工程中常用这种方法对结构进行承载能力检验。仪器上的指针移动表示杆件伸长的数值。

(1)计算杆件纵向变形 Δl、线应变 ε

$$\Delta l = 16 \times \frac{1}{1000} = 0.016 \text{ mm}$$

在 $l=20$ mm 范围内线应变 ε 为

$$\varepsilon = \frac{\Delta l}{l} = \frac{0.016}{20} = 0.0008$$

(2)计算 CD 杆的应力

$$\sigma = E\varepsilon = 0.0008 \times 2.1 \times 10^5 \text{ MPa}$$
$$= 168 \text{ MPa}$$

三、横向变形及泊松比

若杆件变形前横向尺寸为 d,拉伸或压缩后为 d_1(图6.14、图6.15),则杆件的横向绝对变形为

$$\Delta d = d_1 - d$$

横向线应变用 ε_1 表示,则有

$$\varepsilon_1 = \frac{\Delta d}{d}$$

杆件受拉时,横向尺寸缩小,ε_1 为负值;杆件受压时,横向尺寸增大,ε_1 为正值。

实验结果表明,在弹性范围内,横向线应变 ε_1 与线应变 ε 之比的绝对值为一常数,通常用 μ 表示,即

$$\mu = \left| \frac{\varepsilon_1}{\varepsilon} \right|$$

μ 称为横向变形系数,或称**泊松比**。泊松比无量纲,其值与材料有关。因 ε_1 与 ε 的符号总是相反,故有

$$\varepsilon_1 = -\mu\varepsilon$$

弹性模量和泊松比都是表示材料弹性的重要物理量。工程中常用材料的泊松比值见表6.1。

第六节 材料在拉伸和压缩时的力学性能

构件的强度和刚度,除了与构件的几何尺寸及受力情况有关外,还与材料的力学性能有关。材料的力学性能,是指材料在受力和变形过程中所具有的特征指标,它是材料固有的特性,通过试验获得。

本节主要介绍在常温、静载条件下,几种工程材料在拉伸和压缩时的力学性质。

一、材料在拉伸时的力学性能

拉伸实验时采用标准试件(图6.18),由于材料的某些性质与试件的形状、尺寸有关,为了使不同材料的试验结果能互相比较,国家标准《金属拉力试验法》规定,圆截面标准试件的工作长度 l(也称标距)与其截面直径 d 的比例为:长试件 $l=10d$;短试件 $l=5d$。

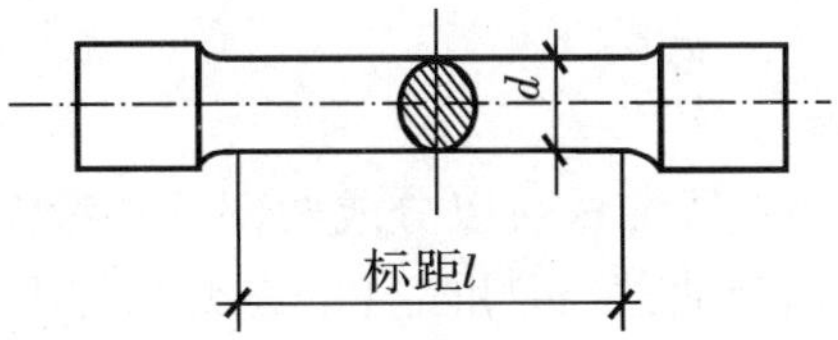

图6.18

(一)低碳纲拉伸时的力学性质

低碳钢是工程上使用较广的材料,它在拉伸试验中所表现的力学性能较全面,一般以低碳钢为例来研究材料在拉伸时的力学性能。

拉伸试验是在万能试验机上进行的。将标准试件两端装入试验机的两个夹头内,试件受到由零逐渐增加的拉力 F 作用,同时发生变形。若记录各时刻的拉力 F 值,以及与其对应的试件标距 l 长度内的变形量,直至试件拉断为止。由此便能绘出 F 与 Δl 关系图线,称为拉伸图或 F-Δl 曲线,如图6.19(a)所示。

试件的拉伸图线与试件的几何尺寸有关,所以即便是同一种材料,当试件尺寸不同时,它们的拉伸图线也不同。因此,为了消除试件尺寸的影响,以得到材料本身的性质,常将拉伸图中的 F 值除以试件的横截面面积 A,即用应力 $\sigma=\dfrac{F}{A}$ 来表示;将 Δl 值除以标距 l,即用应变 $\varepsilon=\dfrac{\Delta l}{l}$ 来表示。这样,就得到一条应力 σ 与应变 ε 之间的关系曲线,称为应力-应变图或 $\sigma-\varepsilon$ 图[图6.19(b)]。对于同一标准试样,$F-\Delta l$ 关系曲线与 $\sigma-\varepsilon$ 关系曲线

的形状相同。

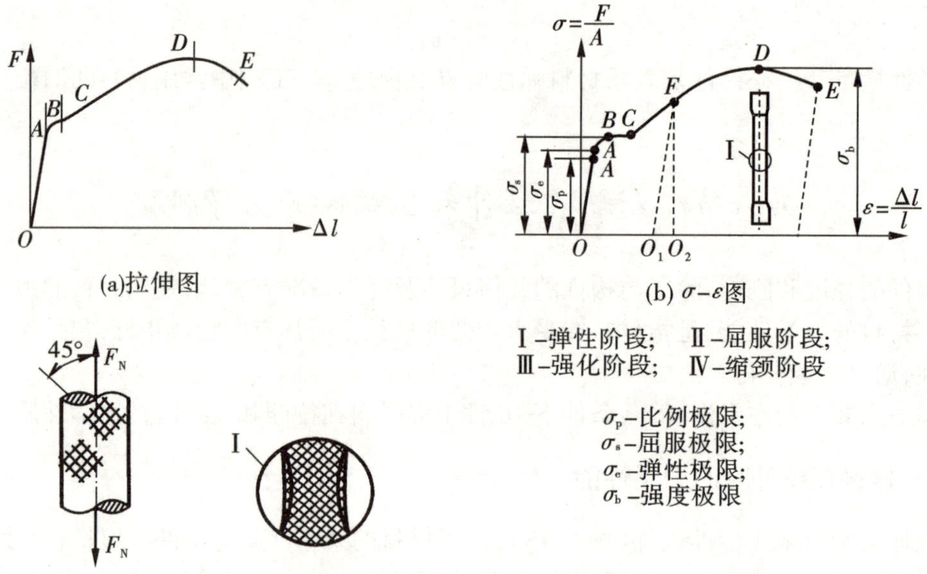

(a)拉伸图　(b) σ－ε图　(c)　(d)

图 6.19

1. $\sigma-\varepsilon$ 图的四个阶段

(1)弹性阶段(OA 段)　这段曲线可以分成两部分去考虑。

1)在 $\sigma-\varepsilon$ 曲线中 OA 段是直线,说明试件的应变与应力成正比,材料符合胡克定律 $\sigma=E\varepsilon$。与图上直线部分的最高点 A 对应的应力值 σ_P,是材料符合胡克定律的最大应力值,称为材料的比例极限。Q235 钢的比例极限为 $\sigma_P=200$ MPa。

2)在应力超过比例极限后,图上 AA' 线段已不是直线,说明应力和应变不再成正比,但所发生的变形仍然是弹性的。与 A' 对应的应力 σ_e 是材料发生弹性变形的极限值,σ_e 称为弹性极限。比例极限与弹性极限虽然意义不同,但由于数值非常接近,在实际应用中,通常不作严格区分。

(2)屈服阶段(BC 段)　在应力超过比例极限以后,图形出现一段近似水平的小锯齿形线段 BC,说明此阶段的应力几乎没有增加,却发生了较大的变形。这种应力变化不大应变显著增加的现象称为材料的屈服。屈服阶段除第一次下降的最小应力外的最低应力称为屈服极限,以 σ_s 表示。Q235 钢的屈服极限大约为 235 MPa。如果试件表面光滑,可看到试件表面有与轴线成45°方向的斜线,这是由于材料沿试件最大切应力面发生滑移引起的,通常称为滑移线。这在许多工程中是不允许的,所以屈服极限是衡量材料强度的一个重要指标。

(3)强化阶段(CD 段)　经过屈服阶段后,材料恢复了对变形的抵抗能力,此时增加荷载才会继续变形,这种现象称为材料的强化。相应与曲线的最高点 D 的应力,即试件断裂前能够承受的最大应力值,称为强度极限,以 σ_b 表示。Q235 钢的 σ_b 约为 400 MPa。

(4)颈缩阶段(DE段)　应力达到强度极限的同时,试件的某一局部开始出现横截面显著缩小,如图6.19(d)所示。这种现象称为颈缩。颈缩现象出现后,继续拉伸时所需荷载迅速减少,最后导致试件断裂。

上述每一阶段都是有量变到质变的过程。比例极限σ_p、屈服极限σ_s、强度极限σ_b是反映材料力学性质的重要特征值。σ_p是材料处于弹性状态的标志;σ_s是材料发生较大塑性变形的标志;σ_b是材料最大抵抗能力的标志。

2.冷作硬化

当试件拉伸到强化阶段的任一点F点时[图6.19(b)],若此时停止加载并逐渐卸载,则可以看到试件的应力、应变沿着与OA'平行的卸载直线FO_1退到O_1点。OO_1则为卸载后不能消失的塑性应变。如果卸载后再重新加载,应力、应变曲线将沿着卸载直线O_1F上升,到F点后的曲线与原来的$\sigma-\varepsilon$曲线相同。通过这种预拉,材料的比例极限得到了提高,而塑性降低,这种现象称为**冷作硬化**。

工程中有时会利用材料的这个性质,如经过冷拉的钢筋可提高屈服极限,节约钢材,但由于材料脆性也相应增加,目前已很少采用。

3.塑性指标

材料产生塑性变形的能力称为材料的塑性性能。常用的塑性指标为材料的断后伸长率δ和断面收缩率ψ。δ按下式计算:

$$\delta=\frac{l_1-l}{l}\times 100\% \tag{6.7}$$

式中,l_1-l是试件在标距内的塑性变形量。δ值愈大,材料的塑性性能愈好,一般低碳钢的伸长率$\delta=20\%\sim30\%$。

工程中通常将$\delta>5\%$的材料称为**塑性材料**,如低碳钢、低合金钢等均属塑性材料;$\delta<5\%$的材料称为**脆性材料**,如铸铁、砖石和混凝土等均属脆性材料。

截面收缩率ψ按下式计算:

$$\psi=\frac{A-A_1}{A}\times 100\% \tag{6.8}$$

式中,A为原横截面面积;A_1为试件断口处的最小横截面面积。

一般低碳钢的$\psi=60\%\sim70\%$。

(二)铸铁拉伸时的力学性质

铸铁拉伸时的$\sigma-\varepsilon$曲线如图6.20所示。图中没有明显的直线部分,也没有屈服和颈缩现象,试件的断裂是突然的。

铸铁的断后伸缩率$\delta=0.5\%\sim0.6\%$,是典型的脆性材料。衡量此类脆性材料强度的唯一指标是强度极限σ_b。

(三)其他几种材料拉伸时的力学性质

目前在工程应用中复合材料发展得很快,其强度较高,但塑性性质较差,亦属于脆性材料。如玻璃钢(增强塑料)在顺着玻璃纤维方向受拉时的$\sigma-\varepsilon$图如图6.21所示。

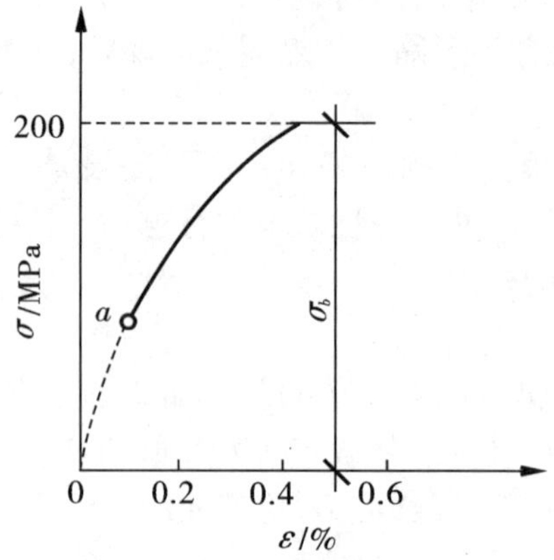

图 6.20

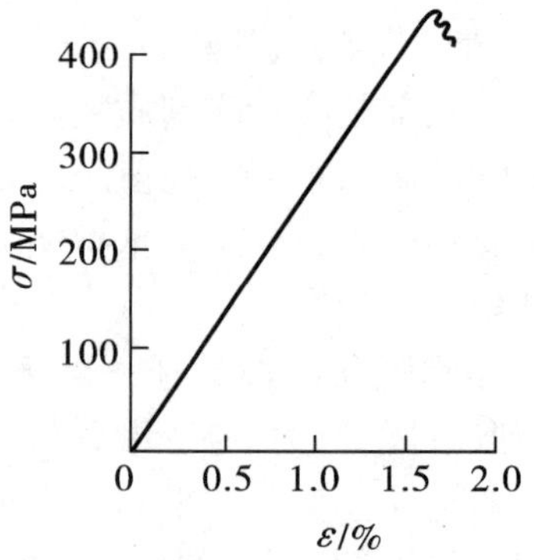

图 6.21

其他一些在土建工程中常用的脆性材料，如混凝土、砖、石等，它们的共同特点：破坏时残余变形很小，只能测得强度极限；抗拉强度比抗压强度低得多，例如混凝土的抗拉强度只有抗压强度的十分之一左右，所以在设计时均略去不计。

二、材料在压缩时的力学性能

金属材料的压缩试件为短圆柱形，圆柱的高度一般为直径的 2.5 ~ 3.5 倍。非金属材料的压缩试件是立方体。

（一）低碳钢压缩时的力学性质

图 6.22 的实线和虚线分别为低碳钢压缩和拉伸时的 $\sigma-\varepsilon$ 曲线。可以看出，在屈服阶段以前，压缩与拉伸的 $\sigma-\varepsilon$ 曲线基本相同，说明低碳钢在拉伸压缩时的弹性模量 E、比例极限 σ_p 和屈服极限 σ_s 是相同的。只是在超过屈服极限以后，试件愈压愈扁，横截面面积不断增大，抗压能力不断提高，试件只会压扁而不会断裂，因此，无法测出低碳钢的抗压强度极限 σ_b。

（二）铸铁压缩时的力学性质

铸铁是常用的典型脆性材料。图 6.23 的实线和虚线分别是铸铁压缩和拉伸时的 $\sigma-\varepsilon$ 曲线。由图 6.23 可见，在铸铁拉伸和压缩的 $\sigma-\varepsilon$ 曲线中，均没有明显的直线部分，材料只近似地服从胡克定律。铸铁压缩时也没有屈服极限，但铸铁压缩时的强度极限为拉伸时的 3 ~5 倍。所以铸铁（脆性材料）多用于承受压力的构件。

铸铁在压缩破坏前试件略呈鼓形，破坏时的断面与轴线成 25° ~ 45° 角。

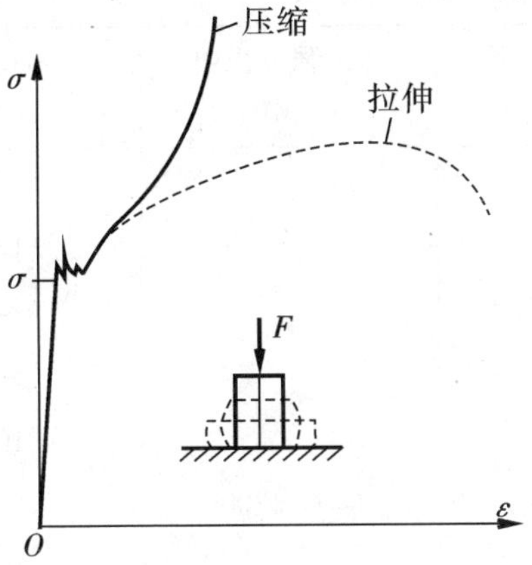

图 6.22

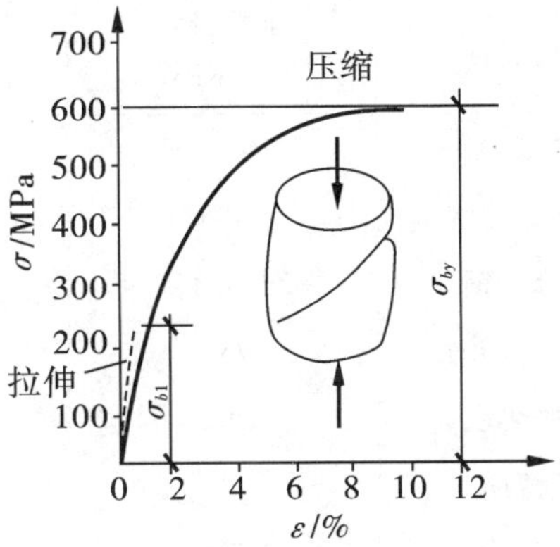

图 6.23

(三)其他几种材料压缩时的力学性质

混凝土压缩时的 $\sigma-\varepsilon$ 曲线如图 6.24 所示,混凝土的抗压强度极限要比抗拉强度极限大 10 倍左右。

混凝土试件通常做成正立方体,两端由压板传递压力,压坏时依据试件与端面间是否加润滑剂而发生两种破坏情况:一种是加润滑剂,压坏时沿纵向开裂[图 6.25(a)];另一种是不加润滑剂,压坏时是靠近中间剥落而形成两个锥截体[图 6.25(b)]玻璃钢在压坏时的性质基本与拉伸时相同。

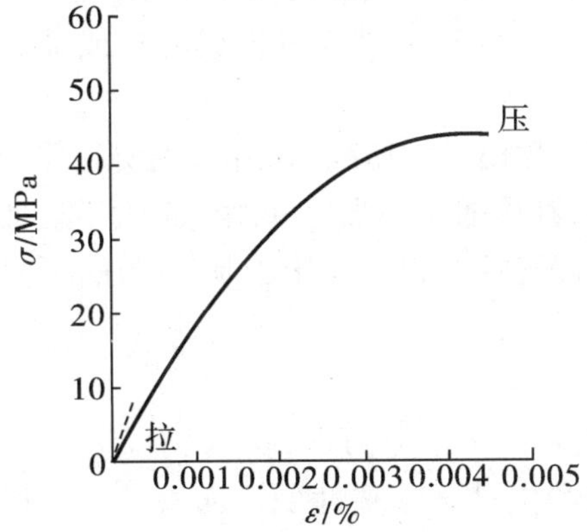

图 6.24

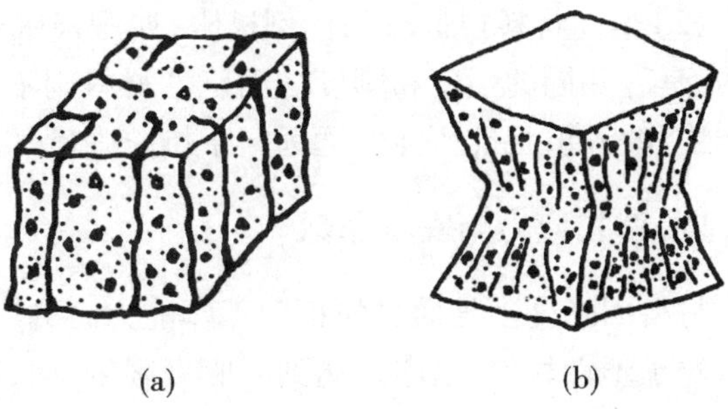

图 6.25

因为有些脆性材料抗压强度比抗拉强度大得多,且价格较钢材低得多,所以工程中常采用铸铁、砖、混凝土、石材等脆性材料制作受压构件,如机床的机座、桥墩、建筑物的基础等。表 6.2 列出了几种工程中常用材料拉伸与压缩时的力学性质。

表 6.2　部分材料拉伸和压缩时的力学性质

材料名称	屈服极限 σ_s/MPa	拉伸强度极限 σ_b/MPa	压缩强度极限 σ_b/MPa	伸长率 d/%
低碳钢	216～235	373～461		25～27
碳素结构钢	353	598		16
低合金钢	274～343	471～510		19～21
合金结构钢	785	932		9
球墨铸铁	292	392		10
灰铸铁		98～390	640～1300	<0.5
铝合金	370	450		15
混凝土			7～50	
砖			8～300	
木材		100	32	

注:表中数据仅供参考

三、塑性材料和脆性材料力学性质分析对比

综合塑性材料和脆性材料的力学性质,作如下分析对比:

(1)塑性材料破坏时有显著的塑性变形,断裂前有的出现明显的屈服现象,塑性性质好;脆性材料在变形很小时突然断裂,无屈服现象。所以塑性材料可压成薄片或抽成细丝,而脆性材料则不能。

(2)塑性材料拉伸时的比例极限、屈服极限和弹性模量与压缩时相同,说明拉伸和压缩时,具有相同的强度和刚度。而脆性材料则不同,其压缩时的强度和刚度都大于拉伸时的强度和刚度,且抗压强度远远高于抗拉强度。所以脆性材料主要用于制作受压构件。

四、许用应力与安全系数

材料因强度不足而丧失正常工作能力时的应力称为极限应力,以 σ° 表示。

对于塑性材料,当应力达到屈服极限 σ_s 时,将产生显著的塑性变形而失效。工程上常以屈服极限作为塑性材料的极限应力,即 $\sigma^\circ = \sigma_s$。

对于脆性材料,在无显著变形的情况下,应力达到强度极限时会突然断裂。因此,工程上常以强度极限作为脆性材料的极限应力,即 $\sigma^\circ = \sigma_b$。

为了保证构件有足够强度,构件中的最大应力必须低于材料的极限应力。考虑到在设计计算时的一些因素,如:①载荷的精确性;②材料的均匀性;③计算方法的准确程度;④构件的工作条件及重要性;⑤构件的自重与机动性。

在强度计算时常采用许用应力值进行计算。许用应力是指材料所允许承受的最大应力,用符号 $[\sigma]$ 表示。极限应力与许用应力的比值称为安全系数,用 n 表示。故许用应

力可表示为

$$[\sigma]=\frac{\sigma^{\circ}}{n} \tag{6.9}$$

对于塑性材料，$\sigma^{\circ}=\sigma_s, n=n_s$，故 $[\sigma]=\dfrac{\sigma_s}{n_s}$

式中 n_s——屈服安全系数。

对于脆性材料，$\sigma^{\circ}=\sigma_b, n=n_b$，故 $[\sigma]=\dfrac{\sigma_b}{n_b}$

式中 n_b——断裂安全系数。

由于脆性材料拉伸与压缩时的强度不同，因此，其拉伸许用应力值和压缩许用应力值是不相等的。

选择安全系数是一个复杂而重要的问题。过大的安全系数将造成材料浪费、结构笨重和成本提高，而过小的安全系数又不能保证构件的安全。因此安全系数不能自己随意确定，各种材料的许用应力值一般可在有关的设计规范中查得。几种常用材料的许用应力值见表6.3。

表6.3 几种常用材料的许用应力值 (MPa)

材料名称	应力种类	
	许用拉应力 $[\sigma_t]$	许用压应力 $[\sigma_c]$
低碳钢(Q235)	140~170	140~170
16锰钢	215~240	215~240
灰口铸铁	35~55	160~200
混凝土(C30)	0.6	10.3
木材(顺纹)	5.5~10.0	8~16

第七节 轴向拉(压)时杆件强度计算

一、轴向拉(压)杆件强度条件

在工程结构中，对杆件的基本要求之一，是必须具有足够的强度。为确保轴向拉(压)杆安全可靠，不致因强度不足而破坏，就必须保证杆件内的最大工作应力不超过材料的许用应力，即

$$\sigma_{\max}=\frac{F_N}{A}\leqslant[\sigma] \tag{6.10}$$

式中 $\sigma_{\max}$——杆件截面上的最大工作应力；

F_N——横截面上的轴力；

σ——材料的许用应力。

式(6.10)称为轴向拉(压)杆件强度条件。

产生最大正应力的截面称为危险截面，破坏往往从危险截面开始。

对于等截面直杆，轴力最大的截面即为危险截面；对于变截面直杆，危险截面要结合 F_N 和 A 共同考虑来确定。

二、轴向拉（压）杆件强度计算

根据强度条件，可以解决三种强度计算问题。

（1）强度较核　若已知杆件的材料、截面尺寸和所承受的荷载（即已知 $[\sigma]$ 和 A、F_N），检查杆件的强度是否足够。可根据式（6.10）来判定，若 $\sigma_{max} \leqslant [\sigma]$，则杆件满足强度条件；若 $\sigma_{max} > [\sigma]$，则强度不足。

（2）设计截面尺寸　若已知杆件的材料和所承受的荷载（即已知 $[\sigma]$ 和 F_N），确定杆件所需的最小横截面面积和相应的尺寸。这时杆件的强度条件可变换为以下的形式：

$$A \geqslant \frac{F_N}{[\sigma]}$$

计算出截面面积，然后根据杆件截面形状设计截面的尺寸。

（3）确定许用荷载　若已知杆件的材料和截面尺寸（即已知 $[\sigma]$ 和 A），确定杆件或整个结构所能承受的最大荷载。这时可按下式计算杆件所允许的最大轴力

$$F_N \leqslant A[\sigma]$$

再根据静力平衡方程，确定构件所能承受的最大许可荷载。

【例 6.7】　钢筋混凝土组合屋架如图 6.26（a）所示，受均布荷载 q 作用，屋架的上弦杆 AC 和 BC 由钢筋混凝土制成，下弦杆 AB 为圆截面钢拉杆，其长 $l = 8.4$ m，直径 $d = 22$ mm，屋架高 $h = 1.4$ m，钢的许用应力 $[\sigma] = 170$ MPa，试校核该拉杆的强度。

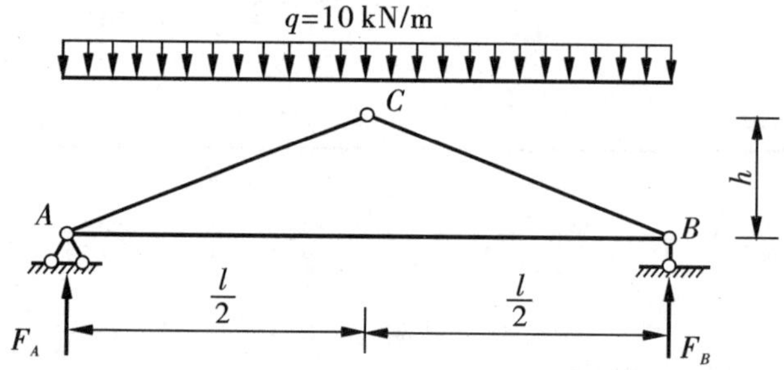

(a)

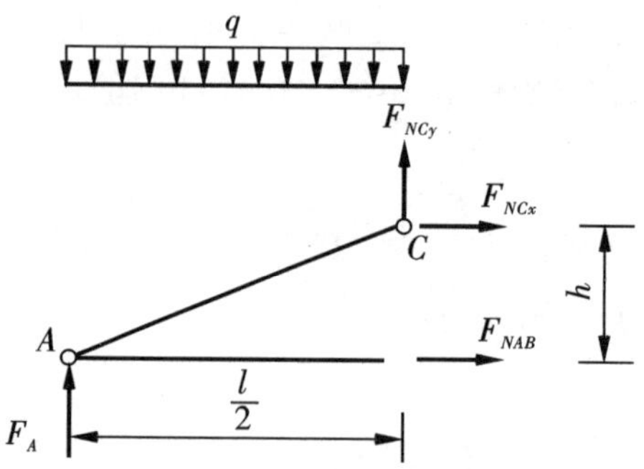

(b)

图 6.26

解:(1)计算支座反力。

因屋架及荷载左右对称,所以

$$F_A = F_B = \frac{1}{2}ql = \frac{1}{2}10 \times 8.4 = 42\ \text{kN}$$

(2)计算拉杆内力 F_{NAB}。

取左半个屋架为脱离体[图 6.26(b)],由平衡方程

$$\sum M_C = 0, F_A \times 4.2 + q \cdot \frac{l}{2} \cdot \frac{l}{4} - F_{NAB} \times 1.4 = 0$$

$$F_{NAB} = 63\ \text{kN}$$

(3)校核拉杆强度。

拉杆的横截面面积

$$A = \frac{\pi}{4} \times 22 = 379.94\ \text{mm}$$

拉杆的工作应力

$$\sigma = \frac{F_{NAB}}{A} = \frac{63 \times 10^3}{379.94} = 165.8\ \text{MPa} < 170\ \text{MPa}$$

故拉杆满足强度要求。

【例 6.8】 三角形吊架如图 6.27(a)所示,已知荷载 $F = 50$ kN,许用应力 $[\sigma] = 160$ MPa,杆 AB 和 BC 均为圆截面钢杆,试确定钢杆直径 d。

解:(1)计算钢杆轴力。

取结点 B 为脱离体[图 6.27(b)],由平衡方程

$$\sum F_x = 0$$

$$F_{NBC}\sin 30° - F_{NBA}\sin 30° = 0$$

$$F_{NBA} = F_{NBC} = F_N$$

$$\sum F_y = 0$$

$$2F_N\cos 30° - F = 0$$

$$F_N = \frac{F}{2\cos 30°} = \frac{150 \times 10^3}{2 \times \cos 30°}\ \text{kN}$$

$$= 86.6\ \text{kN}$$

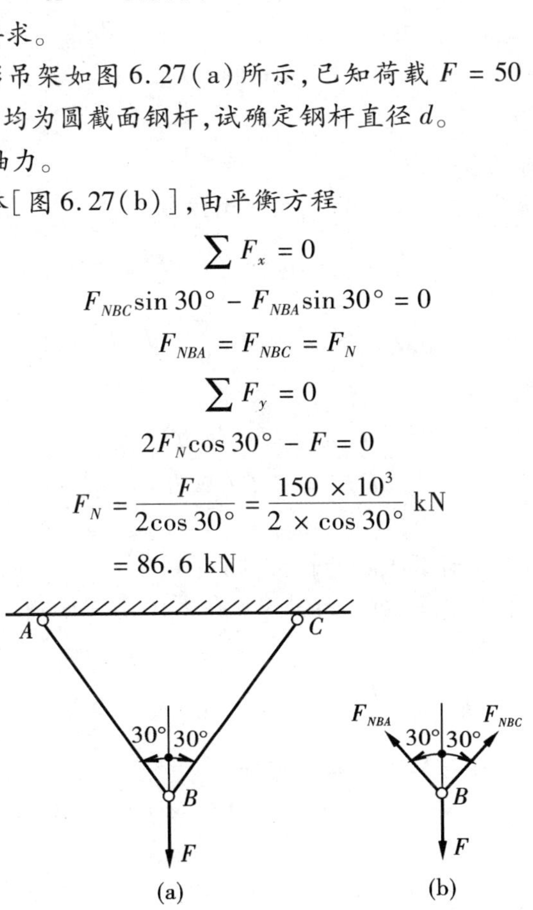

图 6.27

(2)根据强度条件确定截面尺寸

$$A = \frac{\pi d^2}{4} \geqslant \frac{F_N}{\sigma}$$

$$d \geqslant \sqrt{\frac{4F_N}{\pi[\sigma]}} = \sqrt{\frac{4 \times 86.6 \times 10^3}{3.14 \times 160 \times 10^6}} = 2.63 \times 10^{-2} = 26.3 \text{ mm}$$

取钢杆直径 $d = 26.3$ mm

【例 6.9】 三角架如图 6.28(a)所示,在节点 B 受铅垂荷载 F 作用,其中钢拉杆 AB 的长 $l_1 = 2$ m, 截面面积 $A_1 = 600\ \text{mm}^2$, 许用应力 $[\sigma] = 160$ MPa;木压杆 BC 的截面面积 $A_2 = 10000\ \text{mm}^2$, 许用应力 $[\sigma] = 7$ MPa。试确定许用荷载 $[F]$。

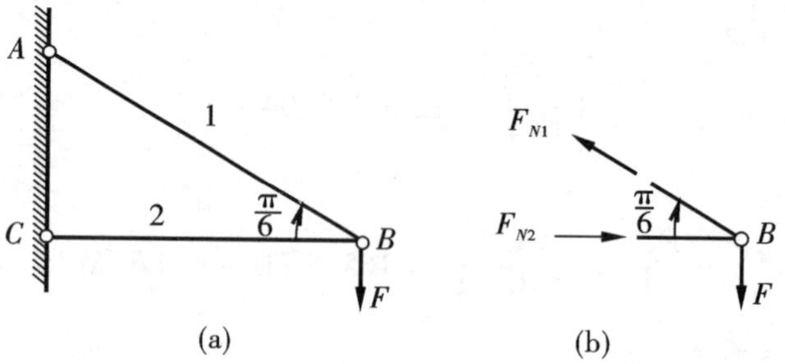

图 6.28

解:(1)计算两杆轴力。

截取节点 B 为脱离体[图 6.28(b)],由平衡方程

$$\sum F_x = 0, F_{NAB}\cos\frac{\pi}{6} - F_{NBC} = 0$$

$$\sum F_y = 0, F_{NAB}\sin\frac{\pi}{6} - F = 0$$

联立解得

$$F_{NAB} = 2F \text{ (拉力)}$$

$$F_{NBC} = \sqrt{3}F \text{ (压力)}$$

(2)计算许可荷载。

先根据 1 杆的强度条件计算 1 杆的许可轴力

$$[F_N]_1 = [\sigma]A_1 = 160 \times 10^3 \times 600 \times 10^{-6} = 96000 = 96 \text{ kN}$$

求得许用荷载为

$$[F]_1 = \frac{[F_N]_1}{2} = \frac{1}{2} \times 96 \text{ kN} = 48 \text{ kN}$$

再根据 2 杆的强度条件计算 2 杆的许可轴力

$$[F_N]_2 = [\sigma]A_2 = 10000 \times 10^{-2} \times 7 \times 10^6 = 70 \text{ kN}$$

求得许用荷载为

$$[F]_2 = \frac{[F_N]_2}{\sqrt{3}} = \frac{70 \text{ kN}}{\sqrt{3}} = 40.4 \text{ kN}$$

比较两杆所得的许可荷载，取其较小值。故三角架的许用荷载 $[F]$ 应取 40.4 kN。

*第八节　拉伸和压缩静定和超静定问题

对受力构件作强度计算或求位移时，需先求出支座反力和内力，这时可能遇到两种情况。

(1)静定问题：是用静力平衡条件即可求出全部反力和内力。

(2)超静定问题：是仅用静力平衡条件不能求出全部反力或内力。例如图 6.29(a)所示，两端固定杆，在杆的中部受轴向力作用。欲求此杆两端的反力 F_{RA} 和 F_{RB}，仅用平衡条件无法解决[图 6.29(b)]。因为三力 F_{RA}、F_{RB} 和力 F 是共线力系，有两个未知力，但只能列出一个独力平衡方程，显然不能确定两个未知反力。像此类仅用平衡方程不能完全确定所有反力和内力的问题，称为超静定问题。要解超静定问题，除了平衡方程之外，必须补充与超静定次数相同个数的有效方程，称为补充方程。将补充方程与平衡方程联立求解，即可求得全部未知力。

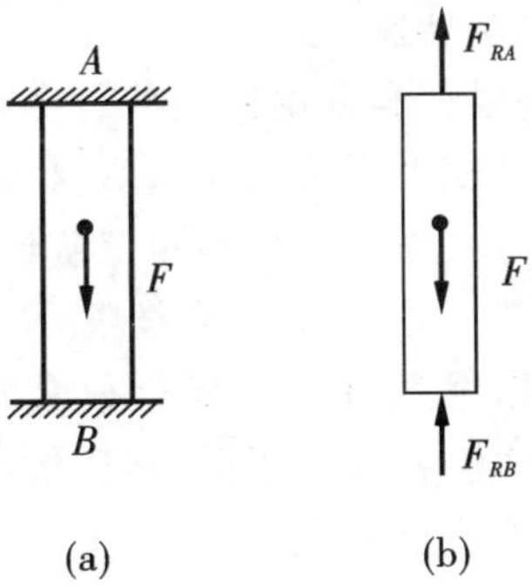

图 6.29

平衡方程的个数少于未知力的个数，称为超静定次数，少一个称为一次超静定，少两个称为二次超静定，少 n 个称为 n 次超静定。超过平衡方程个数的未知力称为多余未知力，相应的约束称为多余约束。这里所谓“多余”是指对维持结构的平衡而言是多余的，但对增强结构的强度和刚度是有用的。如图 6.29(a)所示，若将上固定端(或下固定端)撤除，则该杆在力 F 作用下仍能维持平衡。

章后小结

本章讨论了轴向拉伸与压缩时杆件的内力、应力、变形和强度计算等，研究了材料在轴向拉伸或压缩变形时所表现的力学性能。

1. 轴向拉伸或压缩概念

轴向拉伸或压缩是杆件的基本变形之一。当杆件受到与轴线重合的拉力(或压力)作用时，杆件将产生沿轴线方向的伸长(或缩短)，这种变形称为轴向拉伸或压缩。

杆件在拉(压)时内力—轴力 F_N，求解内力的方法为截面法，轴力图可形象的表示轴力沿轴线变化情况。

2. 拉(压)杆上的应力

拉(压)杆的正应力 σ 在横截面上均匀分布，其计算公式为 $\sigma=\frac{F_N}{A}$，拉(压)杆横截面上只有正应力，在任意角度斜截面上正应力和剪应力的计算公式为

$$\sigma_\alpha = \mathrm{P}_\alpha \cos\alpha = \sigma\cos^2\alpha$$

$$\tau_\alpha = p_\alpha \sin\alpha = \sigma\cos\alpha\sin\alpha = \frac{\sigma}{2}\sin 2\alpha$$

最大正应力作用在横截面上，最大剪应力作用在与轴线成45°的斜截面上。

3. 胡克定律

胡克定律建立了应力与应变之间的关系，其表达式为 $\Delta l=\frac{F_N l}{EA}$，它的另一表达形式 $\sigma=E\varepsilon$。纵向应变 ε 和横向应变 ε_1 之间有如下关系 $\mu=\left|\frac{\mu_1}{\mu}\right|$。

4. 材料在拉伸或压缩时的力学性能

材料力学性能的研究是解决强度和刚度问题的一个重要方面。一般通过试验的方法来研究材料的力学性能，其中拉伸试验是最基本的一种试验。低碳钢的应力-应变曲线分为4个阶段：弹性阶段、屈服阶段、强化阶段和颈缩阶段。重要的强度指标有 σ_s 和 σ_b；塑性指标有 δ 和 ψ。衡量铸铁的唯一指标是强度极限 σ_b。

塑性材料拉伸时的比例极限、屈服极限和弹性模量与压缩时相同，说明拉伸和压缩时，具有相同的强度和刚度。而脆性材料则不同，其压缩时的强度和刚度都大于拉伸时的强度和刚度，且抗压强度远远高于抗拉强度。

5. 轴向拉(压)杆件的强度条件

为确保轴向拉(压)杆安全可靠，不致因强度不足而破坏，就必须保证杆件内的最大工作应力不超过材料的许用应力，即

$$\sigma_{\max}=\frac{F_N}{A}\leqslant[\sigma]$$

利用上式强度条件，可以解决工程中三方面强度计算问题：

(1)强度校核 $\sigma_{\max}=\frac{F_N}{A}\leqslant[\sigma]$

(2)截面设计 $A\geqslant\frac{F_N}{[\sigma]}$

(3)确定许用荷载 $F_N\leqslant A[\sigma]$

习　题

6.1　试求图6.30所示各杆1-1、2-2、3-3截面的轴力,并作轴力图。

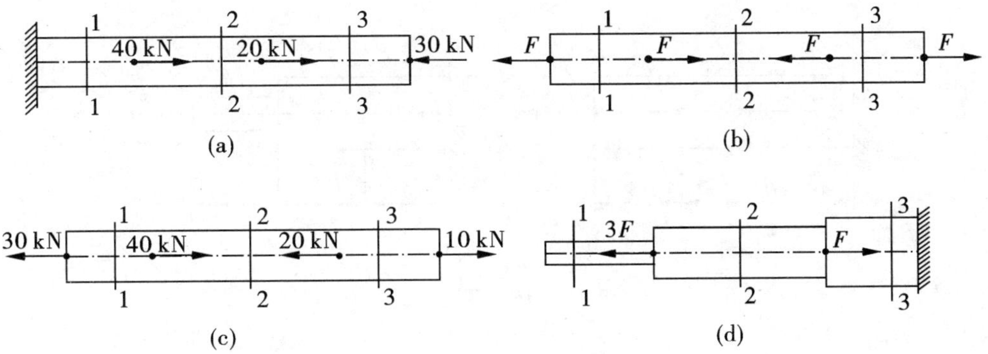

图6.30

6.2　图6.31所示杆中,$A_1 = 400\ \text{mm}^2$、$A_2 = 300\ \text{mm}^2$。试求1-1、1-2截面上应力。

6.3　如图6.32所示,厂房的柱子,受到屋顶作用的荷载$F_1 = 120$ kN,当柱子的两侧吊车同时经过立柱时,加给柱的荷载$F_2 = 100$ kN。设柱子材料的弹性模量$E = 18$ GPa,$l_1 = 3$ m,$l_2 = 7$ m,$A_1 = 400\ \text{cm}^2$,$A_2 = 600\ \text{cm}^2$。试绘制轴力图,并求出:

(1)柱子上下段的应力;

(2)柱子的总变形。

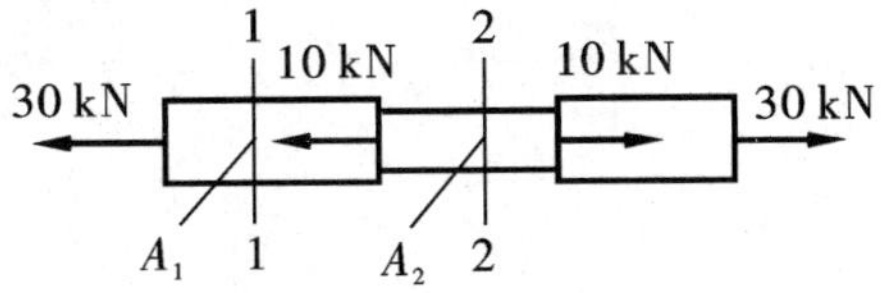

图6.31

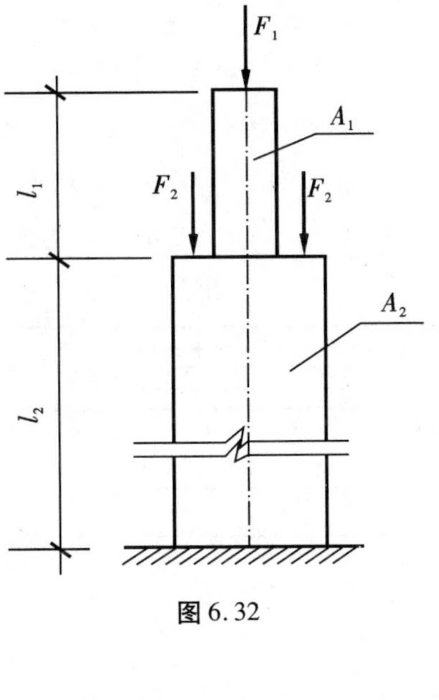

图6.32

6.4　直杆的受力如图 6.33 所示。它们的横截面面积为 A_1、A_2 且 $A_1 = \frac{1}{2}A_2$，长度为 l，弹性模量为 E，载荷为 F，试绘制轴力图，并求：

(1)各段横截面上的正应力；

(2)绝对变形 Δl。

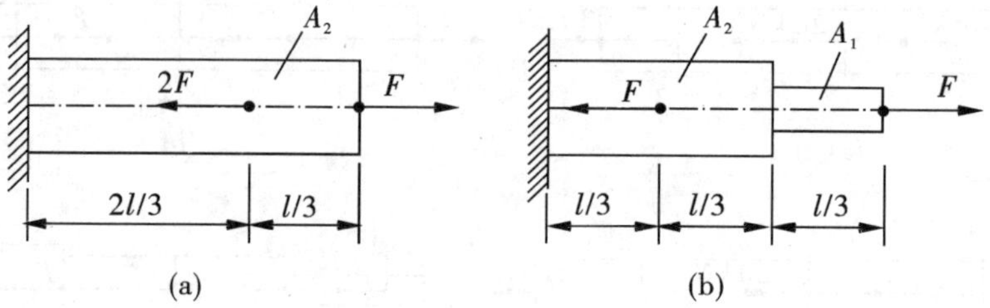

图 6.33

6.5　如图 6.34 所示钢制阶梯形直杆，各段横截面面积分别为 $A_1 = A_3 = 300\ \text{mm}^2$，$A_2 = 200\ \text{mm}^2$，$E = 200\ \text{GPa}$。

(1)试求出各段的轴力，指出最大轴力发生在哪一段？

(2)计算杆的总变形。

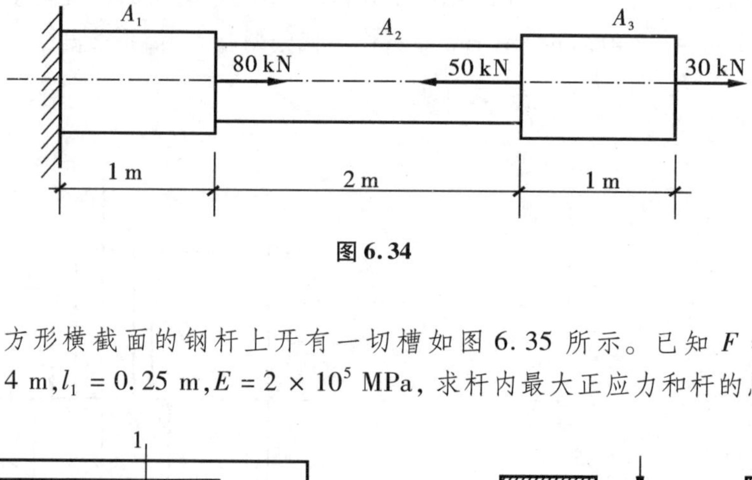

图 6.34

6.6　正方形横截面的钢杆上开有一切槽如图 6.35 所示。已知 $F = 15\ \text{kN}$，$a = 20\ \text{mm}$，$l = 0.4\ \text{m}$，$l_1 = 0.25\ \text{m}$，$E = 2 \times 10^5\ \text{MPa}$，求杆内最大正应力和杆的总伸长量。

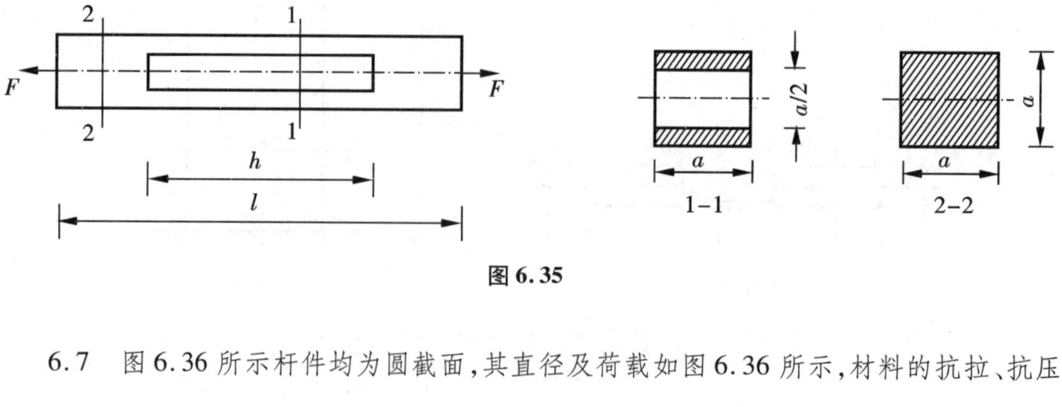

图 6.35

6.7　图 6.36 所示杆件均为圆截面，其直径及荷载如图 6.36 所示，材料的抗拉、抗压

性能相同。试求杆横截面上的最大工作应力。(长度单位为 mm)

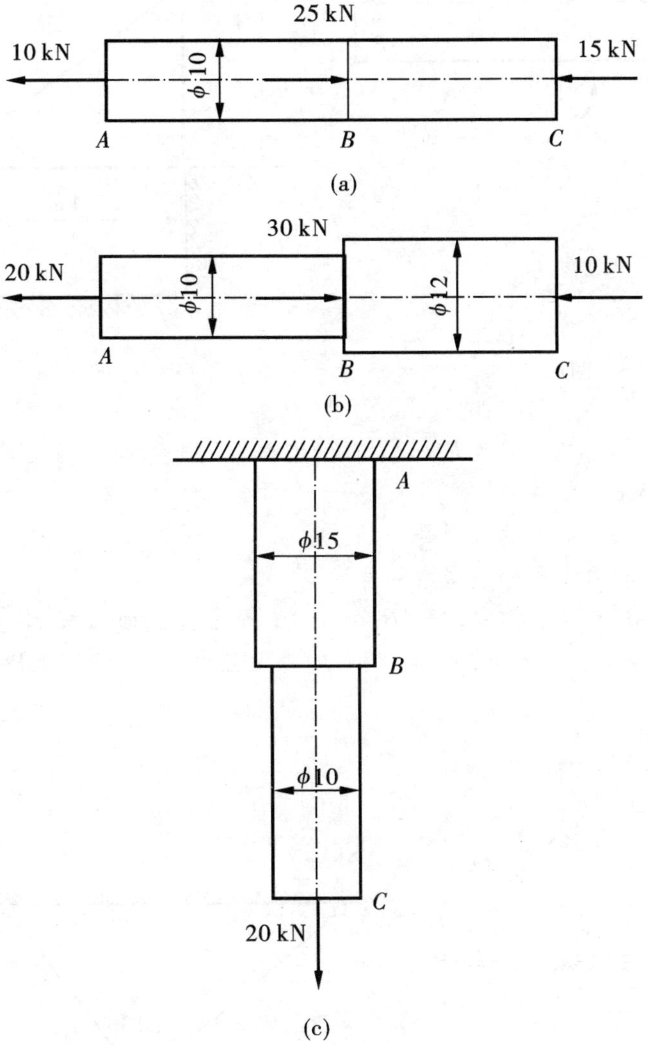

图 6.36

6.8 图 6.37 所示结构中, AB 为刚性杆, CD 为圆形截面木杆,其直径 $d = 120$ mm,已知 $F = 8$ kN。试求 CD 杆横截面上的应力。

6.9 图 6.38 所示结构中,所有各杆都是钢制的,横截面面积均等于 $3.0 \times 10^{-3} \mathrm{m}^2$, $F = 100$ kN,试求各杆的应力。

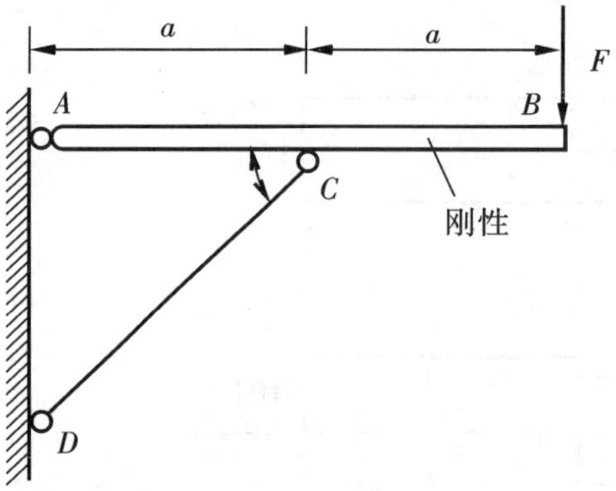

图 6.37

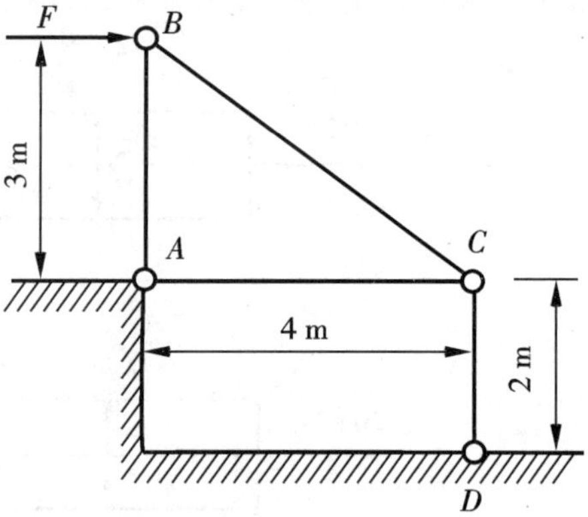

图 6.38

6.10　图6.39所示有一重为 $F_G = 20\ \text{kN}$ 的重物。设绳索的横截面面积 $A = 12.6\ \text{cm}^2$，许用应力 $[\sigma] = 10\ \text{MPa}$，试求：

(1)当 $\alpha = 45°$ 时，绳索的强度是否足够？

(2)如改为 $\alpha = 60°$，再校核绳索的强度。

6.11　图6.40所示结构中，杆 AB 和杆 AC 均为圆截面钢杆，其直径分别为 $d_{AB} = 16\ \text{mm}$，$d_{AC} = 20\ \text{mm}$，已知 $F = 40\ \text{kN}$，钢材的许用应力 $[\sigma] = 160\ \text{MPa}$，试分别校核二杆的强度。

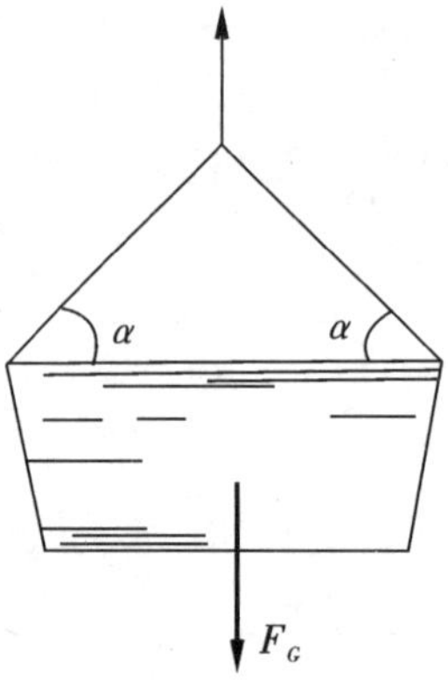

图 6.39

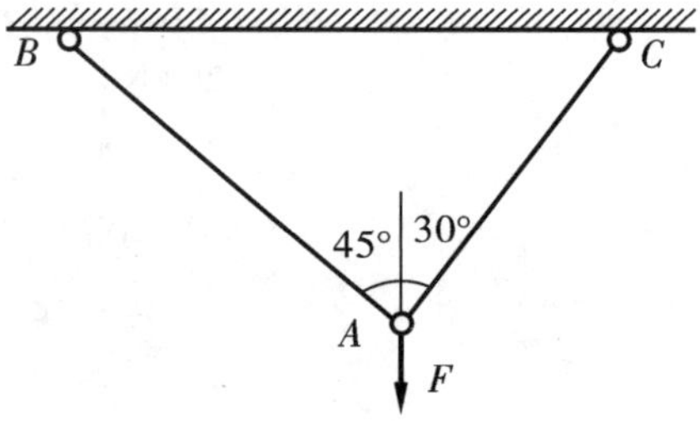

图 6.40

6.12　图6.41所示变截面杆的各段横截面面积为：$A_1 = 200\ \text{mm}^2$，$A_2 = 500\ \text{mm}^2$，$A_3 = 600\ \text{mm}^2$，$\sigma = 160\ \text{MPa}$，$E = 2 \times 10^5\ \text{MPa}$。

(1)校核此杆强度；

(2)求该杆的总伸长量。

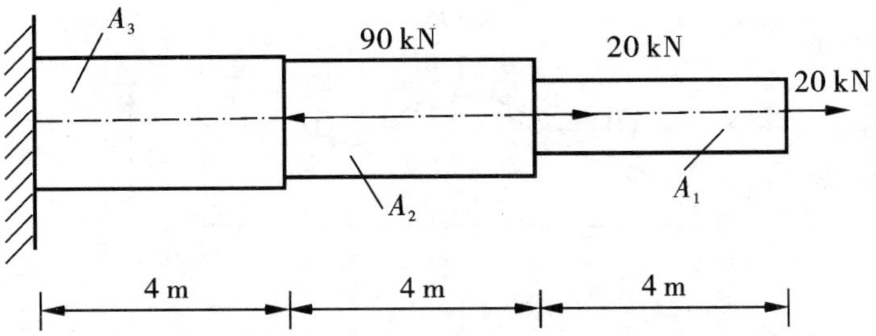

图 6.41

6.13　图 6.42 所示为钢杆组成的桁架,已知 $F=20$ kN,钢材的许用应力$[\sigma]=160$ MPa。试求 CD 所需的横截面面积。

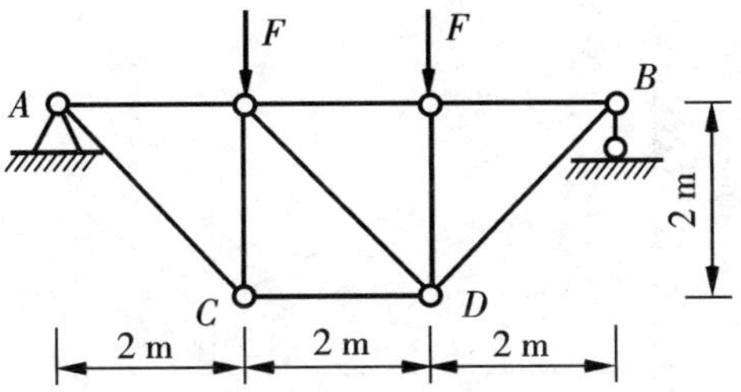

图 6.42

6.14　图 6.43 所示结构中,AB 和 BC 均为直径 $d=20$ mm 的钢杆,钢材的许用应力$[\sigma]=160$ MPa。试求该结构的许用荷载$[F]$。

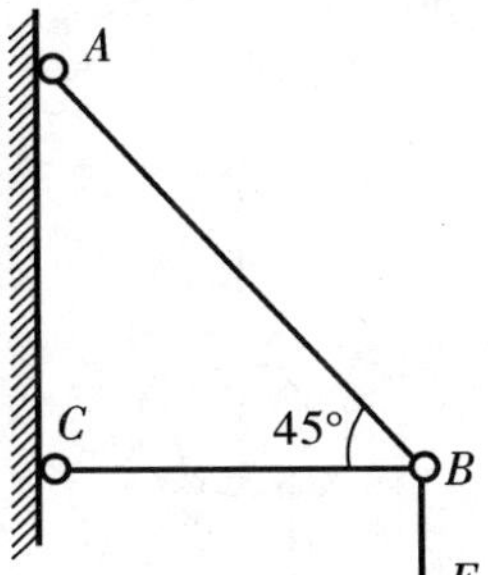

图 6.43

6.15　图 6.44 所示屋架,已知:①杆的横截面面积 $A_1=10000\ \text{mm}^2$,$[\sigma_1]=7$ MPa;②杆的横截面面积 $A_2=600\ \text{mm}^2$,$[\sigma_2]=160$ MPa,荷载 $F=80$ kN。求:

(1)校核屋架的强度。

(2)该屋架的容许荷载是多少?

(3)按强度条件重新选择截面。

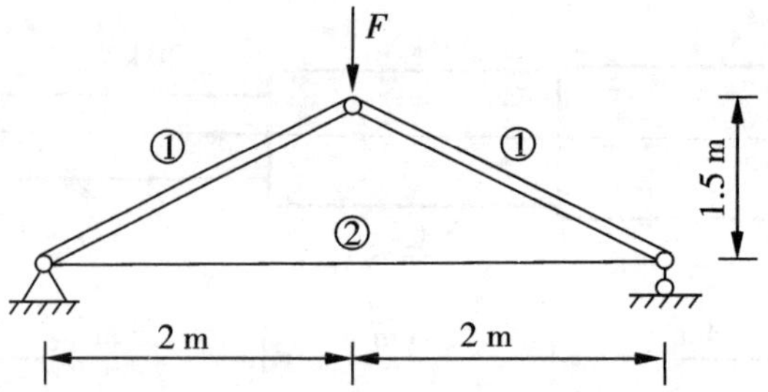

图 6.44

6.16 图 6.45 所示结构，AB 杆为直径 $d=25$ mm 的钢杆，$[\sigma_1]=170$ MPa，AC 杆是木杆，$[\sigma_2]=10$ MPa，试校核 AB 杆的强度，并确定 AC 杆的横截面面积。

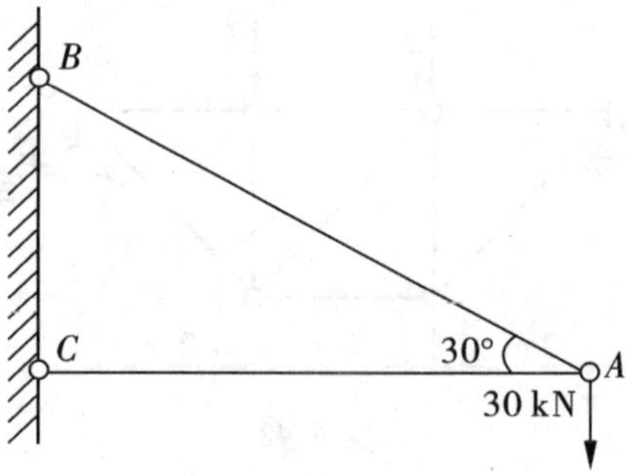

图 6.45

6.17 图 6.46 所示吊环螺钉用 Q235 钢制成，其屈服极限 $\sigma_s=235$ MPa，螺纹小径 $d_1=42.8$ mm，吊环的额定载荷 $F=50$ kN，试计算螺钉的实际安全系数(假定吊环的强度足够)。

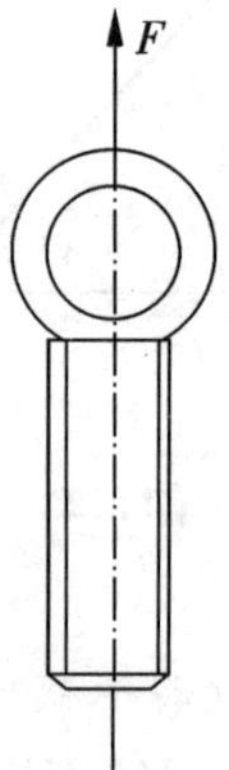

图 6.46

第七章 扭 转

学习目标

1. 了解外力偶矩的计算，扭矩的概念和扭矩图的画法。
2. 理解圆轴扭转时横截面上剪应力分布规律和强度计算。
3. 掌握圆轴扭转变形时的刚度和变形（相对扭转角）计算。

第一节 扭转的概念和实例

扭转是杆件变形的基本形式之一。工程中发生扭转变形的杆件很多，例如，各种机器的传动轴[图 7.1(a)]、汽车的方向盘轴[图 7.1(b)]、钻杆及搅拌机的主轴[图 7.1(c)]等。

扭转变形

在建筑工程中单纯受扭转的构件并不多，通常还伴有弯曲变形，如雨篷梁、房屋的边梁等[图 7.1(d)]。

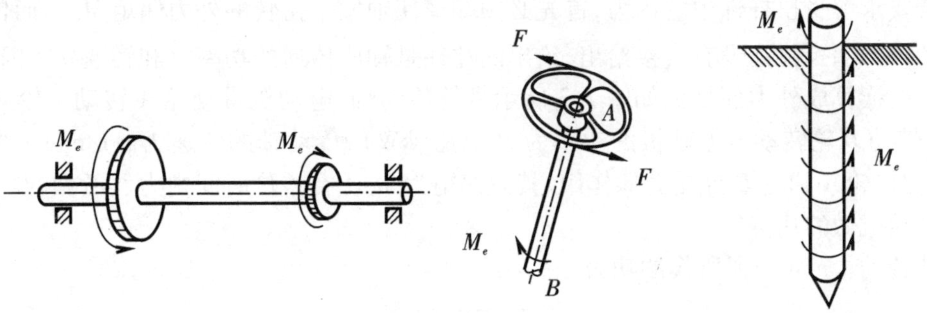

(a) (b) (c)

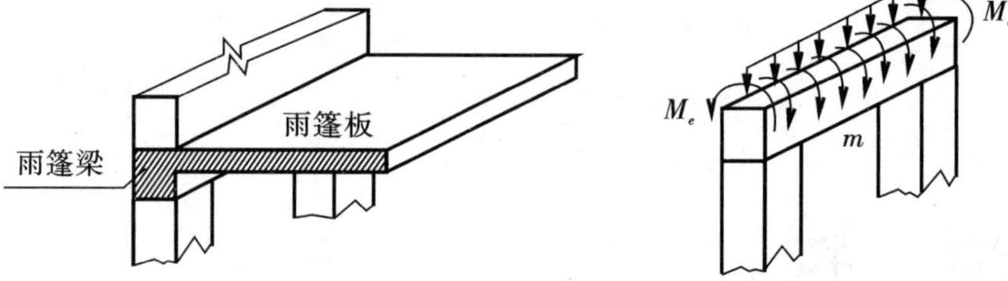

(d)

图 7.1

扭转变形的基本特征是:杆件在两端垂直于轴线的平面内作用一对大小相等而方向相反的力偶,使其横截面产生相对转动(图 7.2)。圆杆表面的纵向线变成了螺旋线,螺旋线的切线与原纵向线的夹角 γ 称为剪切角。截面 B 相对于截面 A 转动的角度 φ,称为相对扭转角。

工程中,通常把主要发生扭转变形的杆件习惯上称为**轴**。

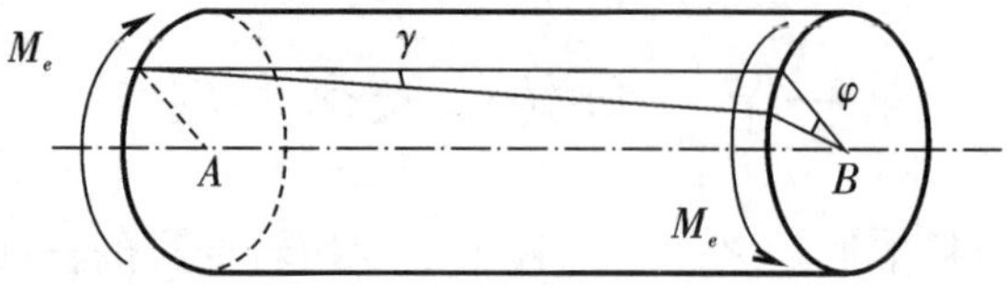

图 7.2

一、外力偶矩的计算

若要求解受扭杆件中的内力,首先必须知道使轴发生扭转的外力偶矩 M_e。而作用于轴上的外力偶矩往往没有直接给出,给出的往往是轴所传递的功率 P 和转速 n。因此,必须将它们换算成外力偶矩。如图 7.3 所示带轮传动轴,电动机带动轮 A 转动。轮 A 通过轴 AB 带动 B 轮转动。电动机的功率为 P 千瓦(kW),传动轴的转速为 n r/min。当电动机运转时,轮 A 和轮 B 处受力偶作用,其力偶矩为 M_e。在单位时间内力偶所做的功 W 应等于电动机做的功 W'。

轴转动 1 min 力偶所作的功为

$$W = 2\pi \cdot n \cdot M_e$$

电动机每分钟所做的功为

$$W' = 60 \times 1000P$$

由 $W = W'$ 得

$$M_e = \frac{60000P}{2\pi n} = 9550\,\frac{P}{n} \tag{7.1}$$

式中 n——转速,r/min;

P——功率，kW；

M_e——外力偶矩，N·m。

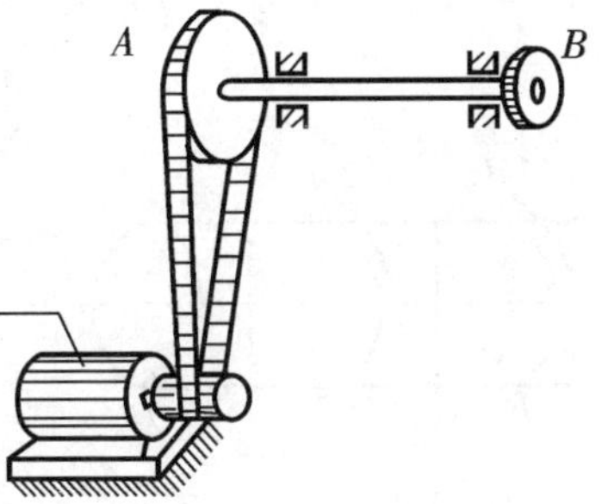

图 7.3

二、扭矩的计算

当杆件受到外力偶作用发生扭转变形时，在杆件的横截面上会产生内力。如图 7.4(a)所示圆轴受到一对外力偶 M_e 的作用，使其产生了扭转变形，求任一横截面 $n-n$ 上的内力，可以采用截面法。设想将杆件沿 $n-n$ 截面截成两段，并取左段为脱离体[图 7.4(b)]，那么 $n-n$ 截面上必有一内力偶作用。由静力平衡方程 $\sum M_x = 0$，得到

$$M_x = M_e \tag{7.2}$$

该内力偶矩称为**扭矩**，用 M_x 表示，单位是 N·m 或 kN·m。通常对扭矩的正负号作如下规定：

采用右手螺旋法则，若以右手的四指表示扭矩的转向，则大拇指指向与截面外法线方向一致时，扭矩为正，反之为负。如图 7.4(b)(c)所示扭矩均为正。

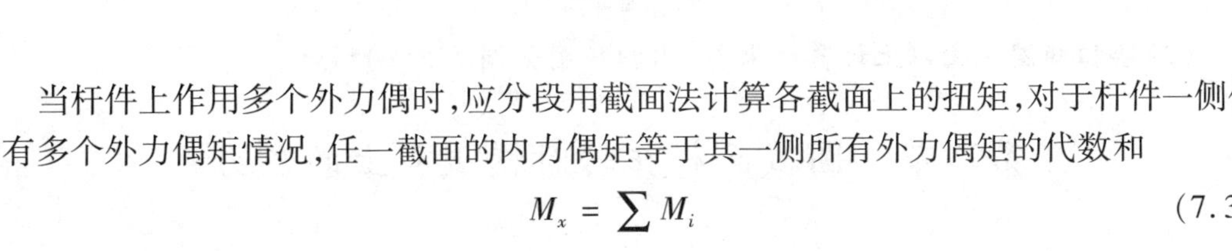

图 7.4

当杆件上作用多个外力偶时，应分段用截面法计算各截面上的扭矩，对于杆件一侧作用有多个外力偶矩情况，任一截面的内力偶矩等于其一侧所有外力偶矩的代数和

$$M_x = \sum M_i \tag{7.3}$$

受扭构件计算简图

三、扭矩图

表示杆件各横截面上扭矩变化规律的图形称为**扭矩图**。扭矩图能反应出 $|M_x|_{max}$ 值

及其截面位置,从而进行强度计算(危险截面)。该图一般以杆件轴线为横轴表示横截面位置,纵轴表示扭矩大小。

【例 7.1】 如图 7.5(a)所示,一轴受外力偶作用,求各段内横截面上的扭矩并绘扭矩图。

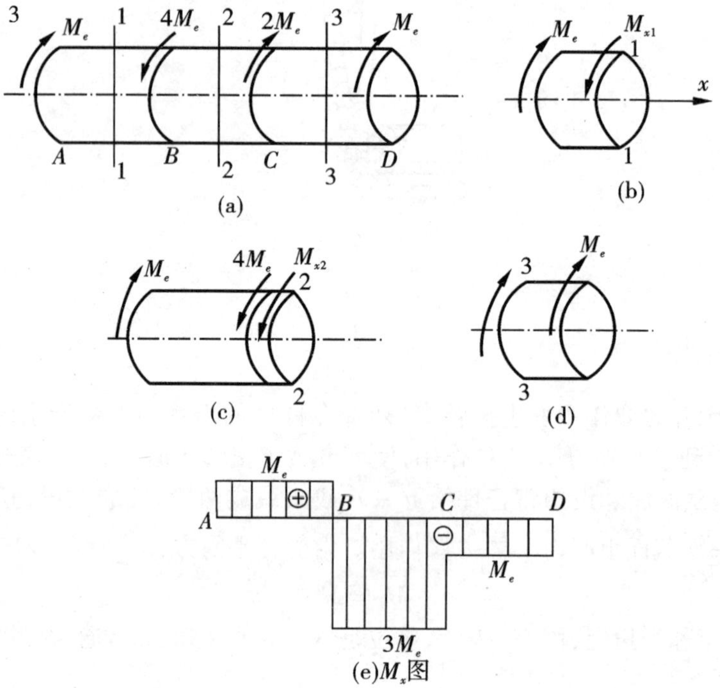

图 7.5

解:(1)计算各段内横截面上的扭矩。

取 1-1 截面以左部分为研究对象,如图 7.5(b)所示,由平衡方程 $\sum M_x = 0$ 得

$$M_{x1} = M_e$$

再取 2-2 截面以左部分为研究对象,如图 7.5(c)所示,由平衡方程 $\sum M_x = 0$ 得

$$M_{x2} = -3M_e$$

最后取 3-3 截面以右部分为研究对象,如图 7.5(d)所示,由平衡方程 $\sum M_x = 0$ 得

$$M_{x3} = -M_e$$

(2)绘扭矩图。由以上计算结果,绘出扭矩图如图 7.5(e)所示。

第二节　圆截面杆扭转时横截面上的应力

受扭圆轴

一、薄壁圆筒的扭转

1. 薄壁圆筒的扭转试验

图7.6(a)所示为一等厚薄壁圆筒,其平均半径为r,壁厚为t,且$t \ll r$。为研究横截面上各点的应力情况,在薄壁圆筒表面画上一系列等距离的圆周线和与杆件轴线相互平行的纵向线,形成许多方格[图7.6(a)],然后在两端施加外力偶矩,使其产生扭转变形[图7.6(b)],比较试验前后现象:①圆筒表面的各圆周线的形状、大小和间距均未改变,只是绕轴线作了相对转动;②各纵向线均倾斜了同一微小角度γ;③所有矩形网格均歪斜成同样大小的平行四边形。

得出结论:纵向截面和过轴线的截面上无正应力,只有切于纵向截面的切应力,切应力的方向垂直于半径。

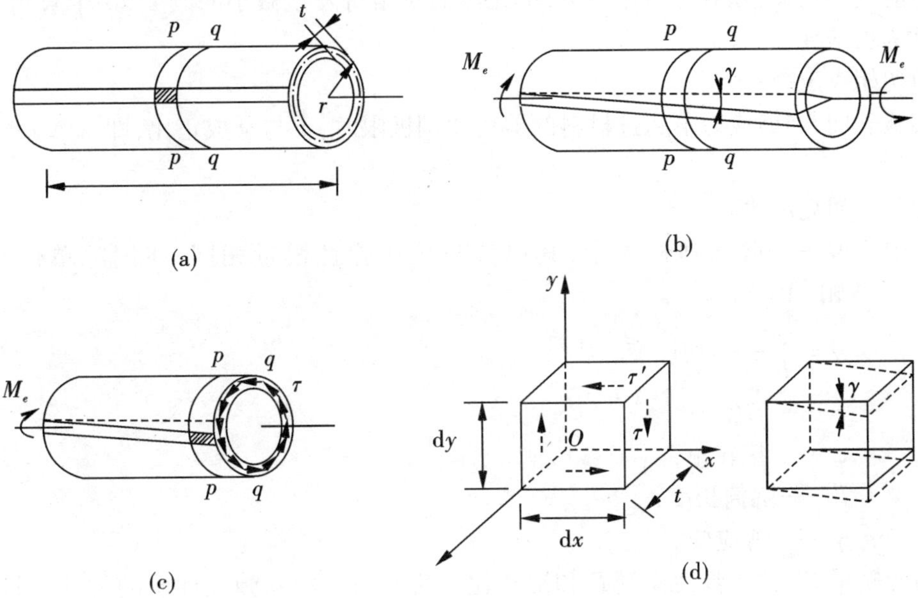

图7.6

2. 薄壁圆筒扭转时的切应力

另外,由于筒壁很薄,可以认为沿筒壁厚度切应力均匀分布。应用截面法并考虑$q-q$左侧的平衡方程$\sum M_x = 0$,得出$M_x = 2\pi \cdot r \cdot t \cdot \tau \cdot r$[图7.6(c)],故横截面上各点的切应力为

$$\tau = \frac{M_x}{2\pi \cdot r^2 t} \tag{7.4}$$

3. 切应力互等定理

从薄壁圆筒中,用两个横截面和两个纵截面取出一个单元体,其边长分别为dx、dy和t,放大如图7.6(d)所示。

由平衡方程$\sum M_x = 0$得

$$(\tau \cdot t\mathrm{d}y) \cdot \mathrm{d}x = (\tau' \cdot t\mathrm{d}x) \cdot \mathrm{d}y$$

$$\tau = \tau' \tag{7.5}$$

上式表明，对一个单元体，在互相垂直的两个平面上，剪应力必然成对存在，且数值相等；二者都垂直于两平面的交线，其方向则共同指向或共同背离两平面的交线，这种关系称为**剪应力互等定理**。该定理具有普遍性，不仅对只有剪应力的单元体正确，对同时有正应力作用的单元体亦正确。

规定：使单元体绕其内部任意点产生顺时针方向转动趋势的剪应力为正，反之为负。

单元体上只要剪应力而无正应力的情况称为**纯剪切应力状态**。

二、剪应变　剪切胡克定律

剪应变的定义：在剪应力作用下，单元体的直角将发生微小的改变，这个直角的改变量 γ 称为剪应变。

剪切胡克定律：

实验表明，当剪应力不超过材料的剪切比例极限时，τ 与 γ 成正比，即

$$\tau = G\gamma \tag{7.6}$$

此式为剪切胡克定律。

式中　G——剪切弹性模量，其单位与拉压弹性模量相同，在国际单位制中为帕（Pa）；

$\gamma = \frac{r\varphi}{l}$——切应变；

r——半径；

φ——扭转角；

l——圆筒长度；

γ——剪应变。

切变模量 G、拉压弹性模量 E 和泊松比 μ 都是表示材料弹性性质的常数，通过理论研究和实验证实，在弹性变形范围内，三者之间的关系是

$$G = \frac{E}{2(1+\mu)} \tag{7.7}$$

通过上式可以得出，对于各向同性材料，只要知道任意两个弹性常数，就可以求出另外一个。对于钢材，μ 取 0.24～0.3；对于混凝土，μ 取 0.16～0.18。

三、几何变形方面

应力无法直接观察，但力与变形之间有着一定的关系。因此，研究应力，首先要从研究变形入手，由变形的变化规律找出应力的分布规律。

研究实心圆截面杆受扭时横截面上的应力，应首先对其进行扭转试验，方法与薄壁圆筒扭转试验相同。如图 7.7(a)所示，取一实心圆截面杆，同样在其表面画上一系列等距离的圆周线和与杆件轴线相互平行的纵向线，形成许多方格，然后在圆截面杆两端垂直于轴线的平面内作用一对大小相等而方向相反的外力偶 M_e，则圆截面杆发生扭转变形，可以观察到其试验现象与薄壁圆筒扭转试验相同。根据这些现象可以认为这只是圆截面杆扭转变形在其表层的反映，其内部也存在与表层同样的变形规律，可以设想圆截面杆的扭

转是无数层薄壁圆筒扭转的组合。这样,根据表层圆周线形状大小不变、两相邻圆周线发生相对转动的现象,可以推断圆截面杆扭转时各横截面如同刚性平面一样绕轴线转动,即假设圆截面杆各横截面仍保持为一平面,且其大小、形状不变,半径亦保持为一直线,这个假设称为**平面假设**。

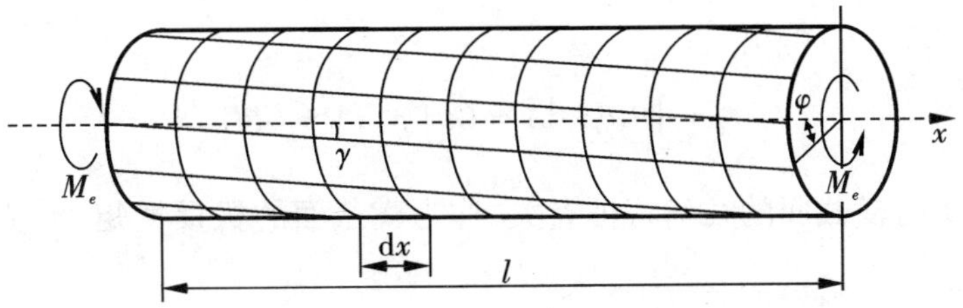

(a)

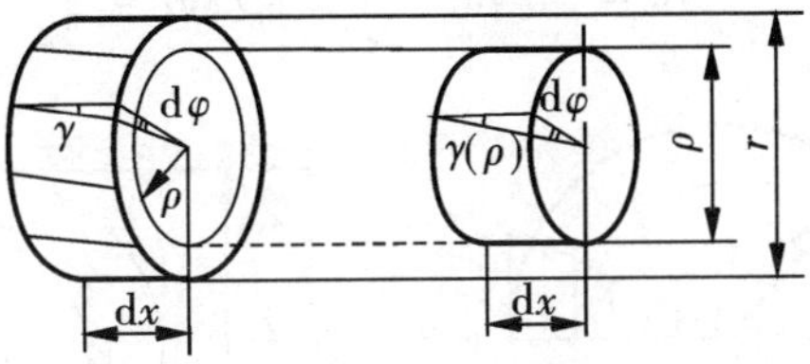

(b)

图 7.7

根据上述实验现象还可推断,与薄壁圆筒扭转时的情况一样,圆截面杆扭转时其横截面上不存在正应力,仅有垂直于半径方向的切应力 τ 作用。

在图 7.7(a)中取一微段 dx, 分析其内部任一半径为 ρ 的圆周变形情况,如图 7.7(b),根据其几何关系可得

$$\gamma(\rho) \approx \tan\gamma(\rho) = \rho\frac{\mathrm{d}\varphi}{\mathrm{d}x} = \rho\theta \tag{a}$$

式中,θ 为单位长度的扭转角。

由上式可得圆截面杆扭转时其几何变形关系:

$$\theta = \frac{\mathrm{d}\varphi}{\mathrm{d}x} \tag{b}$$

四、物理关系方面

根据剪切胡克定律,在线弹性范围内,切应力与切应变之间的物理关系式:

$$\tau = G\gamma$$

将式(a)代入上式,得圆截面杆扭转时,其内部任一截面处(半径为 ρ)切应力大小为

$$\tau_\rho = G\theta\rho \tag{c}$$

五、静力学关系方面

从前面的分析中已得出横截面上切应力的变化规律表达式(c),但式中 θ 是个待定

参数，要确定这个待定参数，必须从静力学方面分析。

如图7.8，在横截面上距圆心为ρ处的微面积dA上的内力为$\tau_\rho \mathrm{d}A$，它对圆心的矩为$\tau_\rho \mathrm{d}A \cdot \rho$，由于扭矩$M_x$是以切应力的形式分布在整个截面上，所以有

$$M_x = \int_A \tau_\rho \cdot \rho \mathrm{d}A \tag{d}$$

将式(c)代入式(d)得出

$$M_x = \int_A G\theta\rho^2 \mathrm{d}A = G\theta\int_A \rho^2 \mathrm{d}A = G\theta I_P \tag{e}$$

式中，$I_P = \int_A \rho^2 \mathrm{d}A$与横截面的几何特征有关，称为横截面的**极惯性矩**，单位为m^4或mm^4，对于直径为d的实心圆截面(图7.9)，则

$$I_P = \int_A \rho^2 \mathrm{d}A = \int_0^{\frac{d}{2}} 2\pi\rho^3 \mathrm{d}\rho = \frac{\pi d^4}{32} \tag{f}$$

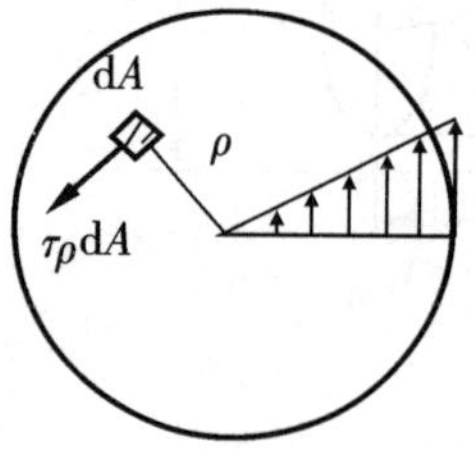

图7.8

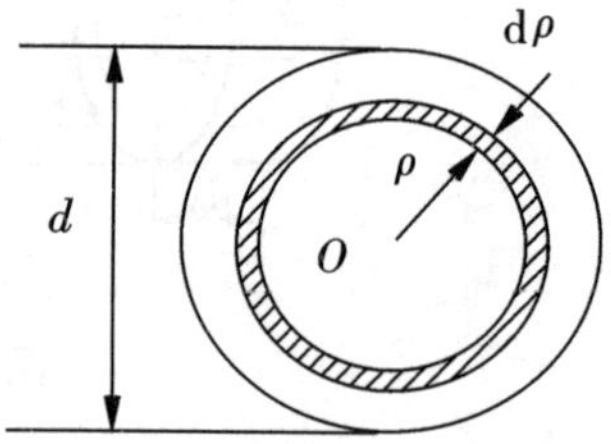

图7.9

将式(e)变形后得出

$$\theta = \frac{M_x}{GI_P} \tag{7.8}$$

通过上式可以求出任一横截面上的单位长度的扭转角θ。

将式(7.8)代入式(c)中，可得到等直圆杆在扭转时横截面上任一点处的切应力

$$\tau_\rho = \frac{M_x \rho}{I_P} \tag{7.9}$$

式中，M_x是横截面上的扭矩，ρ是所求应力点到圆心的距离，I_P是极惯性距。

当ρ等于横截面半径r时，即在横截面周边各点处，切应力达到最大值，即

$$\tau_{\max} = \frac{M_x r}{I_P} \tag{g}$$

令

$$W_P = \frac{I_P}{r} \tag{h}$$

W_P为**扭转截面系数**，它也是与横截面的几何特征有关的量，单位为m^3或mm^3，对于实心圆截面，将式(f)代入式(h)得

$$W_P = \frac{\pi d^3}{16} \tag{i}$$

于是,式(g)变为

$$\tau_{\max} = \frac{M_x}{W_P} \tag{7.10}$$

该公式仅适用于线弹性范围内的等直圆杆。

空心圆截面杆受扭时横截面上的切应力的计算公式同式(g)和式(h),式中 I_P 和 W_P 可按下式计算

$$I_P = \frac{\pi}{32}(D^4 - d^4) = \frac{\pi D^4}{32}\left(1 - \frac{d^4}{D^4}\right) \tag{j}$$

$$W_P = \frac{I_P}{\rho_{\max}} = \frac{\frac{\pi}{32}(D^4 - d^4)}{\frac{D}{2}} = \frac{\pi D^3}{16}\left(1 - \frac{d^4}{D^4}\right) \tag{k}$$

式中,D、d 分别为空心圆截面的外径和内径。

对于空心圆截面杆横截面上的切应力仍然呈线性分布,最大切应力发生在截面的外边缘上(图 7.10)。

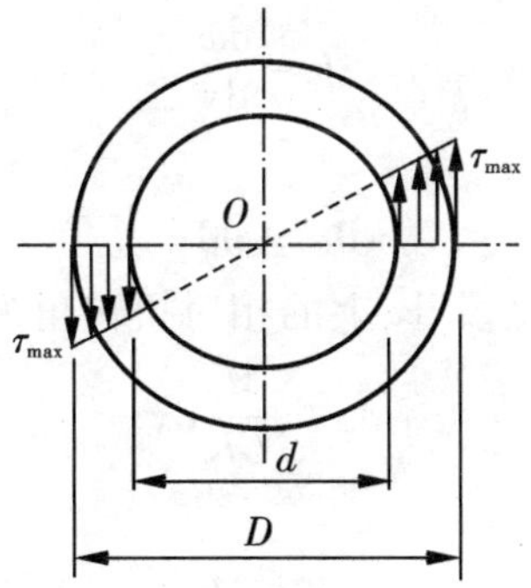

图 7.10

第三节 圆截面杆扭转时的强度条件和刚度条件

一、强度条件

为了保证圆截面杆安全可靠地工作,应使轴内的最大剪应力 $\tau_{\max}$ 不超过材料的许用剪应力[τ],强度条件为

$$\tau_{\max} = \frac{M_{\max}}{W_P} \leqslant [\tau] \tag{7.11}$$

对于等截面圆截面杆,最大剪应力 $\tau_{\max}$ 由上式确定。对于变截面圆截面杆,由于 W_P 不再为常量,最大剪应力 $\tau_{\max}$ 由同一截面的 $(M_x/W_P)_{\max}$ 来确定。

许用剪应力 τ 通过试验并考虑安全系数加以考虑。在静载情况下,材料的扭转许用剪应力 τ 与拉伸许用应力 σ 之间存在下列关系:

塑性材料 $\tau = (0.55 \sim 0.6)\sigma$

脆性材料 $\tau = (0.8 \sim 1.0)\sigma$

若应力随时间变化,许用剪应力的取值还要降低。

与轴向拉压杆的情况相似,利用上述强度条件可以解决三方面的计算问题。

(1)校核强度。

(2)选择截面尺寸　此时将式(7.11)改写为

$$W_P \geqslant \frac{M_{\max}}{\tau}$$

(3)计算许用荷载　此时将式(7.11)改写为

$$M_{\max} \leqslant W_P \cdot [\tau]$$

二、圆截面杆扭转时的变形

圆截面杆的扭转变形通常用杆件的两个横截面间的相对扭转角 φ 来度量。因此,计算圆截面杆的扭转变形也就是计算相对扭转角 φ。

由

$$\theta = \frac{\mathrm{d}\varphi}{\mathrm{d}x}$$

得

$$\mathrm{d}\varphi = \theta \mathrm{d}x$$

将式(7.8)代入上式,得到微段 $\mathrm{d}x$ 上的相对扭转角为

$$\mathrm{d}\varphi = \frac{M_x}{GI_P}\mathrm{d}x$$

对上式两边积分,得

$$\varphi = \int_0^l \frac{M_x}{GI_P}\mathrm{d}x \tag{7.12}$$

当 M_x 与 GI_P 是常数时,相距 l 的两横截面的相对扭转角为

$$\varphi = \frac{M_x l}{GI_P} \tag{7.13}$$

式中,GI_P 称为杆件的**扭转刚度**,它反映了圆截面杆抵抗变形的能力。该值越大,扭转变形的程度越小。

三、刚度条件

构件除应满足强度条件外,有时还需满足刚度要求。特别在机械传动轴中,对刚度要求较高。如车床的丝杆,扭转变形过大就会影响螺纹加工精度;镗床主轴变形过大则会产生剧烈的振动,影响加工精度和光洁度。

为了避免刚度不够而影响正常使用,工程上对受扭构件的单位长度扭转角进行限制。即

$$\theta = \frac{\varphi}{l} = \frac{M_x}{GI_P}$$

刚度条件：　　$\theta_{max} \leqslant [\theta]$　　$\dfrac{M_{max}}{GI_P} \leqslant [\theta]$　　(7.14)

工程中，$[\theta]$ 的单位习惯上用 °/m，则式(7.14)变为

$$\frac{M_{max}}{GI_P} \times \frac{180}{\pi} \leqslant [\theta](°/\text{m}) \tag{7.15}$$

同样，利用刚度条件式(7.14)和式(7.15)可以解决受扭构件三类刚度问题：①校核刚度；②选择截面尺寸；③计算许用荷载。

四、计算举例

【例 7.2】 实心圆轴和空心轴通过牙嵌离合器而连接，如图 7.11 所示。已知轴的转速 $n = 100$ r/min，传递的功率 $P = 7.5$ kW，材料的许用应力 $[\tau] = 40$ MPa，试通过计算确定：

(1)采用实心轴时，直径 d_1 的大小；

(2)采用内外径比值为 1/2 的空心轴时，外径 D_2 的大小。

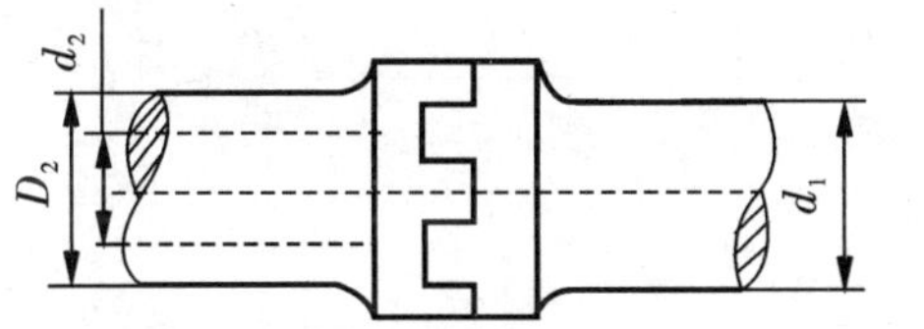

图 7.11

解：计算外力偶矩。作用在轴上的外力偶矩由式(7.1)，可得

$$M_e = 9550\frac{P}{n} = 9550 \times \frac{7.5}{100}\ \text{N}\cdot\text{m} = 716\ \text{N}\cdot\text{m}$$

通过计算可得轴内扭矩：　$M_x = M_e = 716\ \text{N}\cdot\text{m}$

(1)采用实心轴时，直径 d_1 的大小应满足下式

$$\tau_{max} = \frac{M_x}{W_P} = \frac{716}{\frac{\pi}{16} \times d_1^3} P_a \leqslant [\tau] = 40 \times 10^6 \text{Pa}$$

解得　$$d_1 \geqslant \sqrt[3]{\frac{M_x}{\frac{\pi}{16} \times [\tau]}} = \sqrt[3]{\frac{716}{\frac{\pi}{16} \times 40 \times 10^6}}\ \text{m} = 45.0\ \text{mm}$$

(2)采用内外径比值 $\alpha = 1/2$ 的空心轴时，外径 D_2 的大小应满足下式

$$\tau_{max} = \frac{M_x}{W_P} = \frac{716}{\frac{\pi}{16} \times D_2^3(1 - \alpha^4)} P_a \leqslant [\tau] = 40 \times 10^6\ \text{Pa}$$

解得

$$D_2 \geqslant \sqrt[3]{\frac{M_x}{\frac{\pi}{16} \times [\tau](1 - \alpha^4)}} = \sqrt[3]{\frac{716}{\frac{\pi}{16} \times 40 \times 10^6 \times (1 - 0.5^4)}}\ \text{m} = 46.0\ \text{mm}$$

【例 7.3】 一钢轴的转速 $n = 240$ r/min，传递的功率为 $P = 44$ kW。已知 $[\tau] = 40$ MPa，$[\theta] = 1°/\text{m}$，$G = 80$ GPa，试按强度和刚度条件确定轴的直径。

解：钢轴的扭矩

$$M_x = M_e = 9550\,\frac{P}{n} = 9550 \times \frac{44}{240}\text{N} \cdot \text{m} = 1751\ \text{N} \cdot \text{m}$$

(1)按强度条件确定轴的直径。

直径 d_1 的大小应满足圆轴扭转时的强度条件

$$\tau_{\max} = \frac{M_x}{W_P} = \frac{1751}{\frac{\pi}{16} \times d_1^3} P_a \leqslant [\tau] = 40 \times 10^6\ \text{Pa}$$

解得
$$d_1 \geqslant \sqrt[3]{\frac{M_x}{\frac{\pi}{16} \times [\tau]}} = \sqrt[3]{\frac{1751}{\frac{\pi}{16} \times 40 \times 10^6}}\text{m} = 60.6\ \text{mm}$$

(2)按刚度条件确定轴的直径。

直径 d_2 的大小应满足圆轴扭转时的刚度条件

$$\theta = \frac{M_x}{GI_P} \times \frac{180}{\pi} = \frac{M_x}{G \times \frac{\pi}{32} d_2^4} \times \frac{180}{\pi} \leqslant [\theta]\ (°/\text{m})$$

解得

$$d_2 \geqslant \sqrt{\frac{M_x}{G \cdot \frac{\pi}{32} \cdot [\theta]} \times \frac{180}{\pi}} = \sqrt{\frac{1751}{80 \times 10^9 \times \frac{\pi}{32} \times 1} \times \frac{180}{\pi}}\text{m} = 59.8\ \text{mm}$$

由于钢轴既要满足强度条件，又要满足刚度条件，所以 d 取直径 d_1 和直径 d_2 中较大的，确定钢轴直径 $d = 60.6$ mm。

章后小结

1. 扭转的概念和实例

(1)扭转变形受力特点：杆件的两端作用着一对大小相等，方向相反，且作用面垂直于杆件轴线的力偶。

(2)扭转变形特点：各轴线仍为直线，杆件的任意两个横截面发生绕轴线的相对转动。

(3)工程实例：汽车方向盘轴、传动轴等。

2. 外力偶矩的计算、扭矩和扭矩图

(1)外力偶矩的计算：$M_e = 9550 \cdot \frac{N}{n}$(N · m)

(2)扭矩和扭矩图

1)扭矩：杆件受扭时横截面上的内力偶矩，符号 M_x。扭矩的计算方法仍采用截面法。

2)扭矩图：表示杆件各横截面上扭矩变化规律的图形，反应出 $|M_x|_{\max}$ 值及其截面位

置,从而进行强度计算(危险截面)。该图一般以杆件轴线为横轴表示横截面位置,纵轴表示扭矩大小。

3. 纯剪切

(1)薄壁圆筒的扭转实验。

(2)切应力互等定理:$\tau=\tau'$。在单元体相互垂直的两个平面上,切应力必然成对存在且数值相等,两者都垂直于两平面的交线,方向则共同指向或背离该交线。

(3)切应变:$\gamma=\dfrac{r\varphi}{l}$;剪切胡克定律:$\tau=G\gamma$。

4. 圆轴扭转时的应力

(1)变形几何关系——采用圆轴扭转的平面假设,得

$$\gamma_\rho=\rho\frac{\mathrm{d}\varphi}{\mathrm{d}x}$$

(2)物理关系——采用胡克定律,得

$$\tau_\rho=G\gamma_\rho=G\rho\frac{\mathrm{d}\varphi}{\mathrm{d}x}$$

(3)力学关系——采用横截面上静力平衡,得

$$M_x=\int_A\rho\tau_\rho\mathrm{d}A=\int_A\rho^2G\frac{\mathrm{d}\varphi}{\mathrm{d}x}=G\frac{\mathrm{d}\varphi}{\mathrm{d}x}\int_A\rho^2\mathrm{d}A$$

圆轴扭转时的最大应力 $\tau_{\max}=\dfrac{M_x}{I_P}r=\dfrac{M_x}{W_P}$

圆轴扭转的强度条件 $\tau_{\max}=\dfrac{M_{\max}}{W_t}\leqslant[\tau]$

由上式可以对扭转构件进行强度校核、截面设计和确定许可载荷等三类强度计算问题。

5. 圆轴扭转时的变形

圆轴扭转时的变形

$$\varphi=\int_l\frac{M_x}{GI_P}\mathrm{d}x=\int_l\frac{M_x}{GI_P}\mathrm{d}x\text{;等直杆 }\varphi=\frac{M_xl}{GI_P}$$

圆轴扭转时的刚度条件

$$\theta_{\max}=\frac{M_{\max}}{GI_P}\leqslant[\theta]$$

习 题

7.1 试述绘制扭矩图的方法和步骤。

7.2 为什么空心轴比实心轴能充分发挥材料的作用?

7.3 已知圆杆横截面上的扭矩,试画出截面上与 M_x 对应的切应力分布图(图7.12)。

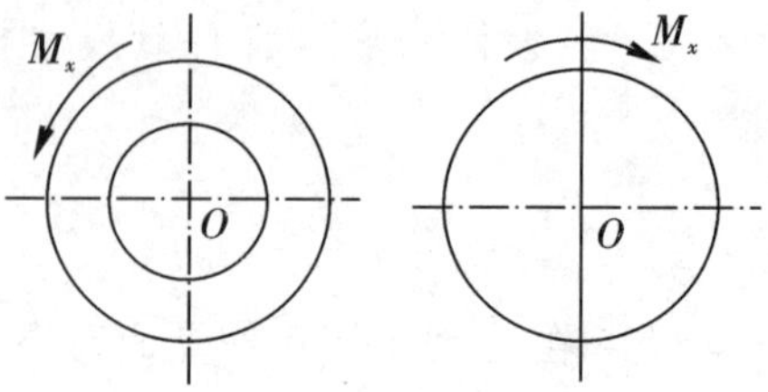

图 7.12

7.4 用截面法求图 7.13 所示各杆在 1-1、2-2、3-3 截面上的扭矩。

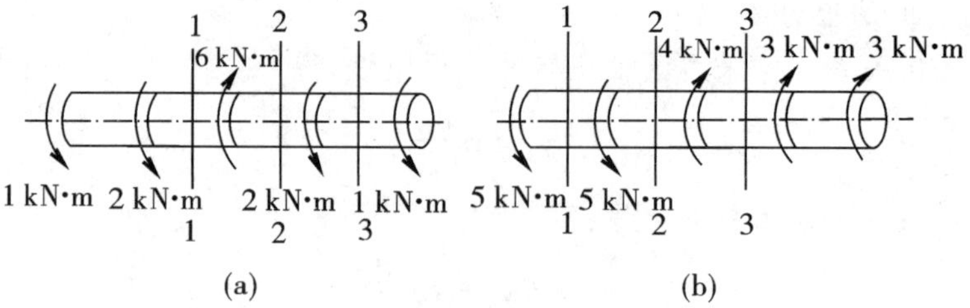

图 7.13

7.5 试绘出图 7.14 所示轴的扭矩矩。

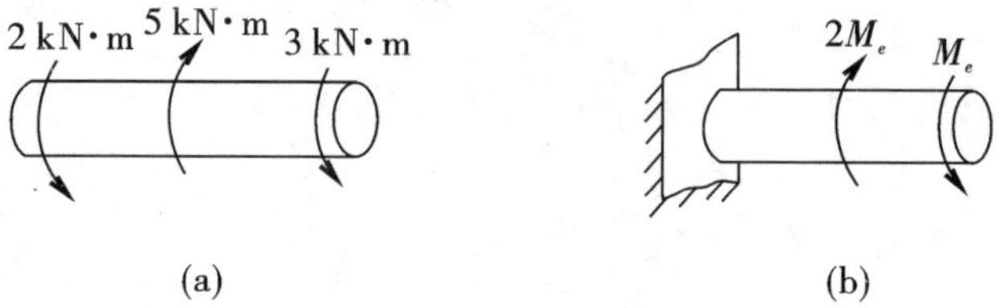

图 7.14

7.6 如图 7.15 所示，空心圆轴的外径 $D = 100$ mm，内径 $d = 80$ mm，$l = 500$ mm，$M_{e1} = 6$ kN · m，$M_{e2} = 4$ kN · m，材料的切变模量 $G = 80$ GPa。

(1) 绘轴的扭矩图。

(2) 求轴的最大切应力，并指出其位置。

(3) 求 C 截面对 A、B 截面的相对扭转角 φ_{CA}、φ_{CB}。

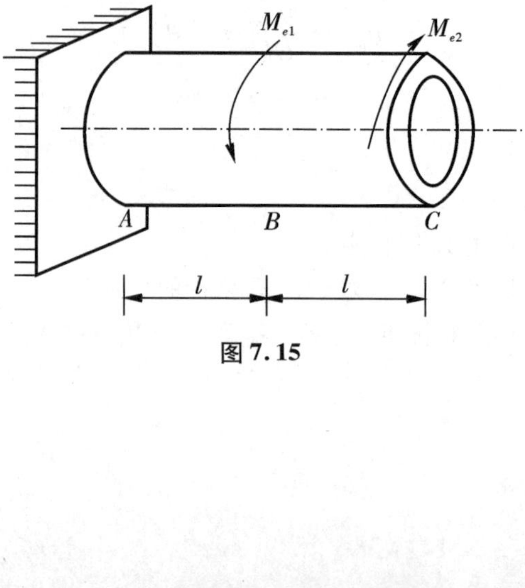

图 7.15

7.7 如图7.16所示受扭杆件AB段的直径$d_1 = 50$ mm,BC段的直径$d_2 = 38$ mm,材料的切变模量$G = 80$ GPa。规定扭转角φ_{CA}不超过0.01弧度。求许用扭矩M_{max}。

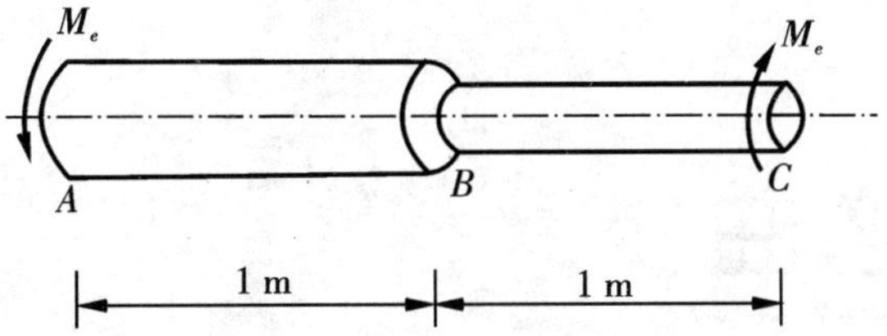

图7.16

7.8 图7.17所示为一汽车传动轴简图,转动时输入的力偶矩$M_e = 1.6$ kN·m,轴由无缝钢管制成,外径$D = 90$ mm,内径$d = 84$ mm。已知材料的许用切应力$[\tau] = 60$ MPa,单位长度许用扭转角$[\theta] = 1.49°/m$,材料的切变模量$G = 80$ GPa,试对该轴进行强度和刚度校核。

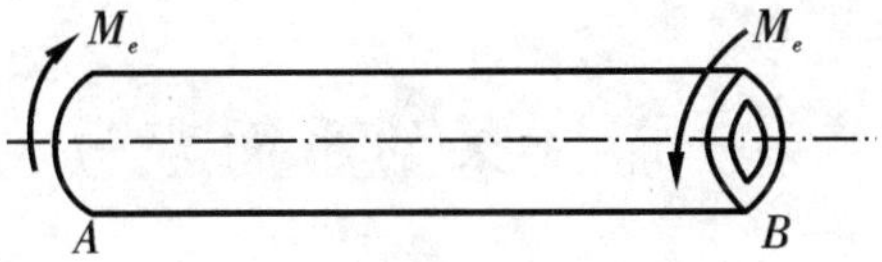

图7.17

第八章 梁的弯曲

学习目标

1. 了解梁平面弯曲的的概念。
2. 掌握梁弯曲的内力概念、内力计算及内力图的画法。
3. 掌握梁的弯曲应力概念及应力计算。
4. 掌握弯曲梁的强度及刚度计算。

第一节 梁的平面弯曲

一、弯曲变形和平面弯曲

弯曲是构件变形的基本形式之一。当一杆件在两端承受一对等值、反向的外力偶 M 作用，且力偶 M 的作用面与杆件的横截面垂直时，如图 8.1(a)，杆件的轴线由直线变为曲线，这种变形称为弯曲变形，简称**弯曲**。

图 8.1

有时，杆件在一组垂直于杆轴的横向力作用下也发生弯曲变形，如图 8.1(b)，发生这种弯曲变形时还伴有剪切变形，此称为剪切弯曲或横向弯曲。

常见的梁就是以弯曲变形为主的构件。例如房屋建筑中的悬臂梁[图 8.2(a)]，楼面梁[图 8.2(b)]等。

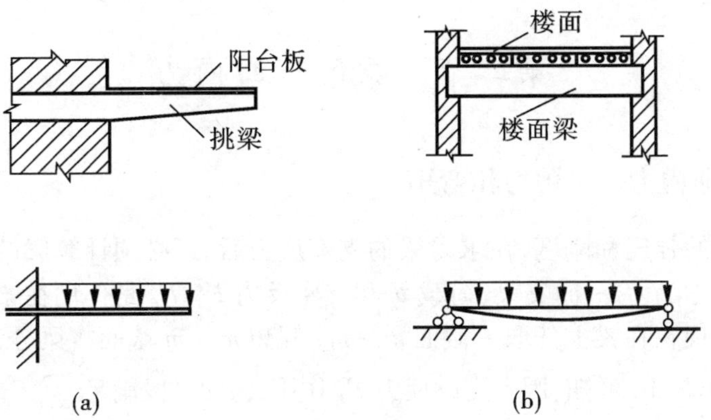

图 8.2

实际工程中常见的梁,其横截面通常采用的是对称形状,如矩形、工字形、T 字形、圆形等[图 8.3(a)],它们都有一个竖直对称轴。对称轴与梁轴线组成的平面叫**纵向对称平面**。如果作用在梁上的所有外力(荷载、支座反力)的作用线都位于纵向对称平面内,梁变形时其轴线变成位于对称平面内的一条平面曲线[图 8.3(b)],这种弯曲称为平面弯曲。平面弯曲是工程中最常见的弯曲形式。

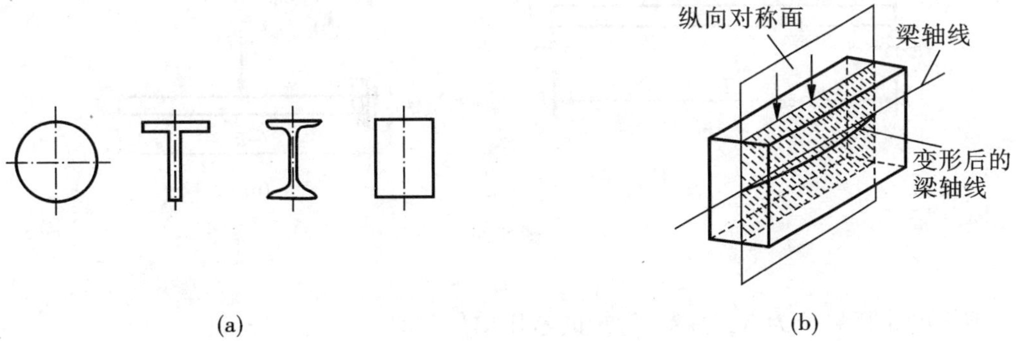

图 8.3

二、单跨静定梁的基本形式

为了方便地讨论梁的弯曲,这里简单了解一下梁的基本形式。工程中对于单跨静定梁按其支座情况来分,可分为下列三种形式。

(1)悬臂梁　梁的一端为固定端,另一端为自由端,如图 8.4(a)所示。

(2)简支梁　梁的一端为固定铰支座,另一端为活动铰支座,如图 8.4(b)所示。

(3)外伸梁　梁的一端或两端伸出支座的简支梁,如图 8.4(c)所示。

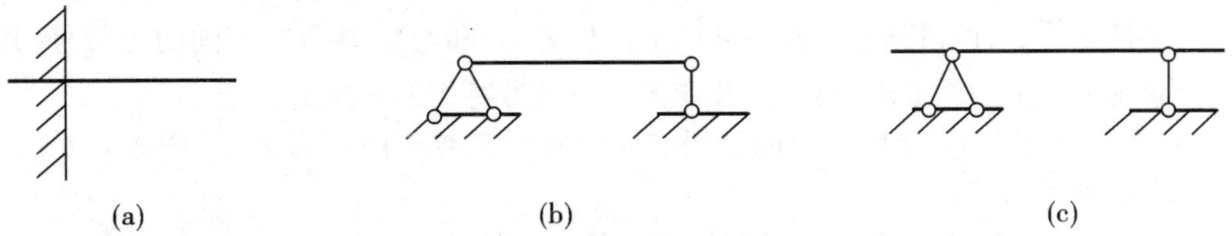

图 8.4

第二节 梁的弯曲内力

一、梁的弯曲内力——剪力和弯矩

为了计算梁的强度和刚度,在求得梁的支座反力后,还必须计算梁的内力。

如图8.5(a)所示为一简支梁,荷载 $\boldsymbol{F}$ 和支座反力 F_A、F_B 是作用在梁的纵向对称平面内的平衡力系。现在在梁上任取一截面 $m-m$,假想 $m-m$ 截面将梁分为两段,取左段为研究对象,从图8.5(b)可知,因有支座反力 F_A 作用,为使左段满足 $\sum F_y=0$,截面 $m-m$ 上必然有与 F_A 等值、平行且反向的内力存在,这个内力称为**剪力**,用 F_S 表示;同时,因 F_A 对截面 $m-m$ 的形心 O 点有一个力矩 $F_A \cdot a$ 的作用,为满足 $\sum M_O=0$,截面 $m-m$ 上也必然有一个与力矩 $F_A \cdot a$ 大小相等且转向相反的内力偶矩存在,这个内力偶矩称为**弯矩**,用 M 表示。由此可见,梁发生弯曲时,横截面上同时存在着两个内力因素,即剪力和弯矩。

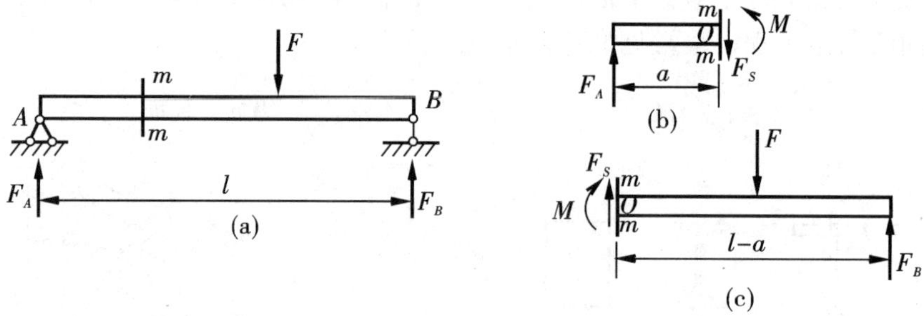

图8.5

剪力的常用单位为N或kN,弯矩的常用单位为N·m或kN·m。

剪力和弯矩的大小可由左段梁的静力平衡方程求得,即

由 $\sum F_y=0, F_A-F_S=0$ 得 $F_S=F_A$

由 $\sum M_O=0, F_A \cdot a-M=0$ 得 $M=F_A \cdot a$

如果取右段梁作为研究对象,同样可求得截面 $m-m$ 上的 F_S 和 M,根据作用与反作用力的关系,它们与从左段梁求出 $m-m$ 截面上的 F_S 和 M 大小相等,方向相反,如图8.5(c)所示。

二、剪力和弯矩的正负号规定

为了使从左、右两段梁求得同一截面上的剪力 F_S 和弯矩 M 具有相同的正负号,并考虑到土建工程上的习惯要求,对剪力和弯矩的正负号特作如下规定:

(1)剪力的正负号:使所研究的梁段有顺时针转动趋势的剪力为正[图8.6(a)];反之,为负[图8.6(b)]。

(2)弯矩的正负号:使所研究的梁段产生下侧受拉的弯矩为正[图8.7(a)];反之,为

负[图 8.7(b)]。

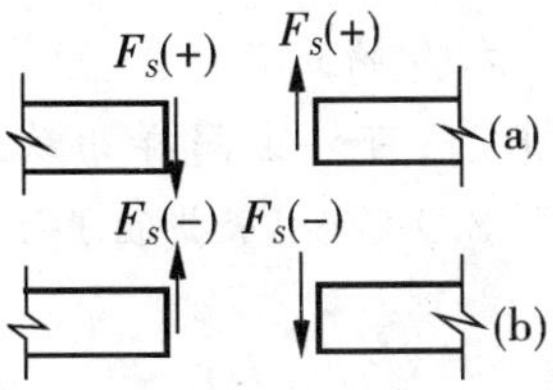

图 8.6

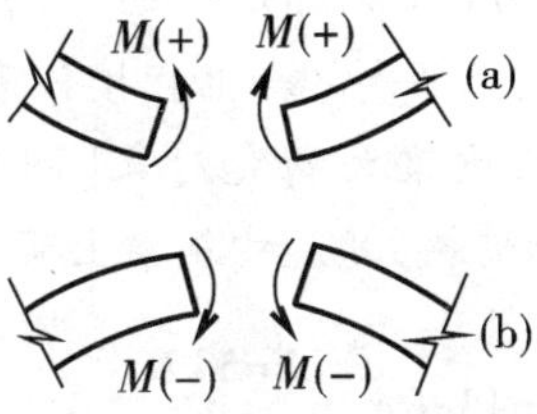

图 8.7

三、梁的弯曲内力的计算

梁的弯曲内力计算方法有两种，即截面法和简易法。

1. 截面法求内力

用截面法求指定截面上的剪力和弯矩的步骤如下：①计算支座反力；②用假想的截面在需求内力处将梁截成两段，取其中任一段为研究对象；③画出研究对象的受力图（截面上的 F_S 和 M 都先假设为正的方向）；④建立平衡方程，解出内力。

【例 8.1】 如图 8.8(a)所示简支梁。已知 $F_1 = 30$ kN，$F_2 = 30$ kN，试求截面 1-1 上的剪力和弯矩。

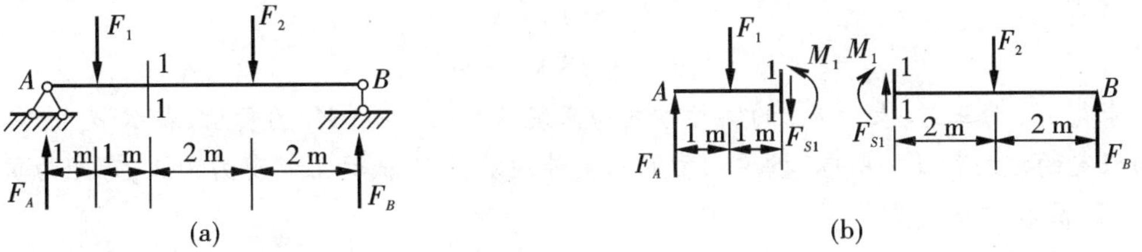

图 8.8

解：(1) 求支座反力。

由 $\sum M_A = 0$ 得　　$-F_1 \times 1 - F_2 \times 4 + F_B \times 6 = 0$

由 $\sum M_B = 0$ 得　　$F_1 \times 5 + F_2 \times 2 - F_A \times 6 = 0$

解得　　$F_A = 35$ kN　　$F_B = 25$ kN

(2) 求截面 1-1 上的内力。

在截面 1-1 处将梁截开，取左段梁为研究对象，画出其受力图如图 8.8(b)，内力 F_{S1} 和 M_1 均先假设为正的方向，列平衡方程

由 $\sum F_y = 0$ 得　　$F_A - F_1 - F_{S1} = 0$

由 $\sum M_1 = 0$ 得　　$-F_A \times 2 + F_1 \times 1 + M_1 = 0$

解得　　$F_1 = F_A - F_1 = 35 - 30 = 5$ kN

$M_1 = F_A \times 2 - F_1 \times 1 = 40$ kN

求得 F_{S1} 和 M_1 均为正值，表示截面1-1上内力的实际方向与假定的方向相同；按内力的正负号规定，剪力、弯矩都是正的。因此，画受力图时应先假设内力为正的方向，再由平衡方程求得结果的正负号，就能直接代表内力本身的正负。

如取1-1截面右段梁为研究对象[图8.8(b)]，可得出同样的结果。

【例8.2】 一悬臂梁，其尺寸及梁上荷载如图8.9所示，求截面1-1上的剪力和弯矩。

图8.9

解：对于悬臂梁不需先求支座反力，可取右段梁为研究对象，其受力图如图8.9(b)所示。

由 $\sum F_y = 0$ 得 $\qquad F_{S1} - qa - F = 0$

由 $\sum M_1 = 0$ 得 $\qquad -M_1 - qa \cdot \dfrac{a}{2} - Fa = 0$

解得

$$F_{S1} = 13\ \text{kN}$$

$$M_1 = -18\ \text{kN} \cdot \text{m}$$

求得 F_{S1} 为正值，表示 F_{S1} 的实际方向与假定的方向相同；M_1 为负值，表示 M_1 的实际方向与假定的方向相反。所以，按梁内力的正负号规定，1-1截面上的剪力为正，弯矩为负。

*2. 简易法求内力

求梁的内力还可用简便的方法来进行，称为简易法。

通过上述例题，可以总结出直接根据外力计算梁内力的规律。

(1)求剪力的规律。

计算剪力时，对截面左(或右)段梁建立投影方程，经过移项后可得

$$F_S = \sum F_{y左} \quad 或 \quad F_S = \sum F_{y右}$$

上两式说明：梁内任一横截面上的剪力在数值上等于该截面一侧所有外力在垂直于轴线方向投影的代数和。若外力对所求截面产生顺时针方向转动趋势时，其投影取正号[图8.6(a)]，反之取负号[图8.6(b)]，此规律可记为“顺转剪力正”。

(2)求弯矩的规律。

计算弯矩时，对截面左(或右)段梁建立力矩方程，经过移项后可得

$$M = \sum M_{C左} \ 或\ M = \sum M_{C右}$$

上两式说明：梁内任一横截面上的弯矩在数值上等于该截面一侧所有外力(包括力偶)对该截面形心力矩的代数和。将所求截面固定，若外力矩使所考虑的梁段产生下凸弯曲变形时(即上部受压，下部受拉)，等式右方取正号[图8.7(a)]，反之取负号[图8.7

(b)],此规律可记为“下凸弯矩正”。

用简易法求内力可以省去画受力图和列平衡方程从而简化计算过程。

【**例**8.3】　用简易法求图8.10所示简支梁1–1截面上的剪力和弯矩。

解:(1)求支座反力。

由梁的整体平衡方程求得

$$F_A = 8\ \text{kN} \qquad F_B = 7\ \text{kN}$$

(2)计算1–1截面上的内力。

由1–1截面以左部分的外力来计算内力,根据“顺转剪力正”和“下凸弯矩正”得

$$F_{S1} = F_A - F_1 = 2\ \text{kN}$$

$$M_1 = F_A \times 3 - F_1 \times 2 = 12\ \text{kN}$$

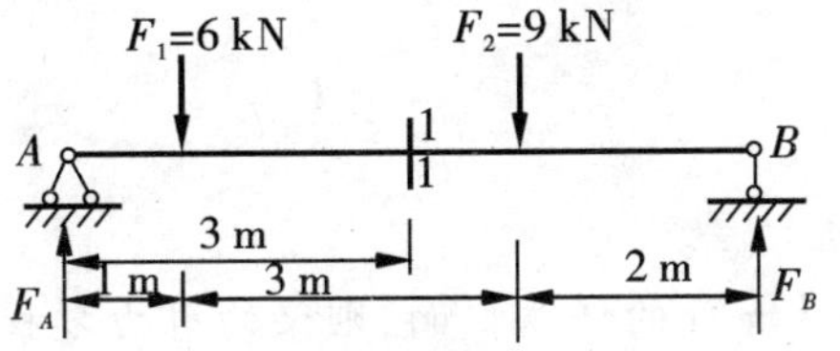

图8.10

第三节　梁的内力图

表示杆件各截面上内力变化规律的图形称为**内力图**。梁的内力图分为剪力图和弯矩图。从剪力图和弯矩图上可直观地看出梁内剪力和弯矩的最大值以及它们所在的截面位置,从而方便地进行梁的强度和刚度计算。

一、剪力方程和弯矩方程

从上节的讨论可以看出,梁内各截面上的剪力和弯矩一般随截面的位置而变化。若横截面的位置用沿梁轴线的坐标x来表示,则各横截面上的剪力和弯矩都可以表示为坐标x的函数,即

$$F_S = F_S(x) \qquad M = M(x)$$

以上两个函数式表示梁内剪力和弯矩沿梁轴线的变化规律,分别称为剪力方程和弯矩方程。

二、用内力方程绘制剪力图和弯矩图

根据剪力方程和弯矩方程可以分别绘制剪力图和弯矩图。以沿梁轴线的横坐标x表示梁横截面的位置,以纵坐标表示相应横截面上的剪力或弯矩。在土建工程中,习惯上把正剪力画在x轴上方,负剪力画在x轴下方;而把弯矩图画在梁受拉的一侧,即正弯矩画在x轴下方,负弯矩画在x轴上方,如图8.11所示。

图8.11

【例8.4】 如图8.12(a)所示,一简支梁受均布荷载作用,试画出梁的剪力图和弯矩图。

解:(1)求支座反力。

由对称关系可得

$$F_A = F_B = \frac{1}{2}ql$$

(2)列剪力方程和弯矩方程。

取距A点(坐标原点)为x处的任意截面,则梁的剪力方程和弯矩方程为

$$F_S(x) = F_A - qx = \frac{1}{2}ql - qx \qquad (0 < x < l) \qquad (1)$$

$$M(x) = F_A x - \frac{1}{2}qx^2 = \frac{1}{2}qlx - \frac{1}{2}qx^2 \qquad (0 \leqslant x \leqslant l) \qquad (2)$$

(3)画剪力图和弯矩图。

由式(1)可见,$F_S(x)$是x的一次函数,即剪力方程为一直线方程,剪力图是一条斜直线,给出两点可得

当 $x = 0$ 时 $\qquad F_{SA} = \frac{1}{2}ql$

当 $x = l$ 时 $\qquad F_{SB} = -\frac{1}{2}ql$

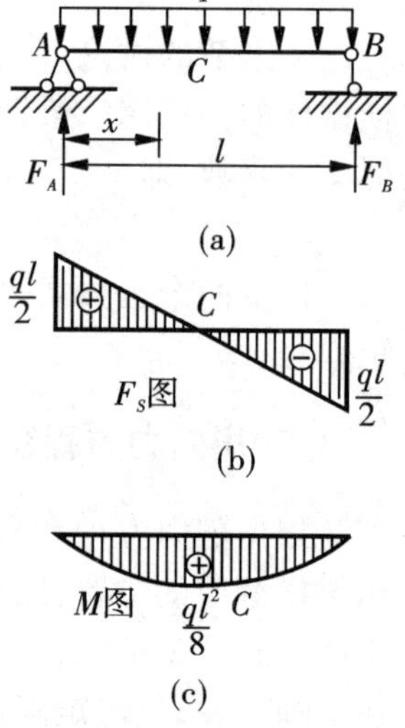

图8.12

根据这两个截面的剪力值,画出剪力图,如图8.12(b)所示。

由式(2)知,$M(x)$是x的二次函数,说明弯矩图是一条二次抛物线,应至少给出三个截面的弯矩值,方可描绘出曲线的大致形状:

当 $x = 0$ 时 $\qquad M_A = 0$

当 $x = \frac{l}{2}$ 时 $\qquad M_C = \frac{ql^2}{8}$

当 $x = l$ 时 $\qquad M_B = 0$

根据上述结果,画出弯矩图,如图8.12(c)所示。

从上面的剪力图和弯矩图中可得出结论:在均布荷载作用的梁段,剪力图为斜直线,弯矩图为二次抛物线;在剪力等于零的截面上弯矩有极值。

【例8.5】 如图8.13(a),一简支梁受集中荷载F作用,试

画出梁的剪力图和弯矩图。

解:(1)求支座反力。

由梁的整体平衡得

$$\sum M_A = 0 \qquad F_B = \frac{Fa}{l}$$

$$\sum M_B = 0 \qquad F_A = \frac{Fb}{l}$$

(2)列剪力方程和弯矩方程。

梁在 C 处有集中力作用,故 AC 段和 CB 段的剪力方程和弯矩方程不相同,要分段列出。

AC 段:在距 A 端为 x_1 的任意截面处将梁假想截开,并考虑左段梁平衡,则剪力方程和弯矩方程为

$$F_{S1}(x_1) = F_A = \frac{Fb}{l} \qquad (0 < x_1 < a)$$

$$M(x_1) = F_A x_1 = \frac{Fb}{l}x_1 \qquad (0 \leqslant x_1 \leqslant a)$$

CB 段:在距 A 端为 x_2 的任意截面处假想截开,并考虑左段的平衡,列出剪力方程和弯矩方程为

$$F_{S2}(x_2) = F_A - F = \frac{Fb}{l} - F = -\frac{Fa}{l} \qquad (a < x_2 < l)$$

$$M(x_2) = F_A x_2 - F(x_2 - a) = \frac{Fa}{l}(l - x_2) \quad (a \leqslant x_2 \leqslant l)$$

(3)画剪力图和弯矩图。

根据剪力方程和弯矩方程画剪力图和弯矩图。

F_S 图:AC 段剪力方程 $F_S(x_1)$ 为常数,其剪力值为 $\frac{Fb}{l}$,剪力图是一条平行于 x 轴的直线,且在 x 轴上方。CB 段剪力方程 $F_S(x_2)$ 也为常数,其剪力值为 $-\frac{Fa}{l}$,剪力图也是一条平行于 x 轴的直线,但在 x 轴下方。画出全梁的剪力图,如图 8.13(b)所示。

M 图:AC 段弯矩 $M(x_1)$ 是 x_1 的一次函数,弯矩图是一条斜直线,只要计算两个截面的弯矩值,就可以画出弯矩图。

当 $x_1 = 0$ 时 $\qquad M_A = 0$

当 $x_1 = a$ 时 $\qquad M_C = \frac{Fab}{l}$

根据上述计算结果,可画出 AC 段弯矩图。

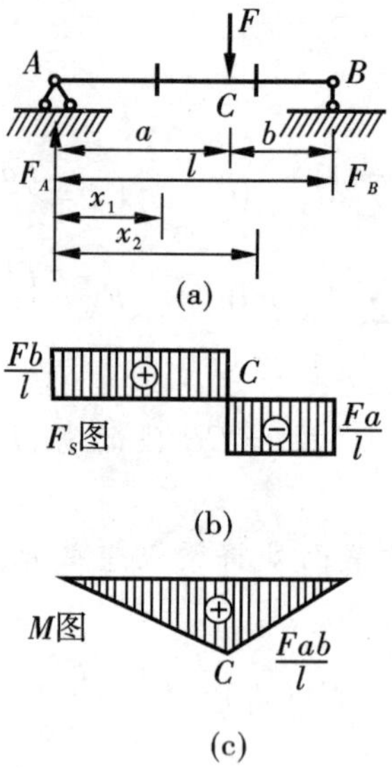

图 8.13

CB 段弯矩 $M(x_2)$ 也是 x_2 的一次函数，弯矩图仍是一条斜直线。

当 $x_2=a$ 时 $\qquad M_C=\dfrac{Fab}{l}$

当 $x_2=l$ 时 $\qquad M_B=0$

由上面两个弯矩值，画出 CB 段弯矩图。

整梁的弯矩图如图 8.13(c)所示。

从上述剪力图和弯矩图中可得结论：

(1)在无荷载作用梁段，剪力图为平行直线，弯矩图为斜直线。

(2)在集中力作用处，左右截面上的剪力图发生突变，其突变值等于该集中力的大小，突变方向与该集中力的方向一致；而弯矩图出现转折，即出现尖点，尖点方向与该集中力方向一致。

【例 8.6】 如图 8.14(a)所示，一简支梁受集中力偶作用，试画出梁的剪力图和弯矩图。

解：(1)求支座反力。

由梁的整体平衡得

$$\sum M_A=0 \qquad F_B=\frac{M_e}{l}$$

$$\sum M_B=0 \qquad F_A=-\frac{M_e}{l}$$

(2)列剪力方程和弯矩方程。

梁在 C 截面处有集中力偶 M_e 作用，应分两段列出剪力方程和弯矩方程。

AC 段：在距 A 端为 x_1 的截面处假想将梁截开，考虑左段梁平衡，则剪力方程和弯矩方程为

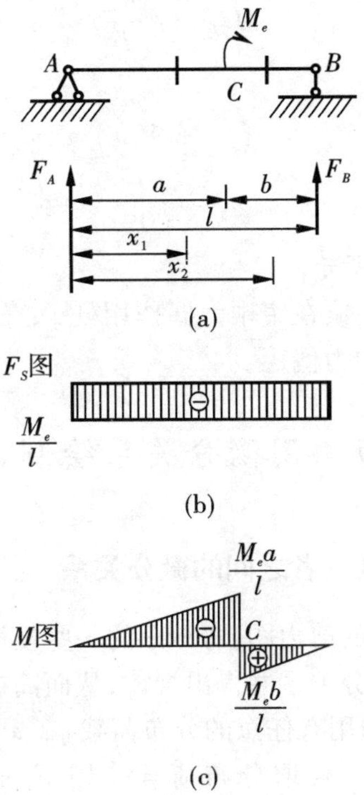

图 8.14

$$F_S(x_1)=F_A=-\frac{M_e}{l}\quad (0<x_1\leqslant a)\tag{1}$$

$$M(x_1)=F_A x_1=-\frac{M_e}{l}x_1\quad (0\leqslant x_1<a)\tag{2}$$

CB 段：在距 *A* 端为 x_2 的截面处假想将梁截开，考虑左段梁平衡，则列出剪力方程和弯矩方程为

$$F_S(x_2)=F_A=-\frac{M_e}{l}\quad (a\leqslant x_2<l)\tag{3}$$

$$M(x_2)=F_A x_2+M_e=\frac{M_e}{l}(l-x_2)\quad (a<x_2\leqslant l)\tag{4}$$

(3)画剪力图和弯矩图。

F_S 图：由式(1)、式(3)可知，梁在 *AC* 段和 *CB* 段剪力都是常数，其值为 $-\frac{M_e}{l}$，故剪力是一条在 x 轴下方且平行于 x 轴的直线，画出剪力图如图 8.14(b)所示。

M 图：由式(2)、式(4)可知，梁在 *AC* 段和 *CB* 段内弯矩都是 x 的一次函数，故弯矩图是两段斜直线。

AC 段：

当 $x_1=0$ 时　　　　$M_A=0$

当 $x_1=a$ 时 $M_{C左}=-\frac{M_e}{l}$

CB 段：

当 $x_2=a$ 时 $M_{C右}=\frac{M_e b}{l}$

当 $x_2=l$ 时 $M_B=0$

画出弯矩图如图 8.14(c)所示。

由上述内力图可得出结论：梁在集中力偶作用处，左右截面上的剪力无变化，而弯矩出现突变，其突变值等于该集中力偶矩。

第四节 用微分关系绘制内力图

一、剪力、弯矩和荷载集度三者之间的微分关系

上一节从直观上总结出梁的剪力图、弯矩图的一些规律和特点。现进一步讨论剪力、弯矩与荷载集度三者之间的微分关系并得出规律，从而简捷地绘制梁的剪力图和弯矩图。

如图 8.15(a)所示，梁上作用有任意的分布荷载 $q(x)$，设 $q(x)$ 以向上为正。取 A 为坐标原点，x 轴以向右为正。现取分布荷载作用下的一微段 dx 作为研究对象，如图 8.15(b)所示。

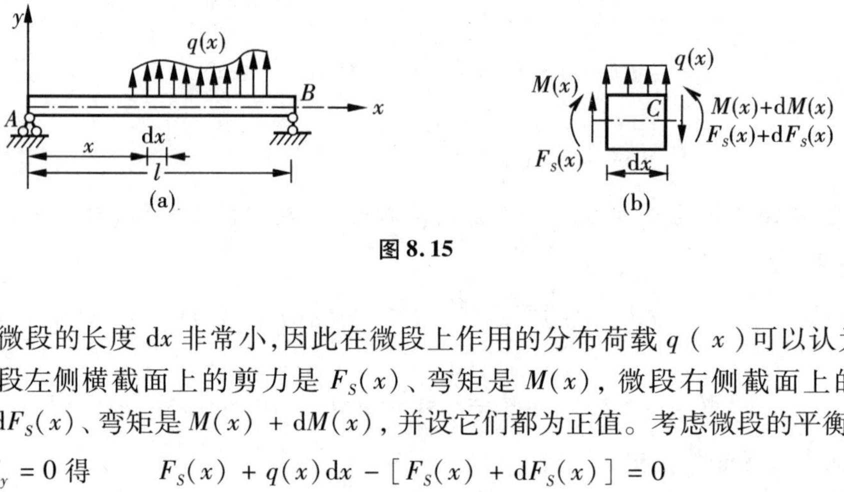

图 8.15

由于微段的长度 dx 非常小，因此在微段上作用的分布荷载 $q(x)$ 可以认为是均布的。设微段左侧横截面上的剪力是 $F_S(x)$、弯矩是 $M(x)$，微段右侧截面上的剪力是 $F_S(x)+dF_S(x)$、弯矩是 $M(x)+dM(x)$，并设它们都为正值。考虑微段的平衡，由

$\sum F_y=0$ 得 $F_S(x)+q(x)dx-[F_S(x)+dF_S(x)]=0$

整理得
$$\frac{dF_S(x)}{dx}=q(x) \tag{8.1}$$

于是得出结论一：梁上任意一横截面上的剪力对 x 的一阶导数等于作用在该截面处的分布荷载集度。这一微分关系的几何意义是剪力图上某点切线的斜率等于相应截面处的分布荷载集度。

再由 $\sum M_C = 0$ 得

$$-M(x) - F_S(x)\mathrm{d}x - q(x)\mathrm{d}x\frac{\mathrm{d}x}{2} + [M(x) + \mathrm{d}M(x)] = 0$$

上式中，C 点为右侧横截面的形心，经过整理，并略去二阶微量 $q(x)\dfrac{\mathrm{d}x^2}{2}$ 后，得

$$\frac{\mathrm{d}M(x)}{\mathrm{d}x} = F_S(x) \tag{8.2}$$

得出结论二：梁上任一横截面上的弯矩对 x 的一阶导数等于该截面上的剪力。这一微分关系的几何意义是弯矩图上某点切线的斜率等于相应截面上剪力。

将式(8.2)两边求导，可得

$$\frac{\mathrm{d}^2M(x)}{\mathrm{d}x^2} = q(x) \tag{8.3}$$

得出结论三：梁上任一横截面处的弯矩对 x 的二阶导数等于该截面处的分布荷载集度。这一微分关系的几何意义是弯矩图上某点的曲率等于相应截面处的荷载集度。并由此可以由分布荷载集度的正负来确定弯矩图的凹凸方向。

二、用微分关系法绘制剪力图和弯矩图

利用弯矩、剪力与荷载集度之间的微分关系及其几何意义，可总结出下列一些规律，以用来绘制或校核梁的剪力图和弯矩图。

1. 无荷载梁段，即 $q(x) = 0$ 时

由式(8.1)可知，$F_S(x)$ 是常数，即剪力图是一条平行于 x 轴的直线；又由式(8.2)可知，该段弯矩图上各点切线的斜率为常数，因此弯矩图是一条斜直线。

2. 均布荷载梁段，即 $q(x)$ = 常数时

由式(8.1)可知，剪力图上各点切线的斜率为常数，即 $q(x)$ 是 x 的一次函数，剪力图是一条斜直线；又由式(8.2)可知，该段弯矩图上各点切线的斜率为 x 的一次函数，因此 $M(x)$ 是 x 的二次函数，即弯矩图为二次抛物线。这时可能出现两种情况：$q(x) < 0$ 时，抛物线下凹；$q(x) > 0$ 时，抛物线上凸，如图 8.16 所示。

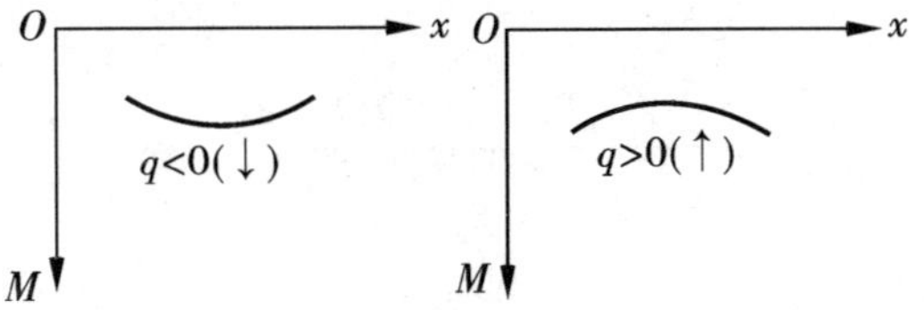

图 8.16

3. 弯矩的极值

由 $\dfrac{\mathrm{d}M(x)}{\mathrm{d}x} = F_S(x)$ 可知，在 $F_S(x) = 0$ 的截面处，$M(x)$ 具有极值，即剪力等于零的截面上，弯矩具有极值；反之，弯矩具有极值的截面上，剪力一定等于零。

利用上述荷载、剪力和弯矩三者之间的微分关系及规律,可更简捷地绘制梁的剪力图和弯矩图,其步骤如下:①分段,即根据梁上外力及支座等情况将梁分成若干段;②根据各段梁上的荷载情况,判断其剪力图和弯矩图的大致形状;③利用计算内力的简便方法,直接求出若干控制截面上的 F_S 值和 M 值;④根据 F_S 值和 M 值逐段直接绘出梁的剪力图和弯矩图。

【例 8.7】 一外伸梁,梁上荷载如图 8.17(a)所示,已知 $l=4$ m,利用微分关系绘出梁的剪力图和弯矩图。

解:(1)求支座反力

$$F_B = 20\ \text{kN}, F_D = 8\ \text{kN}$$

(2)根据梁上的外力情况将梁分为 AB、BC 和 CD 三段。

(3)计算控制截面剪力,画剪力图。

AB 段梁上有均布荷载,该段梁的剪力图为斜直线,其控制截面剪力为

$$F_{SA} = 0$$

$$F_{SB左} = -\frac{1}{2}ql = -\frac{1}{2}\times 4\times 4 = -8\ \text{kN}$$

BC 和 CD 段均为无荷载区段,剪力图均为水平线,其控制截面剪力为

$$F_{SB右} = -\frac{1}{2}ql + F_B = 12\ \text{kN}$$

$$F_{SD} = -F_D = -8\ \text{kN}$$

画出剪力图如图 8.17(b)所示。

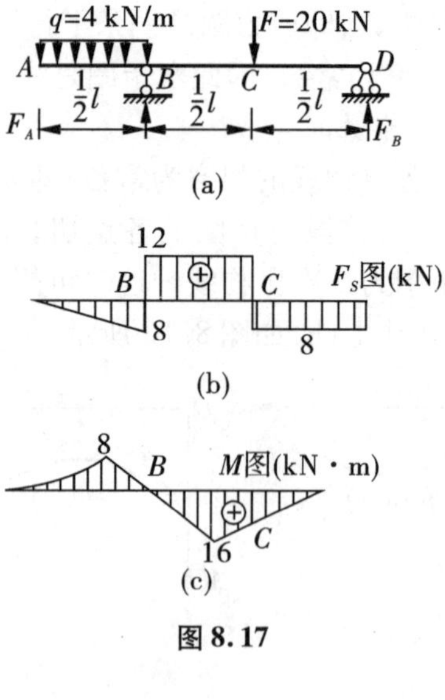

图 8.17

(4)计算控制截面弯矩,画弯矩图。

AB 段梁上有均布荷载,该段梁的弯矩图为二次抛物线。因 q 向下($q<0$),所以曲线凸向下,其控制截面弯矩为

$$M_A = 0$$

$$M_B = -\frac{1}{2}ql \cdot \frac{l}{4} = -\frac{1}{8} \times 4 \times 4^2 = -8\ \text{kN} \cdot \text{m}$$

BC 段与 *CD* 段均为无荷载区段，弯矩图均为斜直线，其控制截面弯矩为

$$M_B = -8\ \text{kN} \cdot \text{m}$$

$$M_C = F_D \cdot \frac{l}{2} = 8 \times 2 = 16\ \text{kN} \cdot \text{m}$$

$$M_D = 0$$

画出弯矩图如图 8.17(c)所示。

从以上看到，对本题来说，只需算出 $F_{SB左}$、$F_{SB右}$、F_{SD} 和 M_B、M_C，就可画出梁的剪力图和弯矩图。

【例 8.8】　一简支梁，尺寸及梁上荷载如图 8.18(a)所示，利用微分关系绘出此梁的剪力图和弯矩图。

解：(1)求支座反力

$$F_A = 6\ \text{kN} \qquad F_C = 18\ \text{kN}$$

(2)根据梁上的荷载情况，将梁分为 *AB* 和 *BC* 两段，逐段画出内力图。

(3)计算控制截面剪力，画剪力图。

AB 段为无荷载区段，剪力图为水平线，其控制截面剪力为

$$F_{SA} = F_A = 6\ \text{kN}$$

BC 为均布荷载段，剪力图为斜直线，其控制截面剪力为

$$F_{SB} = F_A = 6\ \text{kN}$$

$$F_{SC} = -F_C = -18\ \text{kN}$$

画出剪力图如图 8.18(b)所示。

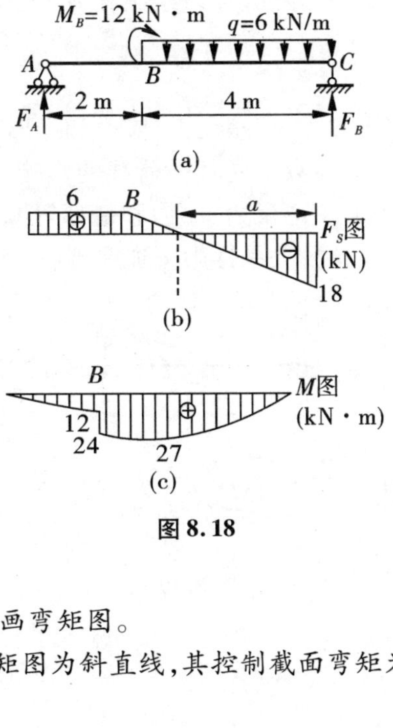

图 8.18

(4)计算控制截面弯矩，画弯矩图。

AB 段为无荷载区段，弯矩图为斜直线，其控制截面弯矩为

$$M_A = 0$$

$$M_{B左} = F_A \times 2 = 12\ \text{kN} \cdot \text{m}$$

BC 为均布荷载段，由于 q 向下，弯矩图为下凸的二次抛物线，其控制截面弯矩为

$$M_{B右} = F_A \times 2 + M_e = 6 \times 2 + 12 = 24\ \text{kN} \cdot \text{m}$$

$$M_e = 0$$

从剪力图可知，此段弯矩图中存在着极值，应该求出极值所在的截面位置及其大小。

设弯矩具有极值的截面距右端的距离为 x，由该截面上剪力等于零的条件可求得 x 值，即

$$F_S(x) = -F_C + qx = 0$$

$$x = \frac{F_C}{q} = \frac{18}{6} = 3\ \text{m}$$

弯矩的极值为

$$M_{\max} = F_C \cdot x - \frac{1}{2}qx^2 = 18 \times 3 - \frac{6 \times 3^2}{2} = 27\ \text{kN} \cdot \text{m}$$

画出弯矩图如图 8.18(c)所示。

对本题来说，反力 F_A、F_C 求出后，便可直接画出剪力图。而弯矩图，也只需确定 $M_{B左}$、$M_{B右}$ 及 $M_{\max}$ 值，便可画出。

在熟练掌握简便方法求内力的情况下，可以直接根据梁上的荷载及支座反力画出内力图。

第五节　用叠加法绘制弯矩图

对于受多个荷载作用的梁，这时用叠加法绘制其剪力图和弯矩图，会显得更加快捷。

一、叠加原理

由于在小变形条件下，梁的内力、支座反力，应力和变形等参数均与荷载呈线性关系，每一荷载单独作用时引起的某一参数不受其他荷载的影响。因此，当梁在 n 个荷载共同作用下所引起的某一参数(内力、支座反力、应力和变形等)，等于梁在各个荷载单独作用时所引起的同一参数的代数和，这种关系称为叠加原理(图 8.19)。

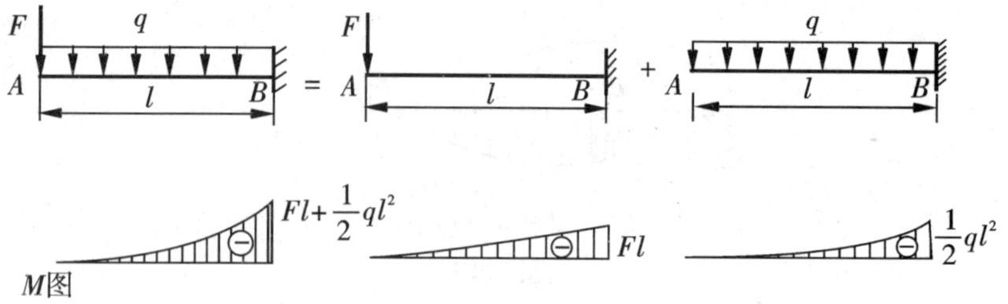

图 8.19

二、用叠加法绘制弯矩图

根据叠加原理来绘制梁的内力图的方法称为叠加法。

由于剪力图一般比较简单,因此不用叠加法绘制,下面只介绍用叠加法绘制梁的弯矩图。其方法为:先分别作出梁在每一个荷载单独作用下的弯矩图,然后将各弯矩图中同一截面的弯矩代数相加,即可得到梁在所有荷载共同作用下的弯矩图。

【例 8.9】 试用叠加法画出图 8.20 所示简支梁的弯矩图。

解:(1)先将梁上荷载分为集中力偶 M_e 和均布荷载 q 两组。

(2)分别画出 M_e 和 q 单独作用时的弯矩图[图 8.20(b)(c)],然后将这两个弯矩图相叠加。叠加时,是将相应截面的纵坐标代数相加。

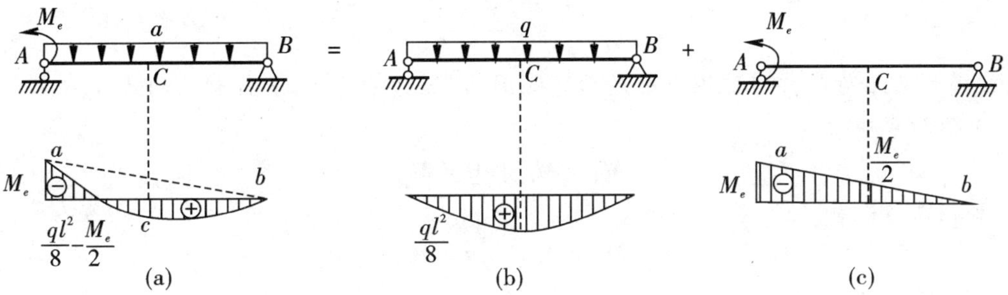

图 8.20

叠加方法如图 8.20(a)所示。先作出直线形的弯矩图(即 ab 直线,可用虚线画出),再以 ab 为基准线作出曲线形的弯矩图。这样,将两个弯矩图相应纵坐标代数相加后,就得到 M_e 和 q 共同作用下的最后弯矩图[图 8.20(a)]。其控制截面为 A、B、C。即

A 截面弯矩为

$$M_A = -M_e + 0 = -M_e$$

B 截面弯矩为

$$M_B = 0 + 0 = 0$$

跨中 C 截面弯矩为

$$M_C = \frac{ql^2}{8} - \frac{M_e}{2}$$

叠加时宜先画直线形的弯矩图,再叠加上曲线形或折线形的弯矩图。

由上例可知,用叠加法作弯矩图,一般不能直接求出最大弯矩的精确值,若需要确定最大弯矩的精确值,应找出剪力 $F_S = 0$ 的截面位置,求出该截面的弯矩,才能得到最大弯矩的精确值。

【例 8.10】 用叠加法画出图 8.21 所示简支梁的弯矩图。

解:(1)先将梁上荷载分为两组。其中集中力偶 M_{eA} 和 M_{eB} 为一组,集中力 F 为一组。

(2)分别画出两组荷载单独作用下的弯矩图[图 8.21(b)(c)],然后将这两个弯矩图相叠加。叠加方法如图 8.21(a)所示。先作出直线形的弯矩图(即 ab 直线,用虚线画出),再以 ab 为基准线作出折线形的弯矩图。这样,将两个弯矩图相应纵坐标代数相加

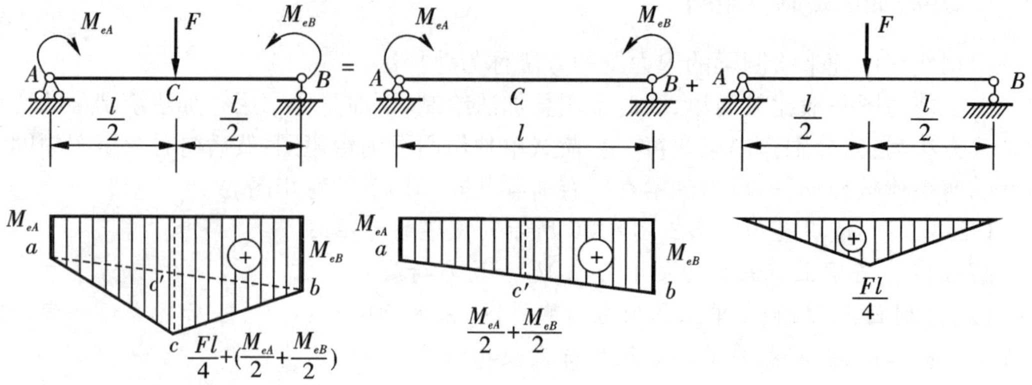

图 8.21

后，就得到两组荷载共同作用下的最后弯矩图[图 8.21(a)]。其控制截面为 A、B、C。即

A 截面弯矩为

$$M_A = M_{eA} + 0 = M_{eA}$$

B 截面弯矩为

$$M_B = M_{eB} + 0 = M_{eB}$$

跨中 C 截面弯矩为

$$M_C = \frac{M_{eA} + M_{eB}}{2} + \frac{Fl}{4}$$

第六节　梁的弯曲应力

一、梁横截面上的正应力

(一)纯弯曲时梁横截面上的正应力

如图 8.22 所示为一矩形截面简支梁，在给定荷载作用下，在梁的 CD 段上，各截面的弯矩为一常数，剪力为零，此段梁只发生弯曲变形而没有剪切变形，这种变形称为**纯弯曲**。在梁的 AC、BD 段上，各截面不仅有弯矩，还有剪力的作用，产生弯曲变形的同时，伴随有剪切变形，这种变形称为非纯弯曲。因此，实际工程中，梁受荷载作用而发生弯曲时，不仅发生弯曲变形，还伴随有剪切变形。

本节将推导纯弯曲情况下梁的正应力计算公式。

1. 实验现象

为了便于观察，我们用矩形截面的橡胶梁来进行实验。实验前，在梁的侧表面上画上一系列与轴线平行的纵向线和与轴线垂直的竖直线[图 8.23(a)]，然后在梁的纵向对称面内对称的施加两个集中力 F [图 8.23(b)]。梁变形后，可看到下列变形现象。

(1)所有的纵向线都变成为相互平行的曲线,且靠上部的纵向线缩短,靠下部的纵向线伸长。

(2)所有的竖直线仍保持为直线,且仍与纵向线正交,只是相对倾斜了一个角度。

(3)原来的矩形截面,变形后上部变宽,下部变窄。

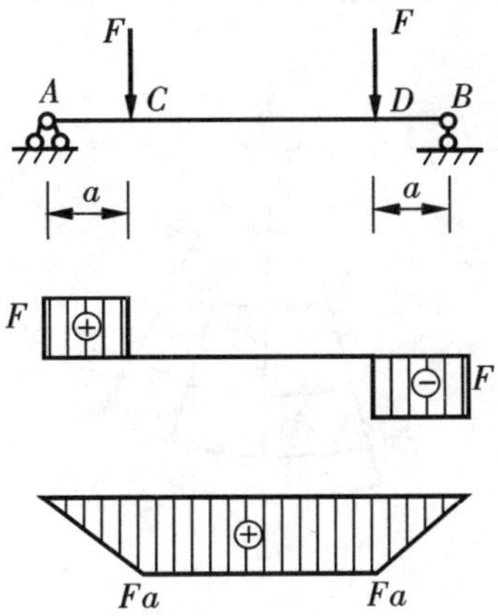

图 8.22

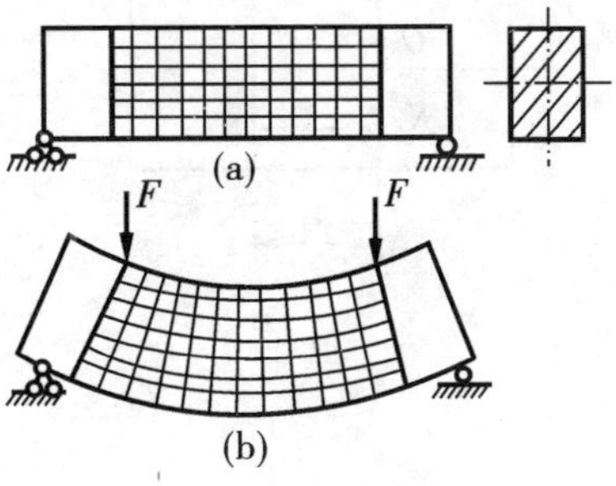

图 8.23

根据上述实验现象,我们作如下分析:

根据现象(2),梁横截面周边的所有横线仍保持为直线,且与纵向曲线垂直。于是可以推断,变形后,梁的横截面仍为垂直于轴线的平面。此推断称为平面假设,它是建立梁横截面上的正应力计算公式的基础。

根据现象(1),若设想梁是由无数纵向纤维所组成的,由于靠上部纤维缩短,靠下部纤维伸长,则由变形的连续性可知,中间必有一层纤维既不伸长也不缩短,我们称此层为中性层。中性层与横截面的交线称为中性轴(图 8.24)。

根据现象(1)(3),中性层下部纵向纤维伸长而截面的宽度减小,上部纵向纤维缩短而截面的宽度增大,这一变形现象表示梁的上部受压,下部受拉。若假设各纵向纤维间无相互挤压,则各纵向纤维只产生单向拉伸或压缩。

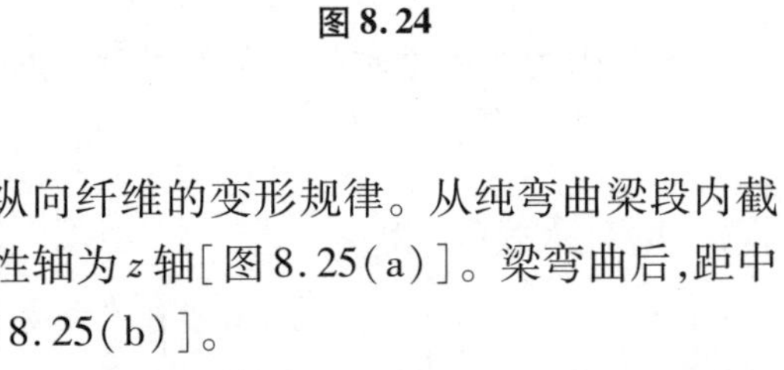

图 8.24

2. 正应力计算公式

根据上面的分析,我们来进一步推导梁的正应力计算公式。

(1)几何方面　首先研究与正应力有关的纵向纤维的变形规律。从纯弯曲梁段内截取长为 dx 的微段,并取竖向对称轴为 y 轴。中性轴为 z 轴[图 8.25(a)]。梁弯曲后,距中性层 y 处的任一纵线 K_1K_2 变为弧线 $K'_1K'_2$[图 8.25(b)]。

设 O 为曲率中心,中性层弧线 O_1O_2 的曲率半径为 ρ,截面 1-1 和 2-2 间的相对转角为 dθ,则纵向纤维 K_1K_2 的伸长量为

$$(\rho + y)\mathrm{d}\theta - \mathrm{d}x = (\rho + y)\mathrm{d}\theta - \rho\mathrm{d}\theta = y\mathrm{d}\theta$$

故纵向纤维 K_1K_2 的线应变为

$$\varepsilon = \frac{y\mathrm{d}\theta}{\mathrm{d}x} = \frac{y}{\rho} \tag{a}$$

此式表达了梁横截面上任一点处的纵向线应变 ε 随该点的位置 y 而变化的规律。

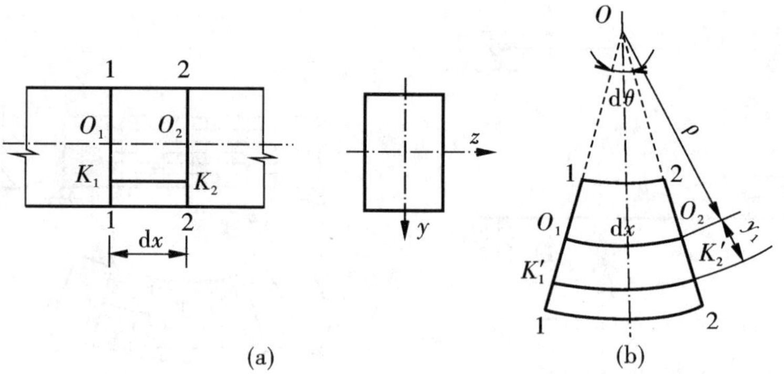

图 8.25

(2)物理方面　前面已经假设纵向纤维受单向拉伸或压缩,所以,当正应力不超过材料的比例极限时,由胡克定律可得

$$\sigma = E\varepsilon = E\frac{y}{\rho} \tag{b}$$

对于指定的横截面,$\dfrac{E}{\rho}$ 是常数。所以式(b)表明,正应力 σ 与距离 y 成正比,即正应力沿截面高度按直线规律变化(图 8.26)。中性轴上各点处的正应力等于零,距中性轴最远的上、下边缘处的正应力最大。

(3)静力学方面　上面虽已找到了正应力的分布规律,但还不能直接按式(b)计算正应力,这是因为曲率半径 ρ 以及中性轴的位置均未确定,这可以通过静力学方面来解决。

对于图 8.27 所示梁的一个横截面,其微面积 $\mathrm{d}A$ 上的法向微内力 $\rho\mathrm{d}A$ 组成一空间平行力系。因为横截面上没有轴力,只有位于梁对称平面内的弯矩 M, 所以,各微内力沿 x 轴方向的合力为零,即

$$\int_A \sigma \cdot \mathrm{d}A = 0 \tag{c}$$

各微内力对中性轴的矩的和等于截面弯矩 M, 即

$$\int_A y\sigma \cdot \mathrm{d}A = M \tag{d}$$

将式(b)代入式(c)得

$$\int_A \frac{E}{\rho}y\mathrm{d}A = \frac{E}{\rho}\int_A y\mathrm{d}A = 0$$

因为 $\dfrac{E}{\rho} \neq 0$,所以必有

$$\int_A y\mathrm{d}A = y_C A = 0$$

式中，y_C 为截面形心的坐标。因为截面积 $A \neq 0$，则必有

$$y_C = 0$$

此式说明中性轴必通过截面的形心。这样，中性轴的位置便确定了。

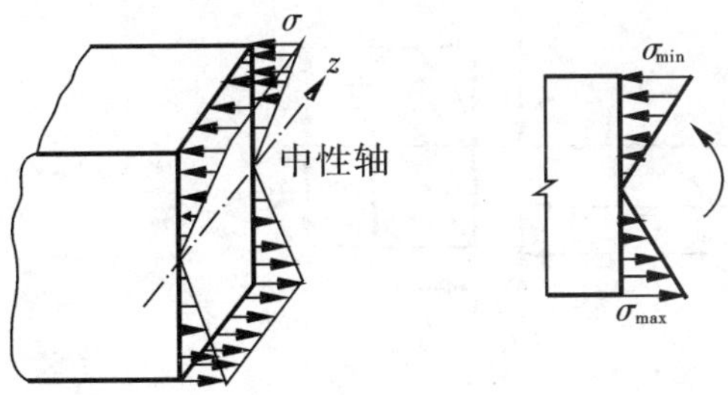

图 8.26

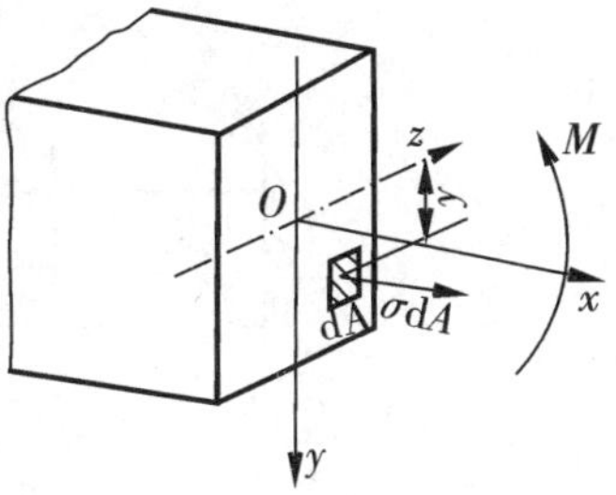

图 8.27

将式(b)代入式(d)，得

$$\int_A \frac{E}{\rho}y \cdot y\mathrm{d}A = \frac{E}{\rho}\int_A y^2\mathrm{d}A = M$$

式中，$\int_A y^2\mathrm{d}A = I_z$，是与截面形状和尺寸有关的几何量，称为截面对 z 轴的**惯性矩**。故

$$\frac{1}{\rho} = \frac{M}{EI_z} \tag{e}$$

式(e)可确定中性层的曲率 $\frac{1}{\rho}$，式中 EI_z 称为梁的**抗弯刚度**。梁的抗弯刚度 EI_z 愈大，曲率 $\frac{1}{\rho}$ 就愈小，即梁的弯曲变形就愈小。将式(e)代入式(b)，得

$$\sigma = \frac{M}{I_z}y \tag{8.4}$$

式中　M——横截面上的弯矩；

I_z——截面对中性轴的惯性矩；

y——所求应力点至中性轴的距离。

这就是梁横截面上的正应力计算公式。当弯矩为正时，梁下部纤维伸长，故产生拉应力；上部纤维缩短而产生压应力。弯矩为负时，则与上相反。

在用式(8.4)计算正应力时，可不考虑 M 和 y 的正负号，均以绝对值代入；正应力是拉应力还是压应力，可根据观察梁的变形情况来判断。

(二)正应力公式的适用条件

上面已经推导出了矩形截面梁纯弯曲时正应力计算公式，但需要说明的是：

(1)公式(8.4)虽然是由矩形截面梁导出的，但也适用于所有横截面形状对称于 y 轴的梁，如工字形、T 字形、圆形截面梁等。

(2)公式(8.4)是根据纯弯曲的情况导出的，而实际工程中的梁，大多是受横向力作

用，截面上剪力、弯矩均存在。进一步的研究表明，剪力的存在对正应力分布规律的影响很小，因此，对非纯弯曲的情况，公式也是适用的。

【例8.11】 长为l的矩形截面悬臂梁，在自由端处作用一集中力F，如图8.28所示。已知$F=3$ kN，$h=180$ mm，$b=120$ mm，$y=60$ mm，$l=3$ mm，$a=2$ mm，求C截面上K点的正应力。

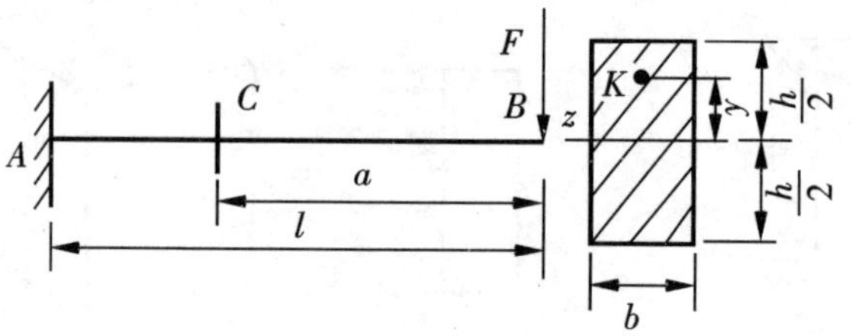

图8.28

解：(1)计算C截面的弯矩

$$M_C=-Fa=-3\times 2=-6\ \text{kN}\cdot\text{m}$$

(2)计算截面对中性轴的惯性矩

$$I_z=\frac{bh^3}{12}=\frac{120\times 180^3}{12}=58.32\times 10^6\ \text{mm}^4$$

(3)计算C截面上K点的正应力

将M_C、y(均取绝对值)及I_z代入正应力式(8.4)，得

$$\sigma_K=\frac{M_C}{I_z}y=\frac{6\times 10^6\times 60}{58.32\times 10^6}=6.17\ \text{MPa}$$

由于C截面的弯矩为负，K点位于中性轴上方，所以K点的应力为拉应力。

二、梁横截面上的剪应力

由前面的分析已经知道，在工程中，大多数梁是在横向力作用下发生剪切弯曲。剪切弯曲时横截面上的内力不仅有弯矩，而且还有剪力，因此横截面上除具有正应力外，还具有剪应力。由于剪应力的存在，就不能保证梁的横截面在变形时保持为平面，也不能保证各纵向纤维间不互相挤压。但试验结果及弹性力学的理论分析表明，剪力的存在对正应力的影响很小，如果把纯弯曲的正应力计算公式(8.4)用于剪切弯曲，其所产生的误差非常小，并不影响工程计算的精度要求。因此，梁在剪切弯曲时其正应力仍采用公式$\sigma=\dfrac{M}{I_z}y$进行计算。

至于梁的剪应力在横截面上的分布情况，要比正应力复杂得多。剪应力公式的推导也是在某种假设前提下进行的，要根据截面的具体形状，对剪应力的分布适当地作出一些假设，才能导出计算公式。本节只简要地介绍几种常见截面形式的剪应力计算公式和剪应力的分布情况，对于计算式将不进行推导。

(一)矩形截面梁的剪应力

如图8.29所示为一受横向荷载作用的矩形截面梁,截面上沿 y 轴方向有剪力 F_S。可以假设截面上任一点的剪应力 τ 的方向均平行于剪力 F_S 的方向,与中性轴等距离各点的剪应力相等。根据这些假设,通过静力平衡条件,可导出剪应力的计算公式为

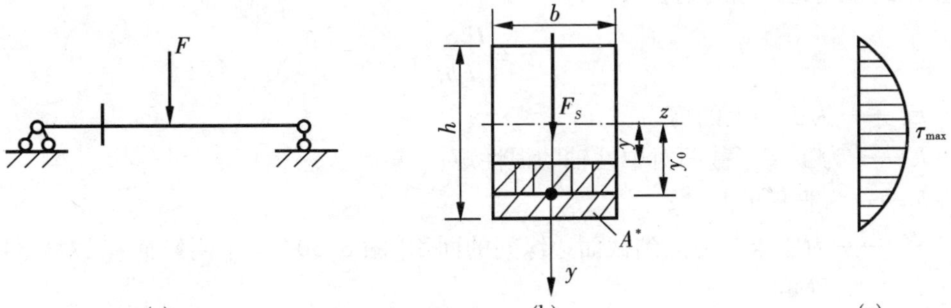

图8.29

$$\tau = \frac{F_S S_z^*}{I_z b} \tag{8.5}$$

式中 F_S ——横截面上的剪力;

I_z ——横截面对中性轴的惯性矩;

b ——横截面的宽度;

S_z^* ——所求应力点的水平线到截面下(或上)边缘间的面积 A^* 对 z 轴的**静矩**。所谓静矩,也是与截面形状和尺寸有关的一个几何量。如图8.29(b)所示截面,y_0 为面积 A^* 的形心纵坐标,则面积 A^* 对 z 轴的静矩为

$$S_z^* = A^* \cdot y_0 = b\left(\frac{h}{2} - y\right)\left[y + \left(\frac{h}{2} - y\right)/2\right]$$

$$= \frac{b}{2}\left(\frac{h^2}{4} - y^2\right)$$

将上式及 $I_z = \frac{bh^3}{12}$ 代入式(8.5),得

$$\tau = \frac{6a}{bh^3}\left(\frac{h^2}{4} - y^2\right)$$

此式表明,剪应力沿截面高度按二次抛物线规律变化[图8.29(c)]。在截面的上下边缘($y = \pm\frac{h}{2}$)处的剪应力为零;在中性轴处($y = 0$)的剪应力最大,其值为

$$\tau_{max} = \frac{3F_S}{2bh} = \frac{3F_S}{2A}$$

即矩形截面上的最大剪应力为截面上平均剪应力 $\frac{F_S}{A}$ 的1.5倍。

(二)工字形截面梁的剪应力

工字形截面由上、下翼缘和垂直腹板所组成[图8.30(a)]。翼缘和腹板上均存在竖向剪应力。但是由于翼缘上的竖向剪应力很小,计算时一般不予考虑,因此,我们也不作讨论。对腹板上的剪应力,我们可以作和矩形截面相同的假设,导出与矩形截面梁的剪应力计算公式形式完全相同的公式。即

$$\tau = \frac{F_S S_z^*}{I_z b_1} \tag{8.6}$$

式中 F_S——为截面上的剪力;

I_z——为工字形截面对中性轴的惯性矩;

b_1——为腹板的厚度;

S_z^*——为所求应力点到截面边缘间的面积[图8.30(a)中阴影面积]对中性轴的静矩。

剪应力沿腹板高度的分布规律也是按抛物线规律变化的,如图8.30(b)所示。其最大剪应力(中性轴上)和最小剪应力相差不多,接近于均匀分布。通过分析可知,对工字形截面梁剪力主要由腹板承担,而弯矩主要由翼缘承担。

T字形截面也是工程中常用的截面形式,它是由两个矩形截面组成[图8.31(a)]。下面的狭长矩形与工字形截面的腹板类似,这部分上的剪应力仍用式(8.6)计算。剪应力的分布仍按抛物线规律变化,最大剪应力仍发生在中性轴上,如图8.31(b)所示。

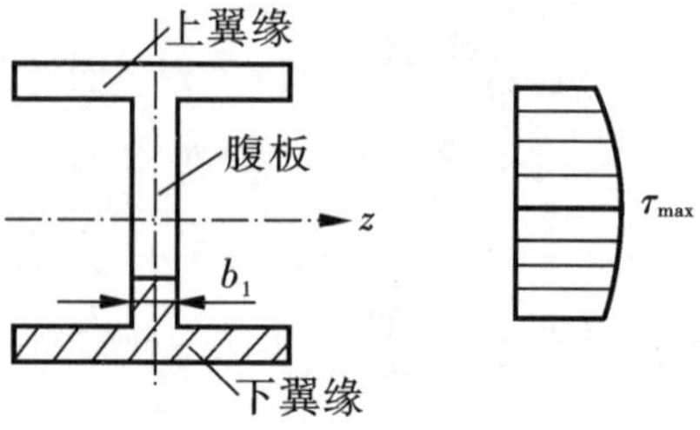

图8.30

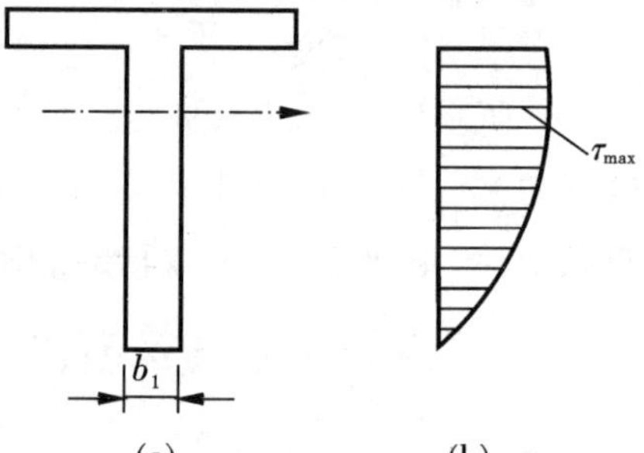

图8.31

【例8.12】 一矩形截面简支梁如图8.32所示。已知 $l = 3$ mm, $h = 160$ mm, $b = 100$ mm, $h_1 = 40$ mm, $F = 3$ kN,求 $m-m$ 截面上 K 点的剪应力。

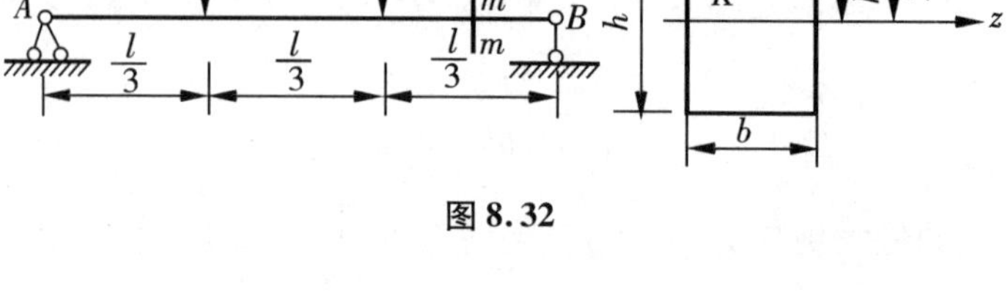

图8.32

解:(1)求支座反力及 $m-m$ 截面上的剪力

$$F_A = F_B = F = 3\text{kN}$$

$$F_S = -F_B = -3\text{kN}$$

(2)计算截面的惯性矩及面积 A。对中性轴的静矩分别为

$$I_z = \frac{bh^3}{12} = \frac{100 \times 160^3}{12} = 34.1 \times 10^6\ \text{mm}^4$$

$$S_z^* = A^* \cdot y_0 = 100 \times 40 \times 60 = 24 \times 10^4\ \text{mm}^3$$

(3)计算 $m-m$ 截面上 K 点的剪应力

$$\tau_K = \frac{F_S S_z^*}{I_z b} = \frac{3 \times 10^3 \times 24 \times 10^4}{34.1 \times 10^6 \times 100} = 0.21\ \text{MPa}$$

第七节　弯曲梁的强度计算

一、梁的正应力强度计算

在横向力的作用下,梁的横截面一般同时存在弯曲正应力和弯曲剪应力。从应力分布规律可知,最大弯曲正应力发生在距中性轴最远的位置;最大弯曲剪应力发生在中性轴处。为了保证梁能安全地工作,必须使梁内的最大应力不超过材料的容许应力,因此,对上述两种应力应分别建立相应的强度条件。

(一)正应力强度条件

梁内的最大正应力发生在弯矩最大的横截面且距中性轴最远的位置。该最大正应力的值为

$$\sigma_{\max} = \frac{M_{\max}}{I_z} y_{\max} = \frac{M_{\max}}{I_z / y_{\max}} = \frac{M_{\max}}{W_z}$$

所以

$$\sigma_{\max} = \frac{M_{\max}}{W_z} \leqslant [\sigma] \tag{8.7}$$

这就是梁的正应力强度条件。式中 W_z 称为抗弯截面模量, W_z 取决于截面的形状和尺寸,其值越大梁的强度就越好。

对矩形截面[图 8.33(a)]

$$W_z = \frac{I_z}{y_{\max}} = \frac{\frac{bh^3}{12}}{\frac{h}{2}} = \frac{bh^2}{6}$$

对圆形截面[图 8.33(b)]

$$W_z = \frac{I_z}{y_{\max}} = \frac{\frac{\pi \cdot d^4}{64}}{\frac{d}{2}} = \frac{\pi \cdot d^3}{32}$$

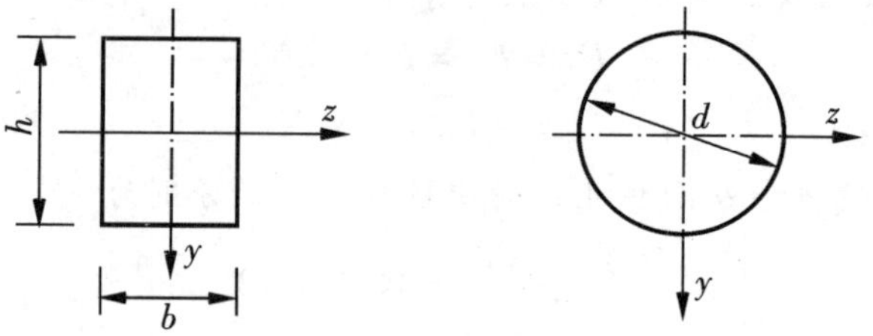

(a) (b)

图 8.33

(二)梁的正应力强度计算

对梁的强度计算,利用强度条件式(8.7),可以解决三种不同类型的问题。

1.强度校核

已知梁的截面形状、尺寸、梁所用的材料和所承受的荷载(即已知 $[\sigma]$ 和 M_{max}),可用式(8.7)校核构件是否满足强度要求,即是否有

$$\sigma_{max} = \frac{M_{max}}{W_z} \leqslant [\sigma]$$

2.选择截面

已知梁的材料和所承受的荷载(即已知 W_z、$[\sigma]$、M_{max}),根据强度条件可先求出梁所需的抗弯截面模量 W_z,进而确定截面尺寸。将式(8.7)改写为

$$W_z \geqslant \frac{M_{max}}{[\sigma]}$$

求得 W_z 后,再依选定的截面形状,确定截面尺寸。

3.确定容许荷载

已知梁的材料、截面的形状、尺寸(即已知 $[\sigma]$ 和 W_z),根据强度条件可求出梁所能承受的最大弯矩,进而求出梁所能承受的最大荷载。将式(8.7)改写为

$$M_{max} \leqslant W_z \cdot [\sigma]$$

求出 M_{max} 后,依 M_{max} 与荷载的关系,确定所承受荷载的最大值。

二、梁的剪应力强度计算

(一)梁的剪应力强度条件

梁内的最大剪应力发生在剪力最大的横截面的中性轴上。该最大剪应力的值应满足

$$\tau_{max} = \frac{F_{Smax} S_{zmax}^*}{I_z \cdot b} \leqslant [\tau] \tag{8.8}$$

这就是梁的剪应力强度条件。式中 S_z^*、I_z 分别见式(8.5)、式(8.6)中的说明。

(二)梁的剪应力强度计算

在进行梁的强度计算时,必须同时满足梁的正应力强度条件和剪应力强度条件。但在一般情况下,正应力强度条件往往是起主导作用的。在选择梁的截面时,通常是先按正

应力强度条件选择截面尺寸,然后再进行剪应力强度校核。对于某些特殊情况,梁的剪应力强度条件也可能起控制作用。例如,梁的跨度很小,或在支座附近有较大的集中力作用,这时梁可能出现弯矩较小,而剪力却很大的情况,这就必须注意剪应力强度条件是否满足。又如,对组合工字钢梁,其腹板上的剪应力可能较大;对于木梁,在木材顺纹方向的抗剪能力很差。这些情况都应注意在进行正应力强度校核的同时,还要进行剪应力的强度校核。

【例 8.13】 如图 8.34 所示,一悬臂梁长 $l = 1.5$ mm,自由端受集中力 $F = 32$ kN 作用,梁由 N$\underline{O}$22a 工字钢制成,自重按 $q = 0.33$ kN/m 计算,$[\sigma] = 160$ MPa。试校核梁的正应力强度。

解:(1)求最大弯矩的绝对值

$$|M_{\max}| = Fl + \frac{ql^2}{2} = 32 \times 1.5 + \frac{1}{2} \times 0.33 \times 1.5^2 = 48.4 \text{ kN} \cdot \text{m}$$

(2)查型钢表,N$\underline{O}$22a 工字钢的抗弯截面系数为

$$W_z = 309 \text{ cm}^3$$

(3)校核正应力强度

$$\sigma_{\max} = \frac{M_{\max}}{W_z} = \frac{48.4 \times 10^6}{309 \times 10^3} = 157 \text{ MPa} < [\sigma] = 160 \text{ MPa}$$

满足正应力强度条件。

【例 8.14】 一热轧普通工字钢截面简支梁,如图 8.35(a)所示,已知:$l = 6$ m,$F_1 = 15$ kN,$F_2 = 21$ kN,钢材的许用应力$[\sigma] = 170$ MPa,试选择工字钢的型号。

解:(1)画弯矩图,确定 $M_{\max}$[图 8.35(b)]

$$M_{\max} = 38 \text{ kN} \cdot \text{m}$$

(2)计算工字钢梁所需的抗弯截面系数为

$$W_{z1} \geqslant \frac{M_{\max}}{[\sigma]} = \frac{38 \times 10^6}{170} = 223.5 \times 10^3 \text{mm}^3 = 223.5 \text{ cm}^3$$

应选择 N$\underline{O}$20a 号工字钢。

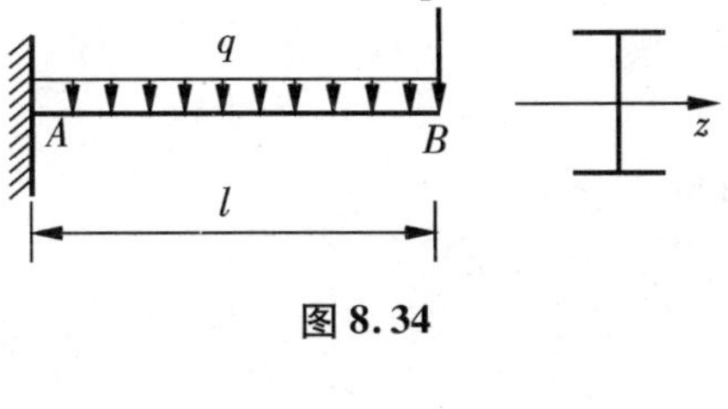

图 8.34

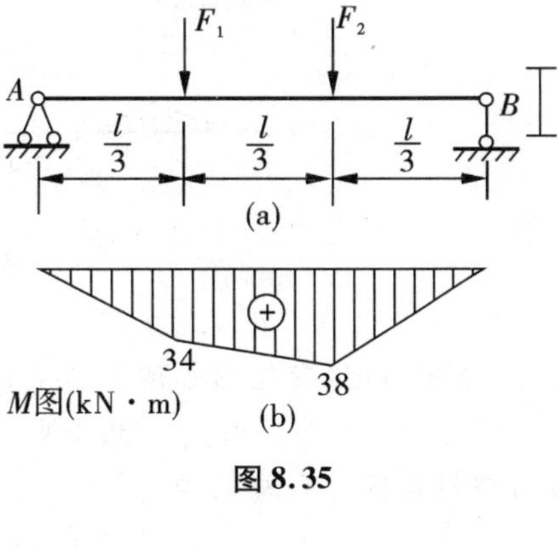

图 8.35

【例 8.15】 如图 8.36 所示,N$\underline{O}$40a 号工字钢简支梁,跨度 $l = 8$ m,跨中点受集中力 F 作用。已知$[\sigma] = 140$ MPa,考虑自重,求许用荷载$[F]$。

解:(1)由型钢表查得有关数据

工字钢每米长自重 $q = 67.6\ \text{kgf/m} \approx 676\ \text{N/m}$

抗弯截面系数 $W_z = 1090\ \text{cm}^3$

(2)按强度条件求许用荷载[F]

$$M_{\max} = \frac{ql^2}{8} + \frac{Fl}{4} = \frac{1}{8} \times 676 \times 8^2 + \frac{1}{4} \times F \times 8 = (5408 + 2F)\ \text{N} \cdot \text{m}$$

根据强度条件

$$[M_{\max}] \leqslant W_z[\sigma]$$

$$5408 + 2F \leqslant 1090 \times 10^{-3} \times 140 \times 10^6$$

解得 $[F] = 73600\ \text{N} = 73.6\ \text{kN}$

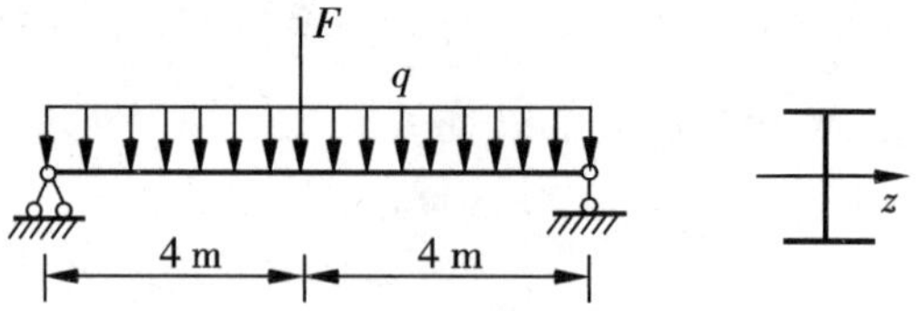

图 8.36

【例 8.16】 一外伸工字型钢梁,工字钢的型号为 NO22a,梁上荷载如图 8.37(a)所示。

已知 $l = 6$ m,$F = 30$ kN,$q = 6$ kN/m,$[\sigma] = 170$ MPa,$[\tau] = 100$ MPa,检查此梁是否安全。

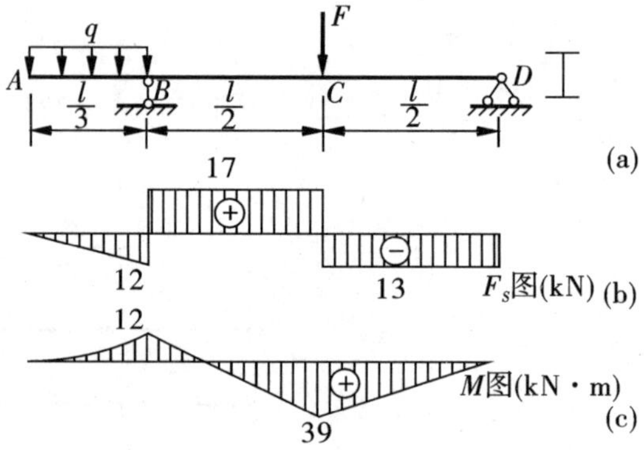

图 8.37

解:(1)绘剪力图、弯矩图如图 8.37(b)(c)所示

$$M_{\max} = 39\ \text{kN} \cdot \text{m}, \quad F_{S\max} = 17\ \text{kN}$$

(2)由型钢表查得有关数据

$$b = 0.75\ \text{cm}, \quad \frac{I_z}{S^*_{z\max}} = 18.9\ \text{cm}, \quad W_z = 309\ \text{cm}^3$$

(3)校核正应力强度及剪应力强度

$$\sigma_{\max} = \frac{M_{\max}}{W_z} = \frac{39 \times 10^6}{309 \times 10^3} = 126\ \text{MPa} < [\sigma] = 170\ \text{MPa}$$

$$\sigma_{\max} = \frac{F_{S\max} S_{z\max}^*}{I_z b} = \frac{17 \times 10^3}{18.9 \times 10 \times 7.5} = 12\ \text{MPa} < [\tau] = 100\ \text{MPa}$$

所以,梁是安全的。

第八节　提高梁抗弯强度的措施

前面讨论梁的强度计算时曾经指出,梁的弯曲强度主要是由正应力强度条件控制的,所以,要提高梁的弯曲强度主要就是要提高梁的弯曲正应力强度。

从弯曲正应力的强度条件

$$\sigma_{\max} = \frac{M_{\max}}{W_z} \leqslant [\sigma]$$

来看,最大正应力与弯矩 M 成正比,与抗弯截面模量 W_z 成反比,所以要提高梁的弯曲强度应从提高 W_z 值和降低 M 值入手,具体可从以下三方面考虑。

一、选择合理的截面形状

从弯曲强度方面考虑,最合理的截面形状是能用最少的材料获得最大抗弯截面模量。分析截面的合理形状,就是在截面面积相同的条件下,比较不同形状截面的 W_z 值。

下面我们比较一下矩形截面、正方形截面及圆形截面的合理性。

设三者的面积 A 相同,圆的直径为 d,正方形的边长为 a,矩形的高、宽分别为 h 和 b,且 $h > b$。三种形状截面的 W_z 值分别为

矩形截面　　$W_{z1} = \frac{1}{6}bh^2$

方形截面　　$W_{z2} = \frac{1}{6}a^3$

圆形截面　　$W_{z3} = \frac{1}{32}\pi \cdot d^3$

先比较矩形与正方形,两者的抗弯截面模量的比值为

$$\frac{W_{z1}}{W_{z2}} = \frac{\frac{1}{6}bh^2}{\frac{1}{6}a^3} = \frac{\frac{1}{6}hA}{\frac{1}{6}aA} = \frac{h}{a}$$

由于　　$bh = a^2,\ h > b$

所以　　$h > a$

这说明矩形截面只要 $h > b$(即 $W_1 > W_2$),就比同样面积的正方形截面合理。

再比较正方形与圆形,两者的抗弯截面模量的比值为

$$\frac{W_{z2}}{W_{z3}} = \frac{\frac{1}{6}a^3}{\frac{1}{32}\pi d^3}$$

由 $\pi\left(\frac{d}{2}\right)^{2}=a^{2}$ 得

$$a=\frac{\sqrt{\pi}}{2}d$$

将此式代入上式得

$$\frac{W_{z2}}{W_{z3}}=1.19>1$$

这说明正方形截面比圆形截面合理。

从以上的比较看到,截面面积相同时,矩形比方形好,方形比圆形好。如果以同样面积做成工字形,将比矩形还要好。因为 W_z 值是与截面的高度及截面的面积分布有关:截面的高度愈大,面积分布得离中性轴愈远, W_z 值就愈大;相反,截面高度小,截面面积大部分分布在中性轴附近, W_z 值愈小。由于工字形截面的大部分面积分布在离中性轴较远的上、下翼缘上,所以 W_z 值比其他几种形状截面的 W_z 值大。而圆形截面的大部分面积是分布在中性轴附近,因而 W_z 值就很小。

梁的截面形状的合理性,也可从应力的角度来分析。由弯曲正应力的分布规律可知,在中性轴附近处的正应力很小,材料没有充分发挥作用。所以,为使材料更好地发挥效益,就应尽量减小中性轴附近的面积,而使更多的面积分布在离中性轴较远的位置。

工程中常用的空心板[图 8.38(a)],以及挖孔的薄腹梁[图 8.38(b)]等,其孔洞都是开在中性轴附近,这就减少了没有充分发挥作用的材料,而收到较好的经济效果。

(a)

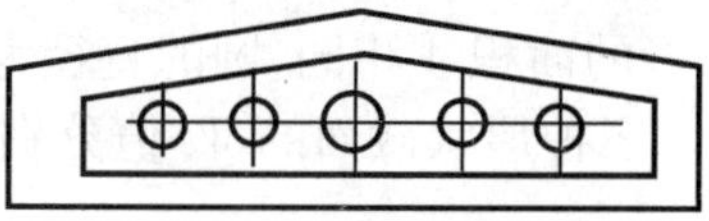
(b)

图 8.38

以上的讨论只是从弯曲强度方面来考虑梁的截面形状的合理性,实际上,在许多情况下还必须考虑使用、加工及侧向稳定等因素。

二、变截面梁

在一般情况下,梁内不同横截面的弯矩不同。因此,在按最大弯矩所设计的等截面梁中,除最大弯矩所在截面外,其余截面的材料强度均未得到充分利用。要想更好地发挥材料的作用,应该在弯矩比较大的地方采用较大的截面,在弯矩较小的地方采用较小的截面。这种截面沿梁轴变化的梁称为变截面梁。最理想的变截面梁,是使梁的各个截面上的最大应力同时达到材料的容许应力,由

$$\sigma_{\max}=\frac{M(x)}{W_z(x)}=[\sigma]$$

得

$$W_z(x)=\frac{M(x)}{[\sigma]} \tag{8.9}$$

式中，$M(x)$ 为任一横截面上的弯矩，$W_z(x)$ 为该截面的抗弯截面模量。这样，各个截面的大小将随截面上的弯矩而变化。截面按式(8.9)而变化的梁，称为等强度梁。

从强度以及材料的利用上看，等强度梁是很理想的，但这种梁加工制造比较困难。而在实际工程中，构件往往只能设计成近似等强度的变截面梁。图 8.39 中所示就是实际工程中常用的几种变截面梁的形式。对于阳台或雨篷等的悬臂梁，常采用图 8.39(a)所示的形式；对于跨中弯矩大，两边弯矩逐渐减小的简支梁，常采用图 8.39(b)(c)及图 8.38(b)所示的形式。图 8.39(b)为上下加盖板的钢梁；图 8.39(c)为工业厂房中的鱼腹式吊车梁；图 8.38(b)为屋盖上的薄腹梁。

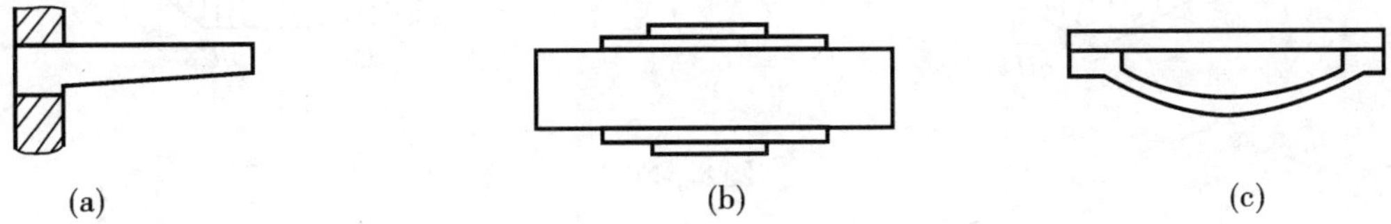

图 8.39

三、合理安排梁的受力

1. 合理布置梁的支座

图 8.40(a)所示简支梁，受均布荷载 q 作用，跨中最大弯矩为 $M_{\max}=\frac{1}{8}ql^2$。若将两端的支座各向中间移动 $0.2l$ [图 8.40(b)]，则最大弯矩减小为 $M_{\max}=\frac{ql^2}{40}$，只是前者的 $\frac{1}{5}$，也就是说，按图 8.40(b)布置支座，荷载还可提高 4 倍。

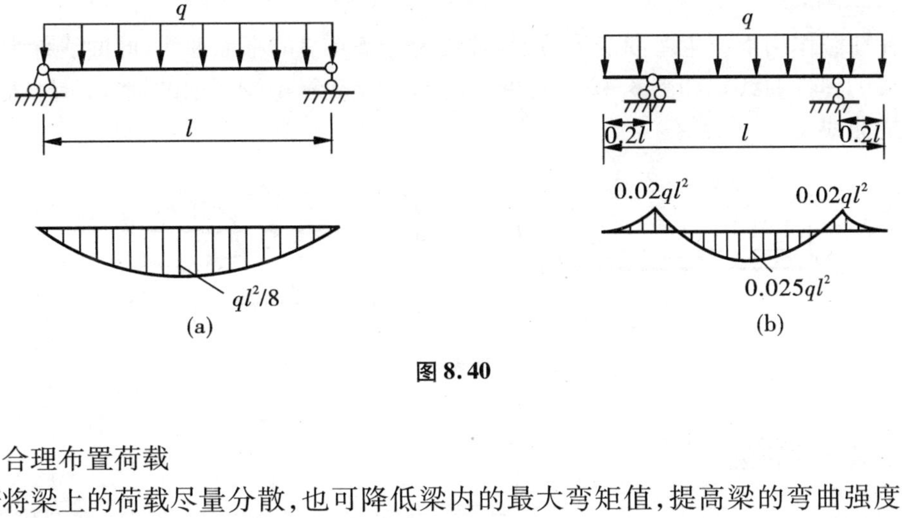

图 8.40

2. 合理布置荷载

若将梁上的荷载尽量分散，也可降低梁内的最大弯矩值，提高梁的弯曲强度。如图

8.41(a)所示简支梁,跨中受集中力 F 作用,其最大弯矩为 $\frac{ql}{4}$。如果用一根副梁将荷载分散[图 8.41(b)],则梁的最大弯矩将减小至 $\frac{ql}{8}$,只有原来的一半。

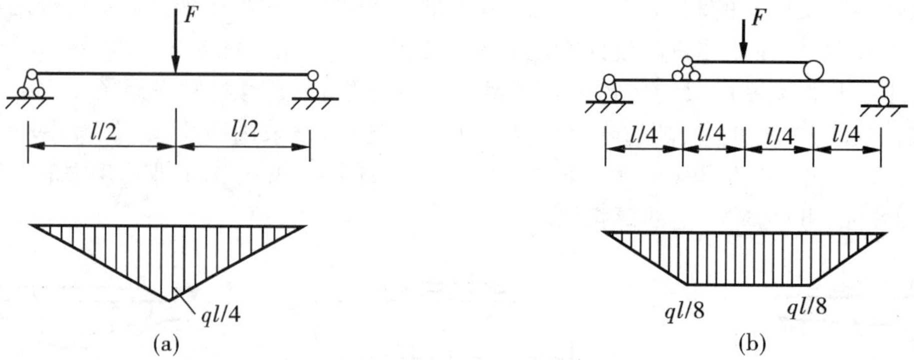

图 8.41

第九节 梁的弯曲变形

为了保证梁在荷载作用下正常工作,除满足强度要求外,同时还需满足刚度要求。刚度要求就是控制梁在荷载作用下产生的变形在一定限度内,否则会影响结构的正常使用。例如,楼面梁变形过大时,会使下面的抹灰层开裂、脱落;吊车梁的变形过大时,将影响吊车的正常运行;等等。

一、弯曲变形的概念

(一)挠曲线

梁在荷载作用下产生弯曲变形后,其轴线为一条光滑的平面曲线,此曲线称为梁的挠曲线或梁的弹性曲线。如图 8.42 的悬臂梁所示。AB 表示梁变形前的轴线,AB' 表示梁变形后的挠曲线。

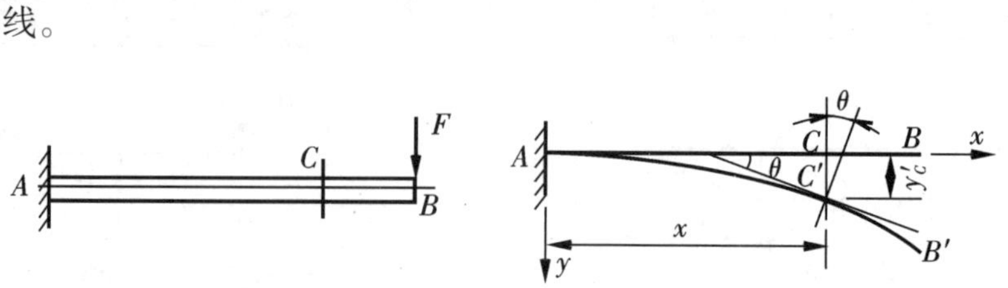

图 8.42

(二)挠度和转角

(1)挠度　梁任一横截面形心在垂直于梁轴线方向的竖向位移 CC' 称为**挠度**,用 y

表示，单位为 mm，并规定向下为正。

(2)转角　梁任一横截面相对于原来位置所转动的角度，称为该截面的**转角**，用 θ 表示，单位为 rad(弧度)，并规定顺时针转为正。

二、求梁弯曲变形的方法

求梁的变形可用积分法和叠加法。

积分法是对挠曲线方程进行两次积分，从而得到挠度和转角(从略)。

叠加法是在小变形线弹性范围内，几个荷载共同作用下梁的变形，可由每个荷载单独作用下梁的变形进行叠加(求代数和)而得到。

梁在简单荷载作用下的挠度和转角可从表 8.1 中查得。

表 8.1　梁在简单荷载作用下的挠度和转角

支承和荷载情况	梁端转角	最大挠度	挠曲线方程
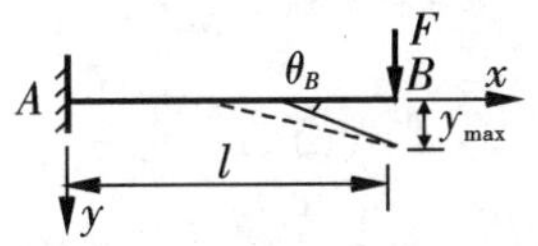	$\theta_B = \dfrac{Fl^2}{2EI_z}$	$y_{\max} = \dfrac{Fl^3}{3EI_z}$	$y = \dfrac{Fx^2}{6EI_z}(3l - x)$
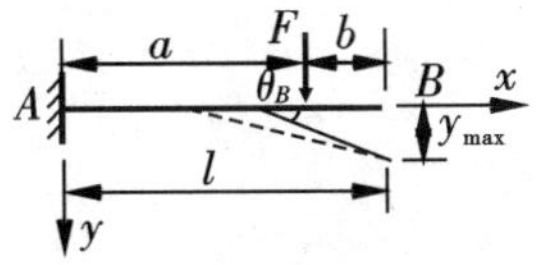	$\theta_B = \dfrac{Fa^2}{2EI_z}$	$y_{\max} = \dfrac{Fa^3}{6EI_z}(3l - a)$	$y = \dfrac{Fx^2}{6EI_z}(3a - x), 0 \leqslant x \leqslant a$ $y = \dfrac{Fa^2}{6EI_z}(3x - a), a \leqslant x \leqslant l$
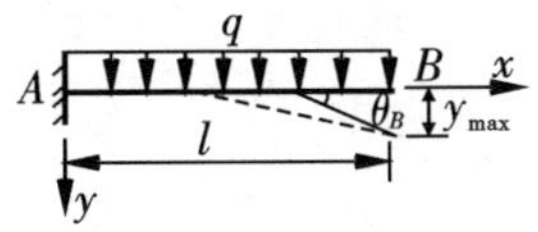	$\theta_B = \dfrac{ql^3}{6EI_z}$	$y_{\max} = \dfrac{ql^4}{8EI_z}$	$y = \dfrac{qx^2}{24EI_z}(x^2 + 6l^2 - 4lx)$
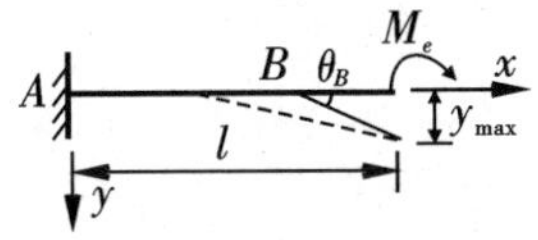	$\theta_B = \dfrac{M_e l}{EI_z}$	$y_{\max} = \dfrac{M_e l^2}{2EI_z}$	$y = \dfrac{M_e x^2}{2EI_z}$
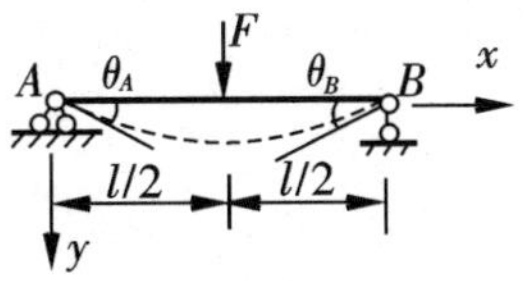	$\theta_A = -\theta_B = \dfrac{Fl^2}{16EI_z}$	$y_{\max} = \dfrac{Fl^3}{48EI_z}$	$y_{\max} = \dfrac{Fx}{48EI_z}(3l^2 - 4x^2)$, $0 \leqslant x \leqslant \dfrac{l}{2}$
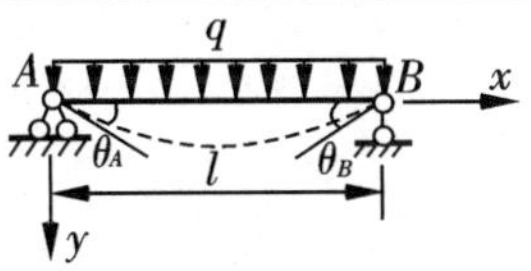	$\theta_A = -\theta_B = \dfrac{ql^3}{24EI_z}$	$y_{\max} = \dfrac{5ql^3}{384EI_z}$	$y = \dfrac{qx}{24EI_z}(l^2 - 2lx^2 + x^3)$

续表 8.1

支承和荷载情况	梁端转角	最大挠度	挠曲线方程
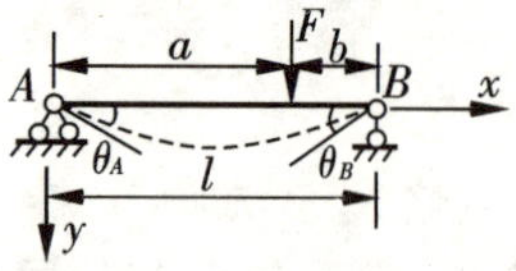	$\theta_A = \frac{Fab(l+b)}{6lEI_z}$ $\theta_B = -\frac{Fab(l+a)}{6lEI_z}$	$y_{\max} = \frac{Fb}{9\sqrt{3}lEI_z}$ $(l^2-b^2)\ 3/2$ 在 $x = \frac{\sqrt{l^2-b^2}}{3}$ 处	$y = \frac{Fbx}{6lEI_z}(l^2-b^2-x^2)x$, $0 \leqslant x \leqslant a$ $y = \frac{F}{EI_z}\Big[\frac{b}{6l}(l^2-b^2-x^2)x +$ $\frac{1}{6}(x-a)^3\Big]$, $a \leqslant x \leqslant l$
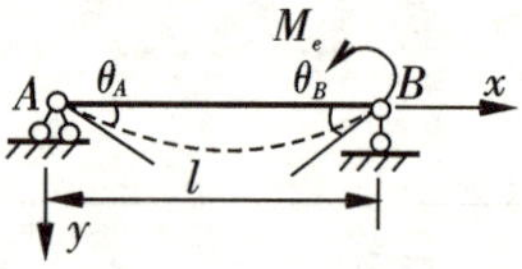	$\theta_A = \frac{M_e l}{6EI_z}$ $\theta_B = -\frac{M_e l}{3EI_z}$	$y_{\max} = \frac{M_e l^2}{9\sqrt{3}EI_z}$ 在 $x = \frac{l}{\sqrt{3}}$ 处	$y = \frac{M_e x}{6lEI_z}(l^2-x^2)$

【例 8.17】 试用叠加法计算图 8.43 所示简支梁的跨中挠度 y_C 与 A 截面的转角 θ_A。

解: 可先分别计算 q 与 F 单独作用下的跨中挠度 y_{C1} 和 y_{C2},由表 8.1 查得

$$y_{C1} = \frac{5ql^4}{384EI_z}$$

$$y_{C2} = \frac{Fl^3}{48EI_z}$$

q、F 共同作用下的跨中挠度则为

$$y_C = y_{C1} + y_{C2} = \frac{5ql^4}{384EI_z} + \frac{Fl^3}{48EI_z}$$

同样,也可求得 A 截面的转角为

$$\theta_A = \theta_{A1} + \theta_{A2} = \frac{ql^3}{24EI_z} + \frac{Fl^2}{16EI_z}$$

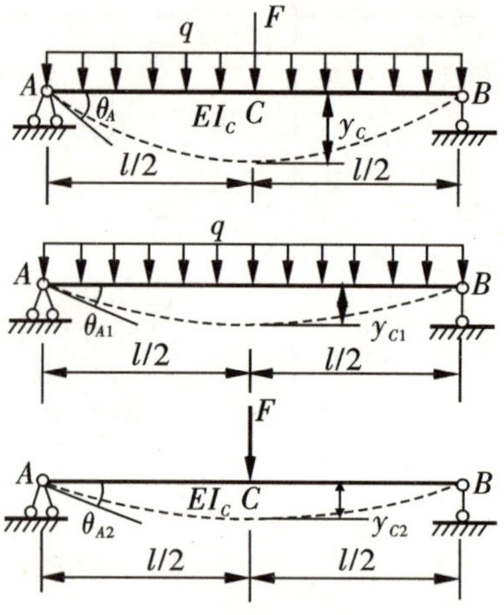

图 8.43

【例 8.18】　试用叠加法求图 8.44 所示悬臂梁自由端 C 点的挠度 y_C 与 C 截面的转角 θ_C。

解:(1) 为了应用叠加法,将均布荷载向左延长至 A 端,为与原梁的受力状况等效,在延长部分加上等值反向的均布荷载,如图 8.44(b)所示。

(2)将梁分解为图 8.44(c)和图 8.44(d)所示两种简单受力情况。

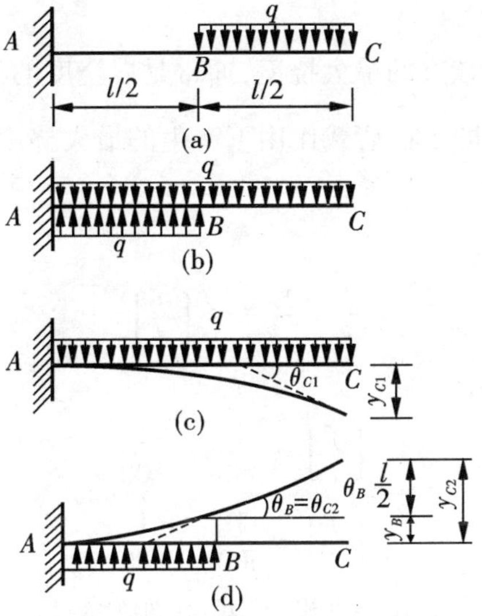

图 8.44

由表 8.1 查得

图(c)梁

$$y_{C1} = \frac{ql^4}{8EI_z}, \theta_{C1} = \frac{ql^3}{6EI_z}$$

图(d)梁

$$y_B = -\frac{q(l/2)^4}{8EI_z} = -\frac{ql^4}{128EI_z}$$

$$\theta_B = -\frac{q(q/2)^3}{6EI_z} = -\frac{ql^3}{48EI_z}$$

由于

$$\theta_{C2} = \theta_B = -\frac{ql^3}{48EI_z}$$

所以

$$y_{C2} = y_B + \theta_B \times \frac{l}{2} = -\frac{7ql^4}{384EI_z}$$

(3)叠加法求梁自由端 C 截面的挠度和转角。

C 截面的挠度为

$$y_C = y_{C1} + y_{C2} = \frac{ql^4}{8EI_z} - \frac{7ql^4}{384EI_z} = \frac{41ql^4}{384EI_z}$$

C 截面的转角为

$$\theta_C = \theta_{C1} + \theta_{C2} = \frac{ql^3}{6EI_z} - \frac{ql^3}{48EI_z} = \frac{7ql^3}{48EI_z}$$

三、梁的刚度条件

建筑工程中，通常只校核梁的最大挠度，通常是以挠度的许用值$[f]$与梁跨长l的比值$\left[\frac{f}{l}\right]$作为校核标准的。即梁在荷载作用下产生的最大挠度$f = y_{max}$与跨长l的比值不能超过$\left[\frac{f}{l}\right]$，即

$$\frac{f}{l} = \frac{y_{max}}{l} \leqslant \left[\frac{f}{l}\right] \tag{8.10}$$

式(8.10)就是梁的刚度条件。

一般钢筋混凝土梁的 $\left[\frac{f}{l}\right] = \frac{1}{300} \sim \frac{1}{200}$

钢筋混凝土吊车梁的 $\left[\frac{f}{l}\right] = \frac{1}{600} \sim \frac{1}{500}$

在工程设计中，一般先按强度条件设计，再用刚度条件校核。

【例 8.19】 一简支梁由NO28b工字钢制成，跨中承受一集中荷载如图8.45所示。已知$F = 20$ kN，$l = 9$ m，$E = 210$ GPa，$[\sigma] = 170$ MPa，$\left[\frac{f}{l}\right] = \frac{1}{500}$。试校核梁的强度和刚度。

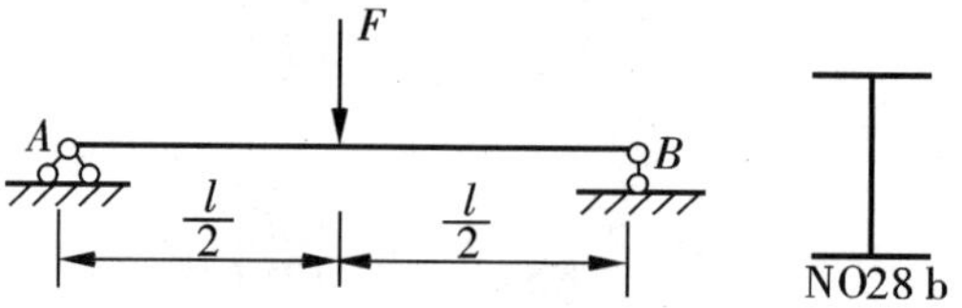

图 8.45

解：(1) 计算最大弯矩

$$M_{max} = \frac{Fl}{4} = \frac{20 \times 9}{4} = 45\ \text{kN} \cdot \text{m}$$

(2) 由型钢表查得NO28b工字钢的有关数据

$$W_z = 534.286\ \text{cm}^3$$

$$I_z = 7480.006\ \text{cm}^4$$

(3) 校核强度

$$\sigma_{\max} = \frac{M_{\max}}{W_z} = \frac{45 \times 10^6}{534.286 \times 10^3} = 84.2\ \text{MPa} < [\sigma] = 170\ \text{MPa}$$

梁满足强度条件。

(4) 校核刚度

$$\frac{f}{l} = \frac{Fl^2}{48EI_z} = \frac{20 \times 10^3 \times (9 \times 10^3)^2}{48 \times 210 \times 10^3 \times 7480.006 \times 10^4} = \frac{1}{465} > \left[\frac{f}{l}\right] = \frac{1}{500}$$

梁不满足刚度条件,需增大截面。试改用 NO32a 工字钢,其 $I_z = 11075.525\ \text{cm}^4$

则

$$\frac{f}{l} = \frac{20 \times 10^3 \times (9 \times 10^3)^2}{48 \times 210 \times 10^3 \times 11075.525 \times 10^4} = \frac{1}{689} < \left[\frac{f}{l}\right] = \frac{1}{500}$$

改用 NO32a 工字钢,满足刚度条件。

四、提高梁刚度的措施

从表 8.1 可知,梁的最大挠度与梁的荷载、跨度 l、抗弯刚度 EI 等情况有关,因此,要提高梁的刚度,需从以下几方面考虑。

(一)提高梁的抗弯刚度 EI

梁的变形与 EI 成反比,增大梁的 EI 将使梁的变形减小。由于同类材料的 E 值不变,因而只能设法增大梁横截面的惯性矩 I 。在面积不变的情况下,采用合理的截面形状,例如采用工字形、箱形及圆环形等截面,可提高惯性矩 I,从而也就提高了 EI 。

(二)减小梁的跨度

梁的变形与梁的跨长 l 的 n 次幂成正比。设法减小梁的跨度,将会有效地减小梁的变形。例如将简支梁的支座向中间适当移动变成外伸梁,或在梁的中间增加支座,都是减小梁的变形的有效措施。

(三)改善荷载的分布情况

在结构允许的条件下,合理地调整荷载的作用位置及分布情况,以降低最大弯矩,从而减小梁的变形。例如将集中力分散作用,或改为分布荷载都可起到降低弯矩,减小变形。

*第十节 梁的应力状态

一、一点处的应力状态

(一)应力状态的概念

在分析轴向拉伸和压缩杆内任一点的应力时,我们知道,不同方位截面的应力是不同的。一般地讲,在受力构件内,在通过同一点的不同方位的截面上,应力的大小和方向是随截面的方位不同而按一定的规律变化的。因此,为了深入了解受力构件内的应力情况,正确分析构件的强度,必须研究一点处的应力情况。我们把通过构件内某一点处所有不同截面上的应力情况的集合，称为一点处的**应力状态**。

在研究一点处的应力状态时，往往围绕该点取一个微小的正六面体，称为微元体。作用在微元体上的应力可认为是均匀分布的。

（二）应力状态分类

根据一点处的应力状态中各应力在空间的位置，可以将应力状态分为空间应力状态、平面应力状态和单向应力状态。

微元体上三对平面都存在应力的状态，称为空间应力状态，如图 8.46(a)所示；只有两对平面存在应力的状态，称为平面应力状态，如图 8.46(b)所示；只有一对平面存在应力的状态称为单向应力状态，如图 8.46 (c)所示。

若平面应力状态的微元体中，正应力都等于零，仅有剪应力作用，则称为纯剪切应力状态，如图 8.46(d)所示。

本节主要研究平面应力状态。

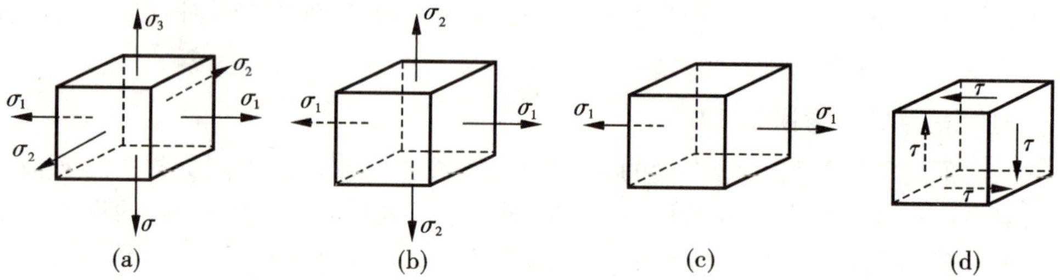

图 8.46

二、平面应力状态

分析平面应力状态的方法有两种，即解析法和图解法。这里只介绍解析法。

（一）斜截面上的应力分析——解析法

设从受力构件中某一点取一微元体置于 xy 平面内，如图 8.47(a)所示，已知 x 面上的应力 σ_x 及 τ_x，y 面上的应力有 σ_y 及 τ_y。下面根据剪应力互等定理 $\tau_x = \tau_y$ 求任一斜截面 BC 上的应力。

用斜截面 BC 将微元体切开[图 8.47(b)]，斜截面的外法线 n 与 x 轴的夹角用 α 表示（以后 BC 截面称为 α 截面），在 α 截面上的应力用 σ_α 及 τ_α 表示。规定 α 角由 x 轴到 n 轴逆时针转向为正；正应力 σ_α 以拉应力为正，压应力为负；剪应力 τ_α 以对微元体顺时针转向为正，反之为负。

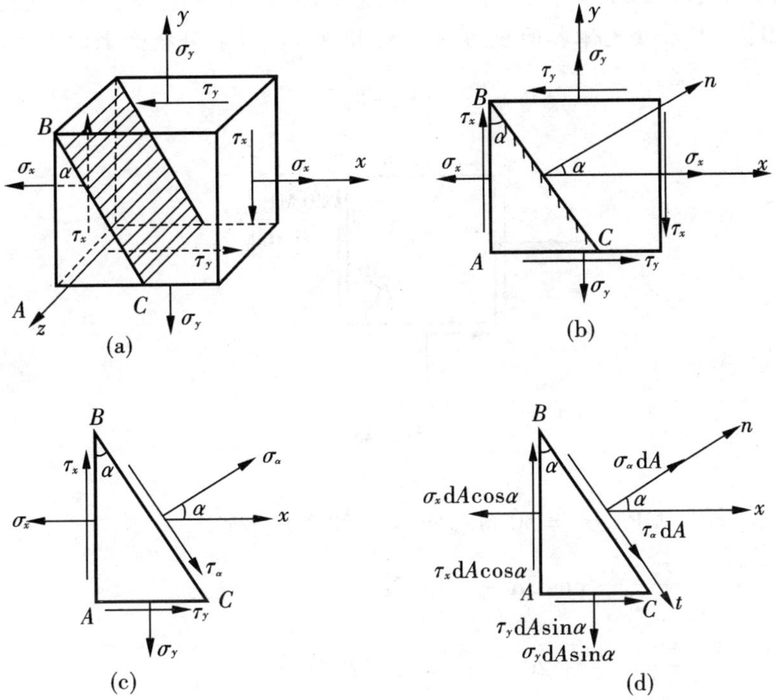

图 8.47

取 BC 左部分为研究对象[图 8.47(c)],设斜截面上的面积为 $\mathrm{d}A$,则 BA 面和 AC 面的面积分别为 $\mathrm{d}A\cos\alpha$ 和 $\mathrm{d}A\sin\alpha$ 建立和坐标如图 8.47(d)所示,取 n 和 t 为两参考坐标轴,列出平衡方程分别为

$$\sum n_i = 0$$

$$\sigma_\alpha \mathrm{d}A - (\sigma_x \mathrm{d}A\cos\alpha)\cos\alpha + (\tau_x \mathrm{d}A\cos\alpha)\sin\alpha - (\sigma_y \mathrm{d}A\sin\alpha)\sin\alpha + (\tau_y \mathrm{d}A\sin\alpha)\cos\alpha = 0$$

$$\sum t_i = 0$$

$$\tau_\alpha \mathrm{d}A - (\sigma_x \mathrm{d}A\cos\alpha)\sin\alpha - (\tau_x \mathrm{d}A\cos\alpha)\cos\alpha + (\sigma_y \mathrm{d}A\sin\alpha)\cos\alpha + (\tau_y \mathrm{d}A\sin\alpha)\sin\alpha = 0$$

由于 $\tau_x = \tau_y$,再利用三角函数公式

$$\cos^2\alpha = \frac{1+\cos 2\alpha}{2}$$

$$\sin^2\alpha = \frac{1-\cos 2\alpha}{2}$$

$$2\sin\alpha\cos\alpha = \sin 2\alpha$$

整理得

$$\sigma_\alpha = \frac{\sigma_x+\sigma_y}{2} + \frac{\sigma_x-\sigma_y}{2}\cos 2\alpha - \tau_x\sin 2\alpha \tag{8.11}$$

$$\tau_\alpha = \frac{\sigma_x-\sigma_y}{2}\sin 2\alpha + \tau_x\cos 2\alpha \tag{8.12}$$

式(8.11)和式(8.12)是计算平面应力状态下任一斜截面上应力的一般公式。

【例8.20】 图示微元体各面应力如图8.48所示,试求斜截面上的应力以σ_α、τ_α。

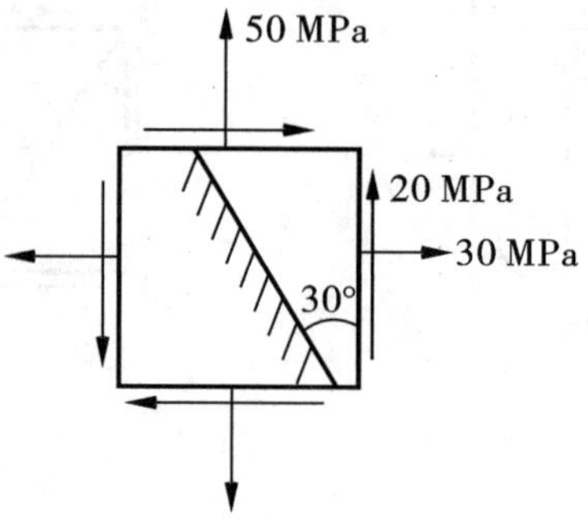

图8.48

解:已知 $\sigma_x = 30$ MPa,$\sigma_y = 50$ MPa,$\tau_x = -20$ MPa,所以

$$\sigma_\alpha = \frac{\sigma_x + \sigma_y}{2} + \frac{\sigma_x - \sigma_y}{2}\cos 2\alpha - \tau_x \sin 2\alpha$$

$$\frac{30+50}{2} + \frac{30-50}{2} \times \frac{1}{2} + 20 \times \frac{\sqrt{3}}{2} = 52.32 \text{ MPa}$$

$$\tau_\alpha = \frac{\sigma_x - \sigma_y}{2}\sin 2\alpha + \tau_x \cos 2\alpha$$

$$= \frac{30-50}{2} \times \frac{\sqrt{3}}{2} - 20 \times \frac{1}{2} = -18.66 \text{ MPa}$$

(二)主平面和主应力

由式(8.11)、式(8.12)可知,当σ_x、σ_y和τ_x为已知时,σ_α和τ_α是α角的函数,即它们的大小和方向是随截面方位α角的变化而变化。现在来求它们的极值及其作用面的方位。

设当斜截面上的正应力σ_α有极值时的$\alpha = \alpha_0$,将式(8.11)对α取导数,

令
$$\frac{d\sigma_\alpha}{d\alpha} = 0$$

则有
$$\frac{d\sigma_\alpha}{d\alpha} = -2\left(\frac{\sigma_x - \sigma_y}{2}\sin 2\alpha + \tau_x \cos 2\alpha\right) = -2\tau_x = 0$$

上式表明,正应力取得极值的截面上剪应力一定等于零。剪应力等于零的截面称为**主平面**,主平面上的正应力称为**主应力**,主应力即是正应力的极值。主平面位置可由上式确定,即

$$\tan 2\alpha_0 = \frac{-2\tau_x}{\sigma_x - \sigma_y} \tag{8.13}$$

由上式可求出相差90°的两个值,α_0与$\alpha_0 + 90°$,可见两个主平面相互垂直。两个主平面上的主应力,一个是极大值,用σ_{max}表示,另一个是极小值,用σ_{min}表示。

利用图 8.49 可求出

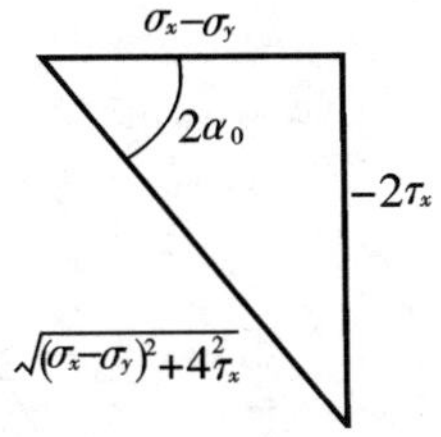

图 8.49

$$\sin 2\alpha_0 = \frac{-2\tau_x}{\sqrt{(\sigma_x-\sigma_y)^2+4\tau_x^2}},\ \cos 2\alpha_0 = \frac{\sigma_x-\sigma_y}{\sqrt{(\sigma_x-\sigma_y)+4\tau_x^2}}$$

代入式(8.11),即可求得最大主应力 σ_{max} 和最小主应力 σ_{min}

$$\sigma_{min}^{max} = \frac{\sigma_x+\sigma_y}{2} \pm \sqrt{\left(\frac{\sigma_x-\sigma_y}{2}\right)^2+\tau_x^2} \tag{8.14}$$

理论分析证明,微元体上 σ_{max} 总是在剪应力共同指向的象限内。平面应力状态有三个互相垂直的主平面(其中一对主平面与纸面平行)和三个主应力(有一个主应力等于零)。三个主应力通常用 σ_1、σ_2、σ_3 表示,并按代数值的大小排列,即 $\sigma_1 \geqslant \sigma_2 \geqslant \sigma_3$。

(三)剪应力极值及其平面位置

利用求正应力极值的同样方法,可求得剪应力 τ_α 的极值及其平面方位 α_1,即 $\alpha = \alpha_1$ 时

$$\tan 2\alpha_1 = \frac{\sigma_x-\sigma_y}{2\tau_x} \tag{8.15}$$

$$\tau_{min}^{max} = \pm\sqrt{\left(\frac{\sigma_x-\sigma_y}{2}\right)^2+\tau_x^2} \tag{8.16}$$

由式(8.15)和式(8.13)可知

$$\tan 2\alpha_1 = \cot 2\alpha_0 = \tan(2\alpha_0+90°)$$

即剪应力极值所在平面与主平面成45°角。

比较式(8.16)和式(8.14)还可得出

$$\tau_{min}^{max} = \pm\frac{\sigma_{max}-\sigma_{min}}{2} \tag{8.17}$$

上式表明剪应力的极值等于最大主应力与最小主应力差的一半。

【例 8.21】 求图 8.50(a)所示一微元体的主应力与主平面,最大剪应力。已知 $\sigma_x = 20$ MPa,$\sigma_y = -10$ MPa,$\tau_x = 20$ MPa。

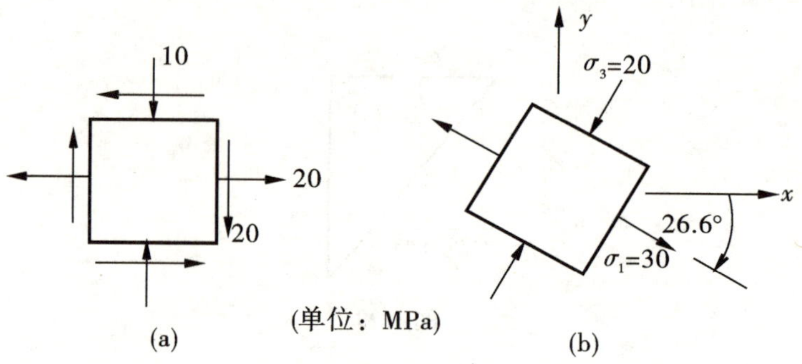

图 8.50

解:(1)确定微元体的主平面

由式(8.13)得

$$\tan 2\alpha_0 = -\frac{2\tau_x}{\sigma_x - \sigma_y} = -\frac{2\times 20}{20-(-20)} = -1.33$$

$$\alpha_0 = -26.6^\circ, \alpha_0 + 90^\circ = 63.4^\circ$$

(2)计算主应力

由式(8.14)得

$$\sigma_3^1 = \sigma_{\min}^{\max} = \frac{\sigma_x + \sigma_y}{2} \pm \sqrt{\left(\frac{\sigma_x - \sigma_y}{2}\right)^2 + \tau_x^2}$$

$$= \frac{20-10}{2} \pm \sqrt{\left(\frac{20-(-1)}{2}\right)^2 + 20^2}$$

$$= \begin{cases} 30 \\ -20 \end{cases} \text{MPa}$$

由此,三个主应力分别为

$$\sigma_1 = 30\ \text{MPa}, \sigma_2 = 0, \sigma_3 = -20\ \text{MPa}$$

微元体如图 8.50(b)所示,最大主应力 σ_1 沿 τ_x 指向的一侧。

(3)最大剪应力可由式(8.17)直接得出

$$\tau_{\max} = \frac{\sigma_1 - \sigma_2}{2} = \frac{30-(-20)}{2} = 25\ \text{MPa}$$

三、梁的主应力和主应力迹线

(一)梁的主应力

梁在剪切弯曲时,横截面上除了上、下边缘及中性轴上各点处只有一种应力外,其余各点都同时存在正应力和剪应力。利用上一节的公式可以确定梁内任一点处的主应力。图 8.51(a)所示为一个剪切弯曲的梁,从任一横截面 $m-m$ 上取 1、2、3、4、5 五个微元体,由式(8.4)和式(8.5)可求得各微元体 x 面上的正应力和剪应力为

$$\sigma_x = \sigma = \frac{My}{I_z}\ ,\ \tau_x = \tau = \frac{F_S S_z^*}{I_z b}$$

y 面上的正应力和剪应力为

$$\sigma_y = 0\ ,\ \tau_y = -\tau_x$$

各微元体 x、y 面上的正应力、剪应力方向如图 8.51(b)所示。

将 $\sigma_x = \sigma$、$\sigma_y = 0$、$\tau_x = \tau$ 代入式(8.13)和式(8.14)可得梁的主应力及主平面位置的计算公式,即

$$\sigma_{\min}^{\max} = \frac{\sigma}{2} \pm \sqrt{\left(\frac{\sigma}{2}\right)^2 + \tau^2} \tag{8.18}$$

$$\tan 2\alpha_0 = \frac{2\tau}{\sigma} \tag{8.19}$$

由式(8.18)可见,$\sigma_{\max}$ 一定大于零,$\sigma_{\min}$ 一定小于零。所以,$\sigma_1 = \sigma_{\max}$ 是主拉应力,$\sigma_3 = \sigma_{\min}$ 是主压应力,与纸面平行的主平面上的主应力 $\sigma_2 = 0$。用上面两式求出各点的主应力及方向如图 8.51(c)所示。

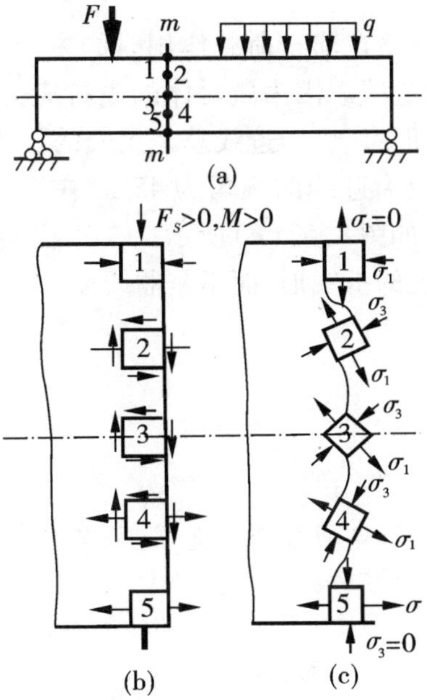

图 8.51

(二)梁的主应力迹线

若在梁内取若干个横截面,从其中任一横截面 1-1 上的任一点 a 开始,画出 a 点处的主应力(主拉应力 σ_1 或主压应力 σ_3)方向,将其延长与邻近的截面 2-2 相交于 b 点,再画求出 b 点处的主应力方向,延长与截面 3-3 交于 c 点,依次继续下去,便可得到一条折线,如图 8.52(a)所示。如果截面取到无穷多,折线就会变成光滑的曲线。从截面上的不同点出发就可以得到不同的光滑曲线,曲线上任一点的切线即代表该点的主应力方向。这

样的曲线称为梁的**主应力迹线**。

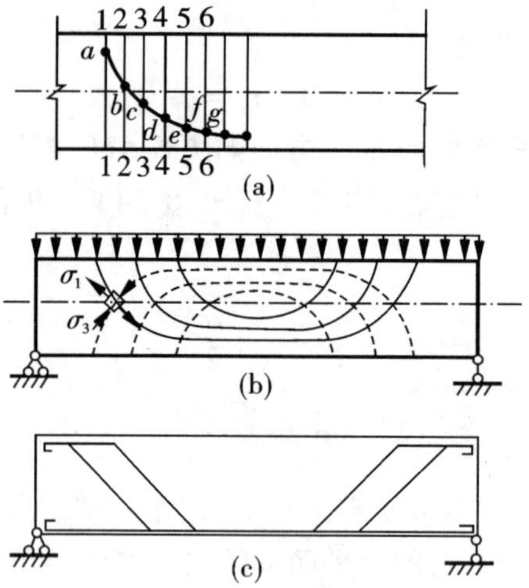

图 8.52

图 8.52(b)所示为一简支梁在均布荷载作用时的主应力迹线。其中,实线代表主拉应力迹线,虚线代表主压应力迹线。因为微元体的主拉应力和主压应力的方向总是相互垂直的,所以,主拉应力迹线和主压应力迹线总是正交的。梁的上、下边缘处,主应力迹线为水平线,梁的中性层处,主应力迹线的倾角为 45°。在钢筋混凝土梁中,受拉钢筋的布置大致与主拉应力迹线一致,如图 8.52(c)所示。在工程实际中,考虑到施工的方便,将钢筋弯成与主应力迹线相接近的折线形,而不是曲线形。

章后小结

一、平面弯曲的概念

如果梁的外力都作用在梁的纵向对称平面内,那么梁的轴线将在此对称面内弯成一条曲线,这种弯曲变形称为平面弯曲。

二、剪力和弯矩

梁横截面上存在两种内力:剪力和弯矩。

剪力和弯矩符号规定:梁横截面上的剪力对所取梁段内任一点之矩是顺时针转向时为正,反之为负;梁横截面上的弯矩对所取梁段产生上部受压、下部受拉时为正,反之为负。

三、求梁指定横截面上的剪力和弯矩的方法

1. 截面法。

2. 简易方法

(1)梁某一横截面上的剪力等于该截面一侧梁上横向外力的代数和。左侧梁上向上的外力为正,右侧梁上向下的外力为正,反之为负。

(2) 梁某一横截面上的弯矩等于该截面一侧梁上所有外力对该截面形心之矩的代数和。左侧梁上顺时针转向的力矩为正,右侧梁上逆时针转向的力矩为正,反之为负。

四、绘制梁剪力图和弯矩图的方法

1. 内力方程法

列出剪力方程和弯矩方程,在坐标系中绘出方程的图线,即得剪力图和弯矩图。

2. 微分关系法

(1) 弯矩 $M(x)$、剪力 $F_S(x)$ 与分布荷载集度 $q(x)$ 之间的微分关系

$$\left.\begin{aligned}\frac{\mathrm{d}M(x)}{\mathrm{d}x}&=F_S(x)\\\frac{\mathrm{d}F_S(x)}{\mathrm{d}x}&=q(x)\\\frac{\mathrm{d}^2M(x)}{\mathrm{d}x^2}&=q(x)\end{aligned}\right\}\tag{1}$$

$q(x)$ 规定向上为正。

(2) 绘图步骤:根据梁所受外力将梁分为若干段,由微分关系判断各段梁剪力图和弯矩图的形状;计算特殊截面上的剪力值和弯矩值,逐段绘制剪力图和弯矩图。

3. 叠加法

(1) 叠加原理:在小变形线弹性范围内,由几个外力所引起的某一参数(内力、应力、位移等)值,等于每个外力单独作用时所引起的该参数值之总和。

(2) 绘弯矩图的步骤

1) 在梁上选取外力的不连续点作为控制截面,并求出各控制截面上的弯矩值。

2) 若控制截面间无荷载作用,则用直线连接两控制截面的弯矩值;若控制截面间有均布荷载作用,则用虚线连接两控制截面的弯矩值,然后以此虚直线为基线,叠加上该段在均布荷载单独作用下的相应简支梁的弯矩图。

五、梁横截面上的正应力

$$\sigma=\frac{My}{I_z}\tag{2}$$

式中　M——横截面上的弯矩;

y——横截面上待求应力点至中性轴的距离;

I_z——横截面对中性轴的惯性矩。

最大正应力发生在离中性轴最远的各点处,其值为

$$\sigma_{\max}=\frac{M}{W_z}\tag{3}$$

式中　W_z——横截面对中性轴的弯曲截面系数。

六、梁横截面上的切应力

1. 矩形截面梁

横截面上的切应力为

$$\tau=\frac{F_S S_z^*}{I_z b}\tag{4}$$

最大切应力发生在中性轴上，其值为

$$\tau_{\max} = \frac{3}{2} \cdot \frac{F_S}{bh} \tag{5}$$

式中 F_S——横截面上的剪力；

S_z^*——横截面上欲求切应力处横线以外部分面积对中性轴的静矩；

I_z——横截面对中性轴的惯性矩；

b 和 h——横截面的宽度和高度。

2. 工字形截面梁

腹板上的切应力可按式(4)计算。横截面上的最大切应力发生在中性轴上，其值为

$$\tau_{\max} = \frac{F_S}{bh} \tag{6}$$

式中 b 和 h——腹板的宽度和高度。

七、梁的强度条件

1. 正应力强度条件

$$\sigma_x = \frac{M_{\max}}{W_z} \leqslant [\sigma]$$

$$\left.\begin{array}{l}\sigma_{t\max} \leqslant [\sigma_t] \\ \sigma_{c\max} \leqslant [\sigma_c]\end{array}\right\} \tag{7}$$

式中 $[\sigma]$、$[\sigma_t]$、$[\sigma_c]$——分别为材料的许用正应力、许用拉应力和许用压应力。

2. 切应力强度条件

$$\tau_{\max} \frac{F_{S\max} \cdot S_{z\max}^*}{I_z b} \leqslant [\tau] \tag{8}$$

式中 $[\tau]$——材料的许用切应力。

八、挠度和转角

梁的变形用挠度 y_c 和转角 θ 两个位移量表示。

梁任一横截面的形心在垂直于轴线方向的线位移，称为该横截面的挠度。规定挠度向下时为正。

梁任一横截面绕其中性轴转过的角度，称为该横截面的转角。规定转角顺时针转向为正。

九、求梁变形的方法

1. 积分法

对挠曲线方程积分两次，从而求得梁的挠度和转角。

2. 叠加法

在小变形线弹性范围内，几个荷载共同作用下梁的变形，可由每个荷载单独作用下梁的变形进行叠加(求代数和)而得到挠度和转角。

十、梁的刚度条件

$$\frac{y_{\max}}{l} \leqslant \left[\frac{f}{l}\right] \tag{9}$$

式中　$\frac{y_{\max}}{l}$——梁的最大挠跨比；

$\left[\frac{f}{l}\right]$——梁的许用挠跨比。

习　题

8.1　如图 8.53 所示，试用截面法求下列梁中 $n-n$ 截面上的剪力和弯矩。

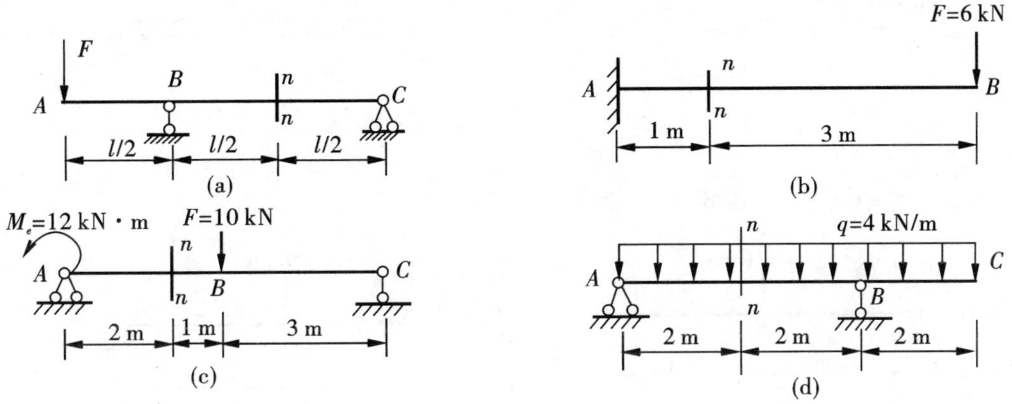

图 8.53

8.2　试用简便方法求如图 8.54 所示各梁指定截面上的剪力和弯矩。

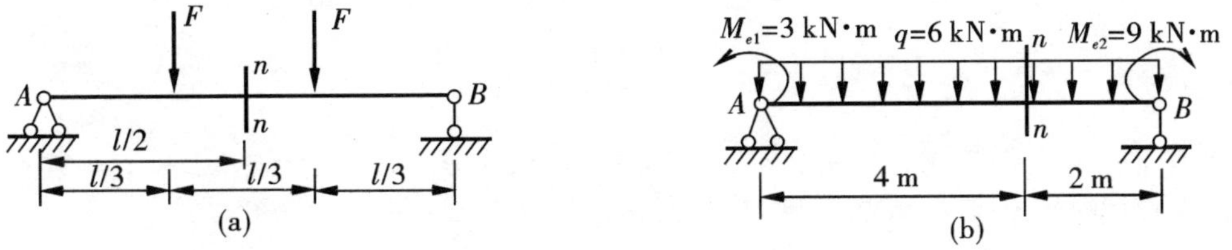

图 8.54

8.3　试列出如图 8.55 所示各梁的剪力方程和弯矩方程，并画出剪力图和弯矩图。

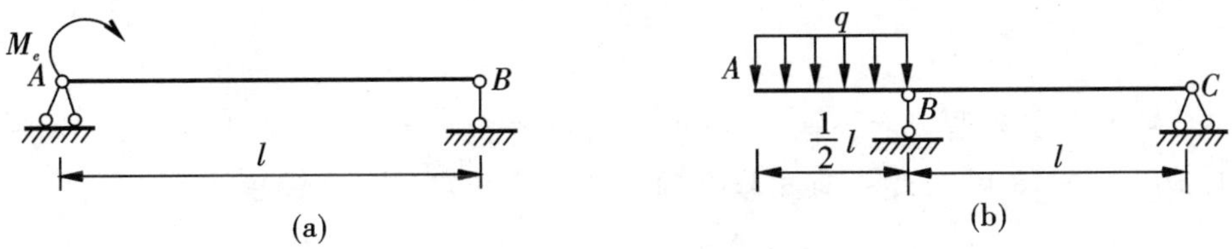

图 8.55

8.4 利用微分关系绘出图 8.56 中各梁的剪力图和弯矩图。

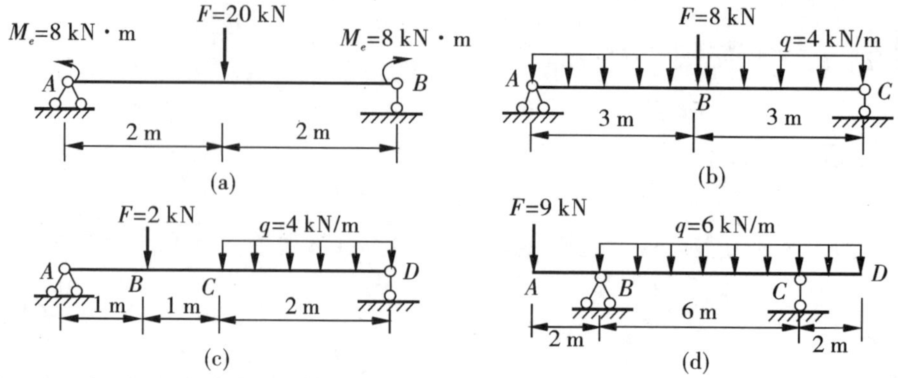

图 8.56

8.5 试用叠加法作图 8.57 中各梁的弯矩图。

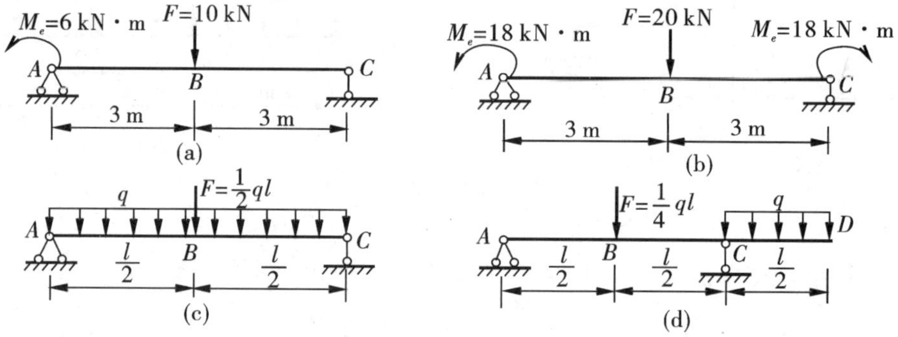

图 8.57

8.6 一工字形钢梁，在跨中作用有集中力 F，如图 8.58 所示。已知 $l=6$ m，$F=20$ kN，工字钢的型号为 NO20a，求梁中的最大正应力和最大剪应力。

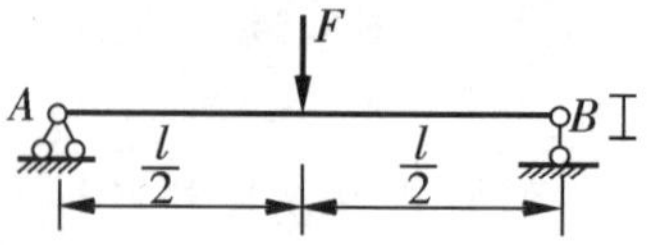

图 8.58

8.7 一对称 T 形截面的外伸梁，梁上作用有均布荷载，梁的尺寸如图 8.59 所示，已知 $l=1.5$ m，$q=-8$ kN/m，求梁中横截面上的最大拉应力和最大压应力。

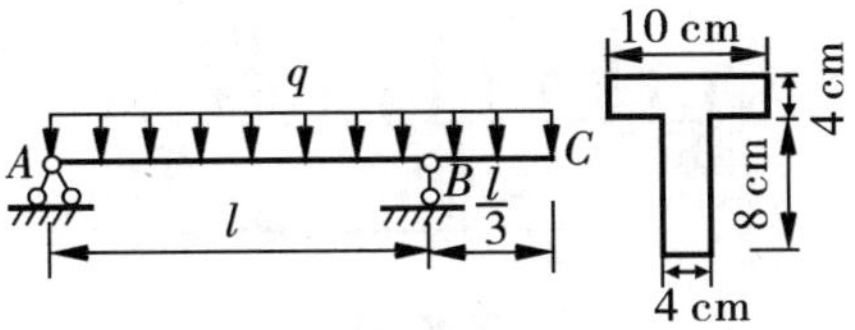

图 8.59

8.8　一矩形截面简支梁，跨中作用集中力 F，如图 8.60 所示，已知 $l=4\ \mathrm{m}$，$b=120\ \mathrm{m}$，$h=180\ \mathrm{mm}$，材料的许用应力$[\sigma]=10\ \mathrm{MPa}$。试求梁能承受的最大荷载 $F_{\max}$。

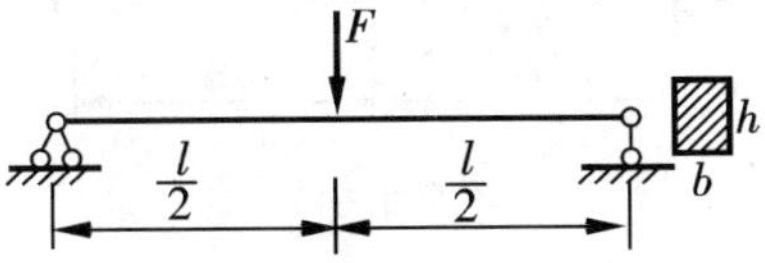

图 8.60

8.9　一圆形截面木梁，承受荷载如图 8.61 所示，已知 $l=6\ \mathrm{m}$，$F=3\ \mathrm{kN}$，$q=3\ \mathrm{kN/m}$，木材的许用应力$[\sigma]=10\ \mathrm{MPa}$，试选择圆木的直径 d。

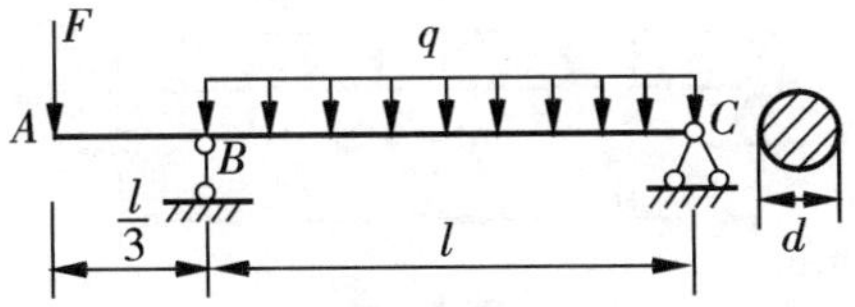

图 8.61

8.10　一工字型钢简支梁，承受荷载如图 8.62 所示，已知 $l=6\ \mathrm{m}$，$q=6\ \mathrm{kN/m}$，$F=20\ \mathrm{kN}$，钢材的许用应力$[\sigma]=170\ \mathrm{MPa}$，$[\tau]=100\ \mathrm{MPa}$，试选择工字钢的型号。

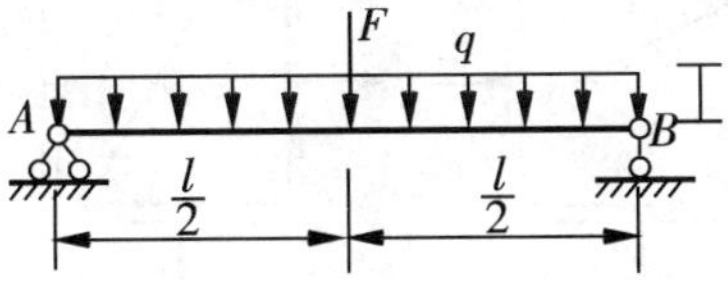

图 8.62

8.11　一工字型钢简支梁，型钢号为 NO28a，承受荷载如图 8.63 所示。已知 $l=6\ \mathrm{m}$，$F_1=50\ \mathrm{kN}$，$F_2=50\ \mathrm{kN}$，$q=8\ \mathrm{kN/m}$，钢材的许用应力$[\sigma]=170\ \mathrm{MPa}$，$[\tau]=100\ \mathrm{MPa}$，试校核梁的强度。

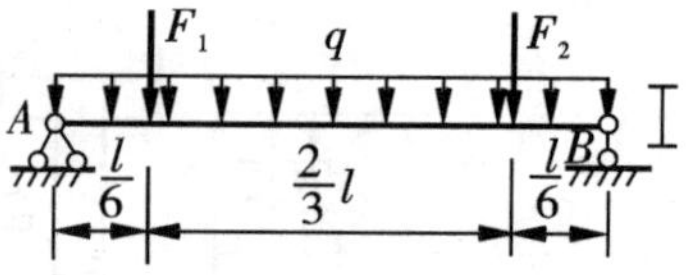

图 8.63

8.12　试用叠加法求图 8.64 所示梁自由端截面的挠度和转角。

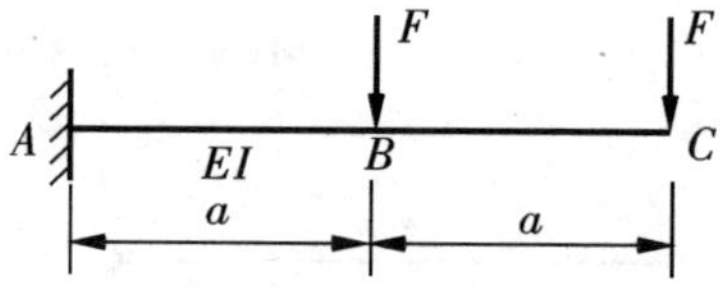

图 8.64

8.13　一简支梁用型号为 NO20b 的工字钢制成，承受荷载如图 8.65 所示，已知 $l = 6\ \text{m}$，$q = 4\ \text{kN/m}$，$F = 10\ \text{kN}$，$\left[\frac{f}{l}\right] = \frac{1}{400}$，钢材的弹性模量 $E = 200\ \text{GPa}$，试校核梁的刚度。

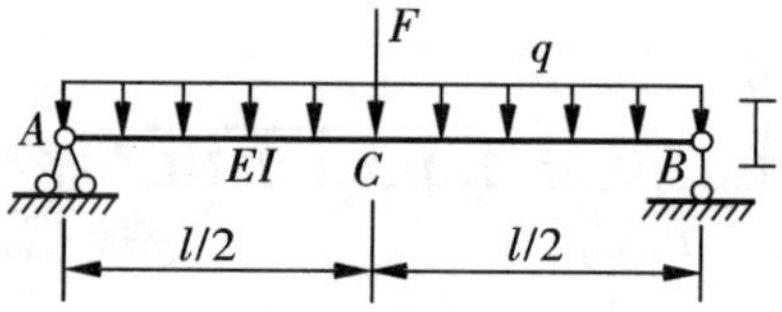

图 8.65

8.14　试求如图 8.66 所示各微元体中指定斜截面上的应力(单位 MPa)。

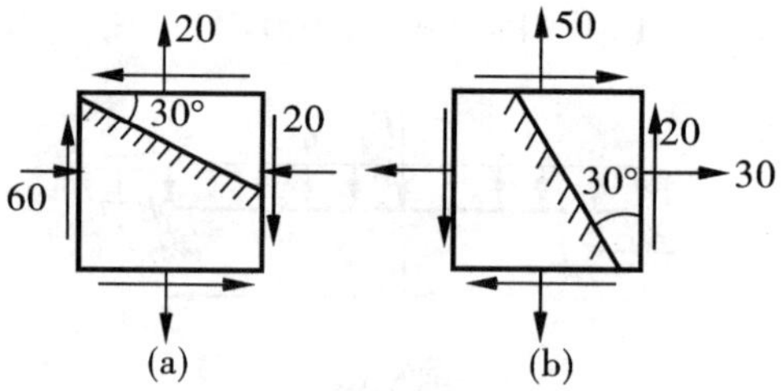

图 8.66

8.15　对图 8.67 所示各微元体(单位 MPa)，试求：

(1)主应力的大小和方向，并在微元体中表示出主应力的方向；

(2)最大剪应力的值。

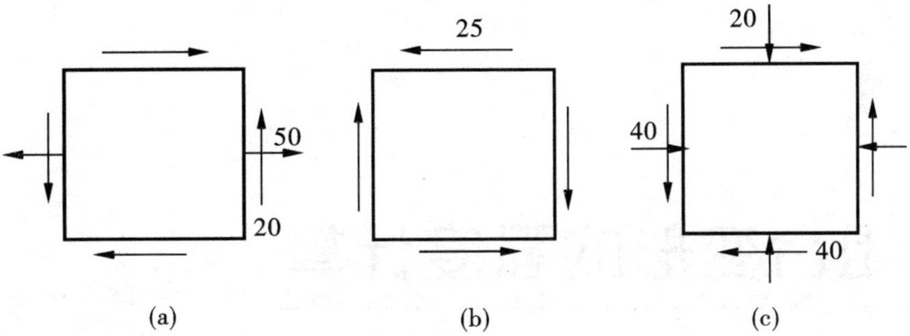

图 8.67

8.16 试画出图8.68所示简支梁上A和B处的应力微元体,并求出这两点的主应力值及方向(绘出微元体图)。

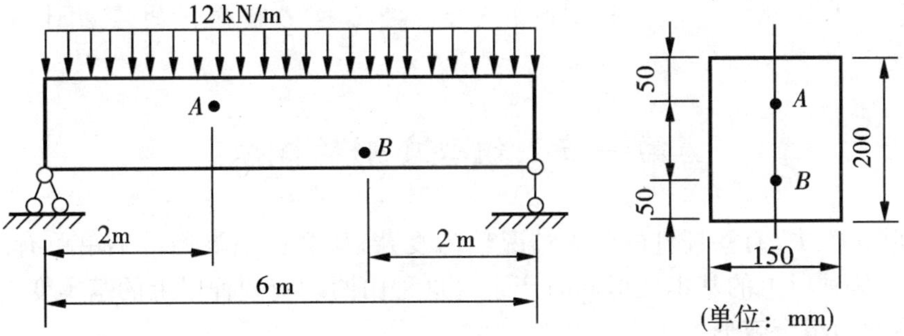

图 8.68

第九章 组合变形的强度计算

学习目标

1. 了解组合变形的概念，以及构件受力和变形特点。
2. 理解截面核心的概念及简单图形截面核心的位置。
3. 掌握斜弯曲、偏心拉压时构件的应力计算及强度条件。

第一节 组合变形的概念

在实际工程中，有些杆件的受力情况较为复杂，荷载作用下通常不单单有一种变形，而是两种或两种以上的基本变形同时产生。这种由两种或两种以上的基本变形组合而成的变形，称之为**组合变形**。

如图9.1(a)所示的框架柱，除了自重、上部竖向荷载引起压缩变形外，还有水平风力引起的弯曲变形。如图9.1(b)所示的单层厂房牛腿柱，图中柱为偏心受压，受到吊车梁压荷载和偏心压力两种压力，同时产生压缩和弯曲两种基本变形。如图9.1(c)(d)所示的挡土墙结构，除了自重本身引起的压缩变形外，还有土压力引起的弯曲变形。

对于组合变形下的构件，在线弹性范围内时，假定构件尺寸和形状不变，并绕垂直于纵向对称面的某一轴旋转，且仍垂直于构件变形后的轴线，即为弯曲问题的平面假定。

解决组合变形的强度问题可用叠加法，其分析步骤为：首先，将杆件的组合变形分解为基本变形，引起基本变形对应的荷载简化为符合基本变形条件下的外力；然后计算杆件在每一种基本变形情况下所产生的内力、应力和变形；其次，将同一点的应力叠加，可得到杆件在组合变形下任一点的应力和变形；最后，综合考虑基本变形的组合情况，确定构件的危险截面、危险点位置和应力，依此计算强度。

如果构件组合变形超出了线弹性范围，构件尺寸和形状变化较大，叠加法将不再适用，需考虑各个基本变形间的相互关系。本章主要讲述叠加法。

(a)

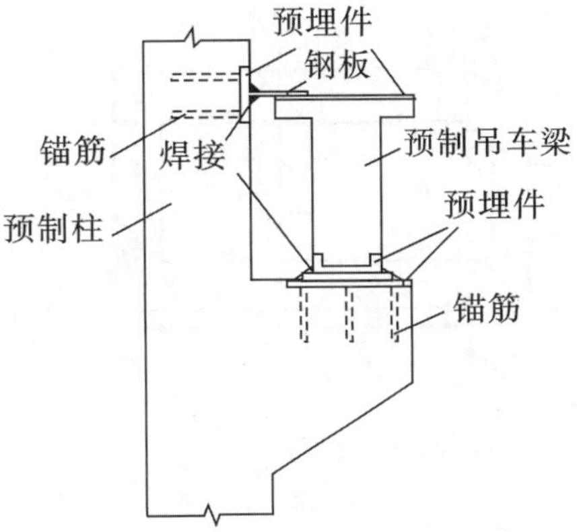

(b)

(c)

(d)

图 9.1

第二节　斜弯曲

对于横截面有对称轴的梁，当外力作用在梁的纵向对称面时，梁发生对称弯曲，此时梁变形后的曲轴线位于外力所在平面，这种弯曲称为平面弯曲。当梁变形后的曲轴线不位于外力所在平面时，称为斜弯曲。

现以图 9.2 所示的矩形截面悬臂梁为例来讨论斜弯曲问题的特点和它的强度计算。

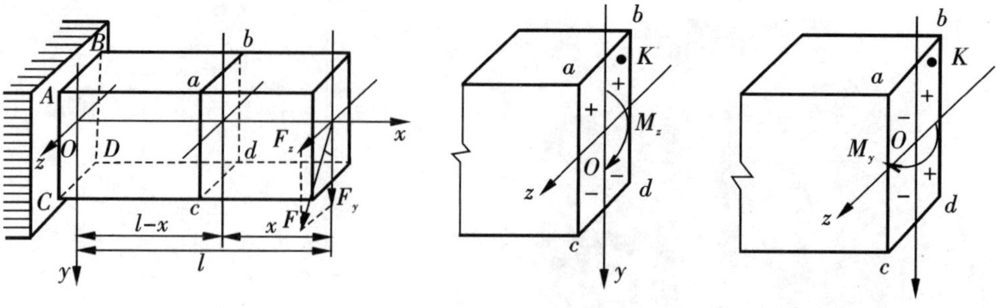

(a) (b) (c)

图 9.2

一、外力分解

如图 9.2(a),自由端外荷载 F 可沿两主坐标轴 y 轴和 z 轴分解为

$$\begin{aligned} F_y &= F\cos\varphi \\ F_z &= F\sin\varphi \end{aligned} \tag{9.1}$$

其中,F_y 在铅垂纵对称面(oxy)内发生对称弯曲,使梁产生绕 z 轴的平面弯曲;F_z 在水平纵对称面(oxz)内发生对称弯曲,使梁柱产生绕 y 轴的平面弯曲。因此,斜弯曲实际上是两个互相垂直的平面弯曲的组合。

二、内力分析

同平面弯曲问题一样,斜弯曲梁的强度是由最大正应力来控制的,所以,弯矩的计算是最主要的。

如图 9.2,在距自由端距离 x 的任意横截面 $abcd$ 上,外力 F 引起的截面总弯矩为

$$M = Fx \tag{9.2}$$

两个分力 F_y 和 F_z 各自引起的弯矩值分别为

$$M_z = F_y x, M_y = F_z x$$

代入式(9.1)(9.2),得

$$\begin{aligned} M_z &= F_y x = F\cos\varphi x = M\cos\varphi \\ M_y &= F_Z x = F\sin\varphi x = M\sin\varphi \end{aligned} \tag{9.3}$$

三、应力计算

在该横截面 $abcd$ 上任意点处(相应坐标 y、z),由 M_y 和 M_z 引起的正应力为

$$\sigma_{Mz} = \frac{M_z \cdot y}{I_z}$$

$$\sigma_{My} = \frac{M_y \cdot z}{I_y}$$

由叠加原理，F 作用下任意点的正应力为

$$\sigma = \sigma_{Mz} + \sigma_{My} = \frac{M_z \cdot y}{I_z} + \frac{M_y \cdot z}{I_y}$$

代入式(9.3)，可得

$$\sigma_K = M\left(\frac{\cos \varphi}{I_z}y + \frac{\sin \varphi}{I_y}z\right) \tag{9.4}$$

式中，I_y 为横截面对中性轴 y 的惯性矩，I_z 为横截面对中性轴 z 的惯性矩，矩形和圆形截面 I_y、I_z 可以查表常用截面几何性质计算公式得到。

y 和 z 为任意点坐标；具体计算中，M_y、M_z 均以绝对值代入，然后根据梁在 F_y 和 F_z 分别作用下的变形来判定正负号，弯矩正负号的规定同前面章节。

四、强度条件

1. 中性轴位置

由于中性轴上各点正应力均为零，则由式(9.4)可得

$$\frac{\cos \varphi}{I_z}y + \frac{\sin \varphi}{I_y}z = 0 \tag{9.5}$$

当 $y_1 = 0$ 时，$z_1 = 0$，说明中性轴是通过截面形心的直线。其与 z 轴的夹角 α 为

$$\tan \alpha = \left|\frac{y_1}{z_1}\right| = \frac{I_z}{I_y}\tan \varphi$$

对于圆形、正方形和正多边形截面，$I_y = I_z$，因此不存在斜弯曲情况。

对于一般情况而言，$I_y \neq I_z$，故 $\alpha \neq \varphi$，中性轴与弯矩所在的平面并不相互垂直，将有斜弯曲现象产生，如图 9.3 所示。

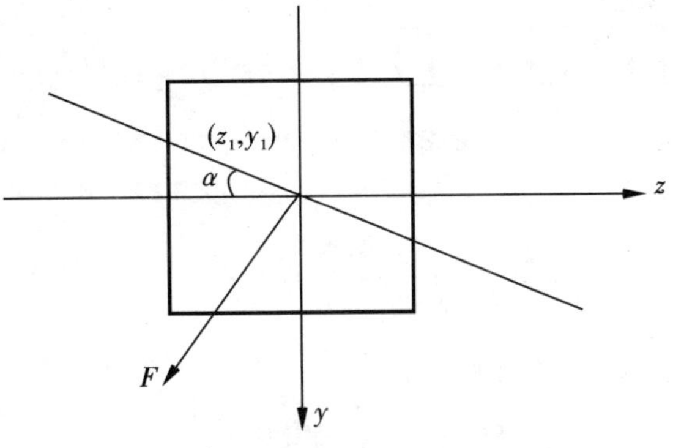

图 9.3

2. 危险点的确定

斜弯曲时，中性轴将截面分为受拉和受压两个区，即横截面上既有拉应力又有压应力。横截面上的正应力呈线性分布，距中性轴越远，应力越大。因此一旦中性轴确定就可确定距中性轴最远的危险点，从而计算出最大应力值。

3. 强度条件

斜弯曲时的强度条件为

$$\sigma_{\max} = \frac{M_z}{W_z} + \frac{M_y}{W_y} \leqslant [\sigma] \tag{9.6}$$

也可以表达为

$$\sigma_{\max} = M_{\max}\left(\frac{\cos\varphi}{W_z} + \frac{\sin\varphi}{W_y}\right) \leqslant [\sigma]$$

式中，$W_y = \dfrac{I_y}{z_{\max}}$、$W_z = \dfrac{I_z}{y_{\max}}$ 为弯曲截面系数，其值与横截面形状和尺寸有关，单位为 m^3。

例如，矩形截面 $W_z = \dfrac{I_z}{\frac{h}{2}} = \dfrac{\frac{bh^3}{12}}{\frac{h}{2}} = \dfrac{bh^2}{6}$，$W_y = \dfrac{I_y}{\frac{b}{2}} = \dfrac{\frac{b^3h}{12}}{\frac{b}{2}} = \dfrac{b^2h}{6}$

圆形截面 $W_z = W_y = \dfrac{I_z}{\frac{d}{2}} = \dfrac{\frac{\pi d^4}{64}}{\frac{d}{2}} = \dfrac{\pi d^3}{32}$

根据这一强度条件，同时可以进行强度校核、截面设计和确定许用荷载。

【例 9.1】 如图 9.4 所示，受均布荷载的矩形截面简支梁，其跨度为 4 m。承受上部传来的均布荷载 $q=2$ kN/m，其荷载作用面与梁的纵向对称面的夹角 $\varphi=30°$，矩形截面梁 $b=120$ mm，$h=160$ mm，材料的许用应力$[\sigma]=12$ MPa，试校核梁的强度。

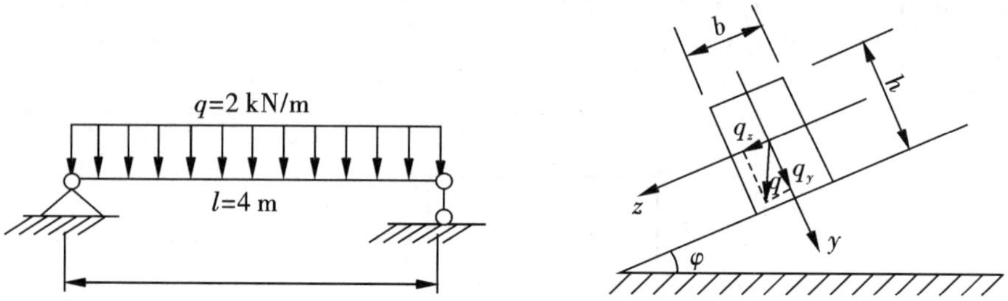

图 9.4

解：由题中已知条件

$$\cos\varphi = \frac{\sqrt{3}}{2}, \sin\varphi = \frac{1}{2}$$

梁在均布荷载 q 的作用下，弯矩图为抛物线，最大弯矩发生在梁的跨中截面，弯矩值为

$$M_{\max} = ql^2/8 = 4(\text{kN}\cdot\text{m})$$

$$M_{z\max} = \frac{ql^2}{8}\cos 30° = 4 \times \frac{\sqrt{3}}{2} = 2\sqrt{3} = 3.464(\text{kN}\cdot\text{m})$$

$$M_{y\max} = \frac{ql^2}{8}\sin 30° = 4 \times \frac{1}{2} = 2(\text{kN}\cdot\text{m})$$

截面对 z 和 y 轴的抗弯截面系数为

$$W_z=\frac{bh^2}{6}=\frac{120\times160^2}{6}=5.12\times10^5\,\text{mm}^3$$

$$W_y=\frac{b^2h}{6}=\frac{160\times120^2}{6}=3.84\times10^5\,\text{mm}^3$$

由强度条件代入数值得

$$\begin{aligned}\sigma_{\max}&=\frac{M_Z}{W_Z}+\frac{M_y}{W_y}\\&=\frac{3.464\times10^6}{5.12\times10^5}+\frac{2\times10^6}{3.84\times10^5}\\&=11.97\ \text{MPa}<[\sigma]=12.0\ \text{MPa}\end{aligned}$$

所以梁强度安全。

【例9.2】　试确定图9.5所示梁的截面尺寸。已知 $[\sigma]=10$ MPa，$h/b=1.5$。

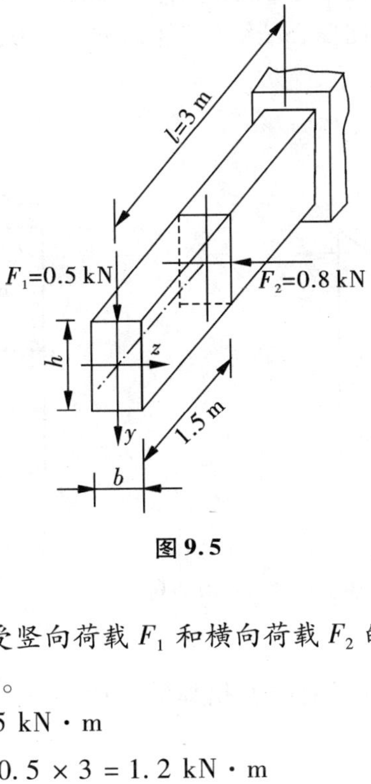

图9.5

解：由题中条件知，此梁受竖向荷载 F_1 和横向荷载 F_2 的共同作用部分将产生斜弯曲变形，危险截面为固定端截面。

$M_z=P_1l=0.5\times3=1.5\ \text{kN}\cdot\text{m}$

$M_y=P_2\times0.5l=0.8\times0.5\times3=1.2\ \text{kN}\cdot\text{m}$

$\dfrac{W_z}{W_y}=1.5$

由强度条件

$$\sigma_{\max}=\frac{1}{W_z}\left(M_z+\frac{W_z}{W_y}\right)\leqslant[\sigma]$$

得

$$W_z \geqslant \frac{\left(M_z + \frac{h}{b}M_y\right)}{[\sigma]}$$

$$= 3.3 \times 10^5 \text{ mm}^3$$

根据已知条件,矩形截面 $\frac{h}{b} = 1.5$,解得 $h = 144$ mm,$b = 96$ mm

取整 $h = 150$ mm,$b = 100$ mm

第三节　偏心压缩(拉伸)

作用在杆件上的荷载,当荷载作用线与杆轴线平行但不重合时,杆件将产生压缩(拉伸)和弯曲两种基本弯形,这类问题称为偏心压缩(拉伸)。如 F 力作用在某一轴线上,则产生压缩和弯曲变形,称为单向偏心压缩(拉伸),如图 9.6(a)所示。如 F 力作用在轴线外的截面的任意点上,称为双向偏心压缩(拉伸),如图 9.6(b)。

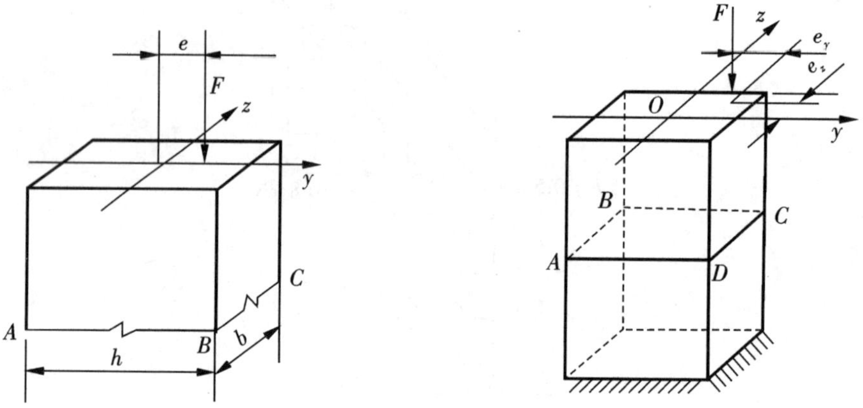

(a)　　　　(b)

图 9.6

一、单向偏心压缩(拉伸)时的应力和强度条件

1. 荷载等效转化

由平面一般力系中力的平移定理,先将作用在杆端的压力(拉力)用静力等效力系替代,把偏心力 F 向杆件截面形心 O 点平移,得到一个通过截面形心的轴向压力 F 和一个力偶矩为 $M_e = Fe$ 的力偶,如图 9.7 所示。

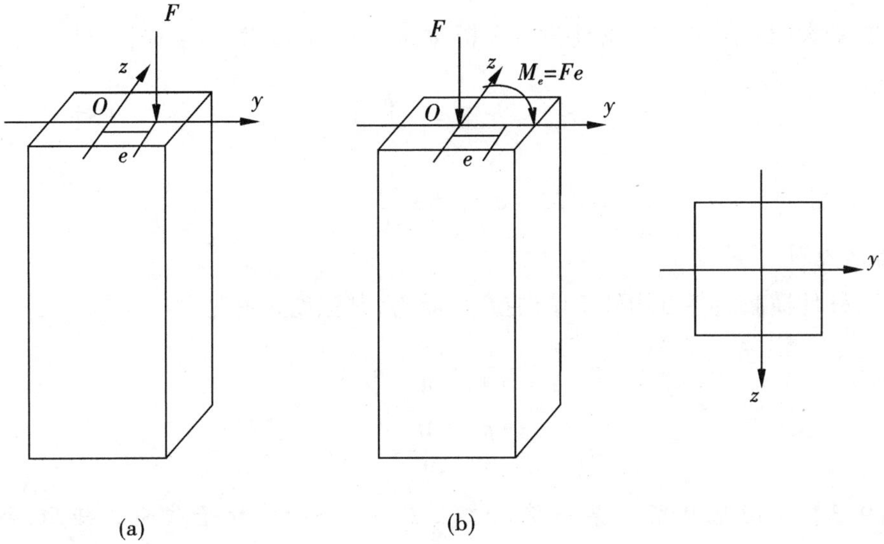

图 9.7

2. 内力计算

显然偏心压缩杆件各个横截面的内力均相同,由平衡方程可求得,杆件任意截面内力

$$F_N = F$$

$$M_e = F \cdot e$$

3. 应力计算

内力作用下,杆件将发生轴向压缩和一个纵对称面内的纯弯曲,同样可以按叠加原理求解。因此,横截面上任一点应力是轴向压缩应力 σ_N 和弯曲应力 σ_{M_z} 的叠加。

$$\sigma_N = -\frac{F}{A}$$

$$\sigma_{Mz} = \frac{M_z \cdot y}{I_z}$$

该点的总应力为

$$\sigma = -\frac{F}{A} \pm \frac{M_z \cdot y}{I_z} \tag{9.7}$$

σ 沿截面高度的变化情况如图 9.8(c)(d)(e)所示,由上式计算正应力时,F、M_z、y 都用绝对值代入,正负号的规定同前面章节。

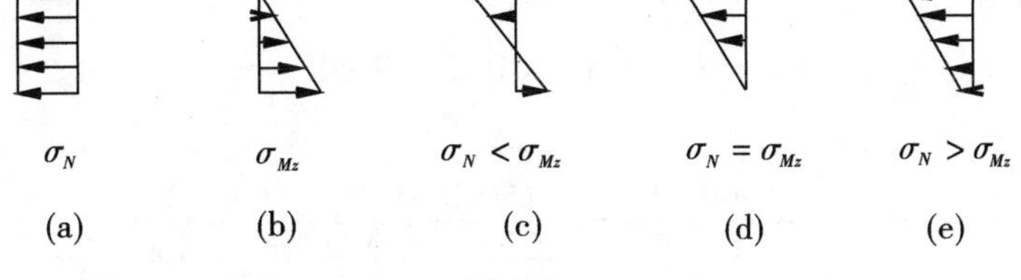

图 9.8

显然，最大（最小）正应力必将发生在横截面的上、下边缘（$y=\pm\dfrac{h}{2}$）处

$$\sigma_{\max}=\sigma_{\max}^{+}=-\frac{F}{A}+\frac{M_z}{W_z}$$

$$\sigma_{\min}=\sigma_{\min}^{-}=-\frac{F}{A}-\frac{M_z}{W_z}$$

4.强度条件

显然，杆件横截面各点均处于单向拉、压状态，其强度条件为

$$\begin{aligned}\sigma_{\max}&=-\frac{F}{A}+\frac{M_z}{W_z}\leqslant[\sigma^{+}]\\ \sigma_{\min}&=-\frac{F}{A}-\frac{M_z}{W_z}\leqslant[\sigma^{-}]\end{aligned}\tag{9.8}$$

【例9.3】 图9.9所示某一单层工业厂房牛腿柱，柱子截面为矩形，柱宽 $b=200\text{ mm}$，$h=300\text{ mm}$，柱子承受屋面传递的轴心竖向荷载 $F_1=105\text{ kN}$；牛腿上承受吊车梁传来的单向偏心压力 $F_2=45\text{ kN}$；F_2 与轴线的偏心距 $e=0.2\text{ m}$。已知。求：

（1）试求柱截面中的最大拉应力和最大压应力各是多少？

（2）要使柱界面不产生拉应力，截面高度 h 应为多少？在所选的 h 尺寸下，柱截面中的最大压应力为多少？

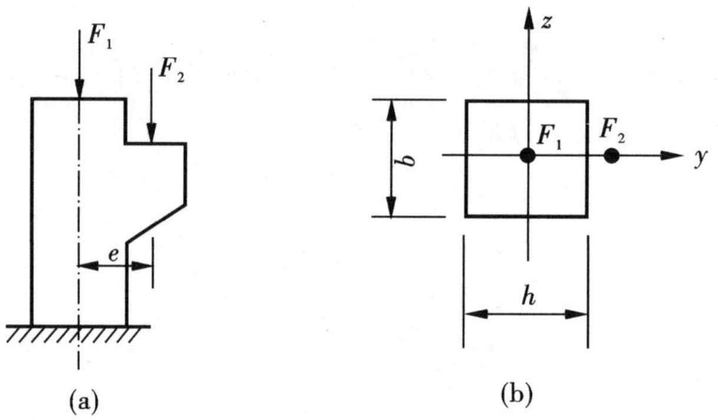

图9.9

解：（1）求最大拉应力和最大压应力。

将荷载力向截面形心简化，柱的轴向压力为

$$F_N=F_1+F_2=150\text{ kN}$$

截面的弯矩为

$$M_z=F_2e=45\times0.2=9\text{ kN}\cdot\text{m}$$

应力计算

$$\sigma_{\max}^{+}=-\frac{F}{A}+\frac{M_z}{W_z}=-\frac{150\times10^3}{200\times300}+\frac{9\times10^6}{\dfrac{200\times300^2}{6}}$$

$$= 0.5\ \text{MPa}$$

$$\sigma_{\max}^{-} = -\frac{F}{A} - \frac{M_z}{W_z} = -\frac{150 \times 10^3}{200 \times 300} - \frac{9 \times 10^6}{\frac{200 \times 300^2}{6}}$$

$$= -5.5\ \text{MPa}$$

(2)求截面高度和最大压应力。

要使截面不产生拉应力,应满足

$$\sigma_{\max}^{+} = -\frac{F}{A} + \frac{M_Z}{W_Z} \leqslant 0$$

$$-\frac{150 \times 10^3}{200h} + \frac{9 \times 10^6}{\frac{200h^2}{6}} \leqslant 0$$

解得 $$h \geqslant 360\ \text{mm}$$

此时产生的最大压应力为

$$\sigma_{\max}^{-} = -\frac{F}{A} - \frac{M_Z}{W_Z} = -\frac{150 \times 10^3}{200 \times 360} - \frac{9 \times 10^6}{\frac{200 \times 360^2}{6}}$$

$$= -4.17\ \text{MPa}$$

二、双向偏心压缩(拉伸)时的应力和强度条件

1. 荷载简化

如 F 力作用在轴线外的截面的任意点上,此时,作用线与轴线平行但不重合,即双向偏心压缩(拉伸),如图 9.10(a),令 F 至 z 轴的偏心距为 e_y,至 y 轴的偏心距为 e_z。此时荷载等效简化同前面原理一样,根据由平面一般力系中力的平移定理,先将作用在杆端的压力(拉力)用静力等效力系替代,具体做法如下:

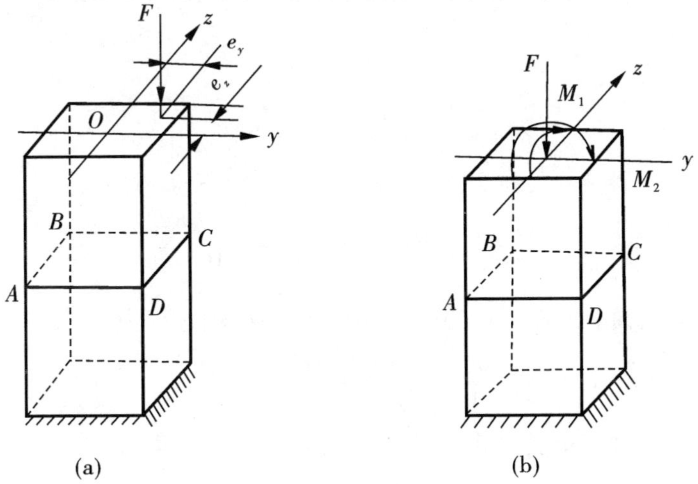

图 9.10

(1)将压力 F 平移至 z 轴,附加力偶矩为 $M_z = Fe_y$ 。

(2)再次将压力 F 从 z 轴上平移至与截面形心 O 点重合,附加力偶矩为 $M_y = Fe_z$ 。

(3)如图 9.10(b)所示,力 F 经过两次平移后,得到轴向压力 F 和两个力偶矩 M_z、M_y,所以双向偏心压缩实际上就是轴向压缩和两个相互垂直的平面弯曲的组合。

很显然,我们可以视单向偏心压缩(拉伸)为双向偏心压缩(拉伸)特殊情况。

2. 内力分析

采用截面法,取平行于 zoy 平面的任一横截面 $ABCD$,其内力均为

$$F_N = F, M_z = Fe_y, M_y = Fe_z$$

3. 应力计算

横截面 $ABCD$ 上任意一点 K,坐标为 y、z 时的应力分别为

(1)由轴力 F_N 引起 K 点的压应力为

$$\sigma_N = -\frac{F_N}{A}$$

(2)由弯矩 M_z 引起 K 点的应力为

$$\sigma_{M_z} = \pm\frac{M_z \cdot y}{I_z}$$

(3)由弯矩 M_y 引起 K 点应力为

$$\sigma_{My} = \pm\frac{M_y \cdot z}{I_z}$$

所以,由叠加原理,K 点的应力为

$$\begin{aligned}\sigma &= \sigma_N + \sigma_{Mz} + \sigma_{My} \\ &= -\frac{F_N}{A} \pm \frac{M_z \cdot y}{I_z} \pm \frac{M_y \cdot z}{I_y}\end{aligned} \tag{9.9}$$

同前面一样,上式中各个量都可用绝对值代入,具体计算时,式中压(拉)应力正负号根据前面章节的规定确定,弯矩的正负号视弯曲变形的情况来确定。

4. 中性轴位置

由公式(9.7)可得

$$\sigma = -\frac{F_N}{A} \pm \frac{M_z \cdot y}{I_z} \pm \frac{M_y \cdot z}{I_y} = 0$$

即

$$\frac{F_N}{A} + \frac{M_z \cdot y}{I_z} + \frac{M_y \cdot z}{I_y} = 0$$

设 y_0、z_0 为中性轴上的任一点的坐标,则得到中性轴方程为

$$\frac{F}{A} + \frac{Fe_y}{I_Z}y_0 + \frac{Fe_z}{I_y}z_0 = 0$$

代入惯性矩和惯性半径关系式 $I_y = A \cdot i_y{}^2$, $I_z = A \cdot i_z{}^2$ 得

$$\frac{F}{A}\left(1 + \frac{e_y}{i_z^2}y_0 + \frac{e_z}{i_y^2}z_0\right) = 0$$

等式两端除以 $\frac{F}{A}$，得

$$1+\frac{e_y}{i_z^2}y_0+\frac{e_z}{i_y^2}z_0=0 \tag{9.10}$$

上式也称为零应力线方程，是一平面直线方程。可见，在偏心受压(拉)情况下，中性轴是一条不通过横截面形心的的直线。

其在中性轴的截距为

当 $z_0=0$ 时　　$y_1=y_0=-\frac{i_z^2}{e_y}$

当 $y_0=0$ 时　　$z_1=z_0=-\frac{i_y^2}{e_z}$

从而可以确定中心轴位置。其表明，力作用点坐标 e_y、e_z 越大，截距 y_1、z_1 越小；反之亦然。说明外力作用点越靠近形心，则中性轴越远离形心。式中负号表示中性轴与外力作用点总是位于形心的相对两侧。中性轴将截面划分成两部分，一部分为压应力区，另一部分为拉应力区。周边有棱角的截面，其危险点必定在截面的棱角处，无棱角的截面，与平行于中性轴两直线相切的两个最远切点即为危险点。

由图 9.11(b)可以判断，截面危险点为棱角处，最大拉应力 σ_{max} 发生在 A 点，最大压应力 σ_{min} 发生在 C 点，其值为

$$\sigma_{max}=-\frac{F_N}{A}+\frac{M_z}{W_z}+\frac{M_y}{W_y}$$

$$\sigma_{min}=-\frac{F_N}{A}-\frac{M_z}{W_z}-\frac{M_y}{W_y}$$

危险点 A 、C 都处于单向应力状态，所以可类似于单向偏心压缩的情况建立相应的强度条件。

5. 强度条件

由于危险点处仍为单轴应力状态，因此可以根据材料的许用应力 $[\sigma]$ 建立强度条件。

$$\begin{aligned}\sigma_{max}&=-\frac{F_N}{A}+\frac{M_z}{W_z}+\frac{M_y}{W_y}\leqslant[\sigma_+]\\ \sigma_{min}&=\left|-\frac{F_N}{A}-\frac{M_z}{W_z}-\frac{M_y}{W_y}\right|\leqslant[\sigma_-]\end{aligned} \tag{9.11}$$

三、截面核心

1. 概念

工程结构中经常会遇到受压构件，正是由于其存在的广泛性而使人们对其重视不足。但是，理论上的纯受压构件在现实环境中是不存在的，这是由于制造和安装存在误差，使得轴向压力不能过轴心，从而存在偏心受压。但我们又不得不面对这样一个现实———脆性材料的抗拉性能差而抗压性能好，且价格相对便宜，塑性材料的抗压性能和抗拉性能

都较好,但是价格比较高。工程中常选用脆性材料作为受压构件,这样更符合市场经济成本核算的需要。因此,抗压性能好而抗拉性能差的脆性材料在施工中如何发挥最佳力学性能,是工程人员普遍关心的问题。由于偏心受压会出现拉应力,而产生人们不希望的破坏,这就要求截面上不出现拉应力。

工程中,对于抗压强度远远大于其抗拉强度的脆性材料,设计时通常忽略其抗拉强度,即视其抗拉强度为零,例如混凝土、石材、砖砌块。这就要求构件在设计和施工时让其横截面上仅仅受压而不受拉,从而避免出现裂缝。

当偏心压力作用在截面形心周围的一个区域内时,杆件整个横截面上只产生压应力而不出现拉应力,这个荷载作用的区域就称为**截面核心**。

2. 截面核心的确定

通过前面讲述,当压力的作用线与杆轴线不相重合时就产生了偏心受压,此时中性轴是一条不通过横截面形心的斜直线。当偏心压力 F 作用偏心距较小时,中性轴的截距越大(对于给定的截面,偏心压力越接近形心,其中性轴越远离形心),从而当偏心压力作用于截面核心之内时,可使中性轴移到截面之外,则整个截面上全为压应力。若令中性轴刚好与截面相切,偏心压力就作用在截面核心的边界上。通过以上可以看出,截面核心的形状和尺寸与压力大小无关,只与柱的横截面形状和尺寸有关。这样可以先根据截面的形状和尺寸确定截面核心的范围,然后只要使力的作用点在截面核心之内,就可以达到使整个截面不出现拉应力的目的,由此可以定出截面核心的边界。

以图 9.11(a)所示矩形截面为例,为了使偏心压缩杆的截面上不出现拉应力,应满足最大拉应力小于0,即

$$\sigma_{\max}^{+} = -\frac{F}{bh} + \frac{Fe_y}{\frac{1}{6}bh^2} \leqslant 0$$

即

$$e_y \leqslant \frac{1}{6}h$$

可见,y 方向的偏心荷载应该作用在 y 轴上截面中间的 1/3 范围内。同理,若荷载在 z 方向上偏心,根据对称性原理,则只有作用在 z 轴上截面中间的 1/3 范围内,才能保证截面上不出现拉应力。如果将截面上的上述四点顺序连起来得到一菱形,如图 9.11(a),即双向偏心荷载只要作用在上述的菱形区域内,截面上就只有压应力,不会出现拉应力,即截面核心。对其他双向偏心压缩杆,可进行类似的讨论。

图 9.11 是几种常见图形的截面核心,通常可从有关手册中查出。

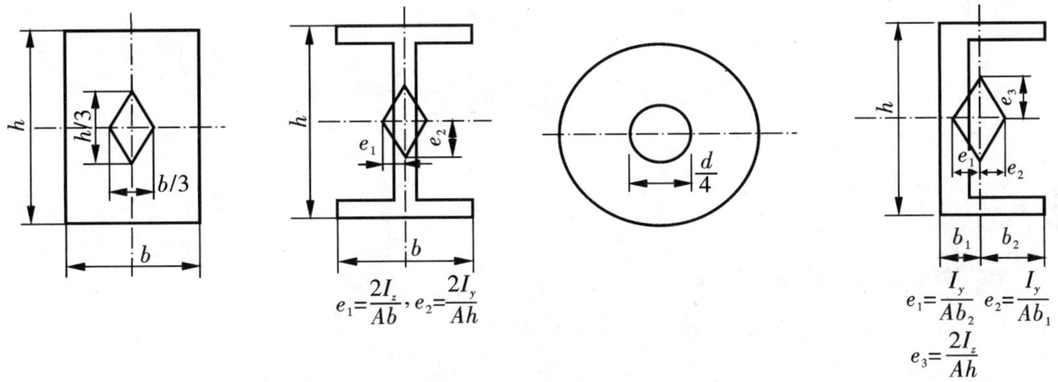

(a) (b) (c) (d)

图 9.11

3. 截面核心的应用

很明显，截面核心的出现是因为在同一横截面上产生压应力大于或等于拉应力，而把拉应力全部抵消，只剩下压应力。因此工程中如桥墩、厂房柱等受压的构件在施工时要尽量把外力的作用点控制在截面核心的范围之内，这样不论外力多大，在构件上都不会产生拉应力，这时只要进行压应力下的强度校核，强度满足了，构件就能安全工作，从而这样就能使脆性材料的力学性能（抗压性比抗拉性好）得到较好的应用。

章后小结

本章研究了组合变形中斜弯曲和单向、双向偏心压缩的内力、应力和强度条件。

1. 概念

(1) 组合变形：由两种以上的基本变形组合而成的变形。

(2) 截面核心：当偏心压力作用点位于截面形心周围的一个区域内时，横截面上只有压应力而没有拉应力，这个区域就是截面核心。

2. 叠加法求解组合变形杆件强度问题的步骤

(1) 对杆件进行受力分析，确定是由哪些基本变形的组合。

(2) 简化或分解外力，使每一个外力只产生一种基本变形。

(3) 按基本变形计算内力和应力，用叠加法确定出危险点应力的大小和方向。

(4) 建立强度条件。

3. 本章涉及的主要公式

(1) 斜弯曲的强度条件

$$\sigma_{\max} = \frac{M_{z\max}}{W_z} + \frac{M_{y\max}}{W_y} \leqslant [\sigma]$$

(2) 偏心压缩（拉伸）

单向 $$\sigma_{\max} = \pm \frac{P}{A} \pm \frac{M_z}{W_z} \leqslant [\sigma_+]$$

双向 $$\sigma_{\max} = \pm \frac{P}{A} \pm \frac{M_z}{W_z} \pm \frac{M_y}{W_y} \leqslant [\sigma]$$

习 题

9.1 具有切槽的正方形木杆,截面尺寸为 $a \times a$,受力如图9.12。求

(1) $m-m$ 截面上的最大拉应力和最大压应力。

(2) $m-m$ 截面最大拉应力是截面削弱前的几倍?

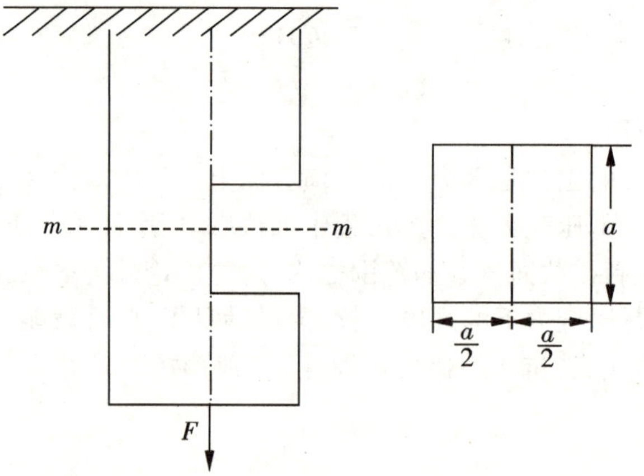

图9.12

9.2 如图9.13所示檩条简支在屋架上,其跨度为3.6 m。承受屋面传来的均布荷载 $q = 1$ kN/m,屋面的倾角 $\varphi = 26°34'$,檩条为矩形截面,$b = 90$ mm,$h = 140$ mm,材料的许用应力 $[\sigma] = 10$ MPa,试校核檩条强度。

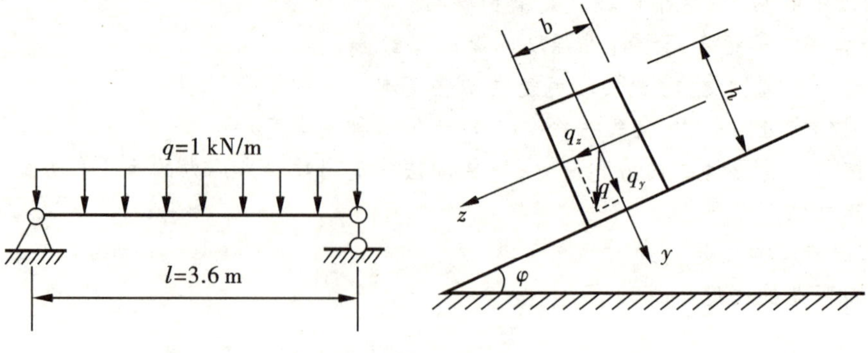

图9.13

9.3　试求图 9.14 所示偏心受拉杆的最大正应力。

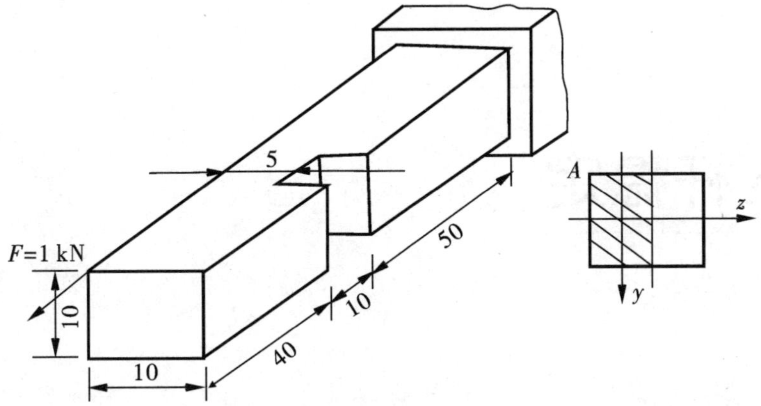

图 9.14

9.4　受拉构件如图 9.15 所示。已知截面尺寸为 5 mm×40 mm，承受轴向拉力，现拉杆有一切口，如不计应力集中影响，材料许用应力 $[\sigma]$ = 100 MPa，试确定切口的最大允许深度。

图 9.15

第十章 压杆稳定

学习目标

1. 了解失稳的概念、压杆稳定条件及欧拉公式适用范围。
2. 理解压杆的临界应力总图。
3. 掌握欧拉公式计算压杆的临界力与临界应力。
4. 掌握各种压杆的稳定校核。
5. 了解提高压杆稳定性的措施。

对承受轴向压力的细长杆，杆内的应力在没有达到材料的许用应力时，就可能在任意外界的扰动下发生突然弯曲甚至导致破坏，致使杆件或由之组成的结构丧失正常功能，此时杆件的破坏不是由于强度不够引起的，这类问题就是压杆稳定问题。本章主要从压杆稳定的基本概念、不同支撑条件下的临界力、欧拉公式的适用条件以及提高压杆稳定性的措施方面加以介绍。

第一节　压杆稳定性的概念

在研究受压直杆时，人们往往认为破坏原因是由于强度不够造成的，即当横截面上的正应力达到材料的极限应力时，杆件才会发生破坏。现在我们做个小实验：取一根细长的钢板尺，钢的许用应力为 196 MPa，其截面尺寸为 20 mm×10 mm，按照强度条件计算其所能承受的的轴向压力为 3.92 kN，但是如果将钢尺竖立在桌面上，对其上端施加压力，开始轴线为直线，当压力不到 40 N 时，钢尺就发生较大弯曲，继续增大压力，钢尺将丧失承载能力。实验表明：同一材料、同一截面尺寸和形状，当长度不同时，其能承受的压力也不同。长度越大，杆件能承受的轴心压力越小。这类细长压杆从直线状态突然变为曲线状态的现象，称为压杆丧失稳定性破坏，简称**失稳**。

一、问题的提出

工程结构中有很多受压的细长杆。例如桁架结构中的抗压杆、建筑物中的柱也都是压杆。如果杆轴线本身不直或者施加荷载偏心，压杆材质不均匀等就容易引起杆件失稳。

杆件失稳后，压力的微小增加将引起弯曲变形的显著增大，杆件已丧失了承载能力。这是因失稳造成的失效，可以导致整个结构的损坏。

历史上曾发生过多次由于压杆失稳而导致的重大事故。例如 1891 年瑞士一座长 42 m的桥，当列车通过时，因结构失稳而坍塌，12 节车厢中的 7 节落入河中，200 多人死亡。1907 年 8 月 29 日加拿大魁北克圣劳伦斯河上长达 548 m 的大铁桥，在施工时由于一根下弦压杆失稳牵动了整个南端的结构，从而引起整座桥的倒塌，9000 t 钢结构变成了一堆废铁，在桥上施工的 86 名工人中 75 位工人死亡，成为十大工程惨案之一。

压杆失稳在建筑上产生过很多严重事故

1909 年，德国汉堡一个大型储气罐由于其支架中的一根受压槽型钢压杆失稳而引起的倒塌。1995 年 6 月 29 日，韩国首尔三丰百货大楼，由于盲目扩建加层，致使大楼四五层立柱不堪重负失稳破坏，大楼倒塌，死亡 502 人，受伤 937 人，失踪 113 人，举世震惊。

对于一般的构件只要满足强度和刚度就能确保其安全性，但是这种细长压杆，就其性质而言，与强度问题完全不同，致杆件失稳破坏的压力比导致强度不足破坏的压力要少得多，同时其失稳破坏具有突然性，必须防患于未然。因而，对细长压杆必须进行稳定性的计算。

二、平衡状态的稳定性

压杆受压后，杆件仍保持平衡的情况称为平衡状态。压杆受压失稳后，其变形仍保持在弹性范围内的称为弹性稳定问题。

现以图 10.1 两端铰支的细长压杆为例，当受到中心轴向压力时，假定对杆件施加非常微小的水平力。当轴向压力较小时，如果给杆一个较小的侧向干扰力使其轻微弯曲，如图 10.1(a)所示，则当干扰去掉后，杆仍会恢复原来的直线形状，说明压杆处于稳定的平衡状态。当轴向压力继续增加达到某一值时，杆件变弯，去掉干扰力后，杆件在曲线状态下保持平衡，无法恢复到原来的直线状态，如图 10.1(b)所示，说明压杆处于不稳定的平衡状态，或称失稳。当轴向压力继续增加并超过一定值时，压杆会产生显著的弯曲变形直至破坏。

压杆件由直线形状的稳定平衡状态转化为不稳定平衡状态时所受到的轴向压力，称为临界压力，简称为**临界力**，用 F_{cr} 表示。临界力是压杆保持直线平衡时能承受的最大压力。临界力大小与杆件的材料、长度、截面形状尺寸以及杆端的约束情况有关，对于一个具体的压杆来说，临界力 F_{cr} 是一个确定的数值。因此，根据杆件所受的实际压力是小于、大于该压杆的临界力，就能判定该压杆所处的平衡状态是稳定的还是不稳定的。

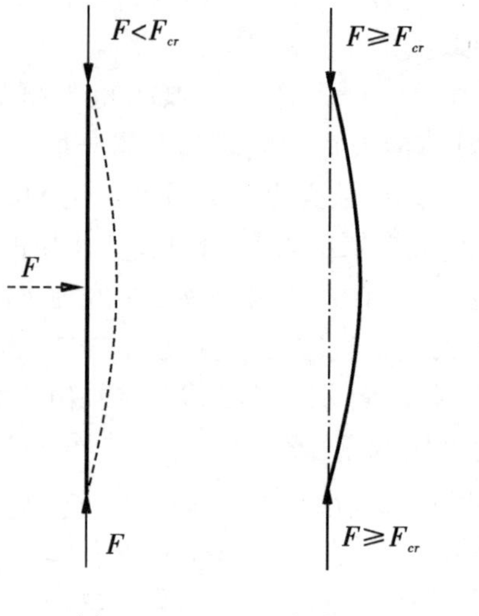

图 10.1

第二节　细长压杆的临界力

工程实际中许多受压构件都要考虑其稳定性，例如千斤顶的丝杆，自卸载重车的液压活塞杆、连杆以及桁架结构中的受压杆等。同一压杆的平衡是否稳定取决于压力 F 的大小。显然，如 $F < F_{cr}$，压杆保持稳定，如 $F > F_{cr}$，压杆将失稳。因此，分析稳定性问题的关键是求压杆的临界荷载。

一、两端铰支压杆的临界力

现以两端铰支，长度为 l 的等截面细长直杆中心受压为例，推导其临界力的计算公式。前面已经讲述，中心受压直杆临界力作用下将在微弯状态下保持平衡。假设压杆在临界力作用下轴线呈图10.2(a)所示曲线形态。此时，压杆任意 x 截面沿 y 方向的挠度为 w，该截面的弯矩如图 10.2(b) 所示为

$$M(x) = F_{cr}w \qquad (a)$$

弯矩的正、负号按前面章节中的规定，压力 F_{cr} 取为正值，挠度 w 以沿 y 轴正值方向为正。

将弯矩方程 $M(x)$ 代入前面公式，可得挠曲线的近似微分方程为

$$EIw'' = -M(x) = -F_{cr}w \qquad (b)$$

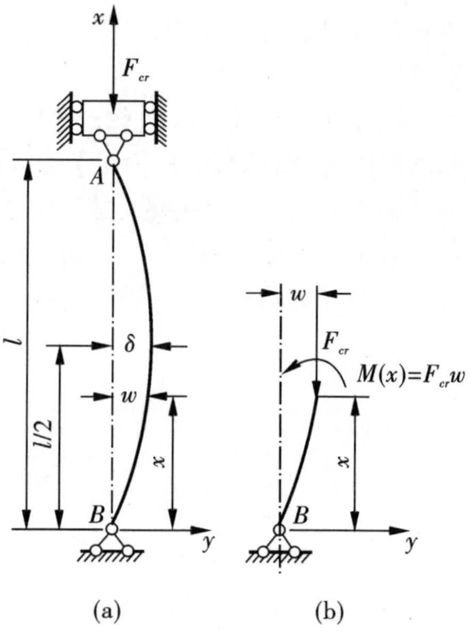

图 10.2

其中，I 为压杆横截面的最小形心主惯性矩。

将上式两端均除以 EI，并令

$$\frac{F_{cr}}{EI}=k^2 \tag{c}$$

则式(b)可写成如下形式

$$w''+k^2w=0 \tag{d}$$

式(d)为二阶常系数线性微分方程，其通解为

$$w=A\sin kx+B\cos kx \tag{e}$$

式中 A、B 和 k 三个待定常数可用挠曲线的边界条件确定。

边界条件：

当 $x=0$ 时，$w=0$，代入式(e)，得 $B=0$。式(e)变为

$$w=A\sin kx \tag{f}$$

当 $x=l$ 时，$w=0$，代入式(f)，得

$$A\sin kl=0 \tag{g}$$

满足式(g)的条件是 $A=0$ 或者 $\sin kl=0$。若 $A=0$，由式(f)可见 $w=0$，与题意（轴线呈微弯状态）不符。因此，只有

$$\sin kl=0 \tag{h}$$

即得

$$kl=n\pi(n=1,3,5\cdots)$$

其最小非零解是 $n=1$ 的解，于是

$$kl=\sqrt{\frac{F_{cr}}{EI}}l=\pi \tag{i}$$

即得

$$F_{cr}=\frac{\pi^2EI}{l^2} \tag{10.1}$$

式中　π——圆周率；

E——材料的弹性模量；

l——杆件长度；

I——杆件横截面对形心轴的惯性矩。

当杆端在个方向的支撑情况一致时，压杆总是在抗弯刚度最小的纵向平面内失稳，所以式(10.1)中的 I 应取截面的最小形心主惯性矩 I_{min}。式(10.1)是两端铰支压杆临界力的计算公式。上式最早由欧拉导出，所以称为**欧拉公式**。

将式(i)代入式(f)，得

$$w=A\sin\frac{\pi}{l}x \tag{j}$$

将边界条件 $x=\frac{l}{2}$，$w=\delta$（δ 为挠曲线中点挠度）代入式(j)，得

$$A=\frac{\sigma}{\sin\frac{\pi}{2}}=\delta$$

将上式代入式(j)可得挠曲线方程为

$$w = \delta\sin\frac{\pi}{l}x \tag{k}$$

即挠曲线为半波正弦曲线。

在以上求解过程中,挠曲线中点挠度 δ 是无法确定的,即不论 δ 为任何微小的值,上述平衡条件都成立,似乎压杆受临界力作用时可以在微弯形态下处于随遇平衡状态。但事实这种状态是不成立的,δ 之所以无法确定,是因为推导过程使用了挠曲线的近似微分方程。

如果采用挠曲线的精确微分方程

$$\frac{\mathrm{d}\theta}{\mathrm{d}s} = -\frac{M(x)}{EI} = -\frac{F_{cr}w}{EI} \tag{l}$$

将该式两边对 s 求导,则有

$$\frac{\mathrm{d}^2\theta}{\mathrm{d}s^2} = -\frac{F_{cr}}{EI}\sin\theta \tag{m}$$

由上式可得到挠曲线中点挠度 δ 与压力 F 之间的近似关系为

$$\delta = -\frac{2\sqrt{2}l}{\pi}\sqrt{\frac{F}{F_{cr}}-1}\left[1-\frac{1}{2}\left(\frac{F}{F_{cr}}-1\right)\right] \tag{n}$$

用图中曲线 AB 来表示,曲线在 A 点处的切线是水平的;当 $F \geqslant F_{cr}$ 时,压杆在微弯平衡形态下,压力 F 与挠度 δ 是一一对应的,如图 10.3(a)所示。而由挠曲线近似微分方程得出的压力 F 与挠度 δ 关系如图 10.3(b)所示,呈现随遇平衡的特征。

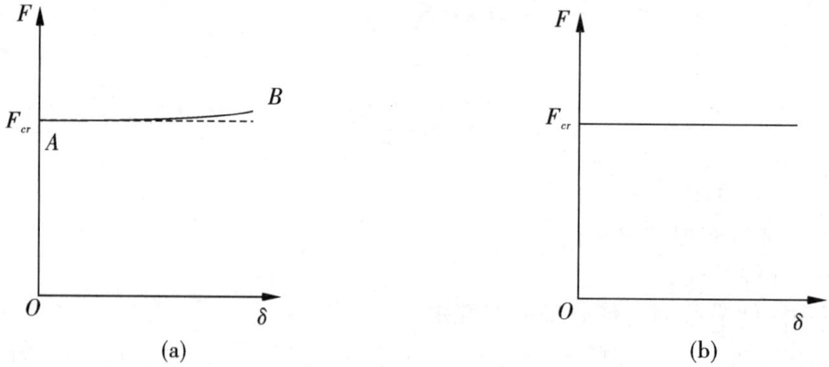

图 10.3

二、其他支承情况下细长压杆的临界力

同一受压杆当两端的约束情况不同时,其临界力值必然不同。但其他不同杆端约束下的细长中心受压杆件临界力的计算公式,其过程与推导两端铰支压杆的过程类似,这里不一一推导,现直接给出几种比较常见的理想杆端约束条件下的的临界力表达式,详见表 10.1。

表 10.1 各种支承约束情况下等截面细长杆的临界力欧拉公式

支承情况	两端铰支	一端固定 另一端铰支	两端固定	一端固定 另一端自由	两端固定 但可沿横 向相对移动
失稳时挠曲线形状	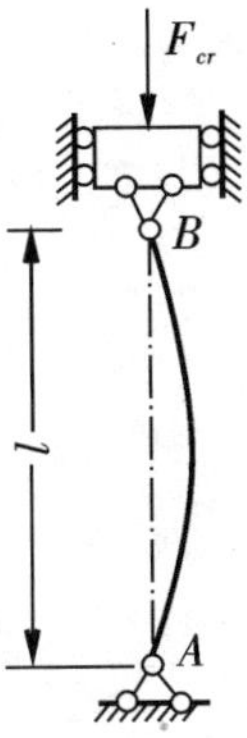	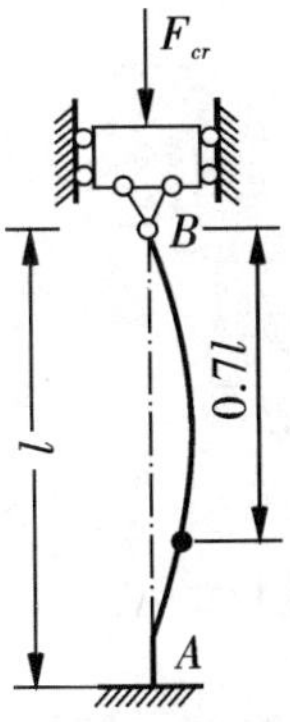 C–挠曲拐点	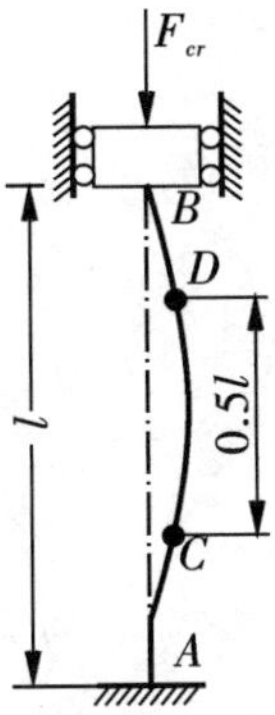 C–D 挠曲线拐点	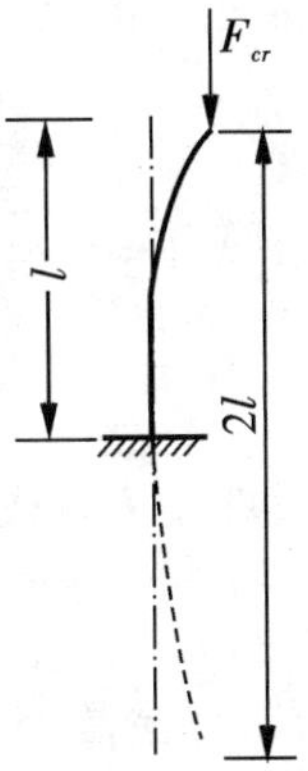	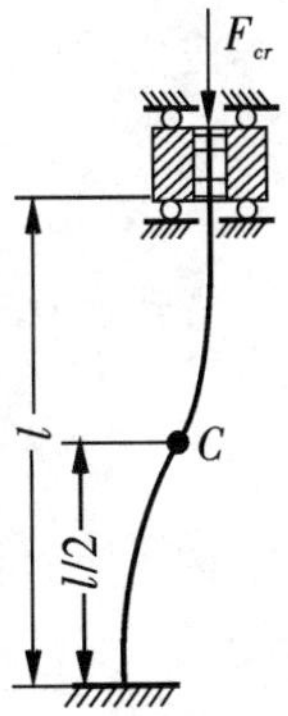 C 挠曲线拐点
临界力 F_{cr} 欧拉公式	$F_{cr}=\frac{\pi EI}{l^2}$	$F_{cr}\approx\frac{\pi^2 EI}{(0.7l)^2}$	$F_{cr}=\frac{\pi^2 EI}{(0.5l)^2}$	$F_{cr}=\frac{\pi^2 EI}{(2l)^2}$	$F_{cr}=\frac{\pi^2 EI}{l^2}$
长度系数 μ	$\mu=1$	$\mu\approx0.7$	$\mu=0.5$	$\mu=2$	$\mu=1$

从表 10.1 中可看到，中心受压直杆的的临界力随着杆端约束的变化而不同，杆端约束越强，杆件的抗弯能力越好，临界力就越大。各临界力的欧拉公式中，只是分母中 l 前边的系数不同，因此，可以写成统一形式，即

$$F_{cr}=\frac{\pi^2 EI}{(\mu l)^2} \tag{10.2}$$

式中 μl——计算长度；

μ——压杆长度系数；

E——材料的弹性模量；

l——杆件长度；

I——杆件横截面对形心轴的惯性矩。

在实际工程中，支撑约束与理想的支撑约束并不尽相同，或多或少存在差异，因此对于压杆长度系数 μ 的选取，表 10.1 作为参考，具体应用需依据有关的规范规定做出调整。

第三节 欧拉公式的适用范围、临界应力总图

前面我们推导中心受压直杆临界力的欧拉公式时，假定直杆材料在线弹性范围内工作，因此应力不能超过材料的比例极限 σ_P，否则该近似微分方程不能成立，因此，欧拉公式有一定的适用范围。

一、临界应力

根据欧拉公式，在进行压稳计算时，需要知道临界应力。压杆在临界力 F_{cr} 作用下处于直线临界状态的平衡时，其横截面上的压应力等于临界力 F_{cr} 除以横截面面积 A，称为**临界应力**，用 σ_{cr} 表示，即

$$\sigma_{cr} = \frac{F_{cr}}{A}$$

将式(10.2)代入上式，得

$$\sigma_{cr} = \frac{\pi^2 EI}{(\mu l)^2 A}$$

若将压杆的惯性矩 I 写成

$$I = i^2 A$$

式中，$i = \sqrt{\frac{I}{A}}$ 为压杆横截面对中性轴的**惯性半径**。

于是临界应力可写为

$$\sigma_{cr} = \frac{\pi^2 E i^2}{(\mu l)^2} = \frac{\pi^2 E}{\left(\frac{\mu l}{i}\right)^2}$$

令 $\lambda = \frac{\mu l}{i}$，则

$$\sigma_{cr} = \frac{\pi^2 E}{\lambda^2} \tag{10.3}$$

上式为计算压杆临界应力的欧拉公式，式中 λ 称为压杆的**柔度**（或称长细比）。则

$$\lambda = \frac{\mu l}{i} \tag{10.4}$$

式中柔度 λ 是一个无量纲的量，其大小与压杆的长度系数 μ 、惯性半径 i 有关。由于压杆的长度系数 μ 取决于压杆的支承情况，惯性半径 i 取决于截面的形状与尺寸，所以，柔度 λ 综合地反映了压杆的长度、截面的形状与尺寸以及支承情况对临界力的影响。从式(10.3)可以看出，压杆的柔度值越大，则其临界应力越小，压杆就越容易失稳，反之压杆的柔度值越小，则其临界应力越大，压杆就越稳定。

二、欧拉公式的适用范围

欧拉公式是先假定材料在线弹性范围内工作，然后根据挠曲线近似微分方程导出的，应用此微分方程时，材料必须服从胡克定理。因此，欧拉公式的适用范围应当是压杆的临界应力 σ_{cr} 不超过材料的比例极限 σ_P，即

$$\sigma_{cr} = \frac{\pi^2 E}{\lambda^2} \leqslant \sigma_P$$

或写作

$$\lambda \geqslant \pi\sqrt{\frac{E}{\sigma_P}}$$

假定 λ_P 为压杆的临界应力达到材料的比例极限时的柔度界限值，即

$$\lambda_P = \pi\sqrt{\frac{E}{\sigma_P}} \tag{10.5}$$

则欧拉公式的适用范围为

$$\lambda \geqslant \lambda_P \tag{10.6}$$

上式表明，当压杆的柔度不小于 λ_P 时，才可以应用欧拉公式计算临界力或临界应力。这类压杆称为大柔度杆或细长杆，欧拉公式只适用于较细长的大柔度杆。而 $\lambda \geqslant \lambda_P$ 从式(10.5)可知，λ_P 的值取决于材料性质，不同的材料都有自己的 E 值和 σ_P 值，所以，不同材料制成的压杆，其 λ_P 也不同。例如 Q235 钢，$\sigma_P = 200$ MPa，$E = 200$ GPa，由式(10.5)即可求得，$\lambda_P = \pi\sqrt{\frac{E}{\sigma_P}} = \pi\sqrt{\frac{200\times10^9\ \text{Pa}}{200\times10^6\ \text{Pa}}} = 100$。即只有其柔度不小于 100 才能用欧拉公式计算其临界力。

【例 10.1】　如图 10.4 所示压杆的 $E = 70$ GPa，$\sigma_P = 175$ MPa，请问此压杆是否适用欧拉公式，若可以，其临界力为多少？

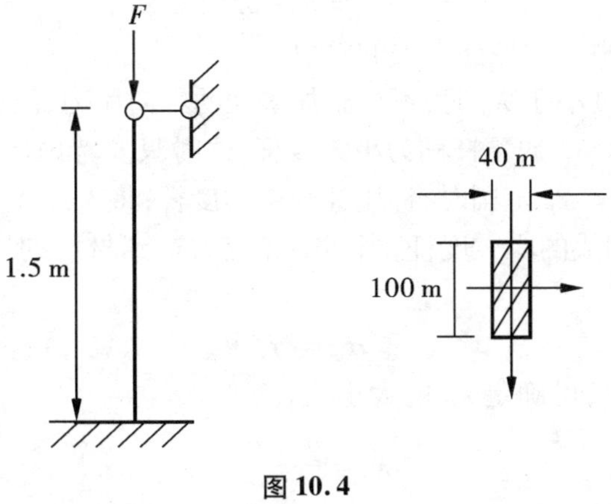

图 10.4

解：$I = I_{\min} = I_y = \dfrac{100\times40^3}{12}$

$$i = \sqrt{\frac{I_y}{A}} = \sqrt{\frac{100\times40^3}{12\times100\times40}} = 11.547\ \text{mm}$$

$$\lambda = \frac{\mu l}{i} = \frac{0.7\times1.5\times10^3}{11.547} = 90.9$$

$$\lambda_P = \pi\sqrt{\frac{E}{\sigma_P}} = \pi\sqrt{\frac{70\times10^3}{175}} = 62.8$$

$\lambda \geqslant \lambda_P$，压杆为大柔度杆，欧拉公式适用，临界力

$$F_{cr} = \frac{\pi^2 EI}{(\mu l)^2} = \frac{\pi^2\times70\times10^9\times100\times40^3\times10^{-12}}{(0.7\times1.5)^2\times12}\times10^{-3} = 334.2\ \text{kN}$$

第四节　中粗杆的临界力计算——经验公式、临界应力总图

一、中粗杆的临界应力计算公式——经验公式

通过前面推导,欧拉公式只适用于较细长的大柔度杆,即临界应力不超过材料的比例极限 σ_P(处于线弹性稳定状态)。当临界应力超过比例极限时,材料处于弹塑性阶段,此类压杆的稳定属于弹塑性稳定(非弹性稳定)问题,挠曲线的近似微分方程不能成立,因此,欧拉公式不再适用。

二、临界应力总图

当压杆柔度 $\lambda < \lambda_P$ 时,欧拉公式不再适用。对这样的压杆,目前设计中多采用经验公式确定临界应力。常用的经验公式有直线公式和抛物线公式。

1. 直线公式

对于柔度 $\lambda < \lambda_P$ 的压杆,通过试验发现,其临界应力 σ_{cr} 与柔度之间的关系可近似地用如下直线公式表示

$$\sigma_{cr} = a - b\lambda \tag{10.7}$$

式中,a、b 为与压杆材料力学性能有关的常数。

事实上,当压杆柔度小于 λ_0 时,不论施加多大的轴向压力,压杆都不会因发生弯曲变形而失稳。通常将 $\lambda < \lambda_0$ 的压杆称为**小柔度杆**,这时只要考虑压杆的强度问题即可;当压杆的 λ 值在 $\lambda_0 < \lambda < \lambda_P$ 范围时,称压杆为**中柔度杆**;将 $\lambda \geqslant \lambda_p$ 的压杆称为**大柔度杆**。

对于由塑性材料制成的小柔度杆,当其临界应力达到材料的屈服强度 σ_s 时,即认为失效。所以有

$$\sigma_{cr} = \sigma_s$$

将其代入式(10.7),可确定 λ_0 的大小

$$\lambda_0 = \frac{a - \sigma_s}{b} \tag{10.8}$$

如果将上式中的 σ_s 换成脆性材料的抗拉强度 σ_b,即得由脆性材料制成压杆的 λ_0 值。不同材料的 a、b 值及 λ_0、λ_P 的值见表 10.2 所示。

表 10.2　不同材料的 a、b 值及 λ_0、λ_P 的值

材料(σ_s,σ_b/MPa)	a/MPa	b/MPa	λ_P	λ_0
Q235 钢($\sigma_s=235$,$\sigma_b\geqslant372$)	304	1.12	100	60
优质碳钢($\sigma_s=306$,$\sigma_b\geqslant470$)	460	2.57	100	60
硅钢($\sigma_s=353$,$\sigma_b\geqslant510$)	577	3.74	100	60

续表 10.2

材料(σ_s,σ_b/MPa)	a/MPa	b/MPa	λ_P	λ_0
铬钼钢	980	5.29	55	
硬铝	392	3.26	50	
铸铁	332	1.45	80	
松木	28.7	0.2	59	

以柔度 λ 为横坐标,临界应力 σ_{cr} 为纵坐标,将临界应力与柔度的关系曲线绘于图中,即得到全面反映大、中、小柔度压杆的临界应力随柔度变化情况的**临界应力总图**,如图 10.5 所示。

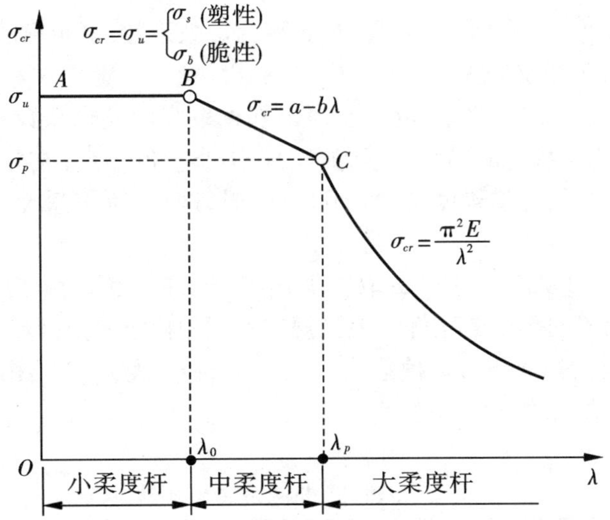

图 10.5

2. 抛物线公式

《钢结构设计规范》(GB 50017—2017)中,采用如下形式的抛物线公式

$$\sigma_{cr} = \sigma_s\left[1 - 0.43\left(\frac{\lambda}{\lambda_c}\right)^2\right] \qquad \lambda \leqslant \lambda_c \tag{10.9}$$

式中

$$\lambda_c = \pi\sqrt{\frac{E}{0.57\sigma_s}} \tag{10.10}$$

其中,λ_c 为临界应力曲线与抛物线相交点对应的柔度值。

第五节 压杆的稳定计算

一、稳定许用应力、折减系数

为了计算上的方便，将临界应力的允许值，写成如下形式

$$[\sigma_{cr}] = \frac{\sigma_{cr}}{n_{st}} \tag{a}$$

土木工程中，通常取 $[\sigma_{cr}] = \varphi[\sigma]$

从上式可知，φ 值为

$$\varphi = \frac{\sigma_{cr}}{[\sigma]\, n_{st}} = \frac{\sigma_{cr} n}{\sigma_s n_{st}} \tag{b}$$

式中，$[\sigma]$ 为强度计算时的许用应力，φ 称为折减系数，也叫稳定系数，其值小于 1。

式中，$n_{st}>1$，称为稳定安全因数。

对于稳定安全系数 n_{st} 的选取，除了要考虑在选取强度安全系数时的那些因素外，还要考虑影响压杆失稳所特有的不利因素，如压杆不可避免的存在初始曲率、材料不均、荷载的偏心等。而且，当压杆的柔度越大，即越细长时，这些不利因素的影响越大，稳定安全系数也应取得越大。

由式(b)可知，当 $[\sigma]$ 一定时，φ 取决于 σ_{cr} 与 n_{st} 的比值。由于临界应力值 σ_{cr} 随压杆的柔度而改变，而不同柔度的压杆一般又规定不同的稳定安全因数，所以折减系数 φ 是柔度 λ 的函数。当材料一定时，φ 值取决于柔度 λ 的值，表 10.3 给出了几种材料的折减系数 φ 与柔度 λ 的值，仅供学习中使用。

表 10.3 折减系数表

λ	φ			λ	φ		
	Q235 钢	16 锰钢	木材		Q235 钢	16 锰钢	木材
0	1.000	1.000	1.000	110	0.536	0.384	0.248
10	0.995	0.993	0.971	120	0.466	0.325	0.208
20	0.981	0.973	0.932	130	0.401	0.279	0.178
30	0.958	0.940	0.883	140	0.349	0.242	0.153
40	0.927	0.895	0.822	150	0.306	0.213	0.133
50	0.888	0.840	0.751	160	0.272	0.188	0.117
60	0.842	0.776	0.668	170	0.243	0.168	0.104
70	0.789	0.705	0.575	180	0.218	0.151	0.093
80	0.731	0.627	0.470	190	0.197	0.136	0.083
90	0.669	0.546	0.370	200	0.180	0.124	0.075
100	0.604	0.462	0.300				

《钢结构设计规范》(GB 50017—2017)中,根据对常用截面形式、尺寸和加工工艺的96根钢压杆,考虑初曲率和加工产生的残余应力所作数值计算结果,选取适当的安全因数后,给出了钢压杆稳定系数 φ 与柔度 λ 的一系列关系值。

该规范按钢压杆中残余应力对临界应力的影响从小到大分为a、b、c三类截面。大多数钢压杆可取作b类截面压杆。表10.4为Q235钢b类截面中心压杆随柔度 λ 变化的稳定因数 φ 。

表10.4　Q235钢b类截面中心受压直杆的稳定系数 φ

λ	0	1	2	3	4	5	6	7	8	9
0	1	1	1	0.999	0.999	0.998	0.997	0.996	0.995	0.994
10	0.992	0.991	0.989	0.987	0.985	0.983	0.981	0.978	0.976	0.973
20	0.97	0.967	0.963	0.96	0.957	0.953	0.95	0.946	0.943	0.939
30	0.936	0.932	0.929	0.925	0.922	0.918	0.914	0.91	0.906	0.903
40	0.899	0.895	0.891	0.887	0.882	0.878	0.874	0.87	0.865	0.861
50	0.856	0.852	0.847	0.842	0.838	0.833	0.828	0.823	0.818	0.813
60	0.807	0.802	0.797	0.791	0.786	0.78	0.774	0.769	0.763	0.757
70	0.751	0.745	0.739	0.732	0.726	0.72	0.714	0.707	0.701	0.694
80	0.688	0.681	0.675	0.668	0.661	0.655	0.648	0.641	0.635	0.628
90	0.621	0.614	0.608	0.601	0.594	0.588	0.581	0.575	0.568	0.561
100	0.555	0.549	0.542	0.536	0.529	0.523	0.517	0.511	0.505	0.499
110	0.493	0.487	0.481	0.475	0.47	0.464	0.458	0.453	0.447	0.442
120	0.437	0.432	0.426	0.421	0.416	0.411	0.406	0.402	0.397	0.392
130	0.387	0.383	0.378	0.374	0.37	0.365	0.361	0.357	0.353	0.349
140	0.345	0.341	0.337	0.333	0.329	0.326	0.322	0.318	0.315	0.311
150	0.308	0.304	0.301	0.298	0.265	0.291	0.288	0.285	0.282	0.279
160	0.276	0.273	0.27	0.267	0.265	0.262	0.259	0.256	0.254	0.251
170	0.249	0.246	0.244	0.241	0.239	0.236	0.234	0.232	0.229	0.227
180	0.225	0.223	0.22	0.218	0.216	0.214	0.212	0.21	0.208	0.206
190	0.204	0.202	0.2	0.198	0.197	0.195	0.193	0.191	0.19	0.188
200	0.186	0.184	0.183	0.181	0.18	0.178	0.176	0.175	0.173	0.172
210	0.17	0.169	0.167	0.166	0.165	0.163	0.162	0.16	0.159	0.158
220	0.156	0.155	0.154	0.153	0.151	0.15	0.149	0.148	0.146	0.145
230	0.144	0.143	0.142	0.141	0.14	0.138	0.137	0.136	0.135	0.134
240	0.133	0.132	0.131	0.13	0.129	0.128	0.127	0.126	0.125	0.124
250	0.123									

对于木制压杆的稳定系数 φ 值，我国的《木结构设计规范》(GBJ5—88)按树种的强度等级分别给出两组计算公式为：

(1)树种强度等级为 TC17、TC15 及 TB20 时，

$$\lambda \leqslant 75 \quad \varphi = \frac{1}{1 + \left(\frac{\lambda}{80}\right)^2} \tag{c}$$

$$\lambda > 75 \quad \varphi = \frac{3000}{\lambda^2} \tag{d}$$

(2)树种强度等级为 TC13、TC11、TB17 及 TB15 时，

$$\lambda \leqslant 91 \quad \varphi = \frac{1}{1 + \left(\frac{\lambda}{65}\right)^2} \tag{e}$$

$$\lambda > 91 \quad \varphi = \frac{2800}{\lambda^2} \tag{f}$$

关于树种强度等级，如 TC17 有柏木、东北落叶松等，TC15 有红杉、云杉等，TC13 有红松、马尾松等。代号后的数字为树种的抗弯强度(MPa)，详细的树种等级及相应的力学性质，可查阅《木结构设计规范》(GBJ5—88)。

二、压杆的稳定条件

为了使用压杆能正常工作而不失稳，压杆所承受的轴向压力 F 必须小于临界荷载 F_{cr}；或压杆的压应力 σ 必须小于临界应力 σ_{cr}。由于实际压杆可能存在初曲率、偏心受压、材质不均匀及截面的残余应力等不利因素，进而降低了杆件的临界应力。工程上对压杆设计时，还须有一定的安全储备以保证结构的安全性，所以要有足够的稳定安全系数 n_{st}。于是，压杆的稳定条件为

$$\sigma = \frac{F}{A} \leqslant [\sigma_{st}] = \varphi[\sigma] \tag{10.11}$$

式中 F——压杆承受的轴向压力；

φ——压杆的稳定系数；

A——压杆的横截面面积；

$[\sigma]$——许用应力。

对于压杆，应用压杆的稳定条件，可以进行三个方面的问题计算。

(1)稳定校核　即已知压杆的几何尺寸、所用材料、支承条件以及承受的压力，验算是否满足公式(10.11)的稳定条件。

这类问题，一般应首先计算出压杆的柔度 λ，根据 λ 查出相应的折减系数 φ，再按照公式(10.11)进行校核。

(2)计算稳定时的许用荷载　即已知压杆的几何尺寸、所用材料及支承条件，按稳定条件计算其能够承受的许用荷载 F 值。

这类问题，一般也要首先计算出压杆的柔度 λ，根据 λ 查出相应的折减系数 φ，再按照下式

$$F \leqslant A\varphi[\sigma] \tag{10.12}$$

需要补充说明的是，对于等截面压杆，满足稳定条件一定满足强度条件；压杆局部截面的削弱，因为临界力是根据整根杆的失稳确定的，所以稳定计算不考虑局部削弱对稳定性的影响，但是对削弱截面的强度校核时要考虑。

三、稳定计算

根据式(10.11)就可以对压杆进行稳定计算。压杆稳定计算的内容与强度计算类似，包括校核稳定性、设计截面和求容许荷载三个方面。压杆稳定计算通常有两种方法。

1. 安全系数法

临界压力 F_{cr} 是压杆的极限荷载，与工作压力 F 之比即为压杆的工作安全系数 n，它应大于规定的稳定安全系数，故有

$$n = \frac{F_{cr}}{F} \geqslant n_{st} \tag{10.13}$$

用这种方法进行压杆稳定计算时，必须计算压杆的临界荷载，而为了计算 F_{cr}，应首先计算压杆的柔度，再按不同的范围选用合适的公式计算。其中稳定安全系数 n 可在设计手册或规范中查到。

2. 折减系数法

土建工程中的压杆稳定计算中，常将变化稳定的许用应力 $[\sigma_{st}]$ 改为用强度许用应力 $[\sigma]$ 来表达

$$[\sigma_{st}] = \frac{\sigma_{st}}{n_{st}},\ [\sigma] = \frac{\sigma_0}{n}$$

$$[\sigma_{st}] = \frac{\sigma_{st}}{n_{st}} \cdot \frac{n}{[\sigma_0]} \cdot [\sigma] = \varphi[\sigma] \tag{10.14}$$

式(10.14)类似压杆强度条件表达式，从形式上可以理解：压杆因在强度破坏之前便丧失稳定，故由降低强度许用应力$[\sigma]$来保证杆件的安全。(注：φ 即为折减系数)

应用折减系数法作稳定计算时，首先要算出压杆的柔度 λ，再按其材料，由表 10.3 查出 φ 值，然后按式(10.14)进行计算。当计算出的 λ 值不是表中的整数值时，可用线性内插的近似方法得出相应的 φ 值。

【例 10.2】 由 Q235 钢加工成的工字形截面连杆，两端为柱形铰，即在 xy 平面内失稳时，杆端约束情况接近于两端铰支，长度系数 $\mu_z = 1.0$；而在 xz 平面内失稳时，杆端约束情况接近于两端固定，$\mu_y = 0.6$，如图 10.6 所示。已知连杆在工作时承受的最大压力为 $F = 35$ kN，材料的强度许用应力$[\sigma] = 206$ MPa，并符合《钢结构设计规范》(GB 50017—2017)中 a 类中心受压杆的要求。试校核其稳定性。

解：横截面的面积和形心主惯性矩分别为

$$A = 12 \times 24 + 2 \times 6 \times 22 = 552\ \text{mm}^2$$

$$I_z = \frac{12 \times 24^3}{12} + 2\left(\frac{22 \times 6^3}{12} + 22 \times 6 \times 15^2\right) = 7.40 \times 10^4\ \text{mm}$$

$$I_y = \frac{12 \times 24^3}{12} + 2 \times \frac{6 \times 22^3}{12} = 1.41 \times 10^4\ \text{mm}$$

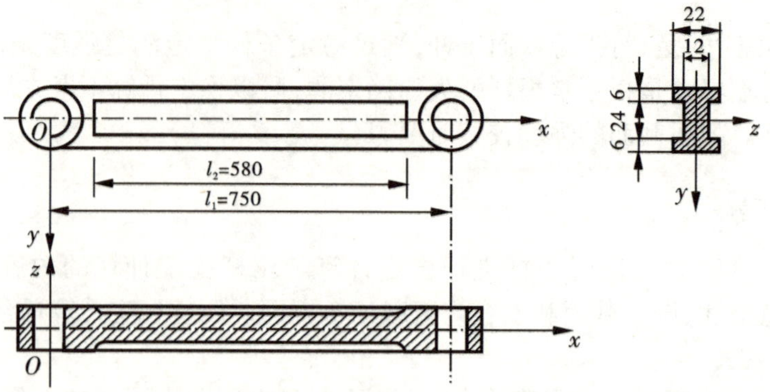

图 10.6

横截面对 z 轴和 y 轴的惯性半径分别为

$$i_z = \sqrt{\frac{I_z}{A}} = \sqrt{\frac{7.40 \times 10^4}{552}} = 11.58 \text{ mm}$$

$$i_y = \sqrt{\frac{I_y}{A}} = \sqrt{\frac{1.41 \times 10^4}{552}} = 5.05 \text{ mm}$$

于是,连杆的柔度值为

$$\lambda_z = \frac{\mu_z l_1}{i_z} = \frac{1.0 \times 750}{11.58} = 64.8$$

$$\lambda_y = \frac{\mu_y l_2}{i_y} = \frac{0.6 \times 580}{5.05} = 68.9$$

在两柔度值中,应按较大的柔度值 $\lambda_y = 68.9$ 来确定压杆的稳定系数 φ。用内插法求得

$$\varphi = 0.849 + \frac{9}{10} \times (0.844 - 0.849) = 0.845$$

将 φ 值代入式(10.14),即得杆的稳定许用应力为

$$[\sigma]_{st} = \varphi[\sigma] = 0.845 \times 206 = 174 \text{ MPa}$$

将连杆的工作应力与稳定许用应力比较,可得

$$\sigma = \frac{F}{A} = \frac{35 \times 10^3}{552 \times 10^{-6}} = 63.4 \text{ MPa} < [\sigma]_{st}$$

故连杆满足稳定性要求。

【例 10.3】 一强度等级为 TC13 的圆松木,长 6 m,中径为 300 mm,其强度许用应力为 10 MPa。现将圆木用来当作起重机用的扒杆(如图 10.7 所示),试计算圆木所能承受的许可压力值。

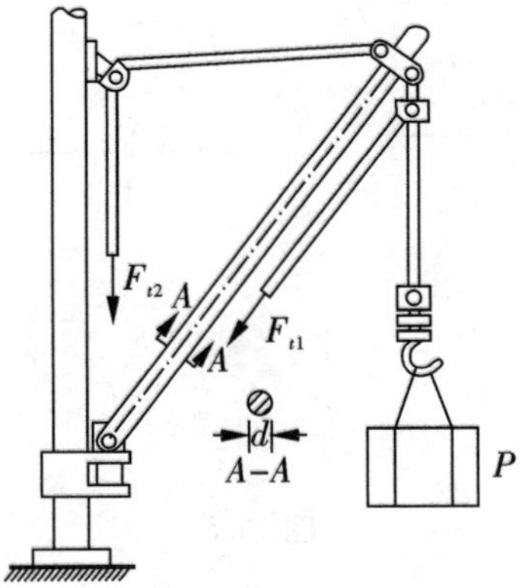

图 10.7

解:在图示平面内,若扒杆在轴向压力的作用下失稳,则杆的轴线将弯成半个正弦波,长度系数可取为 $\mu=1$。于是,其柔度为

$$\lambda=\frac{\mu l}{i}=\frac{1\times 6}{\frac{1}{4}\times 0.3}=80$$

根据 $\lambda=80$ 和强度等级,由式(e)求得木压杆的稳定系数为

$$\varphi=\frac{1}{1+\left(\frac{\lambda}{65}\right)^2}=\frac{1}{1+\left(\frac{80}{65}\right)^2}=0.398$$

从而可得圆木所能承受的许可压力为

$$[F]=\varphi[\sigma]A=0.398\times(10\times10^6)\times\frac{\pi}{4}\times(0.3)^2=281.3\ \text{kN}$$

如果扒杆的上端在垂直于纸面的方向并无任何约束,则杆在垂直于纸面的平面内失稳时,只能视为下端固定而上端自由,即 $\mu=2$。于是有

$$\lambda=\frac{\mu l}{i}=\frac{2\times 6}{\frac{1}{4}\times 0.3}=160$$

求得

$$\varphi=\frac{2800}{\lambda^2}=\frac{2800}{160^2}=0.109$$

$$[F]=\varphi[\sigma]A=0.109\times(10\times10^6)\times\frac{\pi}{4}\times(0.3)^2=77\ \text{kN}$$

显然,圆木作为扒杆使用时,所能承受的许可压力应为 77 kN,而不是 281.3 kN。

【例 10.4】 如图 10.8(a),托架 AB 杆是圆管,外径 $D=50$ mm,内径 $d=40$ mm,两端为球铰,材料为 Q235 钢,$E=206$ GPa,$\lambda_P=100$。若规定 $n_{st}=3$,试确定许可荷载 F。

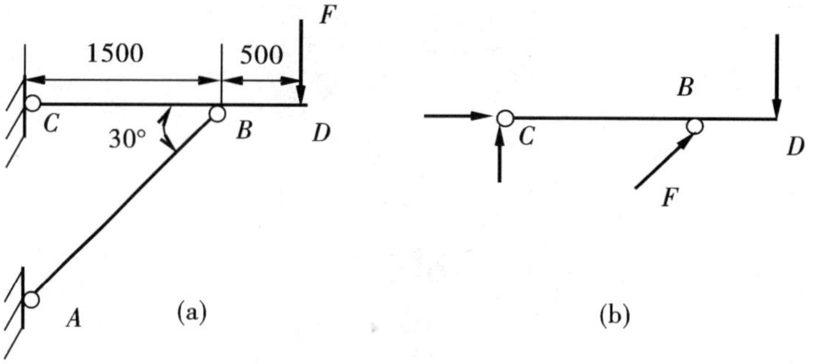

图 10.8

解：(1)取 ABC 横梁研究，受力分析如图 10.8(b)所示

由 $\sum M_c = 0, F_{AB}\sin 30° \times 1500 - F \times 2000 = 0$

解得
$$F_{AB} = \frac{8}{3}F$$

(2)计算 λ 并求临界荷载

$$i = \sqrt{\frac{I}{A}} = \sqrt{\frac{(D^4 - d^4)\pi/64}{(D^2 - d^2)\pi/4}}$$

$$i = \frac{\sqrt{D^2 + d^2}}{4} = 16\ \text{mm}$$

$$l_{AB} = \frac{1500}{\cos 30°} = 1730\ \text{mm} \quad \mu = 1$$

$$\lambda = \frac{\mu l}{i} = \frac{1 \times 1\ 730}{16} = 108$$

Q235 钢，$\lambda_P = 100, \lambda > \lambda_P$，用欧拉公式

$$F_{AB\,cr} = \frac{\pi^2 E}{\lambda^2} \cdot A = 121.54 \times 10^3\ \text{N} = 121.54\ \text{kN}$$

(3)根据稳定条件求许可荷载

$$F_{AB} \leqslant \frac{F_{ABcr}}{n_{st}} = \frac{121.54}{3} = 40.5\ \text{kN}$$

$$F = \frac{3}{8}F_{AB} \leqslant \frac{3}{8} \times 40.5 = 15.2\ \text{kN}$$

第六节　提高压杆稳定性的措施

由以上各节的讨论可知，影响压杆稳定性的因素有压杆的截面形状、长度和约束条件、材料的性质等。因此要提高压杆的稳定性，可从下列四个方面考虑。

提高压杆稳定性的关键在于提高压杆的临界力或临界应力。由临界应力计算式可看到，影响临界应力的主要因素是柔度，减小柔度可以大幅度提高临界应力。

一、合理选择材料

对于大柔度杆,临界应力大小与材料的弹性模量 E 有关,由于各种钢才的弹性模量 E 值相差不大,所以,对大柔度杆来说,提高钢材的品牌型号对提高其临界应力意义不大。

对于中柔度杆,其临界应力与材料强度有关,强度越高的材料,临界应力越高。所以,对于中柔度杆而言,选择优质的高强度钢材将有利于提高压杆的稳定性。

二、减小压杆的柔度

从柔度计算式中可以看出,柔度与杆长成正比,l 越小,则 λ 越小。减小压杆的长度是降低压杆柔度、提高压杆稳定性的有效方法之一。在条件允许的情况下,应尽量使压杆的长度减小,或者在压杆中间增加支撑。

三、改善支承情况,减小长度系数 μ

长度系数 μ 反应了压杆的支承情况,从表 10.1 中可看到,杆端处固结程度越高,μ 值越小。因此,在结构条件允许的情况下,应尽可能地使杆端约束牢固一些,以使压杆的稳定性得到相应提高。

四、选择合理的截面形状

压杆稳定性与柔度有关,而柔度与截面的惯性矩成正比。因此,应该选择截面惯性矩较大的截面形状。并且,当杆端各方向约束相同时,应选择合理的截面尺寸,尽可能使杆截面在各方向的惯性矩相等。如图 10.9 所示的两种矩形截面压杆,在面积相同的情况下,截面(a)比截面(b)合理,因为方形截面(a)的惯性矩大。如图 10.10 所示的两种实心圆和空心圆压杆截面,在面积相同的情况下,截面(b)比截面(a)合理,因为截面(b)的惯性矩大。如图 10.11 所示,由槽钢制成的压杆,有两种摆放形式,(b)比(a)合理,因为(a)中截面对竖轴的惯性矩比另一方向小很多,降低了杆的临界力。

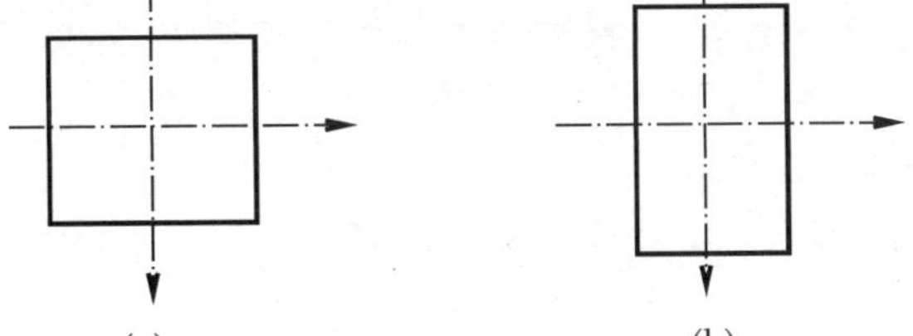

(a) (b)

图 10.9

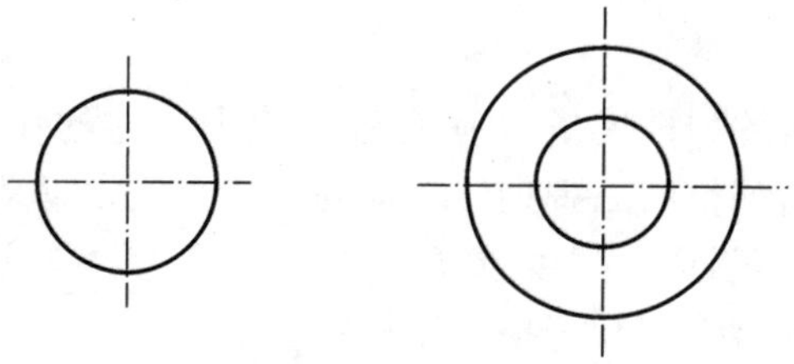

(a) (b)

图 10.10

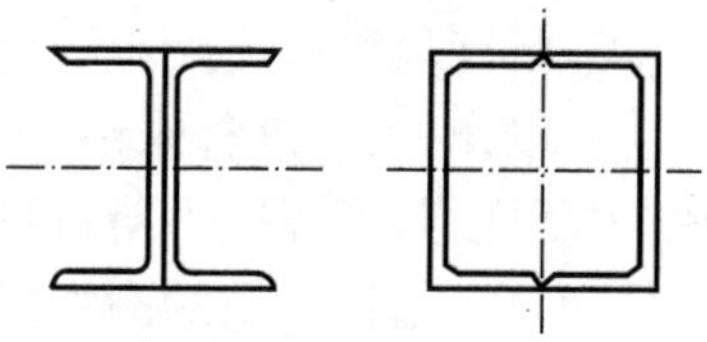

(a) (b)

图 10.11

章后小结

一、压杆稳定概念

对于细长受压构件，由于杆件丧失保持直线形状的稳定，称为压杆失稳。并且引起杆件丧失稳定破坏的压力比引起强度不足破坏的压力要小得多。

二、本章涉及的公式

1. 用欧拉公式计算细长杆临界力和临界应力：

临界力 $F_{cr}=\dfrac{\pi^2 EI}{(\mu l)^2}$

临界应力 $\sigma_{cr}=\dfrac{\pi^2 E}{\lambda^2}$

μ 为长度系数，反应了杆端支承对压杆临界力的影响。λ 为压杆的柔度，其计算公式为 $\lambda=\dfrac{\mu l}{i}$，λ 值越大，压杆越易失稳。

2. 用经验公式计算中长压杆

三、压杆稳定性计算方法

有安全系数法和折减系数法，可以进行压杆的稳定性校核、设计横截面尺寸和确定许用荷载。

四、提高压杆稳定性的措施

主要有合理选择材料、减小压杆的柔度、改善支承情况、合理选择构件截面等。

习 题

10.1 如图 10.12 所示的两细长杆均与基础刚性连接，但第一根杆[图 10.12(a)]的基础放在弹性地基上，第二根杆[图 10.12(b)]的基础放在刚性地基上。试问两杆的临界力是否均为 $F_{cr}=\dfrac{\pi^2 EI_{\min}}{(2l)^2}$？为什么？并由此判断压杆长度因数 μ 是否可能大于 2。

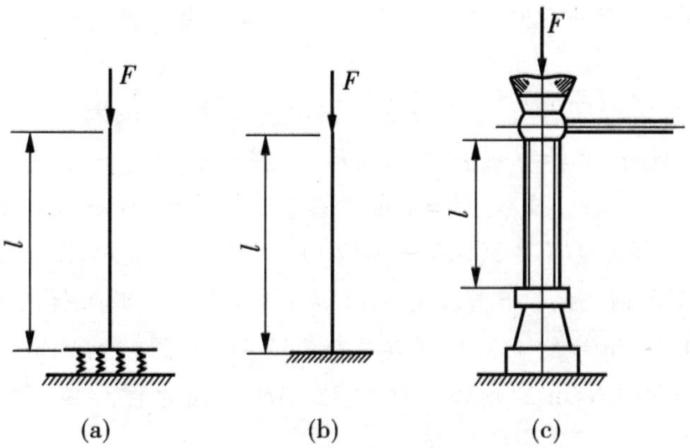

图 10.12

10.2 如图 10.13 所示各杆材料和截面均相同,试问杆能承受的压力哪根最大,哪根最小?[如图 10.13(f)所示的杆在中间支杆承处不能转动]

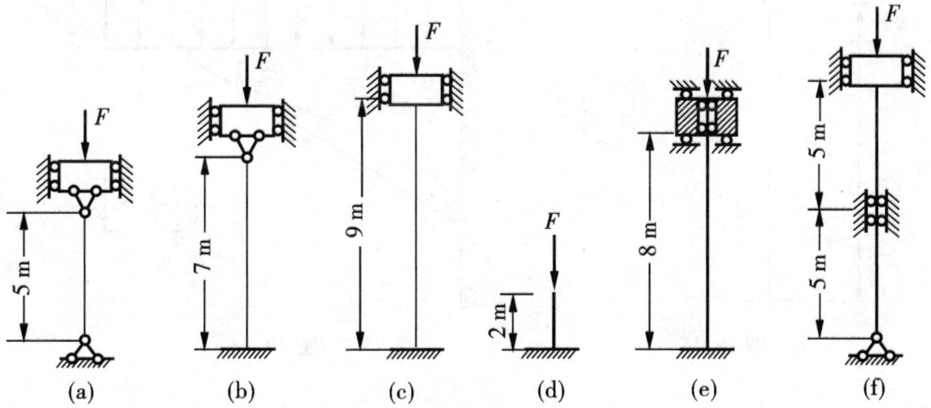

图 10.13

10.3 如图 10.14 所示钢筋混凝土柱,高 6 m,下端与基础固结,上端与屋架铰结,柱的截面为 $b \times h = 250\ \text{mm} \times 600\ \text{mm}$,弹性模量 $E = 26\ \text{GPa}$。试计算该柱的临界力。

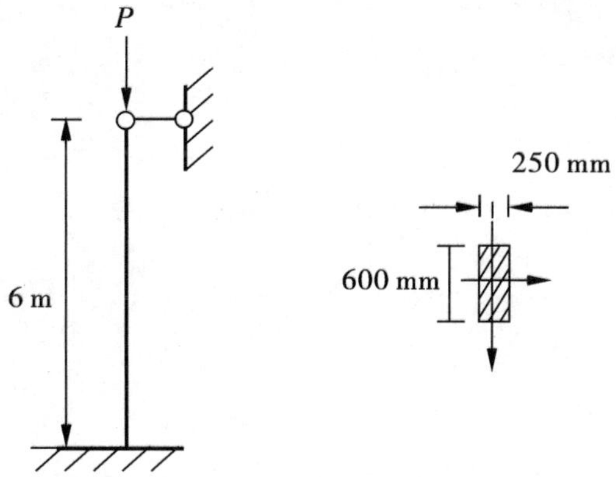

图 10.14

10.4 一根两端铰支的 NO20a 工字钢压杆，长 3 m，钢的弹性模量 $E=200$ GPa，试确定其临界力。

10.5 某一细长实心圆截面杆轴心受压，直径 $d=20$ mm，材料屈服应力 235 MPa，其弹性模量 $E=2\times10^5$ MPa，试计算该杆件的临界力，并判断杆件是否安全。

10.6 下端固定、上端铰支、长 $l=4$ m 的压杆，由两根 10 钢焊接而成，如图 10.15 所示，符合《钢结构设计规范》(GB 50017—2017) 中实腹式 b 类截面中心受力压杆的要求。已知杆的材料为 Q235 钢，强度许用应力 $[\sigma]=170$ MPa，试求压杆的许可荷载。

10.7 如图 10.16 所示的一简单托架，其撑杆 AB 为圆截面木杆，强度等级为 TC15。若架上受集度为 $q=50$ kN/m 的均布荷载作用，AB 两端为柱形铰，材料的强度许用应力 $[\sigma]=11$ MPa，试求撑杆所需的直径 d。

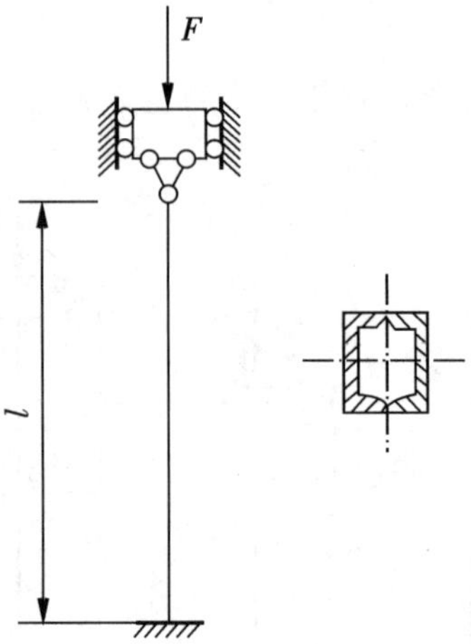

图 10.15

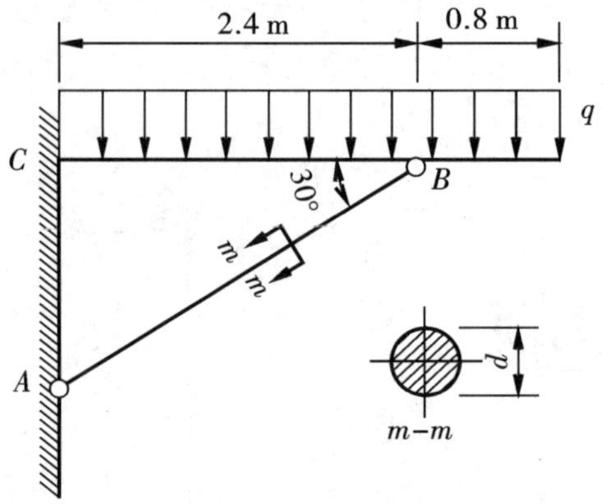

图 10.16

第三篇

结构力学

第十一章 平面结构体系的几何组成分析

学习目标

1. 了解几何不变、几何可变、静定结构、超静定结构等几个概念。
2. 利用自由度和多余约束概念判定静定结构和超静定结构。
3. 掌握几何不变体系的组成规则。
4. 会进行简单的几何组成分析。

第一节 几何组成分析的目的

一、平面几何体系分类

1. 几何不变体系、几何可变体系

在实际工程结构中，杆件结构是由若干杆件互相连接所组成的体系，并与地基连接成一整体，用来承受荷载的作用。当体系受到任意荷载作用后，若不考虑材料的变形，而能保持其几何形状和位置不变的，则称为**几何不变体系**，如图 11.1(a)所示。另有一类体系，尽管只受到很小的荷载 F 的作用，也会引起很大的形状或位置的改变。其原因不是由于材料本身的弹性变形，而是由于体系内部的组成不健全或支承的布置不合理，这类体系称为**几何可变体系**，如图 11.1(b)所示。显然，几何可变体系是不能用来作为结构的，因为在建筑工程结构中，要求在任何种类的荷载作用下，结构必须能保持自己的形状和位置。

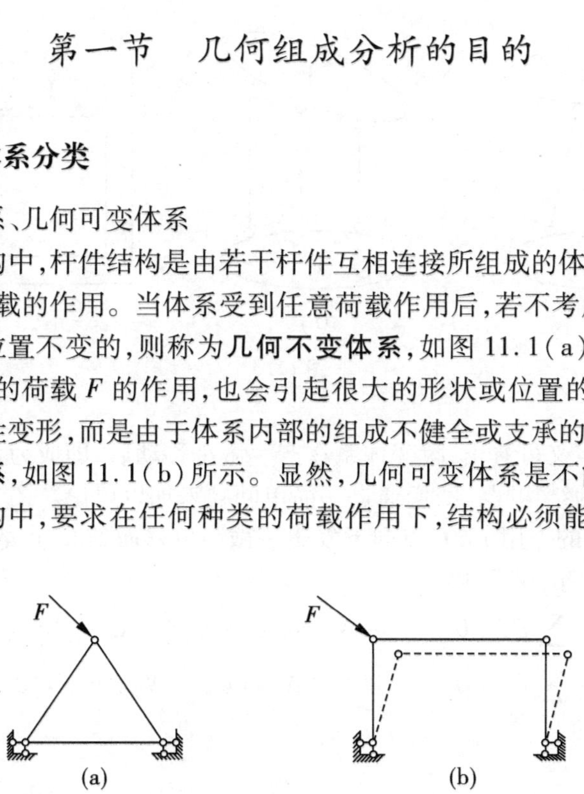

图 11.1

2. 几何瞬变体系

几何可变体系又被细分为几何常变体系和几何瞬变体系。

如图 11.2 所示，刚片Ⅰ用三根平行等长的链杆与Ⅱ（基础）相连，显然这个体系是几何可变。当刚片Ⅰ有微小的水平位移后，三支杆仍然平行，故位移可继续发生。像这样可以发生大位移的几何可变体系，则称为**几何常变体系**。

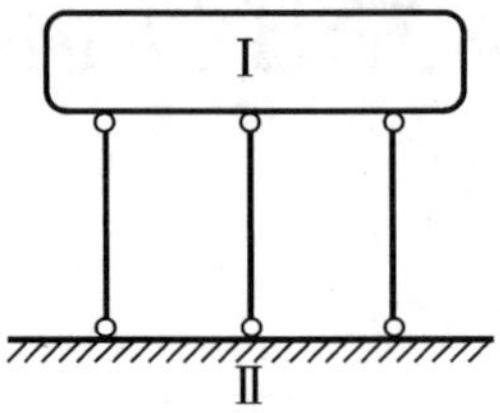

图 11.2

图 11.3(a)所示两刚片用三根连杆相连的体系，三杆延长线交于 O 点，当两刚片绕 O 点作微小转动后，三杆延长线不再交于点，此时位移已经不能继续发生，体系已经成为几何不变的，像这种，体系原为几何不变，产生微小移动后变为几何不变的体系称作**几何瞬变体系**。图 11.3(b)(c)所示体系也是瞬变体系，请读者自行分析。

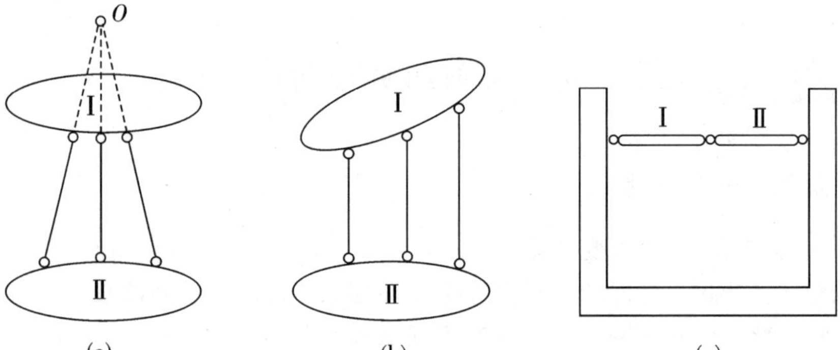

图 11.3

从瞬变体系的定义可看出，瞬变体系在产生微小移动后，即成为几何不变体系。那么瞬变体系是否可作为结构呢？我们通过一简单问题来加以讨论。图 11.4(a)所示为一瞬变体系，设在外力 F 的作用下，C 点向下发生一微小位移而到 C' 点的位置，取图 11.4(b)所示的脱离体，由平衡条件可得

$$\sum F_x = 0 \qquad -N_{AC}\cos\varphi + N_{BC}\cos\varphi$$

$$\sum F_y = 0 \qquad -F + N_{AC}\sin\varphi + N_{BC}\sin\varphi = 0$$

解方程后，得

$$N_{AC} = N_{BC} = N$$

$$N = \frac{F}{2\sin\varphi}$$

因为 φ 为一无穷小量,所以

$$N = \lim_{\varphi \to 0} \frac{F}{2\sin\varphi} = \infty$$

由此可见,杆件 AC 和 BC 内产生无限大的内力,从而导致体系的破坏,因此,瞬变体系不能作为结构。

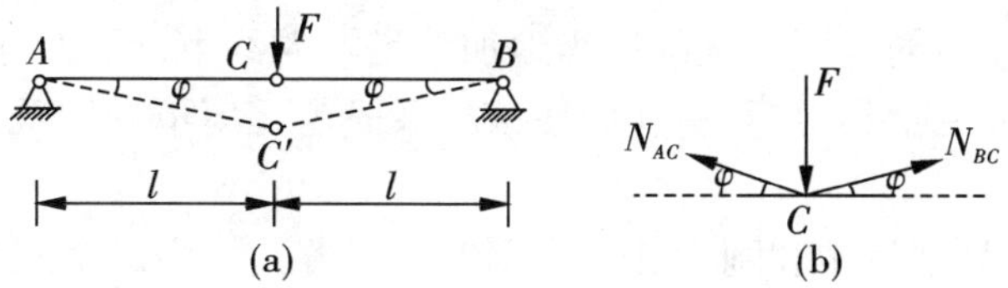

图 11.4

二、几何组成分析的目的

在对结构进行分析计算时,必须先分析体系的几何组成,以确定体系的几何不变性。

几何组成分析的目的:①判别给定体系是否是几何不变体系,从而确定它能否作为结构使用;②研究几何不变体系的组成规则,以保证设计出安全合理的结构;③正确区分静定结构和超静定结构,为结构的内力计算打下必要的基础。

第二节　平面体系的自由度

一、刚片、自由度、约束

刚片、自由度和约束的概念在第一章已经学习过。在此稍加复习。

在几何组成分析中,可能遇到各种各样的平面物体,不论其具体形状如何,凡本身为几何形状不变者,则均可把它看作为刚片。例如,一根梁、一根杆或体系中已经肯定为几何不变的某个部分均可视为刚片。

图 11.5 所示的体系中,用虚线画出的 1、2、3、4、5 各个部分,都可分别看作为刚片。

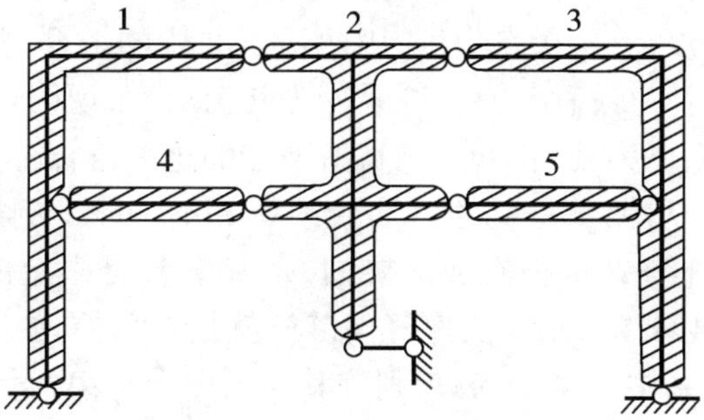

图 11.5

所谓自由度，指用来确定物体的空间位置所需要的独立几何参数的数量。

对其他物体的运动起限制作用的物体称为约束。能减少 n 个自由度的装置称为有 n 个约束。

约束可分为外部约束和内部约束两种，外部约束是指体系与基础之间的约束，也就是支座；而内部约束则是指体系内部各杆之间或结点之间的约束，如铰结点、刚结点和链杆等。

一个安全可靠的建筑结构，通常都是由若干个可视为刚片的构件加入某些约束所组成的。如果在组成体系的各刚片之间恰当地加入足够的约束，就能使刚片与刚片之间、刚片与大地之间不可能发生相对运动，从而使该体系成为几何不变体系。因此，几何不变体系的自由度为0。

图 11.6 所示的是刚片Ⅰ和刚片Ⅱ间的刚性连接方式。当两个刚片单独存在时，它们的自由度为6，两者通过刚性连接后，刚片Ⅰ相对于刚片Ⅱ不发生任何相对运动，构成了一个刚片，这时它们的自由度是3，所以一个刚性连接相当于 3 个约束。这 3 个约束也可以用彼此既不完全平行也不完全相交于一点的三根链杆来代替。因此，可把图 11.6(a) 转化成图 11.6(b) 和图 11.6(c) 的情形。悬臂梁的固定端就是刚片与基础间的刚性连接。

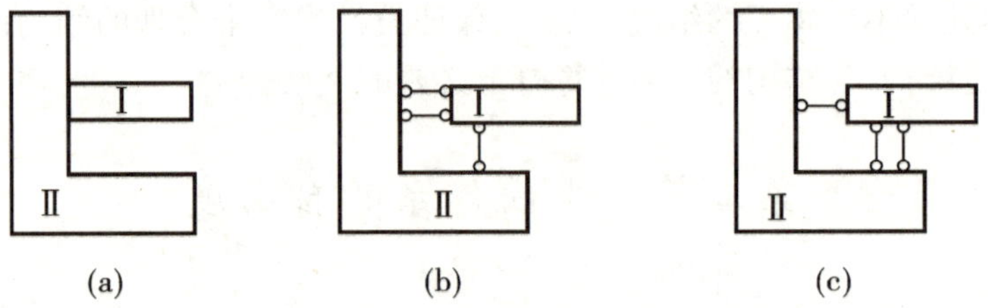

图 11.6

二、必要约束、多余约束

根据其对自由度的影响，体系中的约束可分为两类：若在一个体系上增加一个约束，体系自由度无变化，则所增加的这一约束称为**多余约束**。若在一个体系上减少一个约束，体系自由度将增加，则所减少的这一约束称为**必要约束**。

例如平面上一个动点，有两个自由度，用两根不共线的链杆将其与地基相连，组成一个几何不变体系，此时若减少一个约束，体系变为几何可变，说明这两根链杆是必要约束；若再增加一根链杆，体系仍为几何不变，则将所增加的这一链杆称为多余约束。

在有多余约束的体系中，哪些约束是多余约束并不唯一。例如在图 11.7(a) 所示体系中，若将 A 处竖向链杆与 B 链杆看成必要的，则 C 链杆是多余的，如图 11.7(b) 所示。若将 B 、C 链杆看作是必要的，则 A 支座竖向链杆就是多余的，如图 11.7(c) 所示。

若一个几何不变体系中无多余约束，则称其为无多余约束几何不变体系，反之称为有多余约束几何不变体系。

三、静定结构与超静定结构

从几何组成的角度,几何不变体系可分为静定结构和超静定结构。

有多余约束的几何不变体系为超静定结构,如图 11.7(a)所示。多余约束的个数即超静定结构的超静定次数。图 11.7(a)所示结构为一次超静定。对于超静定结构,仅用静力平衡方程,不能求得全部支座反力,从而也就不能求得它的所有内力。

无多余约束的几何不变体系为静定结构,如图 11.7(b)、(c)所示。对于静定结构,它的所有支座反力和内力都可由静力平衡方程求得。

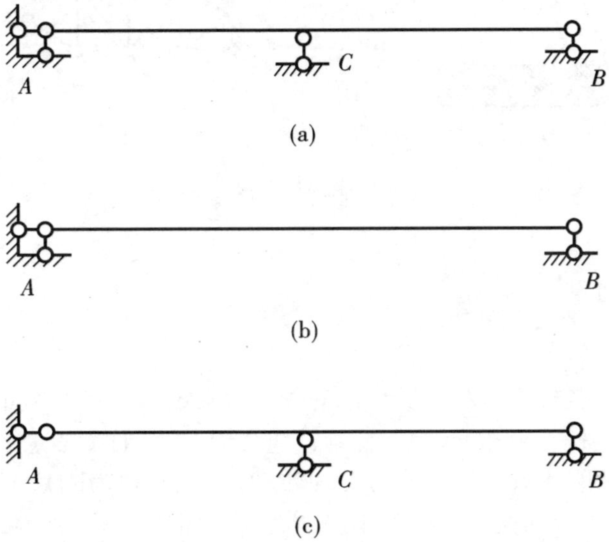

图 11.7

第三节　几何不变体系的组成规则

平面体系组成几何分析可采用两种方法:自由度分析法和组成规则分析法。

如图 11.7 所示,这种单一构件组成的结构比较简单,搞清楚约束类型,采用自由度分析法即可判定是否是几何不变体系。在此不再赘述。

对于比较复杂的结构,进行几何组成分析时需要以下三个基本规则:二元体规则、两刚片规则和三刚片规则。

一、二元体规则

所谓二元体是指**由两根不在同一直线上的链杆铰接产生一个新结点的装置**。平面内新增加一个点就会产生两个自由度,而新增加的两根链杆不共线,又限制了点的运动,故体系自由度无变化。

若原体系几何不变(或可变),则新增加一个二元体后,新体系仍为几何不变(或可变);同样,在一个已知体系上拿掉二元体,也不会影响原体系的几何不变性或几何可变性。因此可将二元体规则叙述如下:**在一个体系上依次增加或减少二元体,原体系的几何组成性质保持不变**。

在判断平面几何体系时,二元体规则经常被用来简化体系。如图 11.8(b)所示桁架,就可以从右端依次拆除二元体,最终剩下最左端阴影面积所示三角形铰接体系,即几何不变体系。

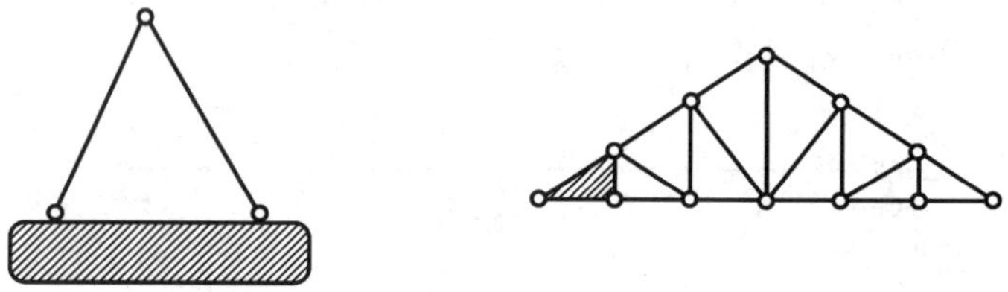

(a) (b)

图 11.8

二、两刚片规则

1. 实铰、虚铰、瞬铰

连接两刚片的两链杆直接相交所形成的铰称为**实铰**,如图 11.9(a)所示 O 点为**实铰**。若连接两刚片的两链杆并未相交,但两杆延长线交于 O 点,称 O 交点为两链杆的**虚铰**,如图 11.9(b)所示。两刚片只能绕 O 点作相对转动,O 点也称为刚片Ⅰ和刚片Ⅱ的相对转动瞬心,这个瞬心的位置随两刚片的微小转动而改变,也称这个铰为瞬铰。图 11.9(c)所示是虚铰位于两根链杆交叉点上的情形,图 11.9(d)所示是虚铰在无限远处的情形。虚铰的作用与实铰的作用完全相同。

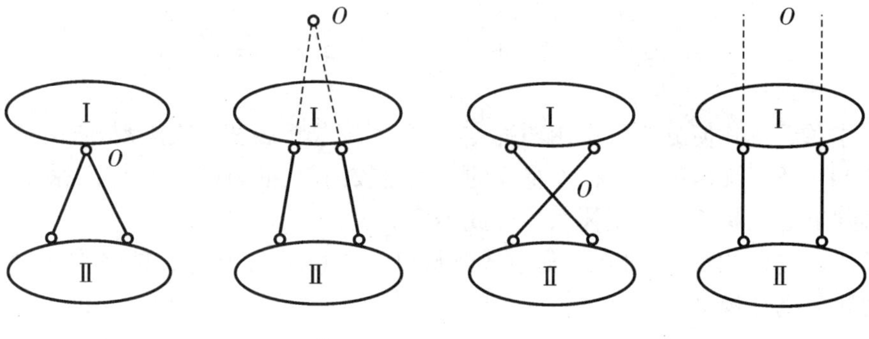

(a) (b) (c) (d)

图 11.9

2. 两刚片规则

两刚片用既不平行也不全交于一点的三根链杆相连,组成的体系内部几何不变且无多余约束,如图 11.10(a)(b)。

本规则也可描述为：**两个刚片用一个单铰和一个不通过该铰的链杆相连，组成的体系内部几何不变且无多余约束**，如图 11.10(c)。

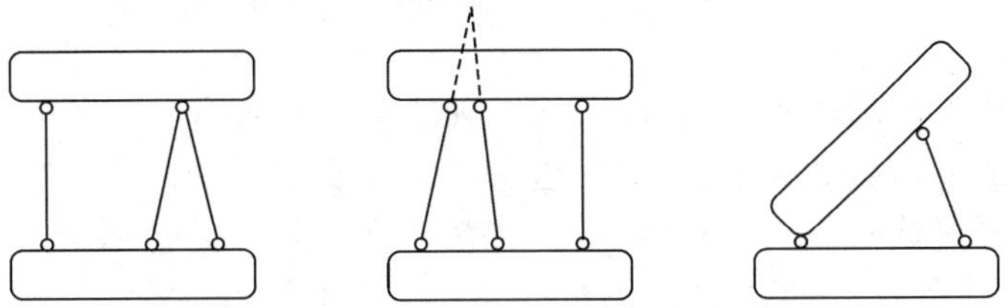

(a)　　(b)　　(c)

图 11.10

若链杆通过铰，则所组成的体系为瞬变体系。图 11.11 所示体系即为瞬变体系。

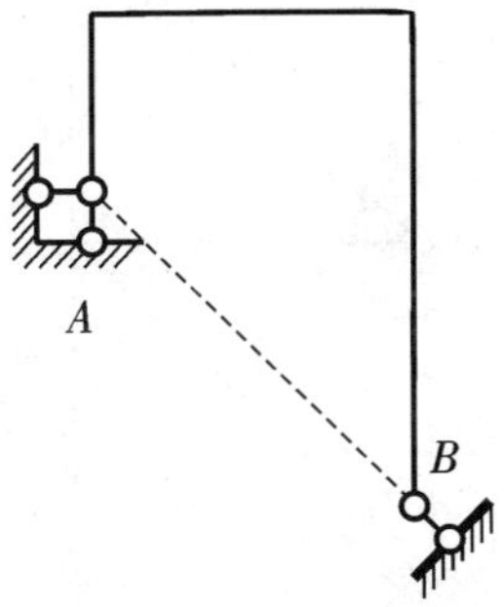

图 11.11

三、三刚片规则

三刚片用不在同一直线上的三个铰两两相连，组成的体系内部几何不变且无多余约束，如图 11.12(a)。此三角形的三边长度已定，由几何学可知，所组成的此三角形是唯一的，三刚片的相对位置也就固定了。也就是说，三刚片之间无相对运动。因此，这样组成的体系是几何不变的。

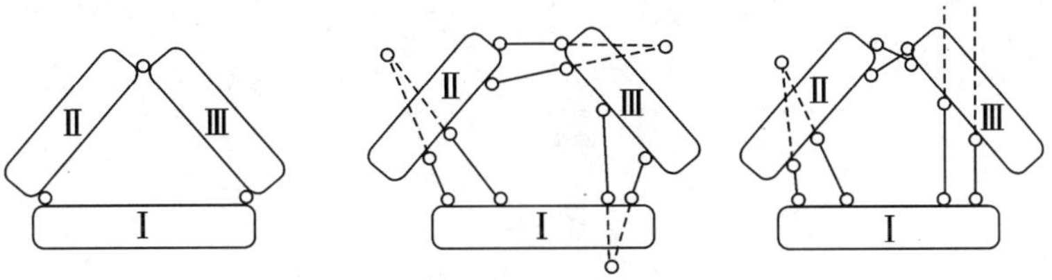

(a)　　(b)　　(c)

图 11.12

注意，这里所说的不在同一直线上的三个铰可以是实铰，也可以是二根链杆组成的虚铰，如图 11.12(b)(c)。

若三个铰共线但不重合，则为瞬变体系，如图 11.3(c)。

第四节　几何组成分析举例

几何组成分析能判断体系是否几何不变，并能确定几何不变体系中多余约束的个数。体系几何组成分析虽然灵活多样，但也有一定的规律可循。

当体系上有二元体时，应去掉二元体使体系简化。但需注意，每次只能去掉符合定义的二元体，不能从中间任意抽取。例如图 11.13，结点 1 处有一个二元体，拆除后，结点 2 处暴露出二元体，再拆除后，又可在结点 3 处拆除二元体，剩下为三角形 *AB*4，它是几何不变的，故原体系为几何不变。也可以继续在点 4 处拆除二元体，剩下的只是大地了，这说明原体系相对于大地是不能动的，即为几何不变体系。

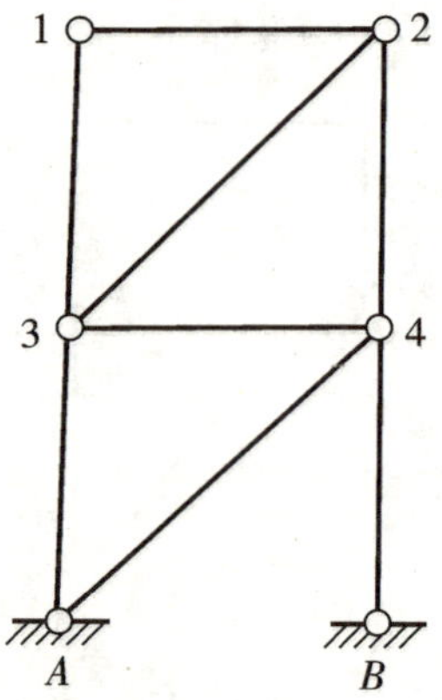

图 11.13

如果体系的支座链杆只有三根，且既不完全平行也不完全交于一点，则地基与体系本身的连接已符合两刚片规则，因此可以去掉支座链杆和地基，只对体系本身进行分析。例如，图 11.14 所示体系，除去支座三根链杆，只需对图 11.14(b) 所示体系进行分析，按两刚片规则组成无多余约束的几何不变体系。

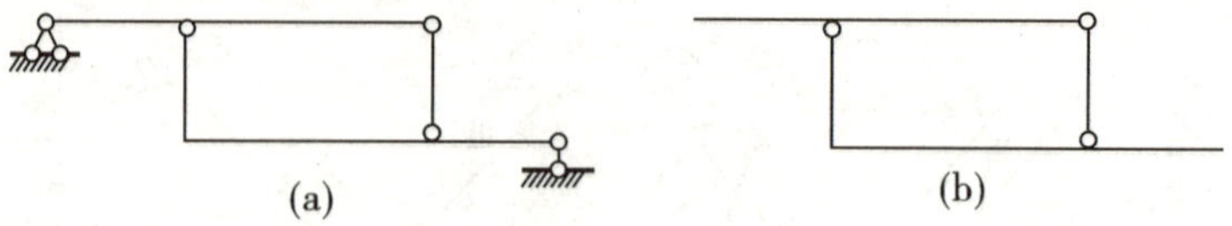

图 11.14

当体系的支座链杆多余三根时，应考虑把地基作为一个刚片，将体系本身和地基一起用三刚片规则进行分析，否则，往往会得出错误的结论。例如，如图 11.15 所示体系，若不考虑四根支座链杆和地基，将 *ABC*、*DEF* 作为刚片Ⅰ、Ⅱ，它们只由两根链杆 1、2 连接，从而得出几何可变体系的结论，显然是错误的。正确的方法是将地基作为刚片Ⅲ，对整个体系用三刚片规则进行分析,结论是该体系是无多余约束的几何不变体系。

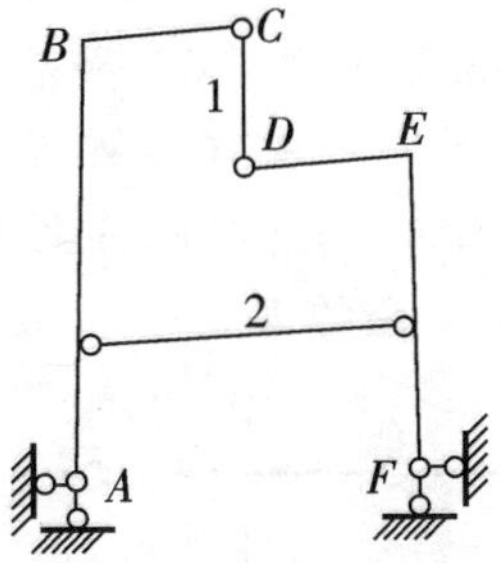

图 11.15

【例 11.1】　试分析图 11.16 所示体系的几何组成。

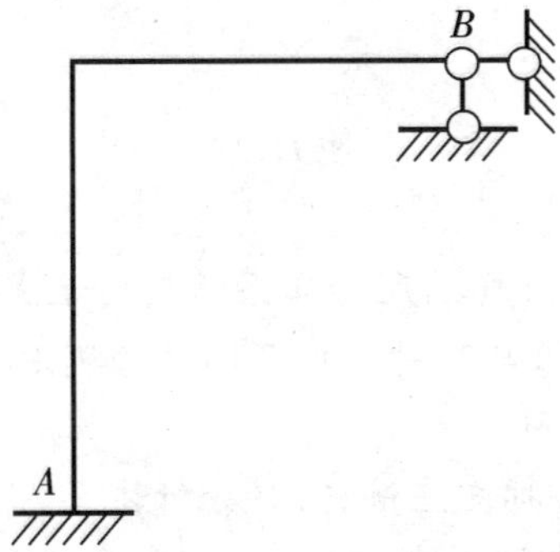

图 11.16

解:支架 AB 部分在 A 点通过固定端支座与大地连接,固定端是个能提供全约束的支座,因此 AB 与大地构成几何不变体系。支座 B 处的两根链杆对保证体系的几何不变来说是多余的,称为多余约束。所以说该体系是有两个多余约束的几何不变体系。或者说该支架是个超静定结构,超静定次数为 2。

【例 11.2】　试分析图 11.17 所示体系的几何组成。

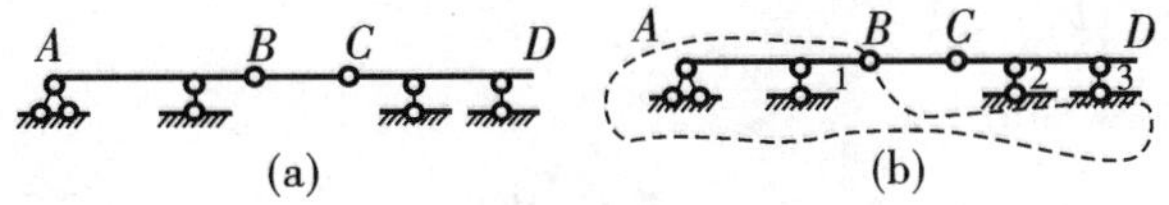

图 11.17

解:首先以大地和梁 AB 为两个刚片,通过铰 A 和链杆 1 连接,链杆 1 和铰 A 不共线,组成几何不变体系。此部分作为刚片Ⅰ,如图 11.17(b)所示,梁 CD 作为刚片Ⅱ,通过链杆 2、3 及链杆 BC(连接两刚片的链杆约束,必须是两端分别连接在所研究的两刚片上,中间不受外力)连接,三链杆不完全交于一点也不完全平行,符合两刚片规则,故整个体系是无多余约束的几何不变体系,也可以说此连续梁是静定结构。

【例 11.3】 试分析图 11.18 所示体系的几何组成。

解:在图 11.18 所示的体系中,由于折杆 AC 和 BD 本身是几何不变的,故 A 和 C 及 B 和 D 之间的距离也不能改变,它们对于刚片 CDE 和基础所起的作用,实际上与图中虚线所示的两根链杆相当。此外,支杆 E 也可看作为链杆。基础本身是几何不变的整体,故可看作为一个刚片。所以说,刚片 CDE 与基础刚片之间,有不交于一点的三根链杆相连,符合两刚片规则,故体系不变,且无多余约束。

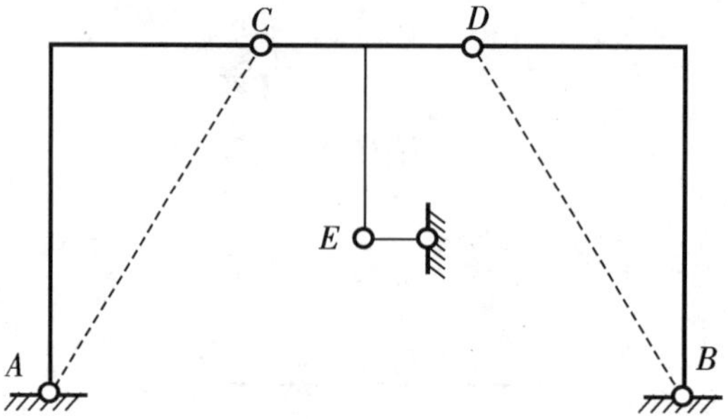

图 11.18

【例 11.4】 试分析图 11.19(a)所示体系的几何组成。

解:当体系(暂时视为刚片)与基础是按两刚片原则联结时,可先撤去支座链杆,只分析体系内部杆件的几何组成性质。

将图 11.19(a)所示体系去掉支座链杆,只分析体系内部的几何性质,如图 11.19(b)所示。在剩下体系中,从外向内依次去掉二元体,最后得如图 11.19(c)所示的体系。很明显,该体系是具有一个自由度的几何可变体系,故原体系是具有一个自由度的几何可变体系。

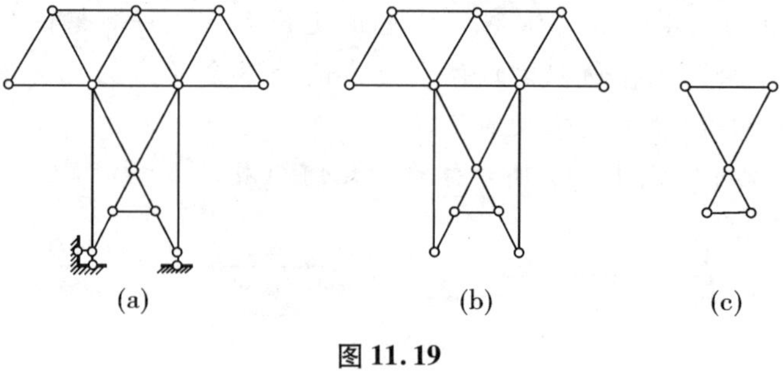

图 11.19

章后小结

1. 几何可变体系、几何不变体系和几何瞬变体系的概念。

2. 几何组成分析的目的主要是:判定杆件体系是几何可变还是几何不变,只有几何不变体系才能用作建筑结构;判断结构是静定结构还是超静定结构,从而决定用什么方法求解所有支座反力和所有内力。

3. 平面几何体系组成规则有三个:二元体规则、两刚片规则和三刚片规则。

4. 掌握结构的几何组成和静力特征之间的关系:

几何不变,无多余约束——静定结构;

几何不变,有多余约束——超静定结构。

习　题

试对下列图 11.20 进行几何组成分析,并指出是否具有多余约束及其多余约束的数目。

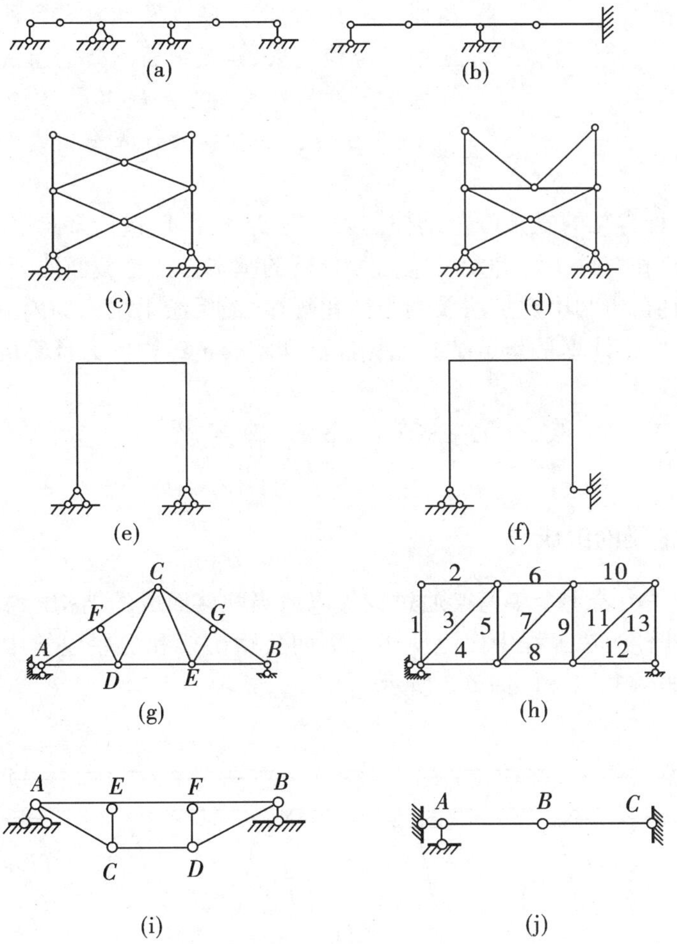

图 11.20

第十二章 复杂静定结构的内力分析

学习目标

1. 了解桁架的组成、特点、分类及几种主要桁架受力性能的比较；拱的受力特点及几种常见的合理拱轴线。
2. 理解多跨静定梁、静定平面刚架的组成、特点、分类。
3. 掌握运用截面法绘制多跨静定梁、静定平面刚架的内力图；用结点法和截面法计算桁架内力。

本章介绍几种常见的复杂静定结构的内力分析和计算，包括多跨静定梁、静定平面刚架、静定平面桁架和三铰拱。静定结构内力分析的基本方法是截面法，利用截面法求出控制截面上的内力值，再利用叠加法及内力变化规律，最后绘出结构的内力图。

静定结构的内力计算是静定结构位移计算和超静定结构内力计算的基础。

第一节　多跨静定梁

一、多跨静定梁的组成

多跨静定梁是由若干个单跨梁通过铰加以适当联接而成的结构。多跨静定梁一般要跨越几个相连的跨度，在工程中广泛使用。例如公路桥梁和房屋建筑中的木檩条常采用这种结构形式，如图 12.1 和图 12.2 所示。

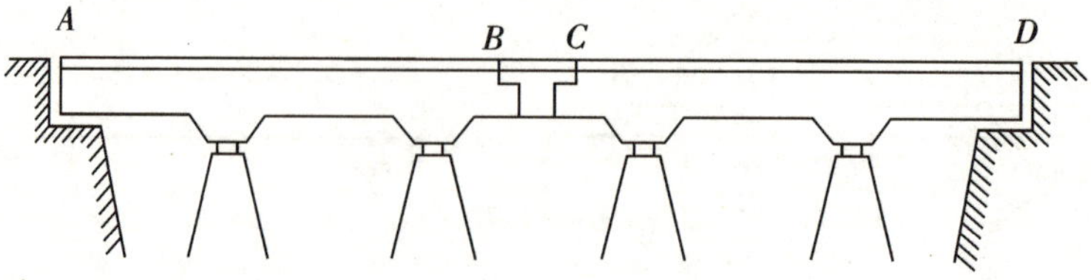

(a)

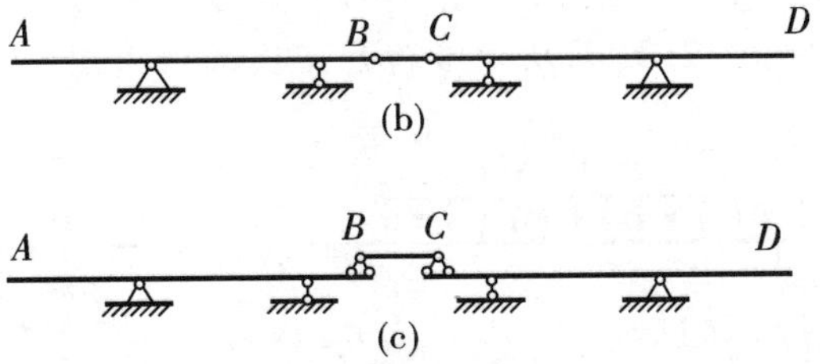

图 12.1

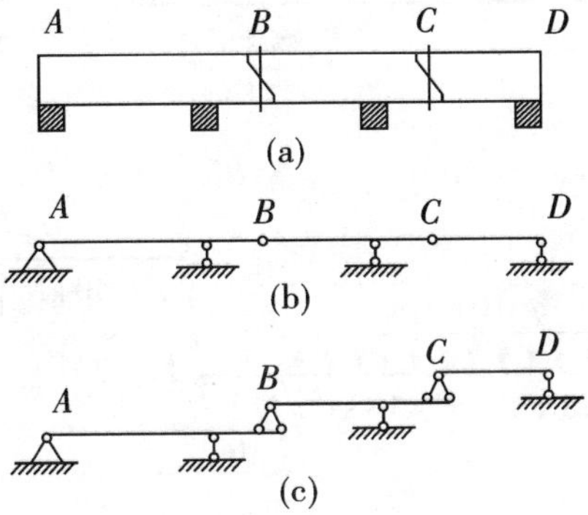

图 12.2

多跨静定梁可分为**基本部分**和**附属部分**。所谓基本部分，是指不依赖于其他部分的存在，本身就能独立地承受荷载并能维持平衡的部分。所谓附属部分，是指需要依赖于其他部分的存在，才能承受荷载而维持平衡的部分。如图 12.1(b)中，AB 梁由三根支座链杆与基础相联结，是几何不变体系，能独立承受荷载，是基本部分；CD 梁在竖向荷载作用下能独立维持平衡，故在竖向荷载作用下 CD 梁也看作基本部分；而 BC 梁则必须依靠 AB 梁和 CD 梁的支承才能承受荷载并维持平衡，为附属部分。在图 12.2(b)中，AB 梁是基本部分，而 BC 梁、CD 梁则是附属部分。为了清晰的表示多跨静定梁各部分之间的支承关系，可以把基本部分画在下层，而把附属部分画在上层，这样的图称为**层次图**，如图 12.1(c)所示。从层次图可以看出：一旦基本部分遭到破坏，则附属部分的几何不变性也随之破坏；若附属部分遭到破坏，却对基本部分的几何不变性并无任何影响。

二、多跨静定梁的内力计算

通过层次图可以看出力的传递过程。荷载作用于基本部分时，附属部分不受影响，即不产生内力；荷载作用于附属部分时，力将会通过铰往下传递，使与其有关的基本部分也产生内力。因此，多跨静定梁的约束反力计算顺序是先计算附属部分，再计算基本部分。先求出附属部分的约束反力，将其反向加于基本部分即为基本部分的荷载，再计算基本部分的约束反力。计算之初，先利用层次图把多跨静定梁拆成若干单跨静定梁，从附属程度最高的一层开始，逐个计算出各跨梁的约束反力后，其内力计算和内力图的绘制与单跨静定梁一样，最后将各段梁的内力图连在一起即为多跨静定梁的内力图。

【例 12.1】 试绘制图 12.3(a)所示多跨静定梁的内力图。

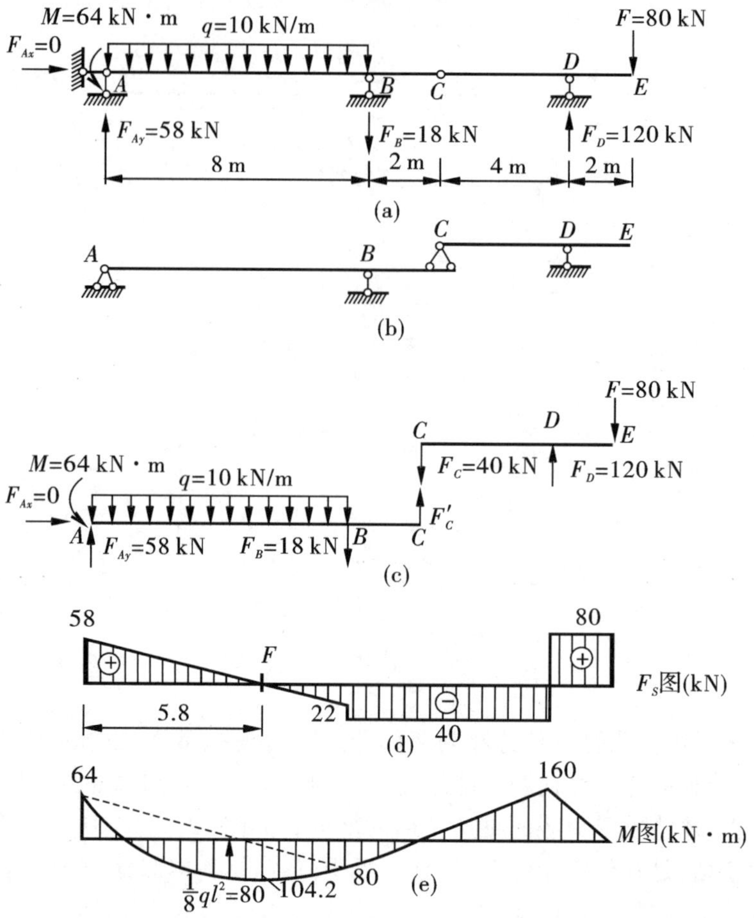

图 12.3

解：(1)作层叠图。

如图 12.3(b)所示，AC 梁为基本部分，CE 梁是通过铰 C 和 D 支座链杆连接在 AC 梁上，要依靠 AC 梁才能保证其几何不变性，所以 CE 梁为附属部分。

(2)计算支座反力。

从层次图看出，应先从附属部分 CE 开始取隔离体，如图 12.3(c)所示。

由 $\sum M_C = 0$ 得 $-80 \times 6 + F_D \times 4 = 0$，即 $F_D = 120\ \text{kN}$

由 $\sum M_D = 0$ 得 $-80 \times 2 + F_C \times 4 = 0$，即 $F_C = 40\ \text{kN}$

将 F_C 的反作用力作用于梁 AC 上，计算基本部分

由 $\sum F_x = 0$ 得 $F_{Ax} = 0$

由 $\sum M_A = 0$ 得 $40 \times 10 - F_B \times 8 - 10 \times 8 \times 4 + 64 = 0$，即 $F_B = 18\ \text{kN}$

由 $\sum M_B = 0$ 得　$40 \times 2 + 10 \times 8 \times 4 + 64 - F_{Ay} \times 8 = 0$，即 $F_{Ay} = 58\ \text{kN}$

校核：由整体平衡条件，得 $\sum F_y = -80 + 120 - 18 + 58 - 10 \times 8 = 0$，故计算无误。

(3)作内力图。

各梁段的支座反力求出后，可以根据前面章节方法分别作出各梁段的内力图，然后拼合在同一水平基线上，即得连续梁的内力图，如图 12.3(d)(e)所示。

三、多跨静定梁的受力特征

图 12.4(a)所示是一多跨系列简支梁，在均布荷载 q 作用下，弯矩图如图 12.4(b)所示，图 12.5(a)是一相同跨度、相同荷载作用下的多跨静定梁，其弯矩图如图 12.5(b)所示。比较两个弯矩图可以看出，由于多跨静定梁有支座负弯矩产生减少了跨中的正弯矩，因而，系列简支梁的最大弯矩大于多跨静定梁的最大弯矩。系列简支梁虽然构造较简单，但多跨静定梁的承载能力大于系列简支梁，在相同荷载作用的情况下可节省材料。

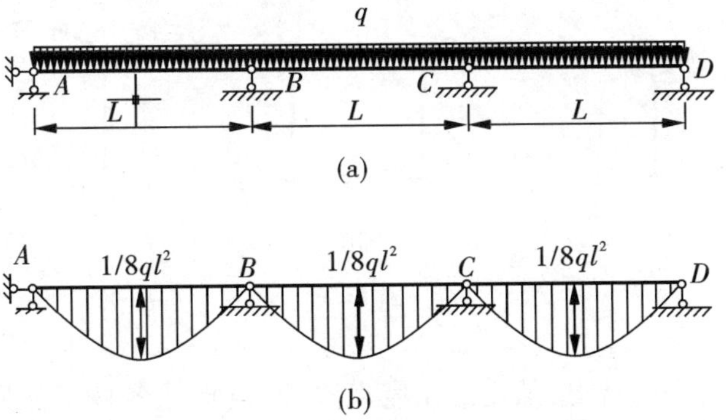

图 12.4

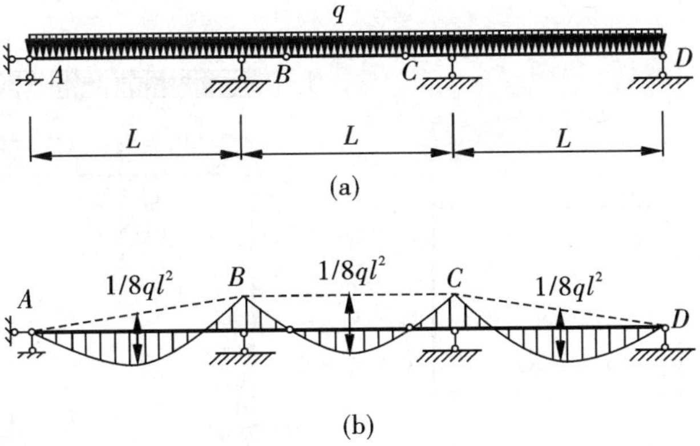

图 12.5

第二节 静定平面刚架

一、刚架的特点及分类

1.刚架的特点

刚架是由直杆组成的具有刚性结点的结构。如果刚架所有杆件的轴线都在同一个平面内,且荷载也作用于该平面内,这样的刚架称为平面刚架,如图 12.6 所示。

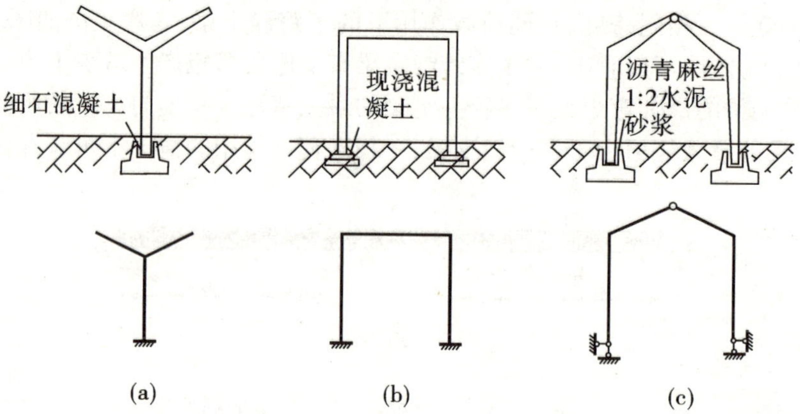

图 12.6

刚结点具有其自身的特点,从变形角度来看,刚结点处各杆不能发生相对转动,因而变形前后各杆间的夹角始终保持不变,如图 12.7 所示,从受力角度来看,刚结点可以承受和传递弯矩,如图 12.8 所示。刚架由于具有刚结点,使刚架中的梁和柱能作为一个整体共同承担荷载,杆件较少,内部空间较大,所以在工业与民用建筑中得到了广泛的使用。

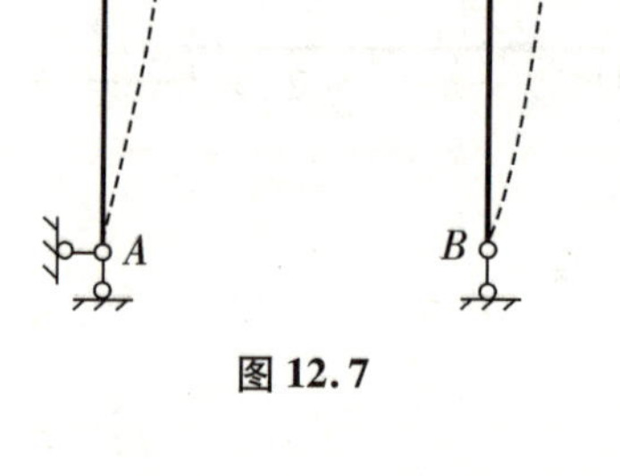

图 12.7

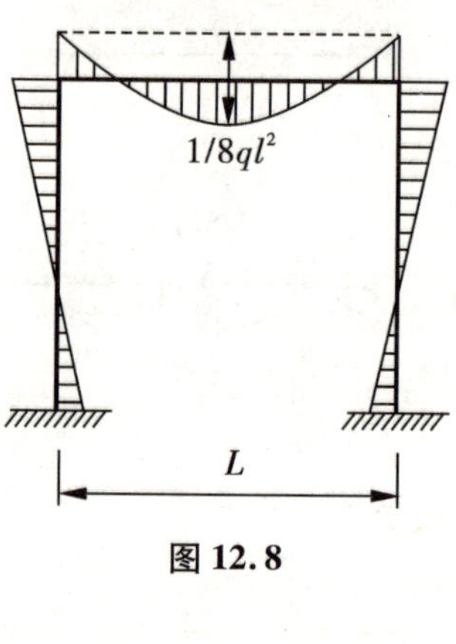

图 12.8

2. 静定平面刚架的分类

实际工程中的刚架结构大多是超静定结构，如图 12.6(b)所示门式刚架为三次超静定刚架。本章节主要讨论静定平面刚架的内力计算。

静定平面刚架主要有以下三种类型：悬臂刚架，如图 12.6(a)所示站台雨篷；简支刚架，如图 12.7 所示；三铰刚架，如图 12.6(c)所示。

二、静定平面刚架的内力计算

在一般情况下，刚架中各杆的内力有弯矩、剪力和轴力。

静定平面刚架的内力计算步骤通常如下：

(1)由整体或部分的平衡条件，求出支座反力或铰结点处的约束反力。

(2)按单跨静定梁的内力计算方法和内力图的绘制方法，逐杆绘制刚架各杆的内力图。比较常用的方法是求出各杆段的杆端内力，然后运用区段叠加法绘制整根杆件的内力图。

(3)将各杆的内力图连在一起，即得整个刚架的内力图。

在刚架的内力计算中，弯矩通常不规定正、负号，只规定弯矩图画在杆件的受拉一侧。剪力和轴力的正负号规定同前，即剪力以使隔离体产生顺时针转动趋势时为正，反之为负；轴力以拉力为正，压力为负。剪力图和轴力图可绘在杆的任一侧，但须标明正负号。

为了明确表示各杆端的内力，规定内力符号加两脚标，第一个角标表示该内力所属杆端，第二个角标表示该杆段的另一端。如 AB 杆的 A 端弯矩写作 M_{AB}，B 端弯矩写作 M_{BA}，AB 杆的 A 端剪力写作 F_{SAB}，B 端剪力写作 F_{SBA} 等。

【例 12.2】　试绘制图 12.9(a)所示悬臂刚架的内力图。

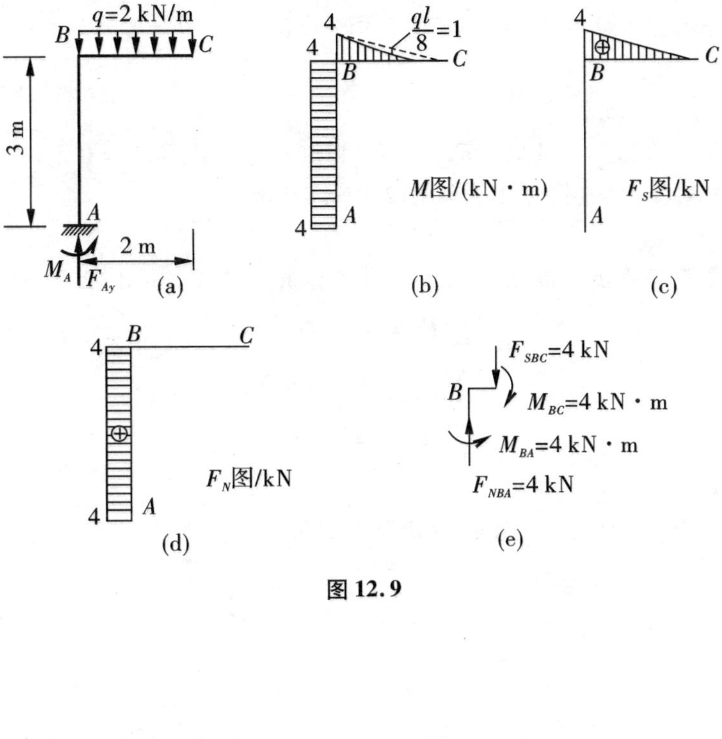

图 12.9

解:(1)计算支座反力(对于悬臂刚架此步可省略,省略后只能从自由端往里计算杆端内力)。

考虑整体平衡(一般情况下,支座与支座反力不应该同时出现。图12.9(a)将A端支座和支座反力画在一张简图中,是出于节省篇幅考虑。实际工程中不建议这样处理。后续例题同理。)

由 $\sum F_y = 0$ 得

$$F_{Ay} = 2 \times 2 = 4\ \text{kN}$$

由 $\sum M_A = 0$ 得

$$M_A = 2 \times 2 \times 1 = 4\ \text{kN} \cdot \text{m}$$

(2)绘制弯矩图。

由截面法,得杆端弯矩

$$M_{AB} = 4\ \text{kN} \cdot \text{m} \quad (\text{左侧受拉})$$
$$M_{BA} = 4\ \text{kN} \cdot \text{m} \quad (\text{左侧受拉})$$
$$M_{BC} = 2 \times 2 \times 1 = 4\ \text{kN} \cdot \text{m} \quad (\text{上侧受拉})$$
$$M_{CB} = 0$$

根据上列杆端弯矩绘制M图,如图12.9(b)所示。其中BC杆因为有均布荷载,需用叠加法,即在直线弯矩图(如图中虚线所示)上再叠加相应简支梁在均布荷载作用下的弯矩图。

(3)绘制剪力图。

由截面法,得杆端剪力

$$F_{SAB} = 0\ ,\ F_{SBA} = 0, F_{SBC} = 2 \times 2 = 4\ \text{kN},\ F_{SCB} = 0$$

根据上列杆端剪力绘制F_S图,如图12.9(c)所示。

(4)绘制轴力图。

由截面法,得杆端轴力

$$F_{NAB} = -4\ \text{kN},\ F_{NBA} = -4\ \text{kN},\ F_{NBC} = 0, F_{NCB} = 0$$

根据上列杆端轴力绘制F_N图,如图12.9(d)所示。

(5)校核。

验算结点B是否平衡。画出结点B的分离体的受力图,如图12.9(e)所示。因为

$$\sum F_x = 0$$
$$\sum F_y = 4 - 4 = 0$$
$$\sum M_A = 4 - 4 = 0$$

故计算无误。

【**例**12.3】 试绘制图12.10(a)所示简支刚架的内力图。

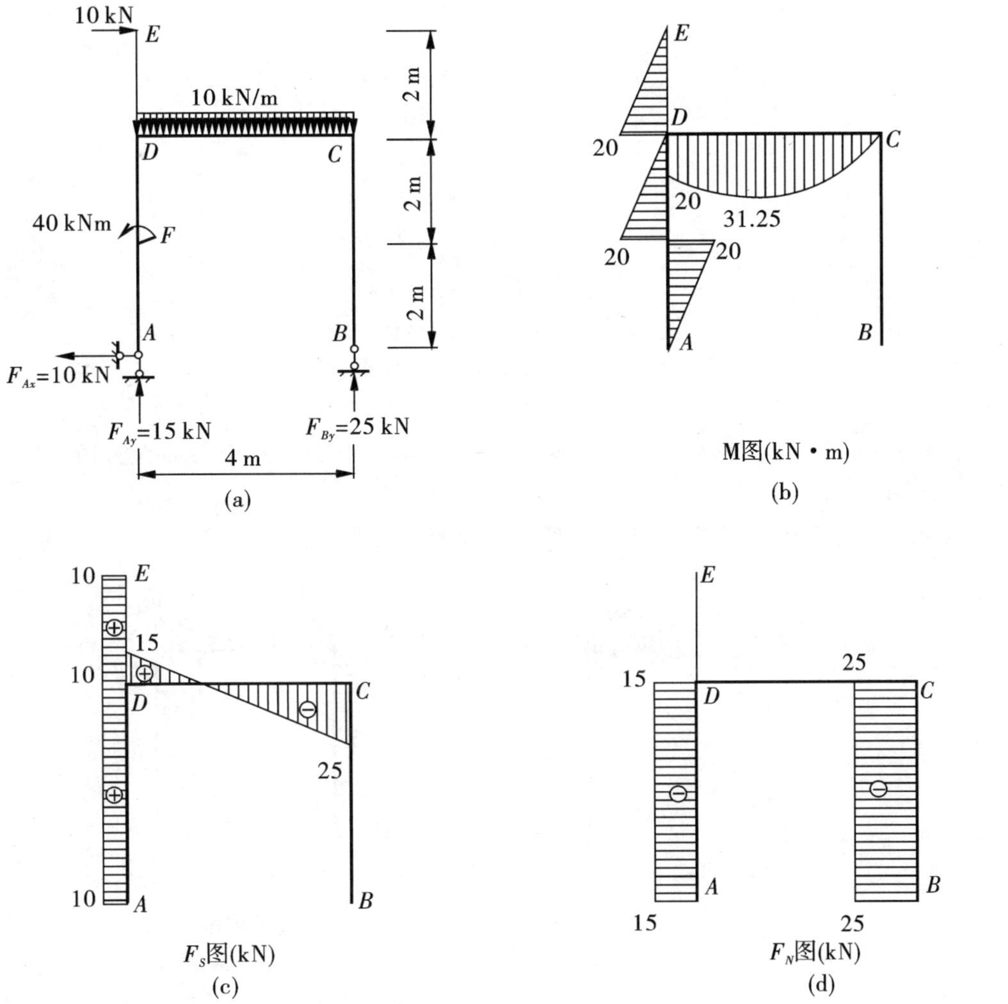

图 12.10

解:(1)求支座反力。由刚架整体的平衡方程,可求得支座反力为

$$F_{Ax} = 10\ \text{kN} \qquad F_{Ay} = 15\ \text{kN} \qquad F_{By} = 25\ \text{kN}$$

(2)求控制截面上的内力。各控制截面上的内力分别为

$$M_{AF} = 0$$

$$M_{FA} = 10 \times 2 = 20\ \text{kN} \cdot \text{m}$$ (右侧受拉)

$$M_{FD} = 10 \times 2 - 40 = -20\ \text{kN} \cdot \text{m}$$ (左侧受拉)

$$M_{DF} = 10 \times 4 - 40 = 0$$

$$M_{DE} = -10 \times 2 = -20\ \text{kN} \cdot \text{m}$$ (左侧受拉)

$$M_{ED} = 0$$

$$M_{DC} = 25 \times 4 - 10 \times 4 \times 2 = 20\ \text{kN} \cdot \text{m}$$ (下侧受拉)

$$M_{CD} = 0$$

$$M_{CB}=0$$

$$M_{BC}=0$$

$$F_{SAD}=F_{SDA}=10\ \text{kN}$$

$$F_{SDE}=F_{SED}=10\ \text{kN}$$

$$F_{SDC}=15\ \text{kN}$$

$$F_{SCD}=-25\ \text{kN}$$

$$F_{SCB}=F_{SBC}=0$$

$$F_{NAD}=F_{NDA}=-15\ \text{kN}$$

$$F_{NDE}=F_{NED}=0$$

$$F_{NDC}=F_{NCD}=0$$

$$F_{NCB}=F_{NBC}=-25\ \text{kN}$$

(3)绘制内力图。根据以上求得的各控制截面的内力,绘出刚架的内力图如图12.10(b)(c)(d)所示。

【例12.4】 试绘制图12.11(a)所示三铰刚架的内力图。

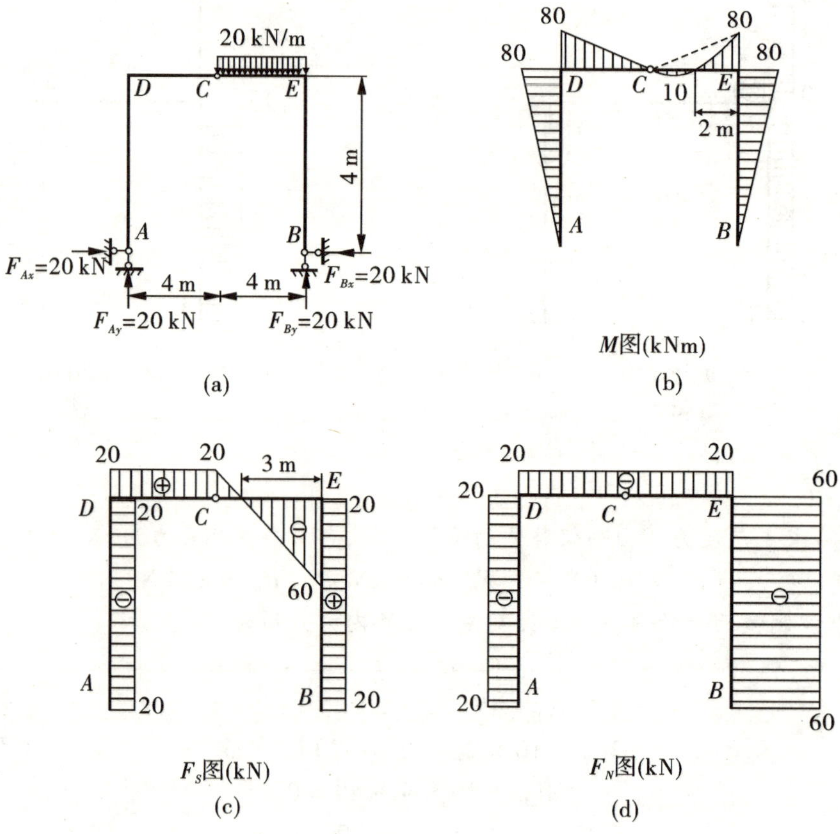

图12.11

解:(1)求支座反力。三铰刚架有四个支座反力,先取刚架整体为隔离体,由平衡

方程

$$\sum M_A = 0 \qquad F_{By} = 60\ \text{kN}$$

$$\sum F_y = 0 \qquad F_{Ay} = 20\ \text{kN}$$

$$\sum F_x = 0 \qquad F_{Ax} = F_{Bx}$$

再取刚架的左半部分为隔离体,由 $\sum M_C = 0$ 得

$$F_{Ax} = F_{Bx} = 20\ \text{kN}$$

(2)求控制截面上的内力。

$$M_{AD} = 0$$

$$M_{DA} = -20 \times 4 = -80\ \text{kN} \cdot \text{m} \qquad \text{(左侧受拉)}$$

$$M_{DC} = M_{DA} = -80\ \text{kN} \cdot \text{m} \qquad \text{(上侧受拉)}$$

$$M_{CD} = M_{CE} = 0$$

$$M_{EC} = -20 \times 4 = -80\ \text{kN} \cdot \text{m} \qquad \text{(上侧受拉)}$$

$$M_{EB} = M_{EC} = -80\ \text{kN} \cdot \text{m} \qquad \text{(右侧受拉)}$$

$$M_{BE} = 0$$

$$F_{SAD} = F_{SDA} = -20\ \text{kN}$$

$$F_{SDC} = F_{SCD} = F_{SCE} = 20\ \text{kN}$$

$$F_{SEC} = -60\ \text{kN}$$

$$F_{SBE} = F_{SEB} = 20\ \text{kN}$$

$$F_{NAD} = F_{NDA} = -20\ \text{kN}$$

$$F_{NDC} = F_{NCD} = F_{NCE} = F_{NEC} = -20\ \text{kN}$$

$$F_{NEB} = F_{NBE} = -60\ \text{kN}$$

(3)绘制内力图。根据以上求得的各控制截面的内力,绘出刚架的内力图,如图12.11(b)(c)(d)所示。

第三节　静定平面桁架

一、静定平面桁架的组成和特点

1.静定平面桁架的组成

桁架是由直杆组成,全部由铰结点联结而成的结构。在结点荷载作用下,桁架各杆的内力只有轴力,截面上应力分布是均匀的,充分发挥了材料的作用。桁架是建筑工程中广泛采用的结构形式之一,如民用房屋和工业厂房的屋架、托架,跨度较大的桥梁,起重机塔架以及建筑施工用的支架等。

为了便于计算,通常对实际桁架的计算简图作如下假设:

(1)桁架各杆两端的结点均是光滑的理想铰。

(2)各杆的轴线都是直线,且在同一平面内,并通过铰的几何中心。

(3)荷载和支座反力都作用在结点上,并位于桁架的平面内。

符合上述假设的桁架称为理想桁架，理想桁架中各杆均为二力杆，各杆的内力只有轴力。然而，在实际工程中的桁架常不能完全符合上述理想情况。例如，在图 12.12(a)所示的钢屋架，各杆件是用焊接或铆接联结的，这就使结点具有一定的刚性。实际工程中，有些杆件在结点处是连续不断的，杆的轴线也不完全为直线，结点上各杆轴线也不交于一点，存在着类似于杆件自重、风荷载、雪荷载等非结点荷载等。因此，通常把按理想桁架算得的内力称为主内力(轴力)，而把上述一些原因所产生的内力称为次内力(弯矩、剪力)。为简化计算，在一般情况下次内力可忽略不计。

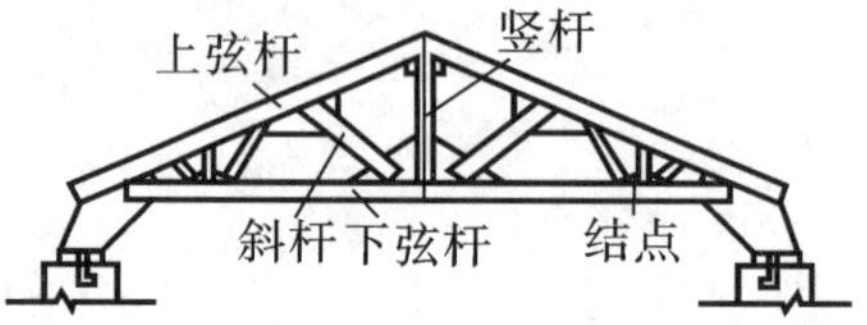

(a)

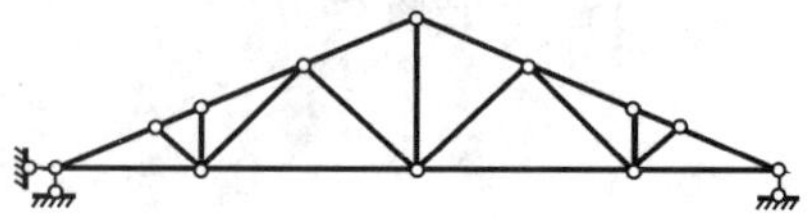

(b)

图 12.12

此外，工程中通常是将几片桁架联合组成一个空间结构来共同承受荷载，计算时，一般是将空间结构简化为平面桁架进行计算，而不考虑各片桁架间的相互影响。

在理想桁架情况下，各杆均为二力杆，故其受力特点:各杆只受轴力作用。这样，杆件横截面上的应力分布均匀，使材料能得到充分利用。因此，在建筑工程中，桁架结构得到广泛的应用，如屋架、施工托架等。

2. 桁架各部分名称

如图 12.13 所示，桁架上、下边缘的杆件分别称为**上弦杆**和**下弦杆**，上、下弦杆之间各杆件称为**腹杆**，腹杆又分为竖杆和斜杆。弦杆相邻两结点之间的水平距离 d 称为节间长度，两支座之间的水平距离 l 称为**跨度**，桁架最高点至支座连线的垂直距离 H 称为**桁高**。

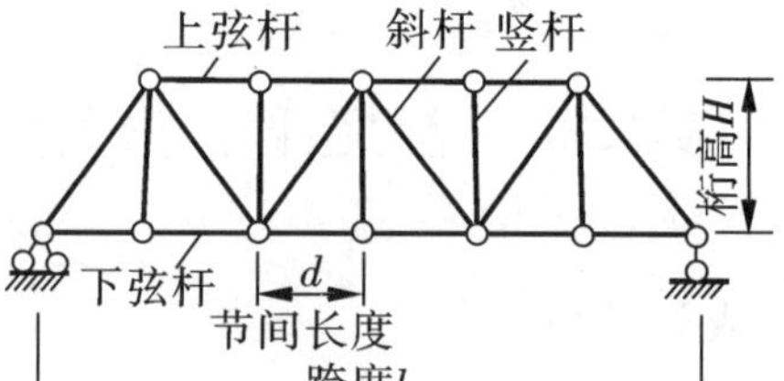

图 12.13

二、静定平面桁架的分类

按桁架几何组成规律分为简单桁架、联合桁架和复杂桁架。

1. 简单桁架

由一个铰接三角形开始，依次增加二元体而组成的桁架称为简单桁架，如图 12.12(b) 所示。

2. 联合桁架

由几个简单桁架按照几何不变体系的组成规则，连接而成的桁架称为联合桁架，如图12.14(a)所示。

3. 复杂桁架

凡不按上述两种方式组成的桁架称为复杂桁架，如图12.14(b)所示。

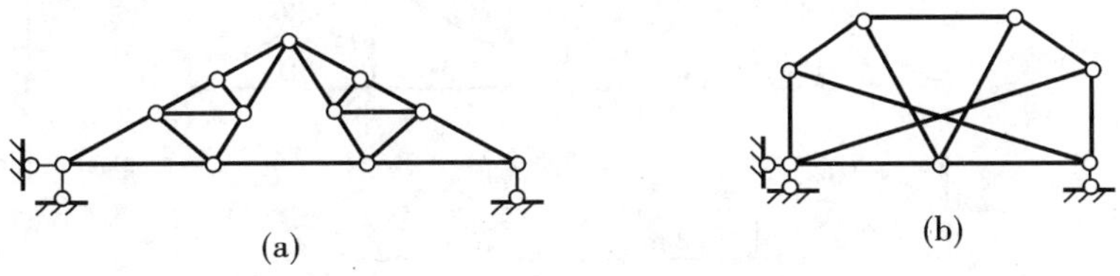

图 12.14

三、静定平面桁架的内力计算

(一)结点法

1. 结点法原理

结点法是截取桁架的一个结点为隔离体，利用该结点的静力平衡条件来计算该结点处各杆的内力。

由于桁架各杆件都只受轴力，作用于任一结点的各力(包括荷载、反力和杆件的轴力)构成一个平面汇交力系，而该力系只能列出两个独立的平衡方程，因此每个结点的未知力数目不能超过两个。计算时，从未知力不超过两个的结点开始，依次计算，就可以求出桁架中各杆的轴力。结点法适用于简单桁架的内力计算。

在桁架的内力计算中，一般先假定各杆的轴力为拉力，若计算结果为负值，则表明该杆的轴力为压力。

2. 零杆的判定

桁架中轴力为零的杆件称为**零杆**。在计算内力之前，如果能把零杆找出，将会使计算简化。通常下列几种情况中会出现零杆：

(1)不共线的两杆组成的结点上无荷载作用时，该两杆均为零杆，如图12.15(a)所示。

(2)不共线的两杆组成的结点上有荷载作用时，若荷载与其中的一杆共线，则另一杆必为零杆，如图12.15(b)所示。

(3)三杆组成的结点上无荷载作用时，若其中两杆共线，则另一杆必为零杆，且共线的两杆内力相等，如图12.15(c)所示。

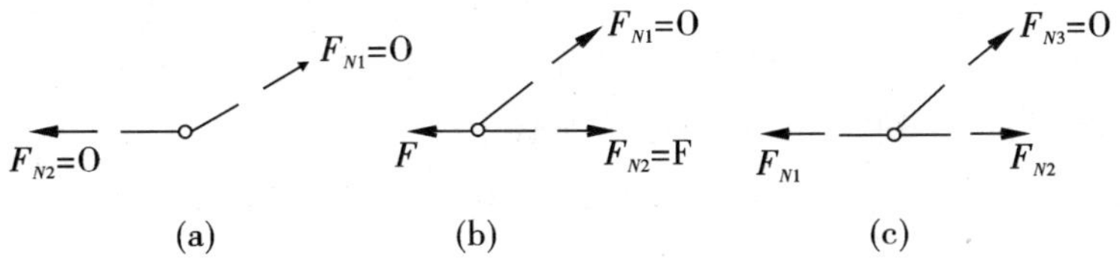

图 12.15

【例 12.5】 试用结点法计算图 12.16(a)所示桁架中各杆的内力。

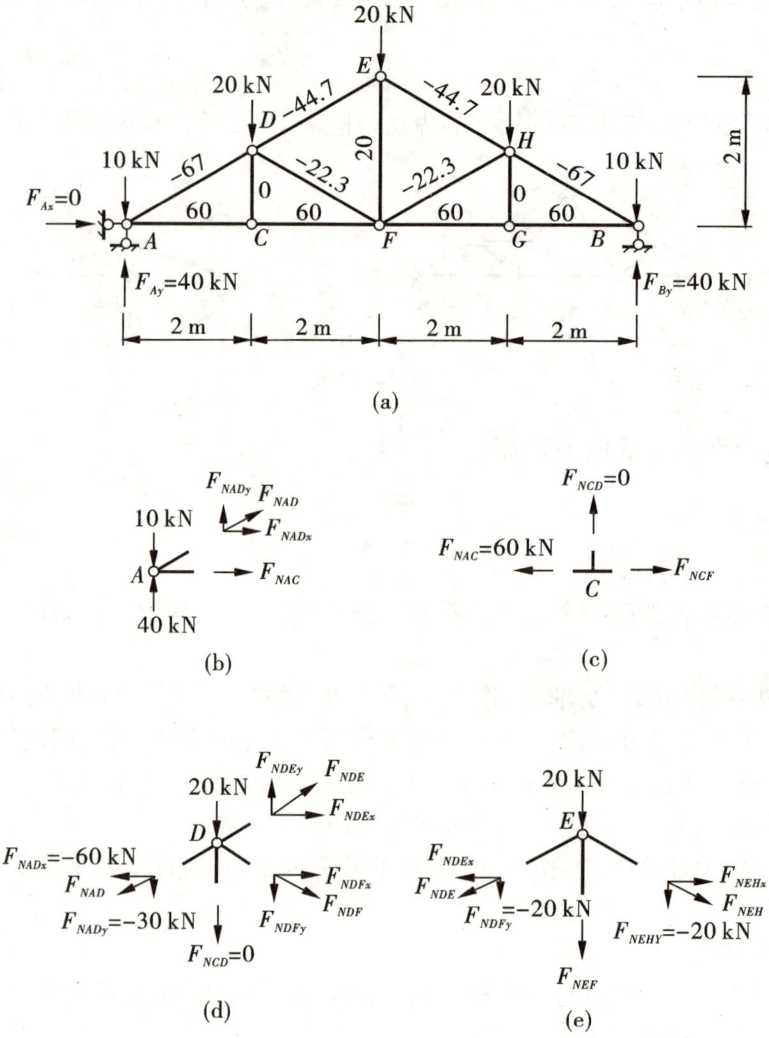

图 12.16

解:(1)求支座反力。由整体的平衡方程,可得支座反力为

$$F_{Ax}=0\ ,\ F_{Ay}=40\ \text{kN},\ F_{By}=40\ \text{kN}$$

(2)求各杆的内力。

在计算各杆内力之前先找出零杆。由零杆的判定方法,判断杆 CD、GH 为零杆。

此桁架为对称结构,只要计算其中一半杆件的内力即可,现计算左半部分。计算从只包含两个未知力的结点 A 开始,顺序取结点 C 、D 、E 为隔离体进行计算。

取结点 A 为隔离体[图 12.16(b)],列平衡方程

$$\sum F_y=0 \qquad 40-10+F_{NADy}=0$$

得

$$F_{NADy}=-30\ \text{kN}$$

利用比例关系,得

$$F_{NAD}=\frac{F_{NADy}}{1}\times\sqrt{5}=-67\ \text{kN}$$

$$F_{NADx}=\frac{F_{NADy}}{1}\times 2=-60\ \text{kN}$$

由 $\sum F_x=0 \qquad F_{NAC}+F_{NADx}=0$

得

$$F_{NAC}=60\ \text{kN}$$

取结点 C 为隔离体[图 12.16(c)]

由 $\sum F_x=0 \qquad -F_{NAC}+F_{NCF}=0$

得

$$F_{NCF}=60\ \text{kN}$$

取结点 D 为隔离体[图 12.16(d)]

由 $\sum F_x=0 \qquad F_{NDEx}+F_{NDFx}-(-60)=0$

$\sum F_y=0 \qquad F_{NDEy}-F_{NDFy}-(-30)-20=0$

利用比例关系,得

$$F_{NDEx}=2F_{NDEy}$$
$$F_{NDFx}=2F_{NDFy}$$

代入平衡方程,得

$$2F_{NDEy}+2F_{NDFy}+60=0$$
$$F_{NDEy}-F_{NDFy}+10=0$$

解得

$$F_{NDEx}=-40\ \text{kN} \quad F_{NDEy}=-20\ \text{kN} \quad F_{NDE}=-44.7\ \text{kN}$$
$$F_{NDFx}=-20\ \text{kN} \quad F_{NDFy}=-10\ \text{kN} \quad F_{NDF}=-22.3\ \text{kN}$$

取结点 E 为隔离体[图 12.16(e)]

由结构对称性,得 $F_{NEHy}=F_{NDEy}=-20\ \text{kN}$

由 $\sum F_y=0 \qquad -F_{NEF}-F_{NDEy}-F_{NDHy}-20=0$

得

$$F_{NEF}=20\ \text{kN}$$

内力计算完成后,将各杆内力标在图上[图 12.16(a)],图中轴力单位为 kN。

(二)截面法

截面法是用一截面(平面或曲面)截取桁架的某一部分(两个结点以上)为隔离体,利用该部分的静力平衡方程来计算截断杆的轴力。由于隔离体所受的力通常构成平面一般力系,而一个平面一般力系只能列出三个独立的平衡方程,因此用截面法截断的杆件数目一般不应超过三根。截面法适用于求简单桁架中某些指定杆件的轴力以及联合桁架的计算。

(三)结点法和截面法的联合应用

在各种桁架的计算中,若只需求解某几根指定杆件的内力,而单独应用结点法和截面法又不能一次求出结果时,则联合应用结点法和截面法,常可获得较好的效果。

【例 12.6】 求图 12.17(a)所示桁架中杆 a、b、c、d 的内力。

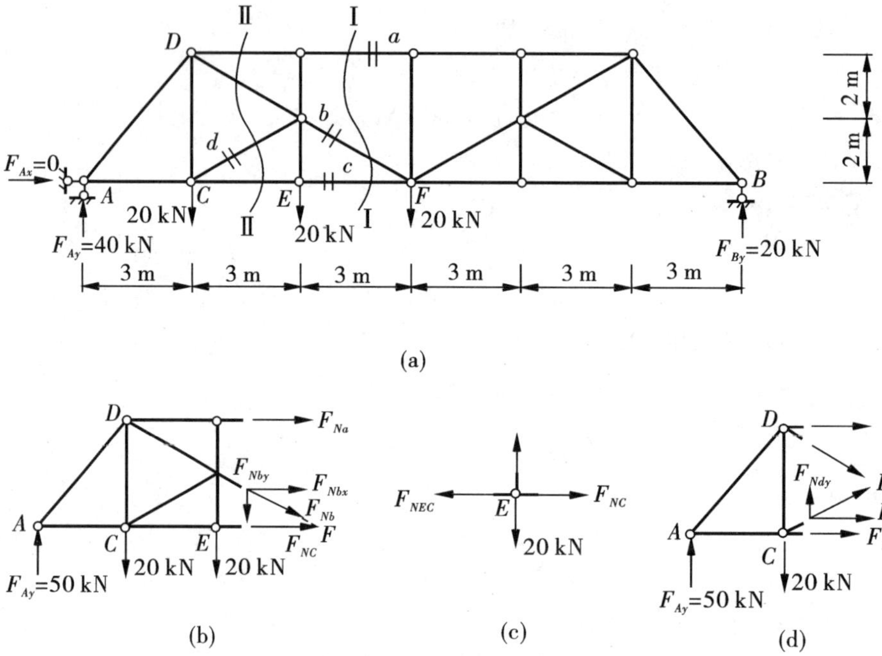

图 12.17

解:(1)求支座反力。由整体的平衡方程,可得支座反力为

$$F_{Ax}=0,F_{Ay}=40\ \text{kN},F_{By}=20\ \text{kN}$$

(2)求杆 a、b、c 的内力。

用截面 I–I 将桁架截开,取左半部分为脱离体[图 12.17(b)],列平衡方程

由 $\sum M_F=0$ $\quad -F_{Na}\times 4-40\times 9+20\times 6+20\times 3=0$

得

$$F_{Na}=-45\ \text{kN}$$

由 $\sum M_D=0$ $\quad -40\times 3-20\times 3+F_{Nc}\times 4=0$

得

$$F_{Nc}=45\ \text{kN}$$

由 $\sum F_y=0$ $\quad 40-20-20-F_{Nby}=0$

得

$$F_{Nby}=0$$

利用比例关系，得 $F_{Nb}=0$

(3) 求杆 d 的内力。

联合应用结点法和截面法计算杆 d 的内力较为方便。先取结点 E 为隔离体[图 12.17(c)]

由平衡方程 $\sum F_x=0$，得 $F_{NCE}=F_{Nc}=45\text{ kN}$

再用截面Ⅱ－Ⅱ将桁架截开，取左半部分为脱离体[图 12.17(d)]，列平衡方程

由　$\sum M_D=0$　　$F_{Ndx}\times 4+F_{NCE}\times 4-40\times 3=0$

得

$$F_{Ndx}=-15\text{ kN}$$

利用比例关系，得 $F_{Nd}=\dfrac{F_{Ndx}}{3}\times 3.61=-18.05\text{ kN}$

第四节　三铰拱

一、三铰拱的组成

拱结构在房屋建筑、桥涵建筑和水工建筑中常被采用。图 12.18(a)为一带拉杆的装配式钢筋混凝土三铰拱结构，图 12.18(b)为其计算简图。

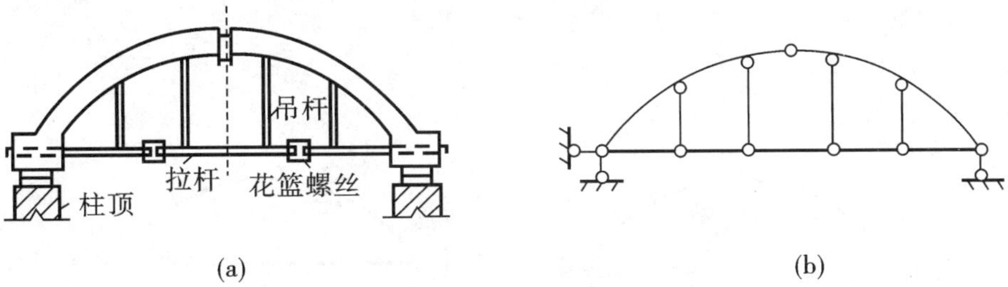

图 12.18

1. 拱的特点

拱是由曲杆组成的，在竖向荷载作用下支座能产生水平推力的结构。水平推力是指拱两个支座处指向供内部的水平反力。拱结构与梁的区别，不仅在于外形不同，更重要的还在于在竖向荷载作用下是否能产生水平推力。例如图 12.19 所示两结构，虽然它们的杆轴线都是曲线，但图 12.19(b)所示结构中，由于两端都有水平支座链杆，在竖向荷载作用下能产生水平推力，所以它属于拱结构。图 12.19(a)所示结构在竖向荷载作用下，不产生水平推力，其弯矩与相应简支梁(同跨度、同荷载的梁)的弯矩相同，这种结构不是拱结构，而是曲梁。

在拱结构中，由于水平推力的存在，拱截面上的弯矩比相应简支梁对应截面上的弯矩小得多，这就可使拱横截面上的内力以轴向压力为主。所以，拱结构可利用抗压强度高而

抗拉强度低的砖、石、混凝土等建筑材料来建造。

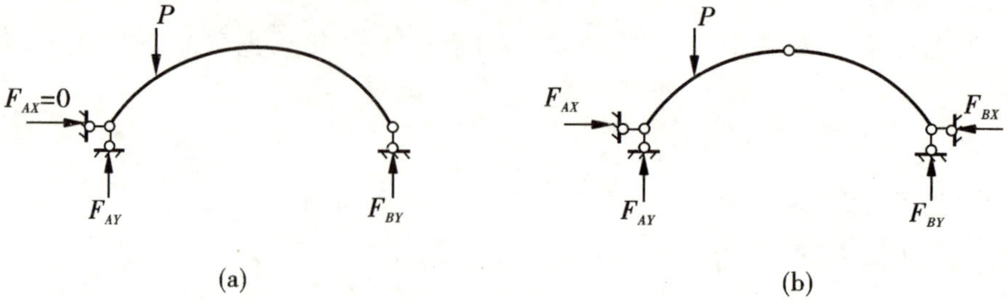

图 12.19

2. 拱的分类

按铰的个数，拱可以分为无铰拱[图 12.20(a)]、两铰拱[图 12.20(b)]和三铰拱[图 12.20(c)]。无铰拱和两铰拱属于超静定结构，三铰拱属于静定结构。按拱轴线的曲线形状，拱可以分为抛物线拱、圆弧拱和悬链线拱等。在拱结构中，由于水平推力的存在，使得拱对其基础的要求较高，若基础不能承受水平推力，可用一根拉杆来代替水平链杆承受拱的推力，这种结构称为带拉杆的拱[图 12.20(d)]。为了减少拉杆的挠度，还常设置吊杆[图 12.20(e)]。为增加拱下的净空，拉杆可做成折线形[图 12.20(f)]。

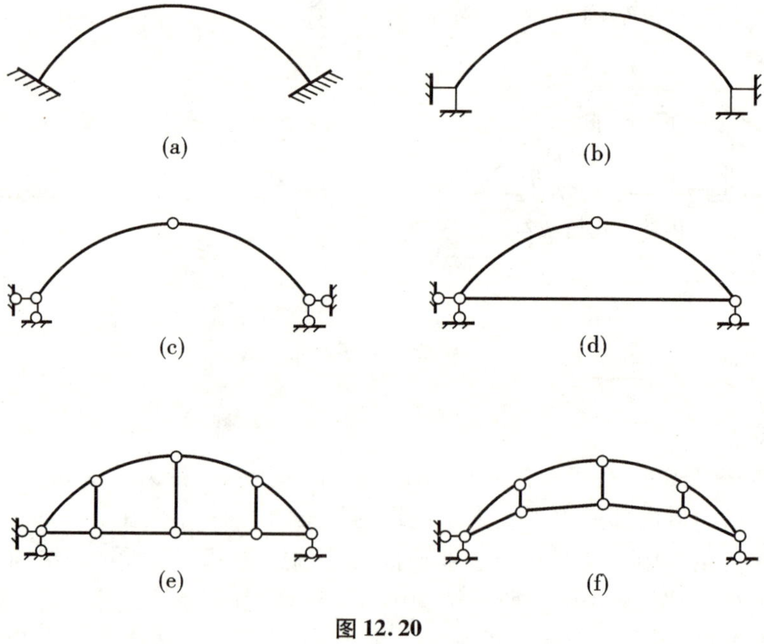

图 12.20

3. 拱结构各部分的名称

拱与基础的联结处称为**拱趾**，或称拱脚。拱轴线的最高点称为**拱顶**。拱顶到两拱趾连线的垂直距离 f 称为**拱高**，或称拱矢，两拱趾间的水平距离 l 称为**拱跨**，如图 12.21 所示。拱高与拱跨的比值 $\frac{f}{l}$ 称为**高跨比**,它是影响拱的受力性能的重要几何参数。

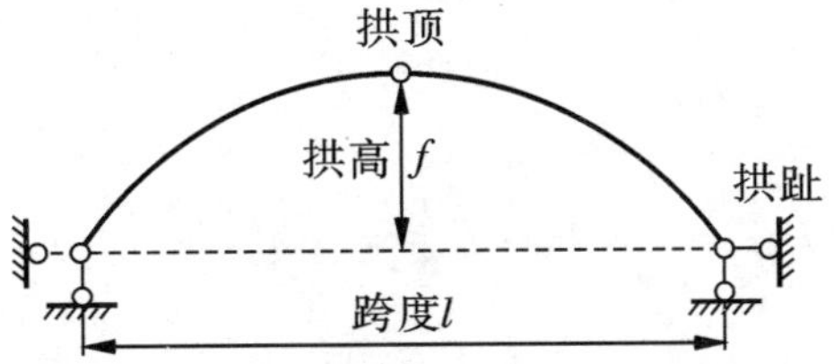

图 12.21

二、三铰拱的反力和内力

为了说明三铰拱的计算特点,现以拱趾在同一水平线上的三铰拱为例[图 12.22(a)],推导其支座反力和内力的计算公式。为了便于比较,同时给出了同跨度、同荷载的相应简支梁相对照[图 12.22(b)]。

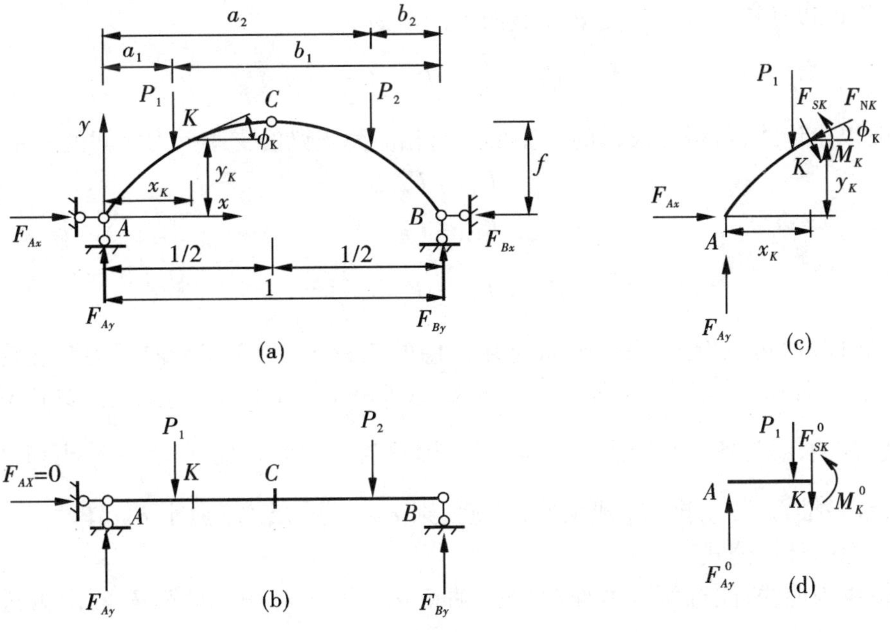

图 12.22

1. 支座反力的计算

取拱整体为隔离体

由平衡方程 $\sum M_B = 0$,得 $F_{Ay} = \frac{1}{l}(P_1 b_1 + P_2 b_2)$

由 $\sum M_A = 0$,得 $F_{By} = \frac{1}{l}(P_1 a_1 + P_2 a_2)$

由 $\sum F_x = 0$,得 $F_{Ax} = F_{Bx} = F_H$

取左半拱为隔离体

由平衡方程 $\sum M_C = 0$

即

$$-F_{Ay} \cdot \frac{l}{2} + P_1 \cdot \left(\frac{l}{2} - a_1\right) + F_{Ax} \cdot f = 0$$

得

$$F_{Ax} = \frac{1}{f}\left[F_{Ay} \cdot \frac{l}{2} - P_1 \cdot \left(\frac{l}{2} - a_1\right)\right]$$

与三铰拱同跨度、同荷载的相应简支梁[图 12.22(b)],其支座反力为

$$F_{Ay}^0 = \frac{1}{l}(P_1 b_1 + P_2 b_2)$$

$$F_{By}^0 = \frac{1}{l}(P_1 a_1 + P_2 a_2)$$

$$F_{Ax}^0 = 0$$

同时,可以计算出相应简支梁 C 截面上的弯矩为

$$M_C^0 = F_{Ay}^0 \cdot \frac{l}{2} - P_1 \cdot \left(\frac{l}{2} - a_1\right)$$

比较以上诸式,可得三铰拱的支座反力与相应简支梁的支座反力之间的关系为

$$\begin{aligned} F_{Ay} &= F_{Ay}^0 \\ F_{By} &= F_{By}^0 \\ F_{Ax} = F_{Bx} = F_H &= \frac{M_C^0}{f} \end{aligned} \tag{12.1}$$

由式(12.1)可以看出,只受竖向荷载作用的三铰拱,两支座竖向反力与相应简支梁的相同,水平推力 F_H 等于相应简支梁截面 C 的弯矩 M_C^0 与拱高 f 的比值。其值只与三个铰的位置有关,而与各铰间的拱轴形状无关,即只与拱的高跨比 $\frac{f}{l}$ 有关。当荷载与拱跨不变时,水平推力 F_H 与拱高 f 成反比,f 愈大则 F_H 愈小,反之 f 愈小 F_H 愈大。

2. 内力的计算公式

拱轴线为曲线,注意所取截面应与拱轴正交。下面对任一截面 K 的内力进行具体分析。

取三铰拱 K 截面以左部分为隔离体[图 12.22(c)]。设 K 截面形心的坐标分别为 x_K、y_K,K 截面的法线与 x 轴的夹角为 φ_K。K 截面上的内力有弯矩 M_K、剪力 F_{SK} 和轴力 F_{NK}。规定弯矩以使拱内侧受拉为正,反之为负;剪力以使隔离体产生顺时针转动趋势时为正,反之为负;轴力以压力为正,拉力为负。利用平衡方程,可以求出拱的任一截面 K 上的内力为

$$M_K = [F_{Ay} \cdot x_K - P_1 \cdot (x_K - a_1)] - F_H \cdot y_K$$

$$F_{SK} = (F_{Ay} - F_1) \cdot \cos\varphi_K - F_H \cdot \sin\varphi_K$$

$$F_{NK}=(F_{Ay}-F_1)\cdot\sin\varphi_K+F_H\cdot\cos\varphi_K$$

在相应简支梁上取图 12.22(d)所示隔离体，利用平衡方程，可以求出相应简支梁截面 K 上的内力为

$$M_K^0=F_{Ay}^0\cdot x_K-P_1\cdot(x_K-a_1)$$
$$F_{SK}^0=F_{Ay}^0-P_1$$
$$F_{NK}^0=0$$

利用上式与式(12.1)，可得

$$\begin{aligned}M_K&=M_K^0-F_H\cdot y_K\\F_{SK}&=F_{SK}^0\cdot\cos\varphi_K-F_H\cdot\sin\varphi_K\\F_{NK}&=F_{SK}^0\cdot\sin\varphi_K+F_H\cdot\cos\varphi_K\end{aligned}\tag{12.2}$$

式(12.2)即为三铰拱任意截面 K 上的内力计算公式。计算时，注意内力的正负号的规定和夹角 φ_K 的取值，在左半拱时 φ_K 取正值，在右半拱时 φ_K 取负值。

由式(12.2)可以看出，由于水平推力 F_H 的存在，三铰拱任意截面 K 上的弯矩和剪力均小于其相应简支梁的弯矩和剪力，并且存在着使截面受压的轴力。通常轴力较大，为主要内力。由式(12.2)还可以看出，在集中荷载作用处，其左右两侧截面的剪力和轴力均有突变。

3. 绘制内力图

一般情况下，三铰拱的内力图均为曲线图形。为了简便起见，在绘制三铰拱的内力图时，通常沿跨长或沿拱轴选取若干截面，计算这些截面上的内力值。然后以拱轴线的水平投影为基线，在基线上把所求截面上的内力值按比例标出，用曲线相连，绘制内力图。

【例 12.7】 试绘制图 12.23(a)所示三铰拱的内力图。已知拱轴线方程为 $y=\dfrac{4f}{l^2}x(l-x)$。

解：(1)计算支座反力。

由式(12.1)，可得支座反力为

$$F_{Ay}=F_{Ay}^0=\frac{20\times8\times12+80\times4}{16}=140\text{ kN}$$

$$F_{By}=F_{By}^0=\frac{20\times8\times4+80\times12}{16}=100\text{ kN}$$

$$F_{Ax}=F_{Bx}=F_H=\frac{M_C^0}{f}=\frac{100\times8-80\times4}{4}=120\text{ kN}$$

(2)计算截面上的内力。

为了绘制内力图，将拱沿跨度分成八等分，用式(12.2)计算各截面的内力。现以集中力作用处 D 截面为例说明内力计算方法。

1)截面 D 的几何参数。根据拱轴线方程计算得

$$x_D=12\text{ m},y_D=\frac{4f}{l^2}x(l-x)=3\text{ m}$$

$$\tan\varphi_D=\left.\frac{\mathrm{d}y}{\mathrm{d}x}\right|_{x-3\ m}=\frac{4f}{l^2}(l-2x)\mid_{x-3\ m}=-0.5$$

$$\varphi_D = -26°34', \quad \sin\varphi_D = -0.447, \quad \cos\varphi_D = 0.894$$

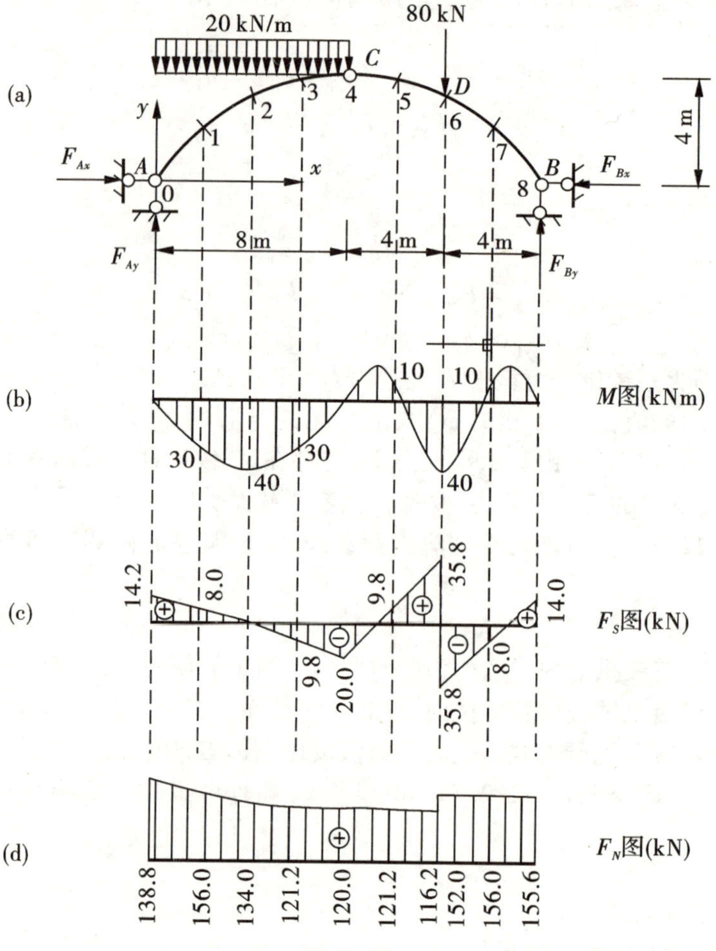

图 12.23

2）截面 D 的内力。由式(12.2)可得

$$M_D = M_D^0 - F_H \cdot y_D = 100 \times 4 - 120 \times 3 = 40 \text{ kN} \cdot \text{m}$$

$$F_{SD}^L = F_{SD}^{0L} \cdot \cos\varphi_D - F_H \sin\varphi_D = (-100+80) \times 0.894 - 120 \times (-0.447) = 35.8 \text{ kN}$$

$$F_{SD}^R = F_{SD}^{0R} \cdot \cos\varphi_D - F_H \sin\varphi_D = (-100) \times 0.894 - 120 \times (-0.447) = -35.8 \text{ kN}$$

$$F_{ND}^L = F_{SD}^{0L} \cdot \sin\varphi_D + F_H \cdot \cos\varphi_D = (-100+80) \times (-0.447) + 120 \times 0.894 = 116.6 \text{ kN}$$

$$F_{ND}^R = F_{SD}^{0R} \cdot \sin\varphi_D + F_H \cdot \cos\varphi_D = (-100) \times (-0.447) + 120 \times 0.894 = 152.0 \text{ kN}$$

必须指出，因为截面 D 受集中力作用，F_{SD}^0 有突变，所以该处左、右两侧截面上的剪力和轴力不同，要分别加以计算。

用同样的方法可计算其他各截面上的内力，其结果列于表 12.1 中。

表 12.1　三铰拱的内力计算

截面几何参数					F_S^0	弯矩/(kN·m)			剪力/kN			轴力/kN		
x/m	y/m	tan φ	sin φ	cos φ	/kN	M^0	$-F_Hy$	M	$F_S^0\cos\varphi$	$-F_x\sin\varphi$	F_S	$F_S^0\sin\varphi$	$F_x\cos\varphi$	F_N
0	0	1	0.707	0.707	140	0	0	0	99	-84.8	14.2	99	84.8	183.8
2	1.75	0.75	0.600	0.800	100	240	-210	30	80	-72.0	8.0	60.0	96.0	156.0
4	3.00	0.5	0.447	0.894	60	400	-360	40	53.6	-53.6	0	26.8	107.2	134.0
6	3.75	0.25	0.243	0.970	20	480	-450	30	19.4	-29.2	-9.8	4.8	116.4	121.2
8	4.00	0	0	1	-20	480	-4801	0	-20.0	0	-20.0	0	120.0	120.0
10	3.75	-0.25	-0.243	0.970	-20	440	-450	-10	-19.4	29.2	9.8	4.8	116.4	121.2
左					-20				-17.8		35.8	9.0		116.2
12	3.00	-0.50	-0.447	0.894		400	-360	40		53.6			107.2	
右					-100				-89.4		-35.8	44.8		152.0
14	1.75	-0.75	-0.600	0.800	-100	200	-210	-10	-80.0	72.0	-8.0	60.0	96.0	156.0
16	0	-1	-0.707	0.707	-100	0	0	0	-70.8	84.8	14.0	70.8	84.8	155.6

(3)绘制内力图。根据表 12.1 中的计算结果，用描点法逐一绘出弯矩图、剪力图和轴力图，如图 12.23(b)(c)(d)所示。

三、三铰拱的合理拱轴

在一般情况下，三铰拱任意截面上受弯矩、剪力和轴力的作用。由材料力学可知，弯矩使截面产生不均匀的正应力，而轴力则产生均匀的正应力。为了充分利用材料，应设法减小拱截面上的弯矩，以使其处于均匀受压状态。最理想的情况是使拱轴上所有截面的弯矩全等于零（当然相应的剪力也等于零），从而使拱只承受压力的作用。**在三铰位置及荷载确定的情况下，若拱轴上所有截面的弯矩全等于零，则该拱轴就成为该荷载作用下的合理拱轴。**

下面给出在竖向荷载作用下，三铰拱合理拱轴的一般表达式。

由式(12.2)，三铰拱任意截面上的弯矩为

$$M_K = M_K^0 - F_H \cdot y_K$$

当为合理拱轴时，则 $M = 0$，得

$$y_K = \frac{M_K^0}{F_H} \tag{12.3}$$

当拱所受的荷载为已知时，只要求出相应简支梁的弯矩方程 M_K^0，然后除以水平推力 F_H，即可得合理拱轴线方程。

【例 12.8】　求图 12.24(a)所示三铰拱在竖向荷载 q 作用下的合理拱轴线。

解：设坐标原点在 A 点，相应简支梁如图 12.24(b)所示，任意截面的弯矩为

$$M_K^0 = \frac{1}{2}qlx - \frac{1}{2}qx^2 = \frac{1}{2}qx(l - x)$$

由式(12.2),拱的水平推力为

$$F_H = \frac{M_C^0}{f} = \frac{\frac{ql^2}{8}}{f} = \frac{ql^2}{8f}$$

利用式(12.3),可求得合理拱轴为

$$y_K = \frac{M_K^0}{F_H} = \frac{\frac{qx(l-x)}{2}}{\frac{ql^2}{8f}} = \frac{4f}{l^2}x(l-x)$$

由此可见,在满跨的竖向均布荷载作用下,对称三铰拱的合理拱轴为二次抛物线。这就是工程中拱轴线常采用抛物线的原因。

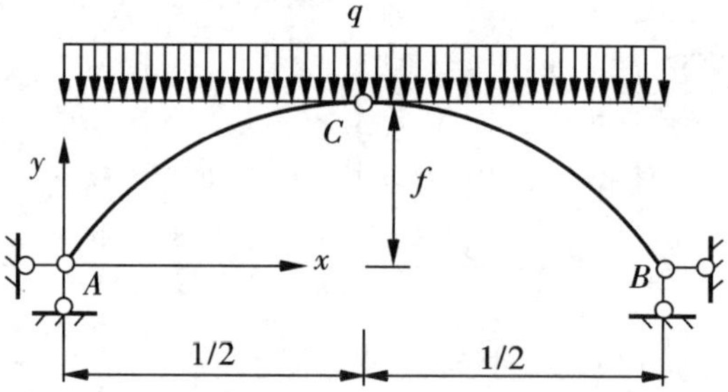

(a)

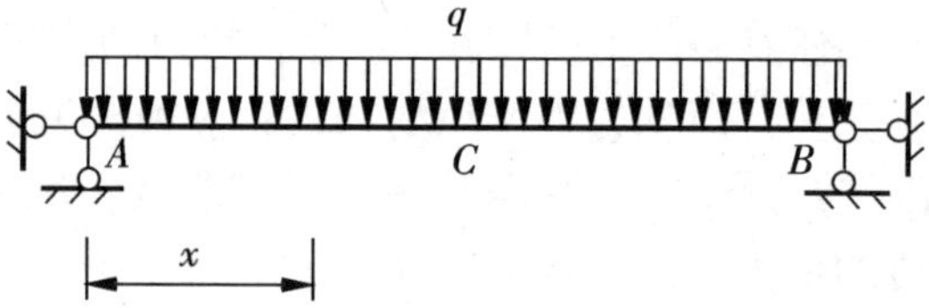

(b)

图 12.24

同理,还可推导出图 12.25(a)所示三铰拱在径向均布荷载作用下的合理拱轴为圆弧线;图 12.25(b)所示三铰拱在填土荷载作用下的合理拱轴为悬链线。需要注意的是,三铰拱的合理拱轴只是对一种给定荷载而言的,在不同的荷载作用下有不同的合理拱轴线。

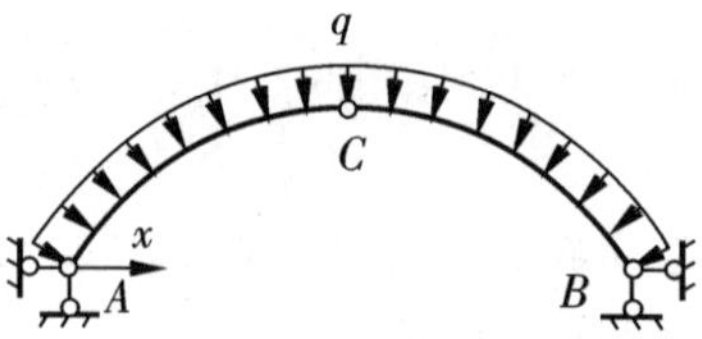

(a)

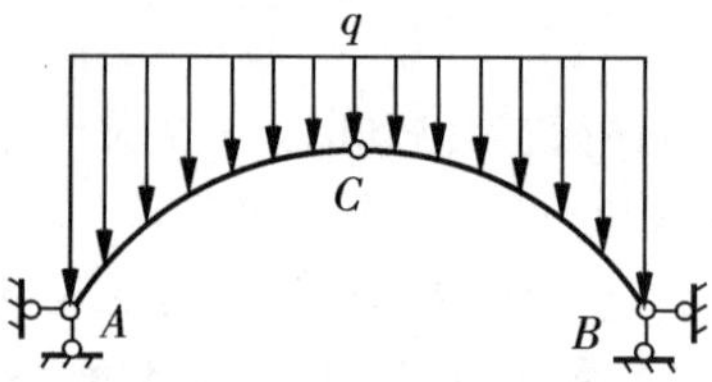

(b)

图 12.25

章后小结

1. 本章讨论复杂静定结构的内力计算,基本方法是截面法和区段叠加法。

2. 常用静定结构有多跨静定梁、静定刚架、静定桁架和三铰拱。

3. 多跨静定梁分基本部分和附属部分。利用层次图把多跨静定梁拆成若干单跨静定梁,从附属程度最高的一层开始,逐个计算出各跨梁的约束反力后,其内力计算和内力图的绘制与单跨静定梁一样,最后将各段梁的内力图连在一起即为多跨静定梁的内力图。

4. 静定平面刚架的内力计算步骤通常如下:

(1) 由整体或部分的平衡条件,求出支座反力或铰结点处的约束反力。

(2) 按单跨静定梁的内力计算方法和内力图的绘制方法,逐杆绘制刚架各杆的内力图。

(3) 将各杆的内力图连在一起,即得整个刚架的内力图。

5. 理解理想桁架和工程实际桁架的区别。结点法和截面法是计算桁架内力的基本方法,要熟练掌握。

6. 三铰拱是拱结构中的静定结构。拱结构在竖向荷载作用下,拱截面上的弯矩比相应简支梁对应截面上的弯矩小得多。拱横截面上的内力以轴向压力为主,所以,拱结构可利用抗压强度高而抗拉强度低的砖、石、混凝土等建筑材料来建造。

习　题

12.1　试改正图 12.26 所示静定平面刚架的弯矩图中的错误。

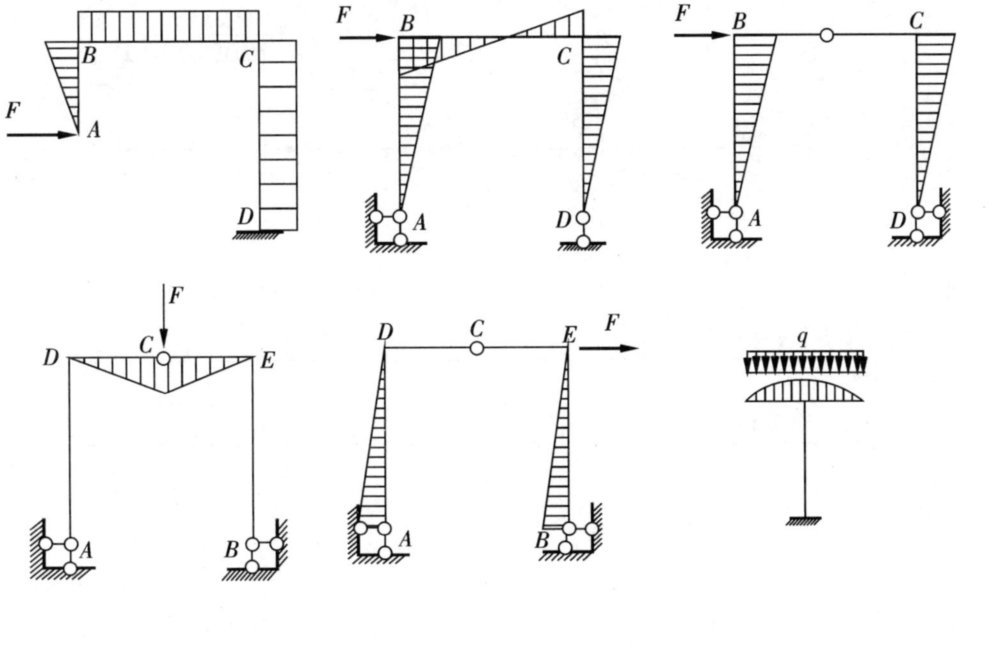

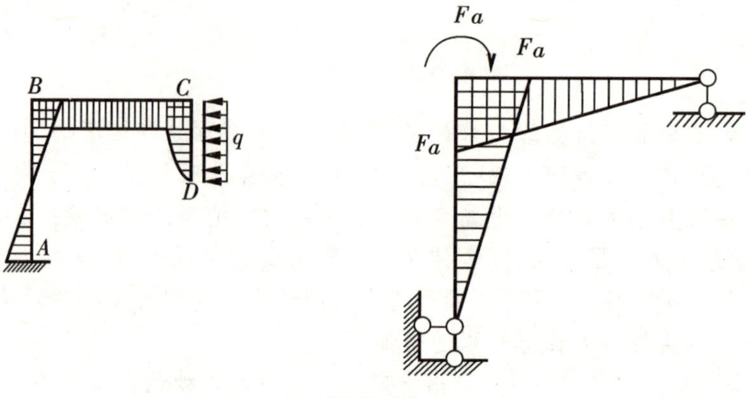

图 12.26

12.2 为什么能采用理想桁架作为实际桁架的计算简图？对理想桁架作了哪些假设？

12.3 试作图 12.27 所示多跨静定梁的内力图。

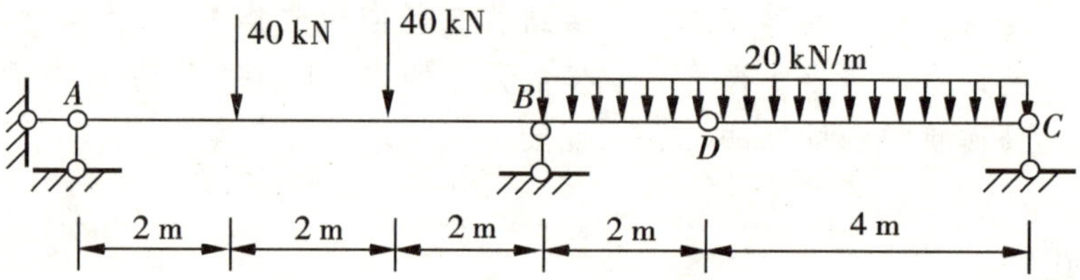

(a)

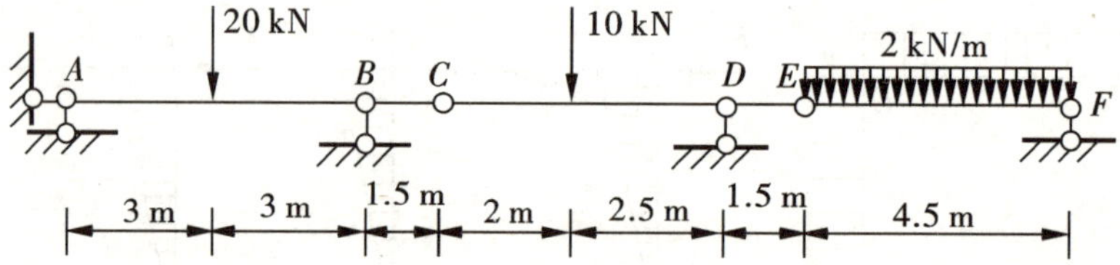

(b)

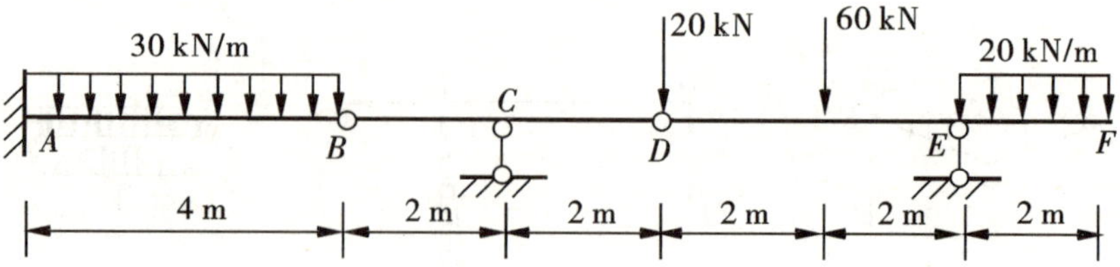

(c)

图 12.27

12.4　试绘制图 12.28 所示刚架的内力图。

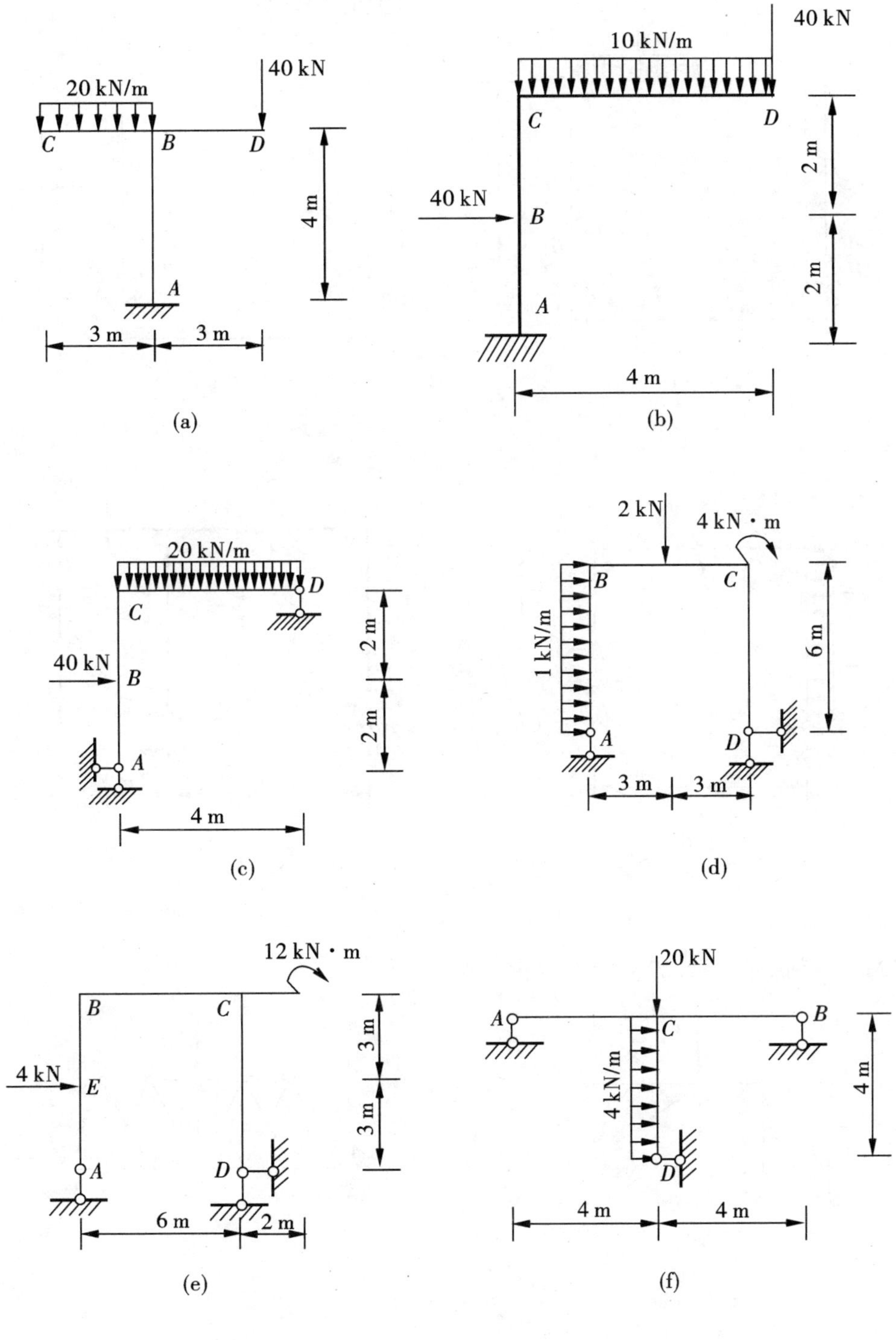

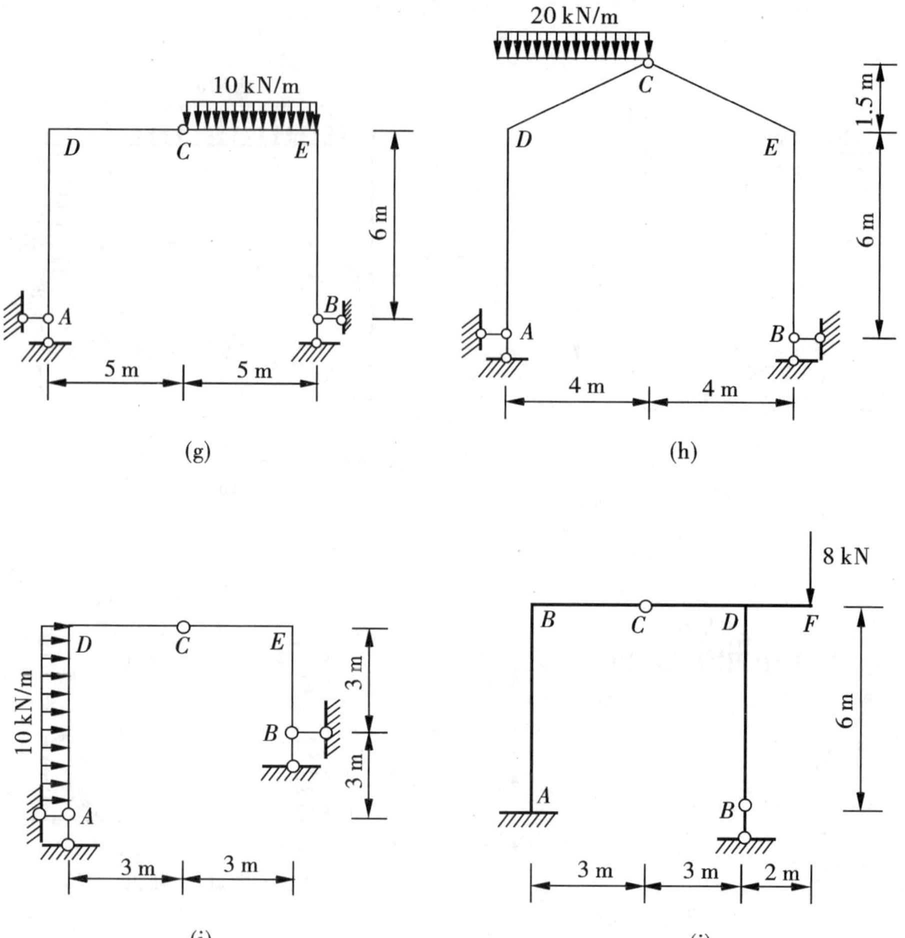

(g) (h) (i) (j)

图 12.28

12.5 试指出图 12.29 所示桁架中的零杆。

(a) (b)

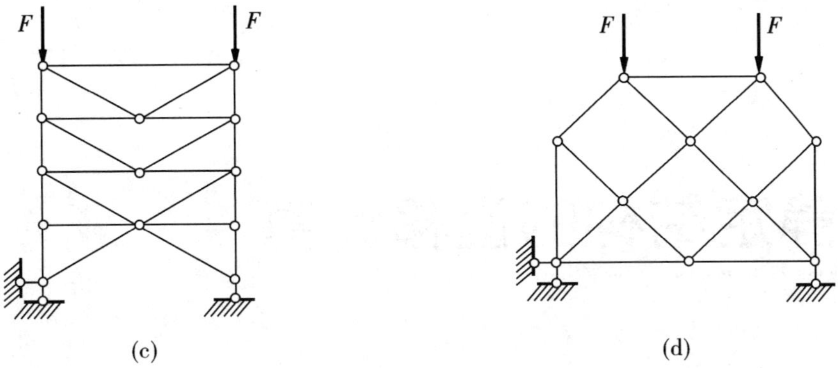

图 12.29

12.6　试用结点法计算图 12.30 所示桁架各杆的内力。

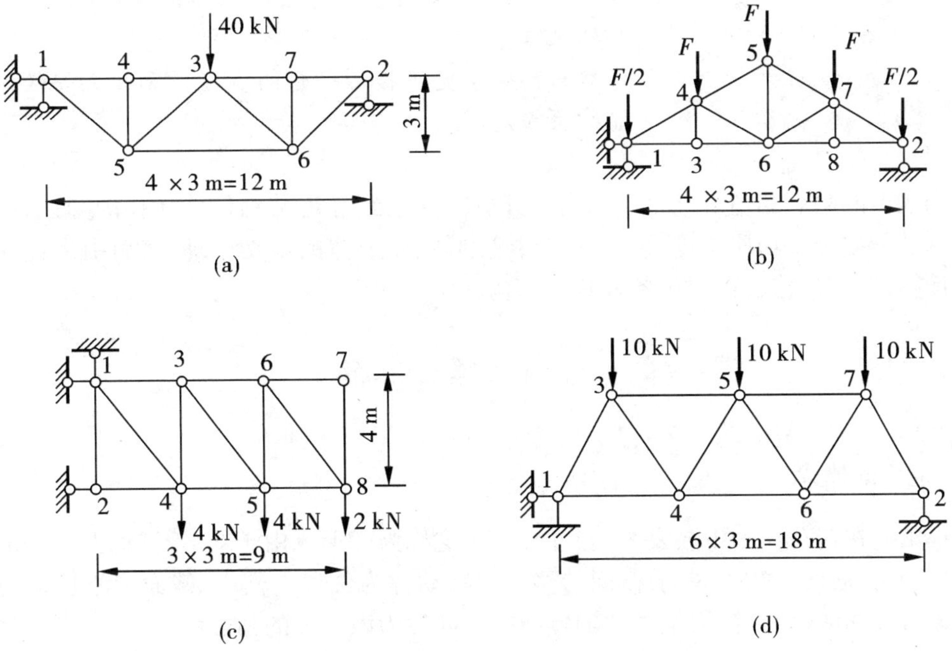

图 12.30

第十三章 静定结构的位移计算

学习目标

1. 了解静定结构位移计算的相关概念。
2. 理解虚功原理、结构位移计算的一般公式。
3. 理解图乘公式;掌握用图乘法计算荷载作用下静定结构的位移。
4. 了解结构由于支座移动引起的位移计算和线弹性体系的互等定理。

结构刚度的验算和超静定结构的内力分析需要用到静定结构位移计算的知识,结构位移计算的依据是虚功原理,所以本章先讨论刚体、变形体的虚功原理,然后引出杆件结构位移计算的一般公式,再讨论各种具体结构的位移计算。

第一节 结构位移计算的目的

一、位移的概念

工程结构在荷载作用下会发生形状的改变,这称为变形。由于变形,结构上各点位置将发生移动,各截面将发生转动,截面的移动和转动称为**位移**。其中,截面形心移动的距离称为该截面的**线位移**;截面绕中性轴转动的角度称为该截面的**角位移**。

例如图 13.1(a)所示的悬臂梁,在荷载 F 作用下发生了变形,梁的轴线由图中的直线变成图 13.1(b)中虚线所示的变形曲线,同时梁中的各截面位置也发生了变化。如截面 C 移动到了 C',将 CC' 的连线称为 C 截面的线位移;同时截面 C 绕中性轴转过了一个角度 θ,θ 就称为 C 截面的转角或角位移。

使结构产生位移的原因除荷载作用外,还有其他一些因素,如温度改变、材料胀缩、结构支座移动、结构构件尺寸的制造误差、基础沉陷等,也会使结构产生变形和位移。如图 13.2 所示。

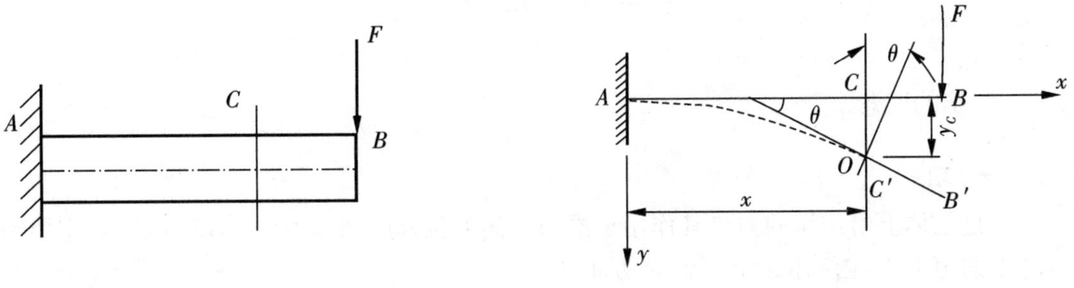

(a) (b)

图 13.1

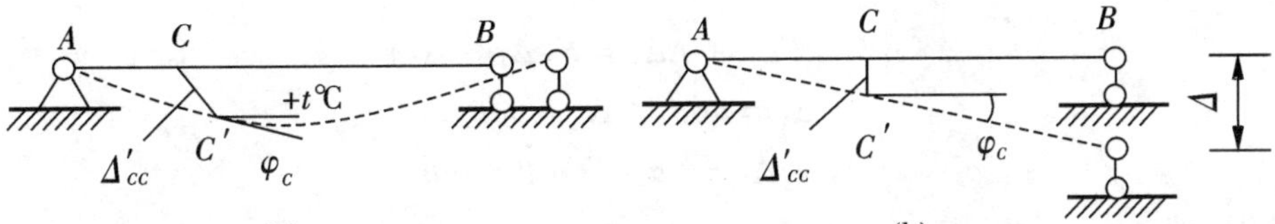

(a) (b)

图 13.2

二、计算静定结构位移的目的

结构的位移计算是结构设计和施工中常会遇到的问题，进行结构位移计算的目的如下。

（1）校核结构的刚度　为了保证结构的正常工作，除满足强度要求外，结构还须满足刚度要求。刚度要求就是控制结构的变形和位移，使之不能过大。例如，楼板变形过大，会使下面的灰层开裂、脱落；吊车梁的变形过大，将影响吊车的正常运行；桥梁的变形过大会影响行车安全并引起很大的振动。因此，在工程中，根据不同的用途，对结构的变形和位移给以一定的限制，使之不能超过一定的容许值（如吊车梁的最大挠度不得超过跨度的 1/600，屋盖和楼盖梁的挠度不得超过梁跨度的 1/400），即要求对结构刚度进行校核。

（2）为计算超静定结构问题打下基础　计算超静定结构的支座反力和内力时，只用静力平衡条件是不能全部确定的，还必须考虑结构的变形和位移条件，而建立变形条件就需要计算位移。因此，位移计算是超静定结构计算的基础。

（3）为生产使用提供依据　在结构及构件的制作、施工过程中也应当预先知道结构变形后的位置，以便采取一定的施工措施（如起重机吊装梁、板以及进行屋架的安装等），因而也需要计算其位移。

第二节 虚功原理

一、功的概念

(一)功

功是物体上所作用的力与其作用点沿力方向上位移的乘积。如图 13.3 所示,作用于物体上的恒力 F 在位移 Δ 上所做的功 W 为

$$W=F\cdot\Delta\cos\theta$$

式中,θ 为力 F 与位移 Δ 之间的夹角。

又如图 13.4 所示,物体受力偶 $M=F\cdot l$ 作用下而产生微小转角 $\mathrm{d}\theta$,则此力偶所做的功应为

$$\mathrm{d}W=F\Delta_1+F\Delta_2=F(\Delta_1+\Delta_2)$$

$$\Delta_1=a\mathrm{d}\theta \qquad \Delta_2=b\mathrm{d}\theta$$

$$\Delta_1+\Delta_2=(a+b)\mathrm{d}\theta=l\mathrm{d}\theta$$

其中

$$\mathrm{d}W=Fl\mathrm{d}\theta=M\mathrm{d}\theta$$

所以

$$W=\int\mathrm{d}W=\int M\mathrm{d}\theta=M\theta \tag{13.1}$$

式(13.1)说明,力偶所做的功等于力偶矩 M 与角位移 θ 的乘积。

功是代数量,可正、可负、也可为零。当力与位移方向相同,功为正;反之,为负;当力与位移方向垂直时,功为零。

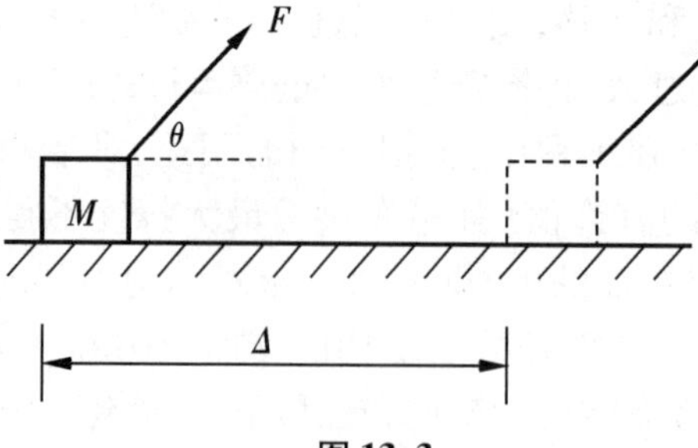

图 13.3

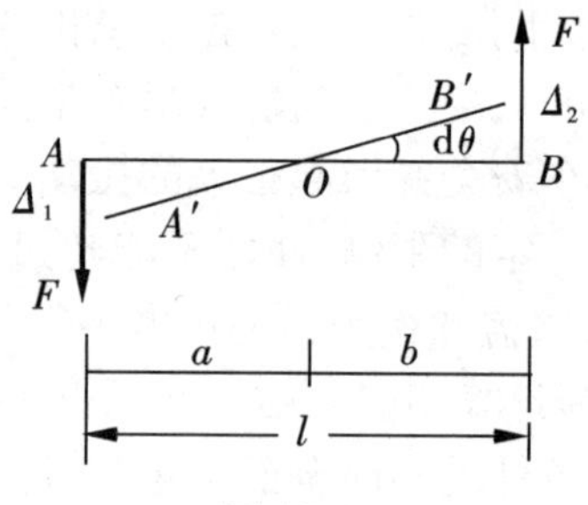

图 13.4

功的量纲为力与长度的乘积,单位为 N·m 或 kN·m。

(二)广义力与广义位移

由上述可知,做功的“力”可以是一个力,也可以是一个力偶,甚至还可以是一对力或一个力系。为方便计算,可将功的表达式统一写成

$$W=F\Delta \tag{13.2}$$

式(13.2)中，F 为广义力，它既可以是一个集中力或集中力偶，还可以是一对力或一对力偶；Δ 为广义位移，它与广义力相对应，可以是线位移或角位移。

广义力可以有不同的量纲，相应地广义位移也可以有不同的量纲，但做功时广义力与广义位移的乘积恒具有功的量纲。

二、实功和虚功

功根据位移产生的原因可分为实功和虚功。实功是指力在其自身引起的位移上所做的功；虚功是指力在其他因素所引起的位移上所做的功。例如图 13.5 所示简支梁，在静力荷载 F_1 的作用下，结构发生了图 13.5(a)虚线的变形，达到平衡状态。当 F_1 由零缓慢逐渐的加到其最后值时，其作用点沿 F_1 方向产生了位移 Δ_{11}，此时 $W_{11}=\frac{1}{2}F_1\Delta_{11}$ 为 F_1 所做的实功，称之为外力实功。

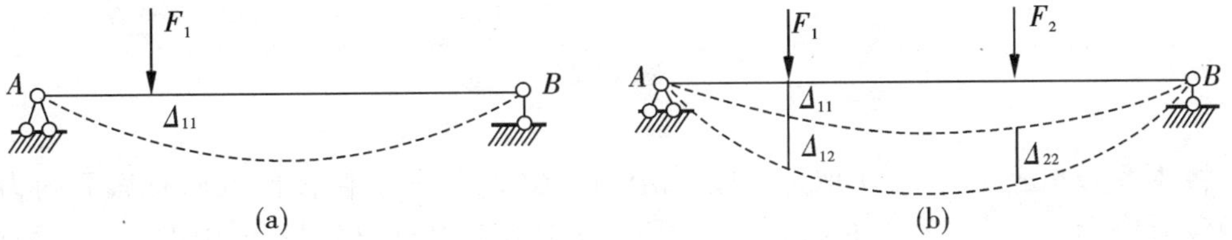

图 13.5

若在图 13.5(a)即做外力实功的基础上，又在梁上施加另外一个静力荷载 F_2，梁就会达到新的平衡状态。如图 13.5(b)所示，F_1 的作用点沿 F_1 方向又产生了位移 Δ_{12}（此时的 F_1 不再是静力荷载，而是一个恒力）。F_2 的作用点沿 F_2 方向产生了位移 Δ_{22}，那么，由于 F_1 不是产生 Δ_{12} 的原因，所以 $W_{12}=F_1\Delta_{12}$ 就为 F_1 所做的虚功，称之为外力虚功；而 F_2 是产生 Δ_{22} 的原因，所以 $W_{22}=\frac{1}{2}F_2\Delta_{22}$ 是外力实功。

虚功是相对实功而言的，虚功要求做功的力和位移是属于同一体系的两个独立无关的状态，即做虚功的力与位移是彼此独立的。

这里的位移 W、Δ 有两个角标，第一个脚标表示位移发生的地点和方向，第二个脚标表示引起位移的原因。公式中的 1/2 是因为施加荷载 F 为变力而引入的平均值系数。

三、刚体体系的虚功原理

刚体体系虚功原理：对于具有理想约束的刚体体系，其上作用的任意平衡力系在该体系发生的符合约束条件的任意无限小位移上所作的总虚功恒等于零。若总虚功记作 W，则有

$$W=0 \tag{13.3}$$

四、变形体的虚功原理

变形体的虚功原理是力学中的一个基本原理，在力学中的应用很广，后面要学习的结

构位移计算的一般公式可直接由它导出。

变形体的虚功原理可表述为：设变形体在力系作用下处于平衡状态，又设变形体由于其他原因产生符合约束条件的微小连续变形，则变形体所受外力在对应的位移上所做的虚功总和 W_e 恒等于各微段上的外力在其对应的变形上所做的虚功总和 W_i，即

$$W_e = W_i \tag{13.4}$$

变形体虚功原理的证明如下：

为了方便说明，用图 13.6(a)所示体系代表一个处于平衡状态的变形体，中虚线表示由其他原因产生的虚位移。荷载引起的变形略去未画出，直线位置即平衡位置。

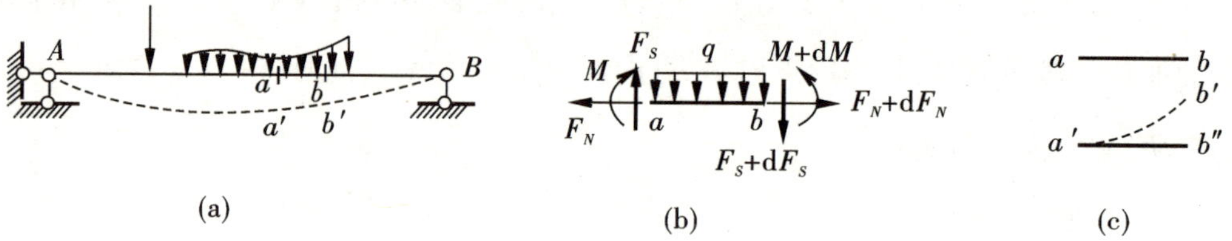

图 13.6

将体系分割成若干微段，取出一段，如图 13.6(b)所示。微段的截面有截面内力，其与微段上作用的外力统称为微段外力，微段外力在微段从 ab 移到 $a'b'$ 中做功。下面计算各微段上的外力在对应位移上做的虚功之和 W。

(1)将微段外力分为两部分　截面上的内力和体系外力；微段外力在从原平衡位置 ab 移到 $a'b'$ 处所做的虚功也可以分为两部分——截面内力做的虚功和体系外力做的虚功，即

$$\mathrm{d}W = \mathrm{d}W_n + \mathrm{d}W_e \tag{13.5}$$

式中，$\mathrm{d}W$、$\mathrm{d}W_n$、$\mathrm{d}W_e$ 分别为微段外力、微段的截面内力、微段上的体系外力在虚位移上做的虚功。将体系上各微段外力做的虚功相加，得

$$W = \int \mathrm{d}W = \int \mathrm{d}W_n + \int \mathrm{d}W_e = W_n + W_e \tag{13.6}$$

式中，W_n 为各微段的截面内力在虚位移上做的虚功之和，因为产生的位移是连续的，两个相邻微段的截面位移相同，而这两个截面的内力等值反向，故各微段的截面内力做的功相加后，正负相消，等于零，即 $W_n = 0$；而微段上的体系外力在对应位移上做的虚功，相加后即为微段外力在对应位移上做的虚功 W_e，因此，式(13.6)可简化为如下形式：

$$W = W_e \tag{13.7}$$

(2)将微段产生的位移分解成两个过程　刚体位移和变形，如图 13.6(c)所示。微段从 ab 位置先发生刚体运动到 $a'b''$，然后发生变形从 $a'b''$ 到 $a'b'$；微段外力做的虚功也分为在刚体位移上做的功和在变形上做的功，即

$$\mathrm{d}W = \mathrm{d}W_g + \mathrm{d}W_i \tag{13.8}$$

式中，$\mathrm{d}W_g$、$\mathrm{d}W_i$ 分别为微段外力在刚体位移和变形位移上做的虚功。因为体系是平衡的，任一微段也是平衡的，根据刚体体系虚功原理，平衡力系在刚体位移上做的虚功等于零，即 $\mathrm{d}W_g = 0$。所以式(13.8)可以简化为 $\mathrm{d}W = \mathrm{d}W_i$。

对各微段求和，得

$$W = \int \mathrm{d}W = \int \mathrm{d}W_i = W_i \tag{13.9}$$

式中，W_i 为体系各微段外力在微段变形位移上做的虚功之和。

由式(13.7)和式(13.9)可得到虚功方程(13.4)。

从上面证明过程可见，变形体虚功原理适用于任何变形体。只要满足体系是平衡的，产生位移是连续的这样两个条件，即有一个平衡的力状态和一个连续协调的位移状态，虚功方程(13.4)就一定成立。为了方便，可以将虚功方程说成外力功等于内力变形功。

第三节　荷载作用下位移计算的一般公式

现在我们来讨论如何应用虚功原理求结构在荷载作用下引起的位移(图13.7)。

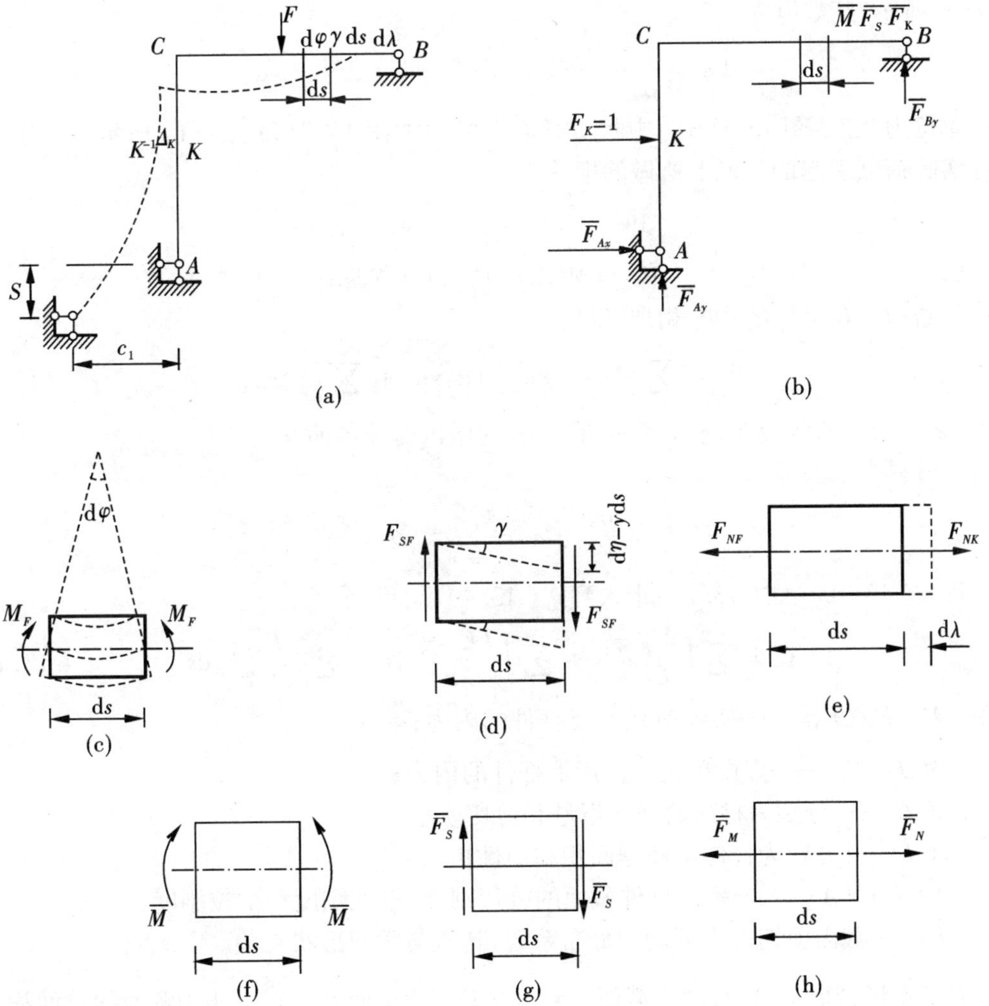

图 13.7

图 13.7(a)中所示结构在荷载 F 作用下发生了如图中虚线所示变形。欲求结构上任一截面 K 沿水平方向上的位移 Δ_K，可应用变形体的虚功原理。

若求 Δ_K，先在结构上加一个与所求位移 Δ_K 相对应的单位力(即该单位力在所求位移上做虚功,单位力指大小为 1 的集中力或集中力偶),如图 13.7(b)所示。施加的单位力在该状态体系中能达到平衡,这一状态称为单位力状态。以图 13.7(a)所示发生的实际状态作为结构的位移状态。由变形体虚功原理可知,图 13.7(b)所示单位力状态上的外力在图 13.7(a)所示位移上做的虚功应等于图 13.7(b)所示状态上各微段外力在图 13.7(a)对应的微段变形上所做的虚功之和。

其中外力虚功为

$$W_e = 1 \times \Delta_K \tag{13.10}$$

将位移状态中的微段变形进行分解,分解为弯曲变形、剪切变形和轴向变形,两个截面的相对位移有相对转角 $\mathrm{d}\varphi$、相对剪切变形 $\mathrm{d}\eta$、相对轴向变形 $\mathrm{d}\lambda$，分别如图 13.7(c)(d)(e)所示,其数值为

$$\mathrm{d}\varphi = \frac{1}{\rho}\mathrm{d}s = k\mathrm{d}s \qquad \mathrm{d}\eta = \gamma \mathrm{d}s \qquad \mathrm{d}\lambda = \varepsilon \mathrm{d}s$$

单位力状态[图 13.7(b)]中相应微段上的力如图 13.7(f)(g)(h)所示。微段上的力在实际荷载引起的变形上所做的虚功为

$$\mathrm{d}W_i = \overline{M}\mathrm{d}\varphi + \overline{F}_S\mathrm{d}\eta + \overline{F}_N\mathrm{d}\lambda$$

即

$$\mathrm{d}W_i = \overline{M}k\mathrm{d}s + \overline{F}_S\gamma\mathrm{d}s + \overline{F}_N\varepsilon\mathrm{d}s$$

将结构上各微段的 $\mathrm{d}W_i$ 相加,得出

$$W_i = \sum\int\overline{M}k\mathrm{d}s + \sum\int\overline{F}_S\gamma\mathrm{d}s + \sum\int\overline{F}_N\varepsilon\mathrm{d}s \tag{13.11}$$

式中，ε 为微段的线应变，γ 为剪应变，$1/\rho$ 为微段弯曲的曲率。

由材料力学公可知

$$\frac{1}{\rho} = \frac{M_F}{EI} \qquad \gamma = \frac{kF_{SF}}{GA} \qquad \varepsilon = \frac{F_{NF}}{EA}$$

将式(13.10)、式(13.11)带入到式(13.4)中,得到

$$\Delta_K = \sum\int\frac{M_F}{EI}\overline{M}\mathrm{d}s + \sum\int\frac{kF_{SF}}{GA}\overline{F}_S\mathrm{d}s + \sum\int\frac{F_{NF}}{EA}\overline{F}_N\mathrm{d}s \tag{13.12}$$

式中 M_F、F_{SF}、F_{NF} ——实际荷载 F 下杆件的内力；

$\overline{M}$、$\overline{F}_S$、$\overline{F}_N$ ——虚设单位力作用下杆件的内力；

E、G ——分别为材料的弹性模量和剪切模量；

A、I ——分别为杆件截面的面积和惯性矩；

EI、GA、EA ——分别为杆件截面的抗弯刚度、抗剪刚度和抗拉刚度；

k ——截面剪切应力不均匀分布系数,其值与截面形状有关。

对于矩形截面 $k=1.2$；圆形截面 $k = \frac{10}{9}$；工字形截面 $k \approx \frac{A}{A'}$，A 为截面的总面积，A' 为腹板截面面积。式(13.12)就是变形体在荷载作用下位移计算的一般公式,式中的积

分是沿单根杆件长度方向的积分，而求和是对结构中所有杆件的积分结果求和。式(13.12)具有普遍性，因为在推导中应用了胡克定律，所以对于任何符合胡克定律的杆件结构，无论是梁、桁架、刚架、拱或由它们组合而成的组合结构都可以用此式计算。

第四节　静定结构在荷载作用下的位移计算

式(13.12)是静定结构在荷载作用下位移计算的一般公式。公式右边有三项：第一项表示弯曲变形的影响，第二项表示剪切变形的影响，第三项则表示轴向变形的影响。在实际应用中，对于不同的结构形式，由于 F_{NF}、F_{SF}、M_F 对其位移的影响程度是不同的。根据不同结构的受力特点，按保留主要影响，忽略次要影响的原则，对式(13.12)进行简化。

1. 梁和刚架

在梁和刚架中，位移主要是由弯矩引起的，轴力和剪力的影响很小。因此，式(13.12)可简化为

$$\Delta = \sum \int \frac{M_F \overline{M}}{EI} \mathrm{d}s \tag{13.13}$$

2. 桁架

在桁架中，因各杆只受轴力作用，剪力和弯矩均为零。所以位移计算公式可简化为

$$\Delta = \sum \int \frac{F_{NF} \overline{F}_N}{EA} \mathrm{d}s$$

又因桁架杆是等截面的，且轴力沿杆长也无变化，所以上式可进一步简化为

$$\Delta = \sum \frac{F_{NF} \overline{F}_N}{EA} l \tag{13.14}$$

3. 组合结构

组合结构一般为桁架和梁的组合，梁式杆主要受弯曲影响，桁架只考虑轴力。因此，式(13.12)可简化为

$$\Delta = \sum \int \frac{M_F \overline{M}}{EI} \mathrm{d}s + \sum \frac{F_{NF} \overline{F}_N}{EA} l \tag{13.15}$$

式中的前一个求和对结构中的所有弯曲杆件进行，后一个求和仅对只考虑轴力的拉压杆进行。

4. 拱

因拱轴力较大，所以轴力引起的位移不能忽略，故一般情况下拱的位移公式为

$$\Delta = \sum \int \frac{M_F \overline{M}}{EI} \mathrm{d}s + \sum \int \frac{F_{NF} \overline{F}_N}{EA} \mathrm{d}s \tag{13.16}$$

若拱的曲率半径较小而厚度较大，则剪力的影响也不能忽略。

【例 13.1】　试求图 13.8(a)所示等截面简支梁中点 C 的竖向位移 Δ_{Cy}。已知 $EI=$ 常数。

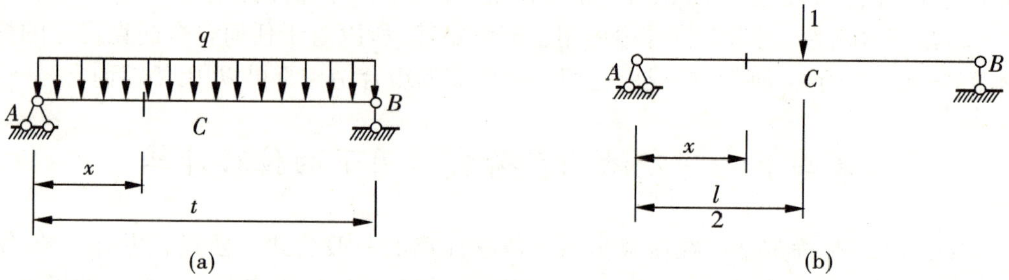

图 13.8

解:(1)在 C 点加一竖向单位荷载作为虚拟状态[图 13.8(b)],分段列求出单位荷载作用下梁的弯矩方程。设以 A 为坐标原点,则当 $0 \leqslant x \leqslant \dfrac{l}{2}$ 时,有

$$\overline{M} = \frac{1}{2}x$$

(2)实际状态下[图 13.8(a)]杆的弯矩方程

$$M_F = \frac{q}{2}(lx - x^2)$$

(3)因为结构对称,所以由式(13.13)得

$$\Delta_{Cy} = 2\int_0^{\frac{l}{2}} \frac{1}{EI} \times \frac{x}{2} \times \frac{q}{2}(lx - x^2)\,\mathrm{d}x = \frac{q}{2EI}\int_0^{\frac{l}{2}}(lx^2 - x^3)\,\mathrm{d}x = \frac{5ql^4}{384EI}$$

计算结果为正,说明 C 点竖向位移的方向与虚拟单位荷载的方向相同。

【例 13.2】 图 13.9(a)所示桁架各杆 EA = 常数,求节点 C 的竖向位移 Δ_{Cy}。

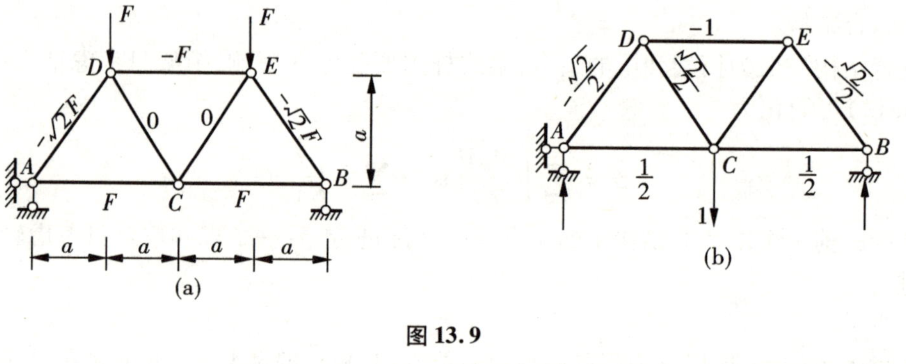

图 13.9

解:(1)为求 C 点的竖向位移,在 C 点加一竖向单位力,并求出 $F=1$ 引起的各杆轴力 $\overline{F}_N$[(图 13.9(b)]。

(2)求出实际状态下各杆的轴力 F_{NF}[图 13.9(a)]。

(3)将各杆 $\overline{F}_N$、F_{NF} 及其长度列入表 13.1 中,再运用公式进行运算。

表 13.1　桁架位移计算

杆件	$\overline{F}_N$	F_{NF}	l	$\overline{F}_N F_{NF} l$
AD	$-\frac{\sqrt{2}}{2}$	$-\sqrt{2}P$	$\sqrt{2}a$	$\sqrt{2}aP$
AC	$\frac{1}{2}$	P	$2a$	Pa
DE	-1	$-P$	$2a$	$2Pa$
DC	$\frac{\sqrt{2}}{2}$	0	$\sqrt{2}a$	0

因为该桁架是对称的，所以由式（13.15）得

$$\Delta_{Cy} = \sum \frac{1}{EA}\overline{F}_N F_{NF} l = \frac{Pa}{EA}(2\sqrt{2} + 2 + 2 + 0)$$

$$= \frac{2Pa}{EA}(\sqrt{2} + 2) = 6.83\frac{Pa}{EA}$$

计算结果为正，说明 C 点的竖向位移与假设的单位力方向相同。

如果桁架中有较多的杆件内力为零，计算较为简单时，可不列表，直接代入公式即可。

第五节　图乘法

建筑结构多为梁和刚架，由前述可知，可直接应用位移公式

$$\Delta = \int \frac{M_F \overline{M}}{EI} ds$$

计算位移时，必须进行积分运算，相当麻烦。但如果结构和荷载满足以下条件：①杆件轴线是直线；②在积分区间内 EI = 常量；这就要求该段杆件各处材料相同，截面相同；③在 M_F 图和 $\overline{M}$ 图中至少有一个是直线图形，则可用图乘法进行计算，极为方便。

下面介绍图乘法的说明和应用。

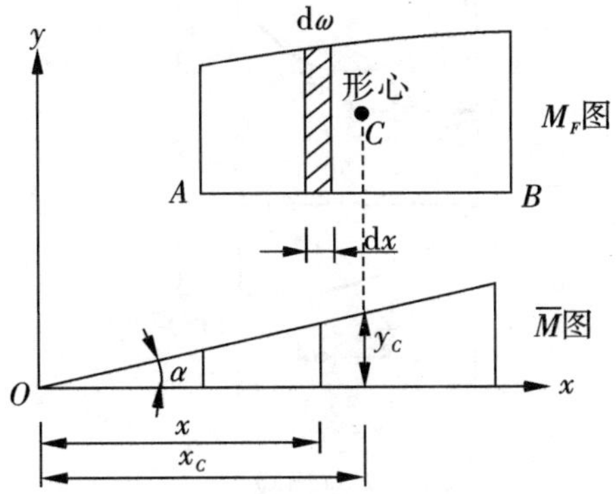

图 13.10

图 13.10 所示为一等截面直杆 AB 的两个弯矩图,其中 $\overline{M}$ 图为一段直线, M_F 图为任意形状。如果该杆截面抗弯刚度 EI 为一常数,则上述位移公式可具体变为

$$\Delta = \int_A^B \frac{M_F\overline{M}}{EI}\mathrm{d}s = \frac{1}{EI}\int_A^B M_F\overline{M}\mathrm{d}s \tag{a}$$

现以 $\overline{M}$ 图的基线为 x 轴,以 $\overline{M}$ 图的延长线与 x 轴的交点 O 为原点,建立 xOy 坐标系。以 α 表示 $\overline{M}$ 图直线的倾角,则 $\overline{M}$ 图任一点纵坐标可表示为

$$\overline{M} = x \cdot \tan\alpha$$

因此, $$\int_A^B M_F\overline{M}\mathrm{d}s = \tan\alpha\int_A^B xM_F\mathrm{d}s$$

用 $\mathrm{d}x$ 代替 $\mathrm{d}s$,上述位移公式可进一步整理为

$$\Delta = \int_A^B \frac{M_F\overline{M}}{EI}\mathrm{d}x = \frac{1}{EI}\int_A^B x\tan\alpha \cdot M_F \cdot \mathrm{d}x = \frac{\tan\alpha}{EI}\int_A^B xM_F\mathrm{d}x \tag{b}$$

式中, $M_F\mathrm{d}x$ 为 M_F 图的微分面积(图 13.10 中画阴影线的部分); $x \cdot M_F\mathrm{d}x$ 是这个微面积对 y 轴的面积矩。因而 $\int_A^B xM_F\mathrm{d}x$ 为整个 M_F 图的面积 ω 对 y 轴的面积矩。以 x_C 表示 M_F 图的形心 C 到 y 轴的距离,则

$$\int_A^B xM_F\mathrm{d}x = \omega x_C$$

所以

$$\int_A^B M_F\overline{M}\mathrm{d}x = \tan\alpha \cdot \omega x_C = \omega y_C \tag{c}$$

其中, y_C 是在 M_F 图中形心 C 对应 $\overline{M}$ 图纵坐标。利用式(c),则式(a)可写为

$$\Delta = \int_A^B \frac{M_F\overline{M}}{EI}\mathrm{d}s = \frac{1}{EI}\omega y_C \tag{13.17}$$

这就是图乘法所使用的公式。它将式(a)形式的积分运算问题简化为求图形的面积、形心和标距的问题。

为了图乘方便,图 13.11 给出了位移计算中几种常见图形的面积和形心的位置。

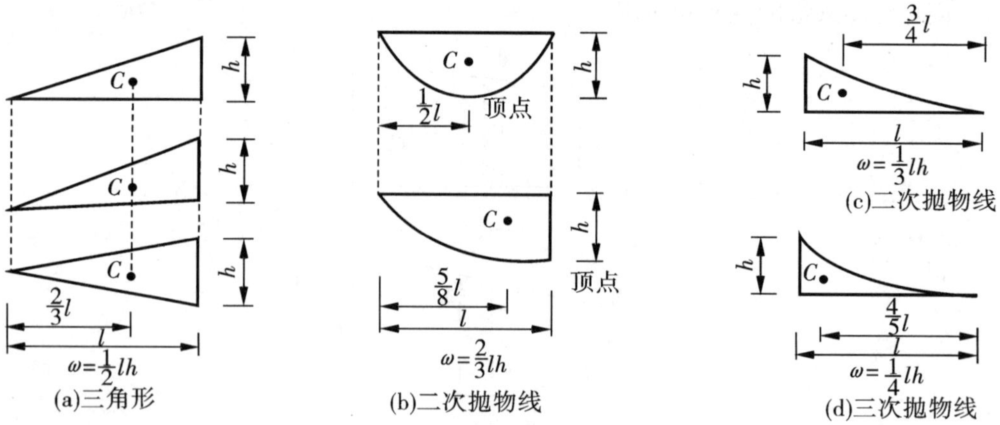

图 13.11

应用图乘法计算结构位移时应注意以下几点：

(1)图乘前先要进行分段处理，使每段严格满足：直杆；EI 为常数；M_F 和 $\overline{M}$ 至少有一个为直线的条件。

(2) ω、y_C 是分别取自两个弯矩图的量，不能取在同一图上。

(3) y_C 必须取自直线图形，y_C 的位置与另一图形的形心对应。

(4)在应用抛物线图形的公式时，必须注意图形在顶点处的切线应与基线平行。

(5)若面积 ω 与 y_C 在杆件同一侧，则乘积取正号，否则取负号。

(6)当结构某一根杆件的 $\overline{M}$ 图为折线形时，或者各杆段的截面不相等时，均应分段图乘，然后进行叠加。

(7)竖标 y_C 只能由直线弯矩图中取值。如果 M_F 与 M 图都是直线，则 y_C 可取自其中任一个图形。

(8)当图形比较复杂，其面积或形心位置不易直接确定时，可采用叠加法。将图形分解成几个易于确定各自面积或形心位置的部分，然后将这些部分与另一图形作图乘运算，再将所得结果相叠加。

【例 13.3】 试求图 13.12(a)所示简支梁 A 端角位移 φ_A 及跨中 C 点的竖向位移 Δ_{Cy}。EI 为常数。

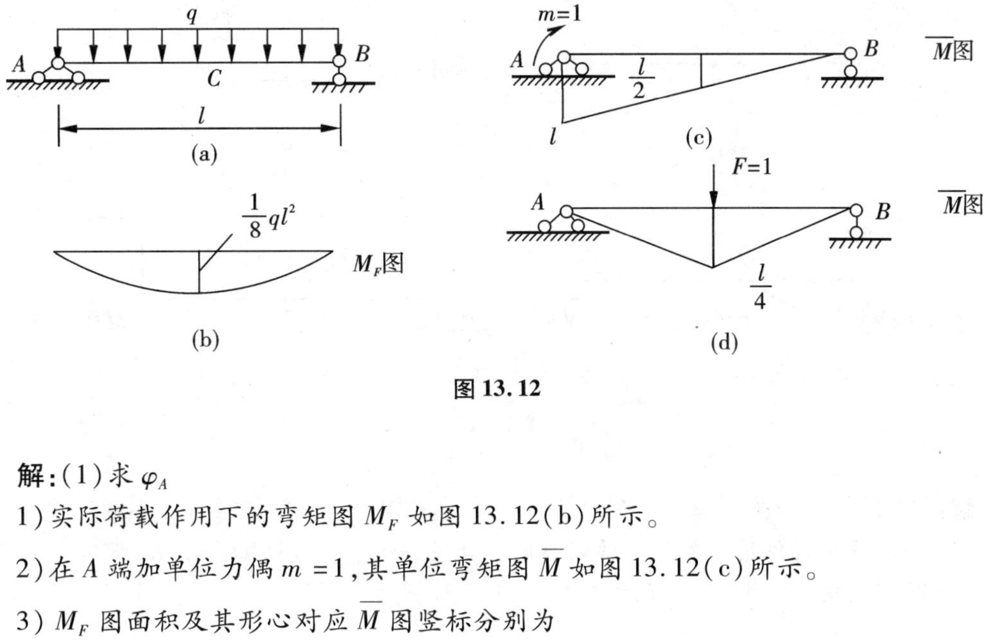

图 13.12

解：(1)求 φ_A

1)实际荷载作用下的弯矩图 M_F 如图 13.12(b)所示。

2)在 A 端加单位力偶 $m=1$，其单位弯矩图 $\overline{M}$ 如图 13.12(c)所示。

3) M_F 图面积及其形心对应 $\overline{M}$ 图竖标分别为

$$\omega=\frac{2}{3}l\cdot\frac{1}{8}ql^2=\frac{ql^3}{12}\qquad y_C=\frac{1}{2}$$

4)计算 φ_A

$$\varphi_A=\frac{1}{EI}\omega y_C=\frac{1}{EI}\cdot\frac{ql^3}{12}\cdot\frac{1}{2}=\frac{ql^3}{24EI}\quad(\text{顺时针})$$

(2)求Δ_{Cy}

1)M_F 图仍如图 13.12(b)所示。

2)在 C 点加单位力 $F=1$,单位弯矩图 $\overline{M}$ 如图 13.12(d)所示。

3)计算 ω、y_C。由于 $\overline{M}$ 图是折线形,故应分段图乘再叠加。因两个弯矩图均对称,故计算一半取两倍即可

$$\omega=\frac{2}{3}\cdot\frac{ql^2}{8}\cdot\frac{l}{2}=\frac{ql^3}{24}$$

$$y_C=\frac{5}{8}\times\frac{1}{4}=\frac{5}{32}l$$

4)Δ_{Cy}

$$\Delta_{Cy}=2\frac{1}{EI}\omega y_C=2\cdot\frac{1}{EI}\cdot\frac{ql^3}{24}\cdot\frac{5l}{32}=\frac{5ql^4}{384EI}(\downarrow)$$

【例 13.4】 试求图 13.13(a)所示的梁在已知荷载作用下,A 截面的角位移 φ_A 及 C 点的竖向线位移 Δ_{Cy}。EI 为常数。

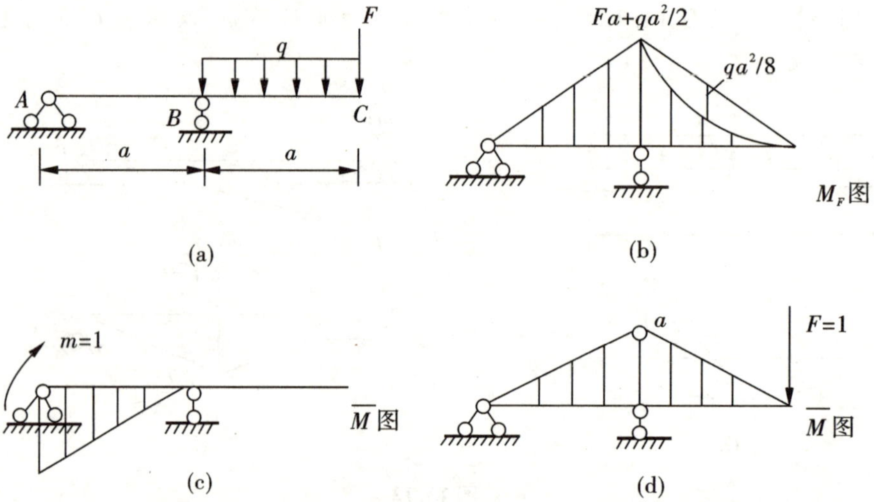

图 13.13

解:(1)分别建立在 $m=1$ 及 $F=1$ 作用下的虚设状态,如图 13.13(c)(d)所示。

(2)分别作荷载作用和单位力作用下的弯矩图,如图 13.13(b)(c)(d)所示。

(3)图形相乘。将图 13.13(b)与图 13.13(c)相乘,则得

$$\varphi_A=-\frac{1}{2}a(pa+\frac{qa^2}{2})(\frac{1}{3}\times\frac{1}{EI})$$

$$=-\frac{1}{EI}(\frac{pa^2}{6}+\frac{qa^3}{2})\qquad(\text{顺时针})$$

结果为负值,表示 φ_A 的方向与 $m=1$ 的方向相反。

计算 Δ_{Cy} 时，将图 13.13(b)与图 13.13(d)相乘，这里必须注意的是 BC 段的弯矩 M_F 图是非标准的抛物线，所以图乘时不能直接代人公式，应将此部分面积分解为两部分，然后叠加，则得

$$\Delta_{Cy}=\frac{1}{EI}\left(\frac{2}{3}pa^3+\frac{7}{24}qa^4\right)(\downarrow)$$

【例 13.5】 计算图 13.14(a)所示悬臂刚架 D 点的竖向位移 Δ_{Dy}。各杆 EI 如图所示。

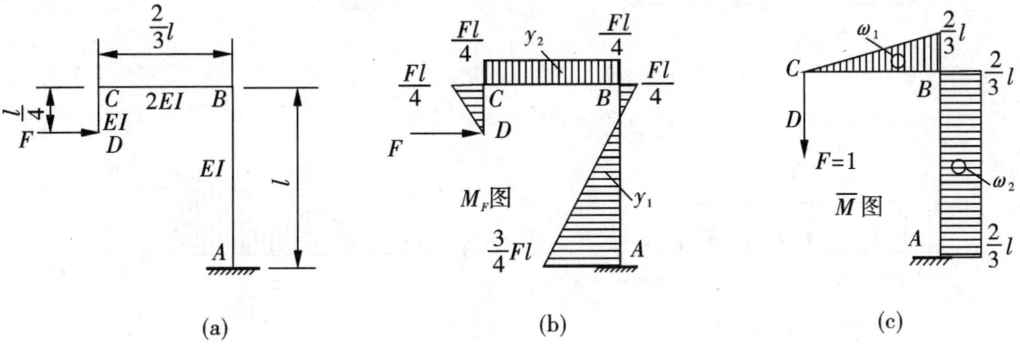

图 13.14

解：(1)实际荷载作用下的弯矩图 M_F，如图 13.14(b)所示。

(2)在 D 端加单位力 $F=1$，单位弯矩图 $\overline{M}$ 如图 13.14(c)所示。

(3)计算 ω、y_C。

图乘时应分 AB、BC、CD 三段进行，由于 CD 段 $\overline{M}=0$，可不必计入。故只计算 AB、BC 两段。

AB 段　　$\omega_1=l\cdot\frac{2}{3}l=\frac{2}{3}l^2$（取自 $\overline{M}$ 图）

$$y_1=\frac{pl}{4}$$

BC 段　　$\omega_2=\frac{1}{2}\cdot\frac{2}{3}l\cdot\frac{2}{3}l=\frac{2}{9}l^2$

$$y_2=\frac{pl}{4}$$

(4)计算 Δ_{Dy}

$$\begin{aligned}\Delta_{Dy}&=\frac{1}{EI}(\omega_1 y_{C1})+\frac{1}{2EI}(\omega_2 y_{C2})\\&=-\frac{1}{EI}\left(\frac{2}{3}l^2\times\frac{pl}{4}\right)+\frac{1}{2EI}\left(\frac{2}{9}l^2\times\frac{pl}{4}\right)\\&=-\frac{pl^3}{6EI}+\frac{pl^3}{36EI}\end{aligned}$$

$$=-\frac{5pl^3}{36EI} \quad (\uparrow)$$

【例 13.6】 计算图 13.15(a)所示外伸梁 C 点的竖向位移 Δ_{Cy}。EI 为常数。

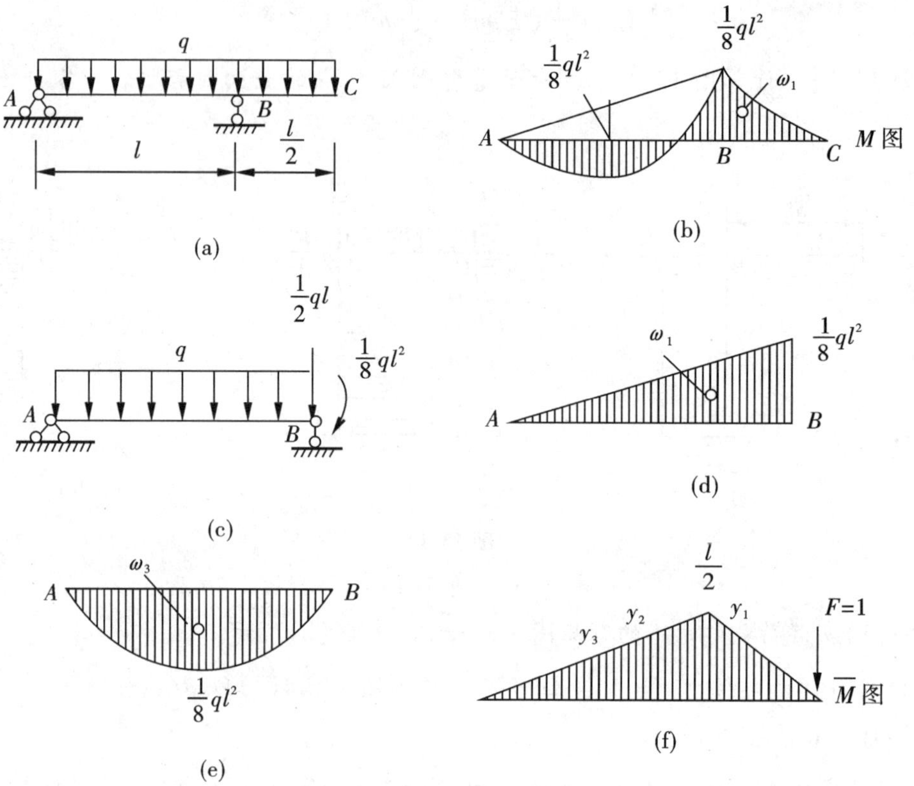

图 13.15

解:(1)实际荷载作用下的弯矩图 M_F 如图 13.15(b)所示。

(2)在 C 处加单位力 $F=1$,其弯矩图 $\overline{M}$ 如图 13.15(f)所示。

(3)计算 ω;y_C;计算 M_F 图面积时,BC 段是标准二次抛物线,而 AB 段不是标准抛物线。为此,可将 AB 段的 M_F 分解为一个三角形[如图 13.15(d)所示]和一个顶点在 AB 跨中的标准二次抛物线图形[如图 13.15(e)所示],这相当于把 BC 段切断,并以相应的剪力 $F_{SBA}=\frac{1}{2}ql$、弯矩 $M_{BC}=\frac{1}{8}ql^2$ 作用于 AB 段的 B 端,在 AB 全跨作用有均布荷载 q 的简支梁如图 13.15(c)所示,因此,其弯矩图形面积和形心位置均易确定。分别计算如下:

BC 段 $\qquad \omega_1=\frac{1}{3}\cdot\frac{1}{8}ql^2\cdot\frac{l}{2}=\frac{ql^3}{48} \quad y_1=\frac{3}{8}l$

AB 段 $\qquad \omega_2=\frac{1}{2}\cdot\frac{1}{8}ql^2\cdot l=\frac{1}{16}ql^3 \quad y_2=\frac{1}{3}l$

$$\omega_3=\frac{2}{3}\cdot\frac{1}{8}ql^2\cdot l=\frac{ql^3}{24} \quad y_3=\frac{1}{4}l$$

(4)计算Δ_{Cy}

$$\Delta_{Cy}=\frac{1}{EI}(\omega_1 y_1+\omega_2 y_2+\omega_3 y_3)=\frac{1}{EI}(\frac{ql^3}{48}\times\frac{3}{8}l+\frac{ql^3}{16}\times\frac{1}{3}l-\frac{ql^3}{24}\times\frac{1}{4}l)=\frac{ql^4}{128EI}\quad(\downarrow)$$

第六节　静定结构支座移动时的位移计算

对于静定结构,支座发生移动并不引起内力,因而材料不发生变形,故此时结构的位移纯属刚体位移,通常不难由几何关系求得。当结构复杂时,用几何方法确定位移不方便,而用虚功原理将求位移的几何问题转化为受力分析问题比较方便。

如图13.16(a)所示静定结构,其支座发生了水平位移c_1、竖向沉陷c_2和转角c_3,现要求由此引起的任一点沿任一方向的位移,例如K点的竖向位移Δ_{Ky}。先虚设一种单位力状态,如图13.16(b)所示,规定单位力引起的发生位移的支座的反力以与支座位移方向一致为正。根据刚体体系虚功原理,图13.16(b)上的外力在图13.16(a)所示的位移上做的虚功为零,即

$$W=1\times\Delta_K+\overline{F_i}\times c_i=0$$

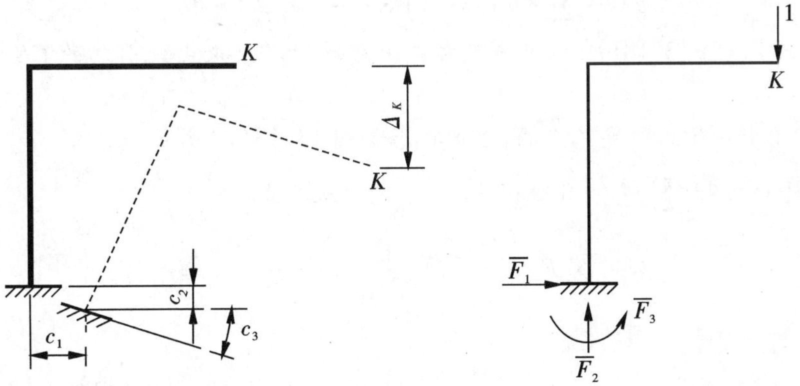

(a)实际状态　(b)虚设状态

图13.16

此时,位移计算的一般式(13.12)简化为

$$\Delta_K=-\sum\overline{F}_i\cdot c_i\tag{13.18}$$

式中,求和符号表示对所有位移的支座求和,$\overline{F_i}$为单位力引起的第i个发生位移的支座中的反力,与支座位移方向一致为正。c_i为支座位移。

【例13.7】　图13.17(a)所示刚架左支座移动情况。试求由此引起的C点水平位移Δ_{Cx}。

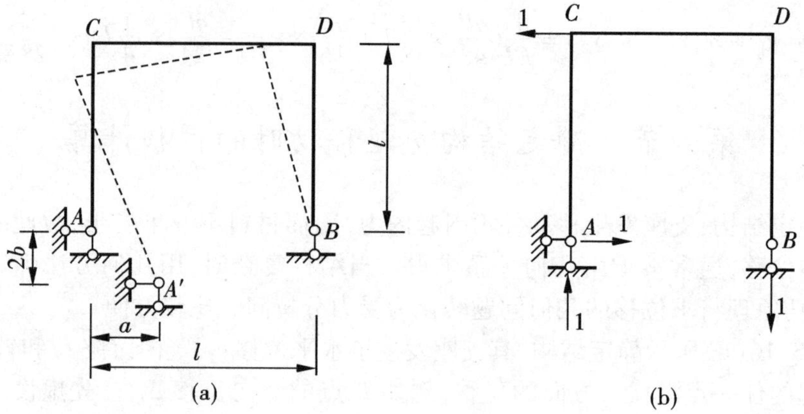

图 13.17

解:(1)在 C 点加一水平单位力,即为虚拟状态[图 13.17(b)]。

(2)用平衡条件求出虚拟状态下各支座反力,代入式(13.18)得

$$\Delta_{Cx}=-\sum\overline{F}\cdot c=-(1\cdot a-1\cdot 2b)=2b-a$$

【例 13.8】 图 13.18(a)所示桁架右支座移动情况。求由此引起的 CB 杆的转角位移 φ_{CB}。

解:(1)在杆 CB 上加单位力偶,虚拟状态如图 13.18(b)所示。

(2)用平衡方程 $\sum M_A=0$ 求得 $F_{By}=\dfrac{1}{2a}$,代入公式得

$$\varphi_{CB}=-\sum\overline{F}\cdot c=-\left(-\frac{1}{2a}\cdot b\right)=\frac{b}{2a}\quad(\text{顺时针})$$

图 13.18

第七节　功的互等定理

一、功的互等定理

设有两组外力 F_1 和 F_2 分别作用于同一线弹性结构上，如图 13.19(a)和 13.19(b)所示，分别称为结构的第一状态和第二状态。如果我们来计算第一状态的外力和内力在第二状态相应的位移和变形上所做的虚功 W_{12} 和 W'_{12}，并根据虚功原理 $W_{12} = W'_{12}$，则有

$$F_1\Delta_{12} = \sum\int\frac{M_1M_2}{EI}\mathrm{d}s + \sum\int\frac{F_{N1}F_{N2}}{EA}\mathrm{d}s + \sum\int k\frac{F_{S1}F_{S2}}{GA}\mathrm{d}s \tag{a}$$

(a)　　(b)

图 13.19

这里，位移 Δ_{12} 的两个下标的含义与前相同：第一个下标“1”表示位移的地点和方向，即该位移是 F_1 作用点沿 F_1 方向上的位移；第二个下标“2”表示产生位移的原因，即该位移是由于 F_2 所引起的。

反过来，如果计算第二状态的外力和内力在第一状态相应的位移和变形上所做的虚功 W'_{21} 和 W'_{21}，并根据虚功原理 $W_{21} = W'_{21}$，则有

$$F_2\Delta_{21} = \sum\int\frac{M_2M_1}{EI}\mathrm{d}s + \sum\int\frac{F_{N2}F_{N1}}{EA}\mathrm{d}s + \sum\int k\frac{F_{S2}F_{S1}}{GA}\mathrm{d}s \tag{b}$$

上面式(a)、式(b)的右边是相等的，因此左边也应相等，故有

$$F_1\Delta_{12} = F_2\Delta_{21} \tag{13.19}$$

这表明：第一状态的外力在第二状态的位移上所做的虚功，等于第二状态的外力在第一状态的位移上所做的虚功。这就是功的互等定理。

二、位移互等定理

如图 13.20 所示，假设两个状态中的荷载都是单位力，即 $F_1 = 1$、$F_2 = 1$，则由功的互等定理即式(13.19)有

$$1\cdot\Delta_{12} = 1\cdot\Delta_{21}$$

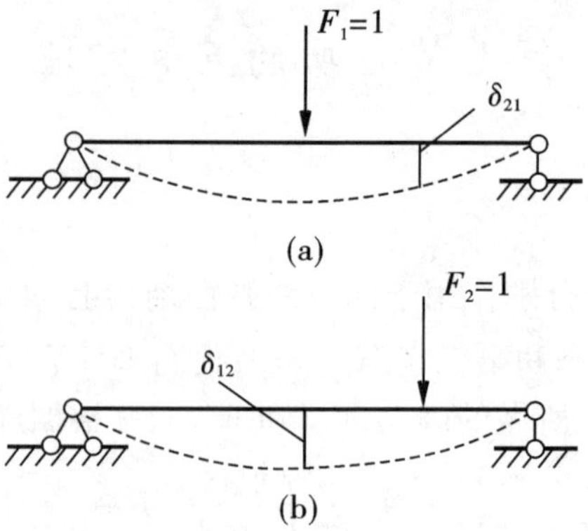

图 13.20

即

$$\Delta_{12} = \Delta_{21}$$

此处 Δ_{12} 和 Δ_{21} 都是由于单位力所引起的位移，为了明显起见，改用小写字母 δ_{12} 和 δ_{21} 表示，于是将上式写成

$$\delta_{12} = \delta_{21}$$

这就是位移互等定理，它表明：第二个单位力所引起的第一个单位力作用点沿其方向的位移，等于第一个单位力所引起的第二个单位力作用点沿其方向的位移。这里的单位力也包括单位力偶，即可以是广义单位力。位移也包括角位移，即是相应的广义位移。例如在图 13.21 的两个状态中，根据位移互等定理，应有 $\varphi_A = f_C$。实际上，由材料力学可知

$$\varphi_A = \frac{Fl^2}{16EI}, \quad f_C = \frac{Ml^2}{16EI}$$

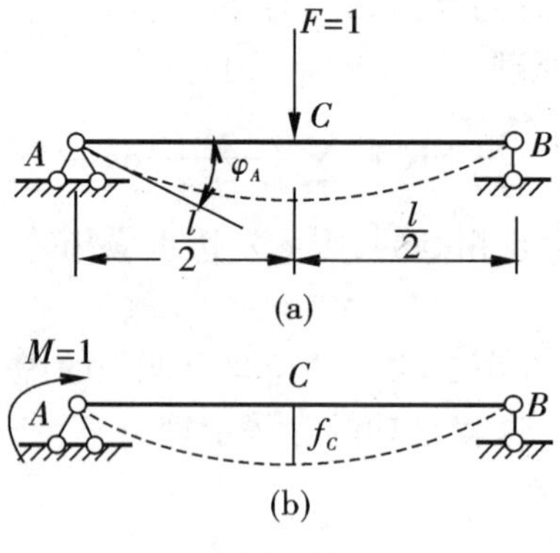

图 13.21

现在 $F = 1$、$M = 1$（注意，这里的 1 都是不带单位的，即都是无量纲量），故有 $\varphi_A = f_C = \frac{l^2}{16EI}$。可见，虽然 φ_A 代表单位力引起的角位移，f_C 代表单位力偶引起的线位移，含义不同，但此时二者在数值上是相等的，量纲也相同。

章后小结

在静定与超静定分析中，本章内容起着承上启下的作用，它既是静定部分的结尾，又是超静定部分的先导。因而掌握好本章的内容，有着重要的意义。

1. 本章介绍轴向拉、压杆的变形计算，轴向拉、压杆的变形规律。胡克定律揭示了轴向拉、压杆件在弹性范围内的内力与变形、应力与应变的关系。

2. 虚功原理有两种应用：虚设位移求约束力，虚设力系求位移。位移计算的基本方法是单位荷载法，单位荷载法的基本环节是根据拟求的位移虚设相应的单位荷载。

对位移计算的基本公式的正确理解和灵活运用是本章的主要内容，应掌握以下几点：

(1) 分清公式中包含的两套物理量：一套是给定的；另一套是虚设的。

(2) 了解公式在各种具体条件下的简化形式。

(3) 了解图乘法的应用条件，熟练掌握计算方法。

(4) 在虚功计算中，位移计算问题主要归结为内力计算问题。因此，在学习位移计算的同时应提高内力计算的能力。

对这些内容应通过计算一定数量的习题，以求切实掌握。

3. 线性弹性体系互等定理是力学的基本原理。首先要熟悉它的内容和适用条件，然后在运用中逐步加深理解。

4. 构件和结构不但要满足强度条件，还应满足刚度条件，把位移控制在允许的范围内。

习　题

13.1　如图 13.22 所示桁架，EA 各杆为常数，求 C 点的水平位移 Δ_{Cx}。

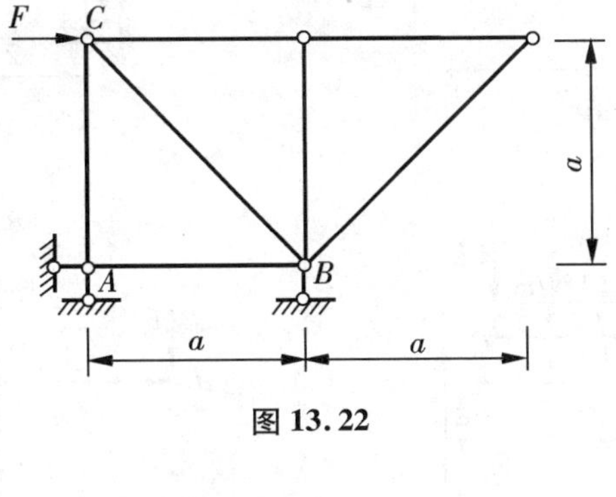

图 13.22

13.2　求图 13.23 所示桁架 D 点的竖向位移 Δ_{Dy} 和水平位移 Δ_{Dx}。已知各杆 EA 为常数。

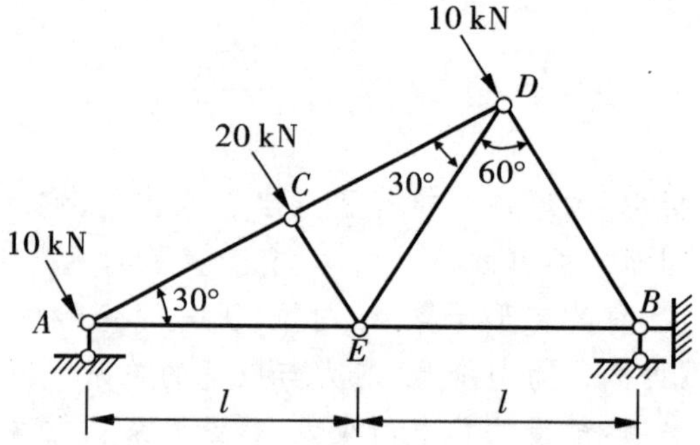

图 13.23

13.3 如图 13.24 所示,用图乘法求结构中 B 处的转角 φ_B 和 C 点的竖向位移 Δ_{Cy}。EI 为常数。

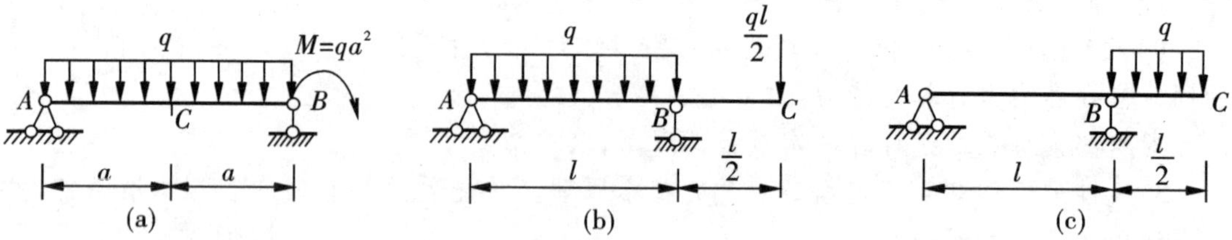

图 13.24

13.4 用图乘法计算图 13.25 各题。

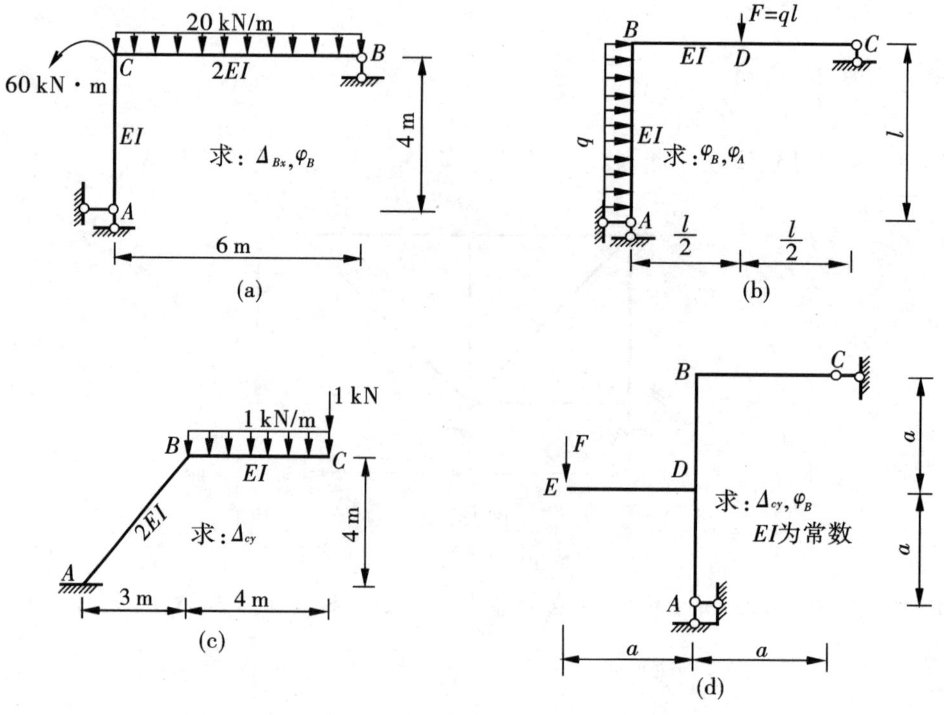

图 13.25

13.5　图 13.26 所示简支刚架支座 B 下沉 b，试求 C 点水平位移 Δ_{Cx}。

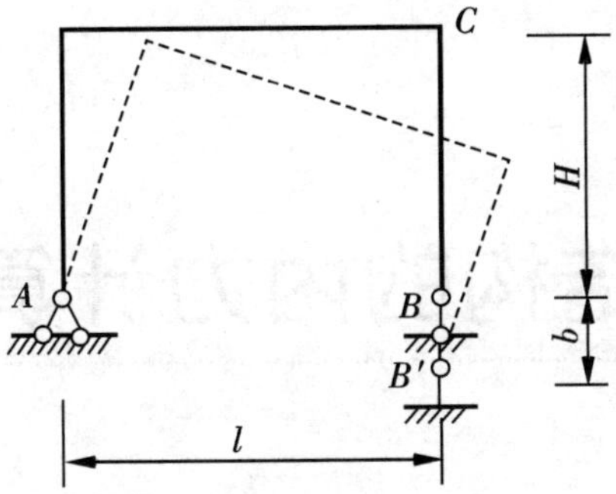

图 13.26

13.6　图 13.27 所示梁支座 B 下移 Δl，求截面 E 的竖向位移 Δ_{Ey}。

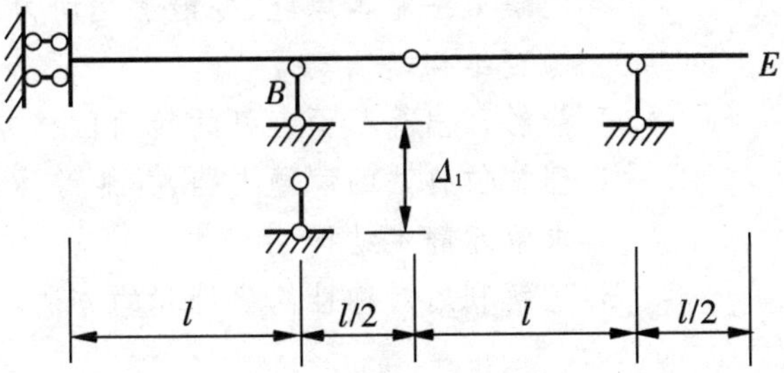

图 13.27

*第十四章 超静定结构的内力计算

学习目标

1. 了解超静定结构的概念，能够确定超静定结构的次数和基本结构。
2. 理解力法基本原理，并能够运用力法典型方程求解超静定结构。
3. 能够写出等截面直杆的转角位移方程。
4. 理解位移法的解题思路，并能够运用位移法典型方程求解超静定结构。
5. 了解利用对称性简化计算的方法。

超静定结构在常见的工程结构中非常普遍，如框架结构的房屋梁、排架柱等。工程中常见的超静定结构的类型有超静定梁、超静定桁架、刚架及超静定组合结构。解决好超静定结构问题对实际工程的作用非常重大。计算超静定结构的方法有力法、位移法、力矩分配法等。本章主要简要讲述力法、位移法在超静定结构中的应用。

第一节　超静定结构概述

一、超静定结构的概念

前面研究了各种类型静定结构的计算，静定结构特点是：全部的支座反力和截面内力都可以通过静力平衡方程求得，图 14.1(a)所示的简支梁 AB 就是静定结构的一个例子。

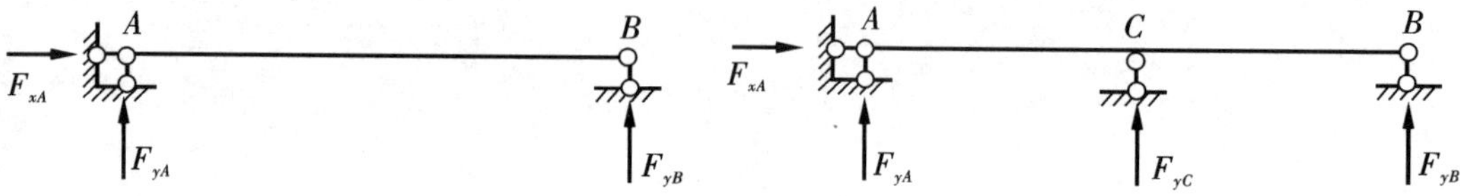

(a)　　(b)

图 14.1

如果在简支梁 AB 的 C 点增加一个链杆，就得到图 14.1(b)所示的连续梁。它有四个未知反力，而静力平衡条件只有三个平衡方程，因而此类结构的支座反力和各截面的内力不能完全由静力平衡条件唯一地确定。像这样的结构，如果它的支座反力和各截面的内力不能够完全由静力平衡条件唯一地加以确定，就称为超静定结构。

常见的超静定结构也分为梁、刚架、桁架、组合结构及拱等类型，如图 14.2 所示。

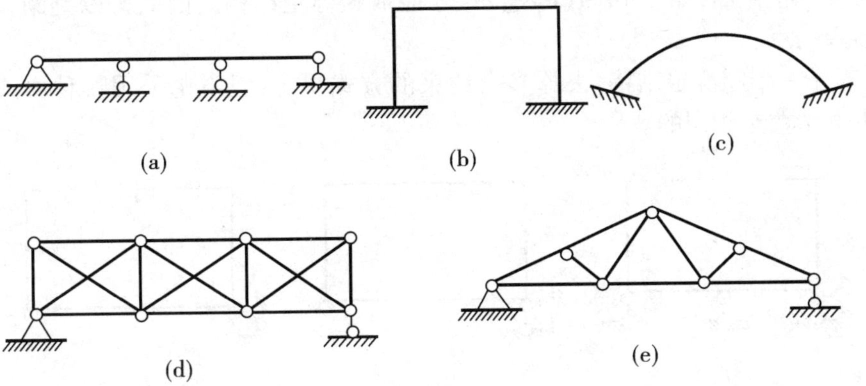

图 14.2

二、超静定结构次数的判定

确定超静定次数的通用方法就是拆除多余约束，当将结构拆成静定结构后，拆除掉的多余约束个数即为超静定次数。若超静定结构在去掉 n 个约束后，成为静定且几何不变的体系，那么原结构就是 n 次超静定的。

在超静定结构上去掉多余约束的基本方式，通常有如下几种：①撤去一根链杆或切断一根链杆，等于拆除一个约束[图 14.3(a)(b)]。②撤去一个铰支座或切断一个单铰，等于拆除两个约束。③撤去一个固定端或切断一个梁式杆，等于拆除三个约束[图 14.3(c)]。④在连续杆上加一个单铰，等于拆除一个约束[图 14.3(d)]。

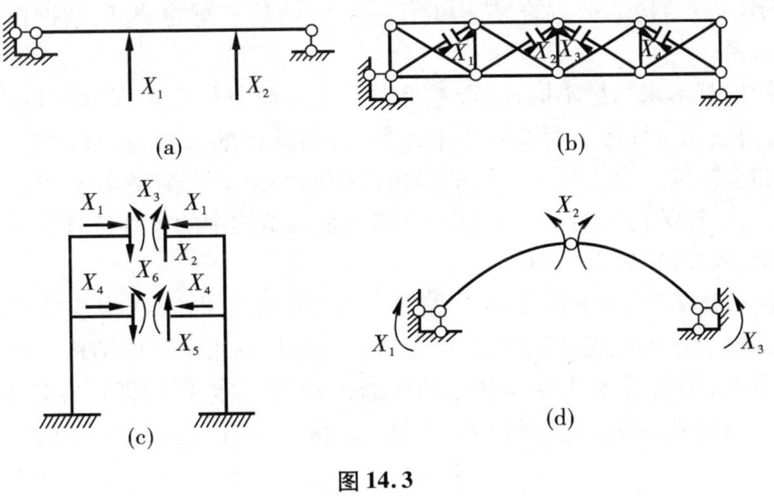

图 14.3

拆除约束时要注意:

(1)不要把原结构拆成一个几何可变体系,即只能拆除多余约束,不能拆掉必要约束。例如,如果把14.3(a)所示梁中的水平链杆拆除,该结构就会变成了几何可变体系。

(2)要把全部多余约束都拆除。例如,图14.4(a)所示的结构,如果只拆去一根竖向链杆,变成图14.4(b)所示,则其中的无铰闭合框仍然具有3个多余约束。必须把无铰闭合框再切开一个截面,如图14.4(c)所示,才能成为静定结构。因此可以判断,原结构具有四个多余约束。

(3)对于一个超静定结构,去掉多余约束的方式很多,但不论采用哪种方式,去掉的多余约束的个数是相同的。

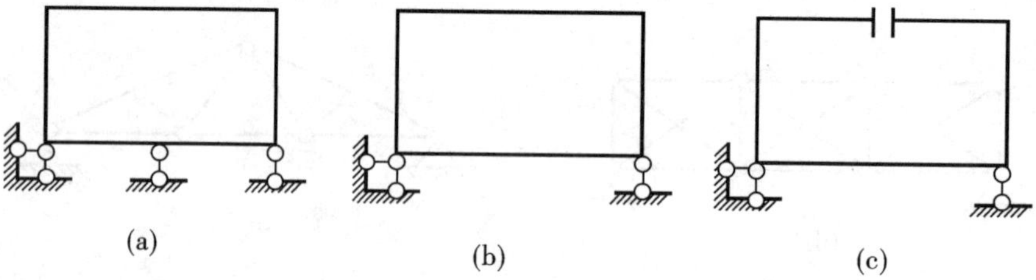

图14.4

三、超静定结构的计算方法

与静定结构相比,超静定结构有两个特征:

(1)几何特征——几何不变且有多余约束。

(2)静力特征——仅由平衡条件不能确定所有反力和内力。

因此,超静定结构的求解要综合考虑结构的"变形、本构、平衡"三个方面的条件。即

(1)变形条件:结构各部分的变形和位移应满足变形连续性条件和约束条件。

(2)本构条件:变形或位移与力之间的关系。

(3)平衡条件:结构是平衡的,结构的任一部分也是平衡的,取出结构任一部分,其上的力为平衡力系。

根据选择的基本未知量不同,综合考虑以上三方面条件会得到解算超静定结构的两种基本方法,力法和位移法。所谓基本未知量,是指这样的未知量,求出它们后方便求出其他未知量的未知量。力法是以结构的多余约束的约束力作为基本未知量,即先求出多余约束力,然后计算结构的内力和位移。位移法是以结构中的某些位移作为基本未知量,即先求出结构的位移然后求内力。

力法和位移法处理问题的基本思路是一样的,即先将原结构改造成能计算的结构——基本结构。力法是通过减约束,位移法是通过加约束来对原结构进行改造的,然后找出在荷载等外部作用下基本结构和原结构的差别,消除差别后即可在基本结构上进行计算来得到原结构的内力、位移结构。力法、位移法是计算超静定结构最经典的两种方法。

第二节　力法

一、力法的基本原理

力法是分析超静定结构的最基本、最悠久的方法。力法的解题途径是以结构的某些未知反力或截面的未知内力作为基本未知量,按位移条件将它们求出后,再由平衡条件求出其他截面内力。下面结合图 14.5 为例,来说明力法是怎样解决超静定问题的,从中掌握力法的基本原理。

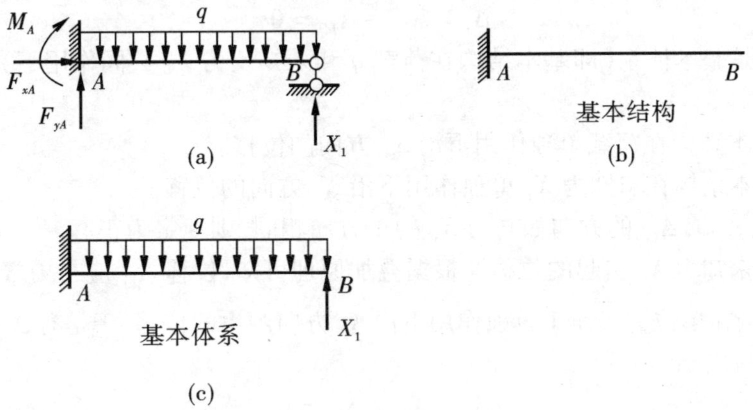

图 14.5

图 14.5(a)所示为一端固定、另一端铰支的超静定梁,显然,该梁有 4 个未知反力,而独立的静力平衡方程只有 3 个。所以,该梁有一个多余约束,是一次超静定结构。

若将支座 B 的链杆去掉,代之以竖向的约束反力 X_1,则结构变成了在荷载和未知反力 X_1 共同作用下的静定结构,如图 14.5(c)所示,称为力法的基本体系。图 14.5(b)为图 14.5(a)的基本结构。这里还要注意原结构与基本体系的异同:在原结构[图 14.5(a)]中,多余约束力 X_1 是以被动力的形式出现的;而在基本体系[图 14.5(c)]中,多余未知力 X_1 却是以主动力的形式出现。

基本体系是由静定结构过渡到超静定结构的一座桥梁。若能求出基本体系中的未知力 X_1,则整个问题就转化为静定问题,应用平衡条件就可以求出其他反力和所有内力了。所以求解此问题的关键是如何求出多余约束的未知反力 X_1。

若使基本体系[图 14.5(c)]与原结构受力相同,需使基本体系受力和变形状态均应与原结构保持一致。基本体系[图 14.5(c)]可分解为图 14.6 的形式。

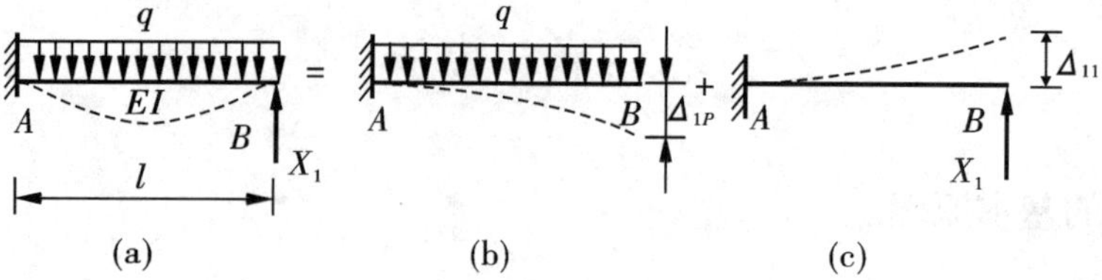

图 14.6

图 14.6(b)(c)分别表示基本结构在荷载 q 、未知反力 X_1 单独作用下的状态。在原结构中 B 点的竖向位移 Δ_1 等于零,所以在未知反力 X_1 与荷载 q 共同作用下的基本体系中, B 点产生的竖向位移也应等于零。则

$$\Delta_1 = \Delta_{11} + \Delta_{1P} = 0 \tag{14.1}$$

这里 Δ_1 是基本体系(即基本结构在荷载 q 和未知反力 X_1 共同作用下)沿 X_1 方向的总位移。

Δ_{1P} 是基本结构在荷载单独作用下沿 X_1 方向的位移。

Δ_{11} 是基本结构在未知力 X_1 单独作用下沿 X_1 方向的位移。

位移 Δ_1、Δ_{1P}、Δ_{11} 的方向如与力 X_1 的正方向相同,则规定为正。

Δ_{11} 是由未知力 X_1 引起的位移。根据叠加原理可知,位移 Δ_{11} 应与力 X_1 成正比。令 δ_{11} 为基本结构在单位力 $\overline{X}_1 = 1$ 单独作用下沿 X_1 方向产生的位移,于是有 $\Delta_{11} = \delta_{11} \cdot X_1$,则式(14.1)可写成

$$\delta_{11} \cdot X_1 + \Delta_{1P} = 0 \tag{14.2}$$

式(14.2)就是在线性变形条件下一次超静定结构的力法基本方程。

下面继续介绍力法计算的全部过程。为了求解 δ_{11} 和 Δ_{1P},先分别绘制出 $\overline{X}_1 = 1$ 与荷载 q 单独作用下的弯矩图 $\overline{M}_1$ 和 M_P,如图 14.7 所示。

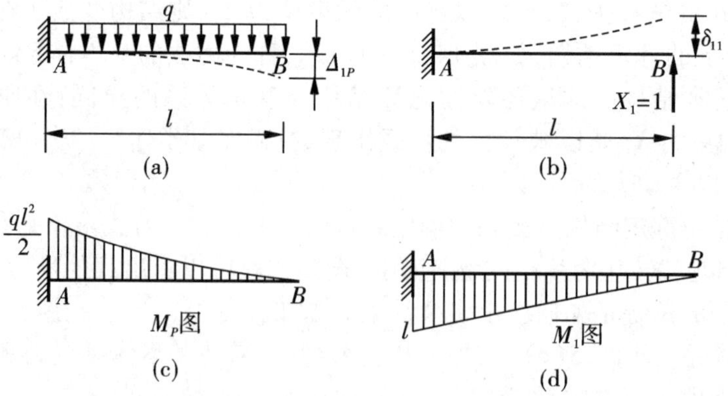

图 14.7

运用图乘法原理可得

$$\delta_{11} = \frac{1}{EI} \times \frac{1}{2} \times l \times l \times \frac{2l}{3} = \frac{l^3}{3EI}$$

$$\Delta_{1P} = -\frac{1}{EI} \times \frac{1}{3} \times \frac{ql^2}{2} \times l \times \frac{3l}{4} = -\frac{ql^4}{8EI}$$

将以上结果代入到式(14.2)中,得

$$X_1 = \frac{3ql}{8}(\uparrow)$$

计算结果 X_1 为正号,表示反力 X_1 的实际方向与原假设方向相同。多余力 X_1 求出后,就可以利用静力平衡方程求原结构的支座反力和内力,计算结果如图 14.8 所示。

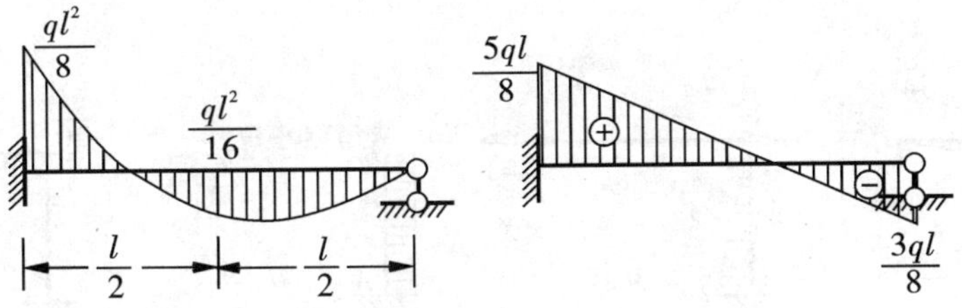

(a)M图　　(b)F_S 图

图 14.8

根据叠加原理,结构的任一截面的弯矩 M 也可以用下列公式表示

$$M = \overline{M_1}X_1 + M_P$$

这里 $\overline{M_1}$ 是单位力 $\overline{X_1} = 1$ 在基本结构中任一截面所产生的弯矩,M_P 是荷载在基本结构中同一截面所产生的弯矩。

由上述推导进行总结可得,力法的基本原理是:以多余未知力为基本未知量,以未知力作用处的位移为协调条件,将超静定结构转化为静定结构,建立位移补充方程,从中解出多余未知力,然后求解出整个超静定结构的内力。

二、力法的典型方程

前述通过一次超静定梁的求解讲述了力法的基本原理和力法的计算步骤,在此基础上本节以二次超静定刚架为例推导力法典型方程。

图 14.9(a)所示结构为二次超静定结构。取图 14.9(b)所示悬臂刚架作基本结构,基本体系如图 14.9(c)所示,图中的 Δ_1 和 Δ_2 为基本未知量 X_1、X_2 和荷载共同作用产生的 X_1 和 X_2 方向的位移。若使基本体系与原结构位移相同,应使基本体系在解除约束处的 C 点的位移等于原结构 C 点位移,即

$$\left.\begin{aligned} \Delta_1 = 0 \\ \Delta_2 = 0 \end{aligned}\right\} \tag{14.3}$$

基本体系上的位移应等于 14.9(d)(e)(f)三种情况的叠加,即

$$\left.\begin{aligned} \Delta_1 = \delta_{11}X_1 + \delta_{12}X_2 + \Delta_{1P} \\ \Delta_2 = \delta_{21}X_1 + \delta_{22}X_2 + \Delta_{2P} \end{aligned}\right\} \tag{14.4}$$

结合变形条件,得到力法方程

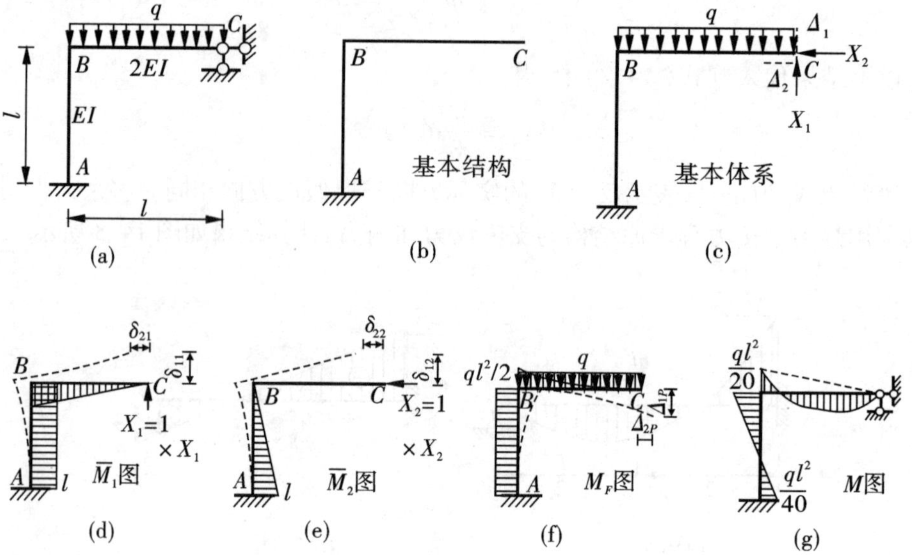

图 14.9

$$\left.\begin{aligned}\delta_{11}X_1 + \delta_{12}X_2 + \Delta_{1P} = 0\\ \delta_{21}X_1 + \delta_{22}X_2 + \Delta_{2P} = 0\end{aligned}\right\} \tag{14.5}$$

方程中的系数 δ_{ij} 表示 $X_j = 1$ 引起的基本结构上 X_i 作用点沿 X_i 方向的位移，以与 X_i 方向一致为正。$i = j$ 时，δ_{ij} 称为主系数，主系数恒大于零；$i \neq j$ 时，δ_{ij} 称为副系数，副系数满足关系 $\delta_{ij} = \delta_{ji}$，符合位移互等定理。主系数和副系数与外荷载无关，不随荷载的改变而改变，是体系固有的常数，称为柔度系数。Δ_{iP} 为荷载引起的基本结构上 X_i 作用点沿 X_i 方向的位移，称为荷载项或常数项。方程中各项的下角标有规律性，第一个方程中的系数和常数项的第一个角标均为 1，表示它们均是 X_1 方向的位移；第二个角标分别为 1、2、P，表示它们分别为 $X_1 = 1$、$X_2 = 1$、F_P 单独作用引起的位移。据此不难写出 n 次超静定结构的力法方程

$$\left.\begin{aligned}\delta_{11}X_1 + \delta_{12}X_2 + \cdots + \delta_{1n}X_n + \Delta_{1P} = 0\\ \delta_{21}X_1 + \delta_{22}X_2 + \cdots + \delta_{2n}X_n + \Delta_{2P} = 0\\ \cdots\\ \delta_{n1}X_1 + \delta_{n2}X_2 + \cdots + \delta_{nn}X_n + \Delta_{nP} = 0\end{aligned}\right\} \tag{14.6}$$

式(14.6)的方程组具有一定规律，不论超静定结构的类型、次数及所选取的基本结构如何，它在荷载作用下的力法方程都具有该公式的形式，故称式(14.6)为 n 次超静定的力法典型方程。

从力法方程中解出多余力 $X_i(i = 1,2,\cdots,n)$ 后，就可用静定结构中的计算方法算出其余反力和内力，或按下述叠加原理求出最后内力，即

$$M = \overline{M}_1X_1 + \overline{M}_2X_2 + \cdots + \overline{M}_nX_n + M_P$$

三、力法计算示例

力法计算超静定结构的步骤可归纳如下：

(1)确定原结构的超静定次数，选择合适的基本结构。

(2)根据基本结构建立力法典型方程。

(3)作基本结构的单位力弯矩图和荷载弯矩图。

(4)用图乘法计算力法方程中的系数和自由项。对于曲杆或变截面杆则不能用图乘法，这时，必须列出弯矩方程，用位移公式计算。

(5)将计算出的系数和自由项代入力法方程，求解各多余未知力。

(6)算出多余未知力后，即可用叠加法绘出原结构的最后弯矩图，然后根据弯矩图用平衡条件求剪力图和轴力图。

【例 14.1】　试用力法计算图 14.10(a)所示的结构，作弯矩图。

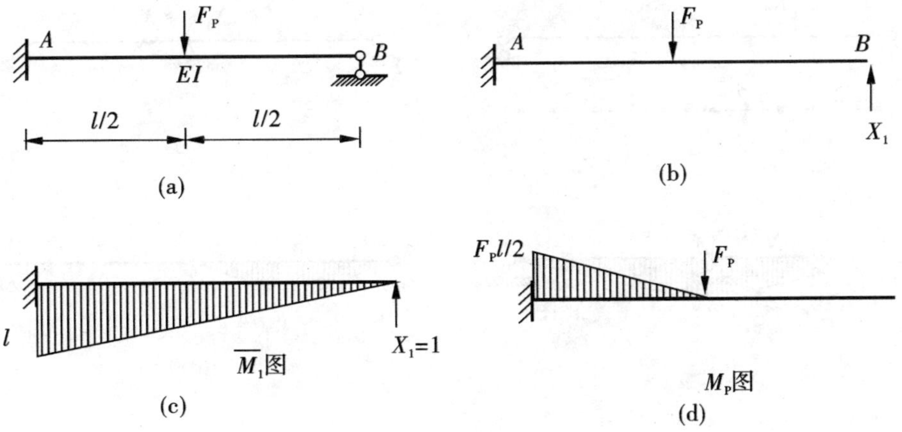

图 14.10

解：此梁为一次超静定结构，只有一个多余约束，去掉一个多余约束即得基本结构。

去掉 B 支座，采用悬臂梁作为基本结构，基本体系如图 14.10(b)所示，力法变形条件为基本体系 B 点的位移为 0，即

$$\Delta_1 = 0$$

力法典型方程为

$$\delta_{11}X_1 + \Delta_{1P} = 0$$

式中　$\delta_{11}X_1$——X_1 引起的基本体系 B 点竖向位移；

Δ_{1P}——荷载 F_p 引起的基本体系 B 点竖向位移。

作出单位弯矩图和荷载弯矩图，如图 14.10(c)(d)所示，利用图乘法求得系数和常数项分别为

$$\delta_{11} = \frac{1}{EI}\left(\frac{1}{2}l \cdot l\right)\left(\frac{2}{3}l\right) = \frac{1}{3}\frac{l^3}{EI}$$

$$\Delta_{1P} = -\frac{1}{EI}(\frac{1}{2} \cdot \frac{l}{2} \cdot \frac{F_P l}{2})(\frac{5}{6}l) = -\frac{5}{48}\frac{F_P l^3}{EI}$$

代入典型方程，解得

$$X_1 = \frac{\Delta_{1P}}{\delta_{11}} = \frac{5}{16}F_P$$

原结构弯矩图可按叠加法作出，如图 14.11 所示。

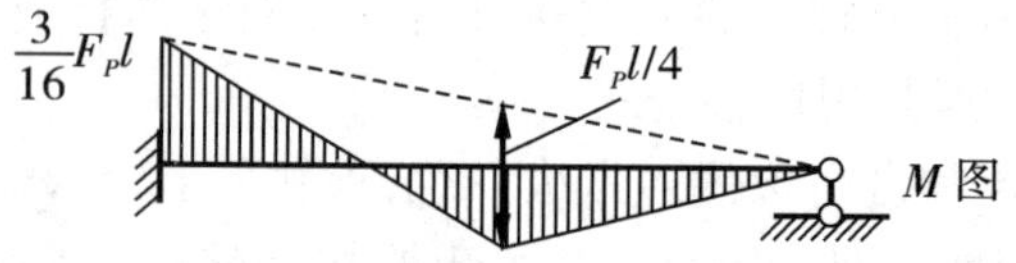

图 14.11

【例 14.2】 试用力法计算图 14.12(a)所示两跨连续梁，作弯矩图。EI = 常数。

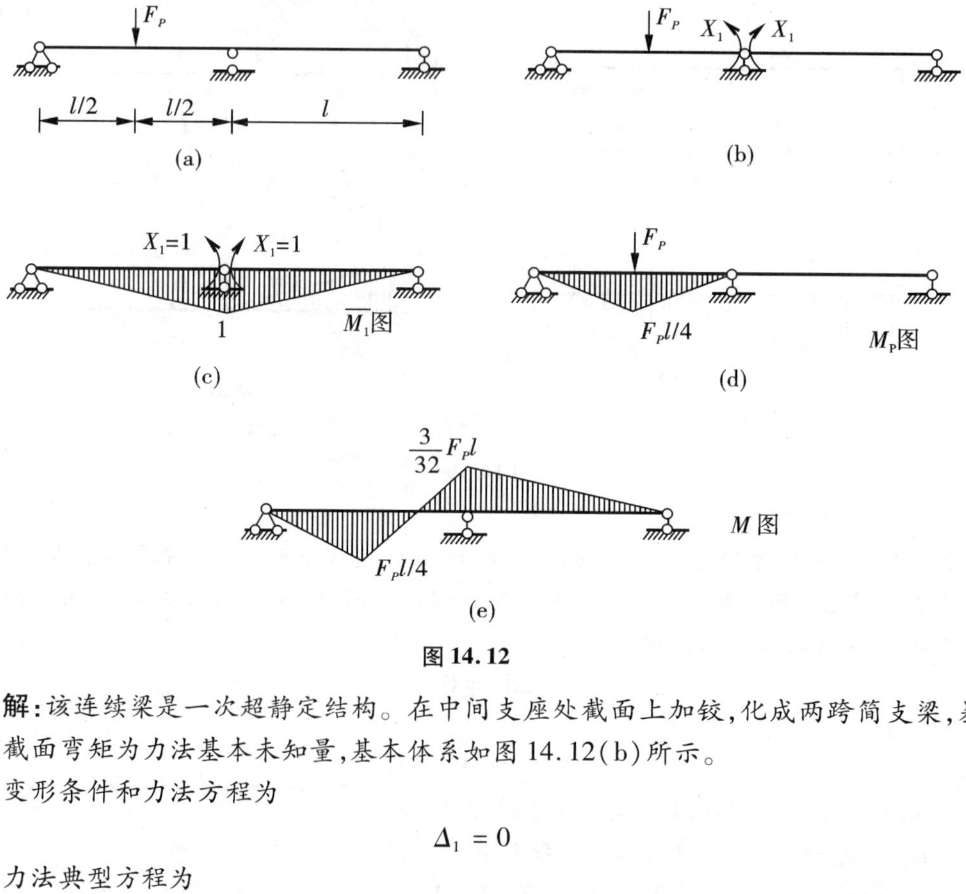

图 14.12

解：该连续梁是一次超静定结构。在中间支座处截面上加铰，化成两跨简支梁，暴露出的截面弯矩为力法基本未知量，基本体系如图 14.12(b)所示。

变形条件和力法方程为

$$\Delta_1 = 0$$

力法典型方程为

$$\delta_{11}X_1 + \Delta_{1P} = 0$$

式中 $\delta_{11}X_1$——X_1 引起的基本体系中间支座处转角位移；

Δ_{1P}——荷载 F_p 引起的基本体系中间支座处转角位移。

作出单位弯矩图和荷载弯矩图，如图 14.12(c)(d)所示，利用图乘法求得系数和常

数项分别为

$$\delta_{11}=\frac{1}{EI}(\frac{1}{2}l\times 1)(\frac{2}{3}\times 1)\times 2=\frac{2}{3}\frac{l}{EI}$$

$$\Delta_{1P}=\frac{1}{EI}(\frac{1}{2}\cdot l\cdot\frac{F_Pl}{4})(\frac{1}{2})=\frac{1}{16}\frac{F_Pl^2}{EI}$$

代入典型方程,解得

$$X_1=-\frac{\Delta_{1P}}{\delta_{11}}=-\frac{3}{32}F_Pl$$

原结构弯矩图可按叠加法作出,如图 14.12(e)所示。

第三节　位移法

一、等截面直杆杆端弯矩和杆端剪力

位移法是以单跨超静定梁作为它的计算单元。为了方便位移法的求解,现先讨论单跨超静定梁在荷载或支座位移作用下引起的杆端弯矩和杆端剪力,并对其符号规定和数值予以说明。

在结构中截出一段杆件 AB,两端截面上的弯矩和剪力称为杆端弯矩、杆端剪力,A 端的杆端弯矩记作 M_{AB},B 端的杆端弯矩记作 M_{BA},绕杆端顺时针转为正;A 端的杆端剪力记作 F_{SAB},B 端的杆端剪力记作 F_{SBA},符号规定与前面相同,即以绕截面上一点顺时针转为正。杆端弯矩和杆端剪力合称为杆端力。

位移法中要用到的单跨超静定梁有三种:两端固定梁、一端固定一端铰支梁、一端固定一端滑动梁。

一般情况下,当把结构分解为单跨梁时,对于拆开的单根梁,结构的结点位移就是梁的支座位移,即杆端位移。

在位移法中,经常需要用到这些超静定梁在荷载、杆端位移作用下引起的杆端弯矩和杆端剪力,杆端弯矩和杆端剪力可用力法分别求出。

为了方便查找,表 14.1 给出了一些常用的单跨超静定梁发生不同支座位移及承受不同荷载作用时的杆端力和弯矩图。

表 14.1　单跨超静定梁的杆端力及弯矩图

作用情况	梁的类型(跨长 l,线刚度 i)					
	编号	两端固定梁	编号	一端固定一端铰支	编号	一端固定一端滑动
支座转动	1	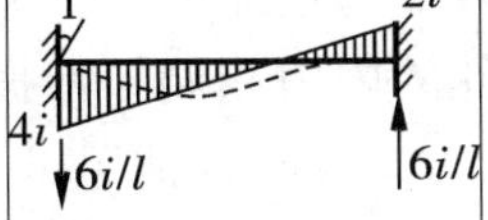	2	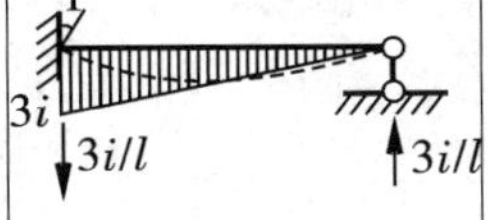	3	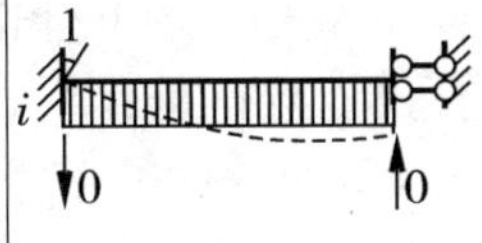

续表 14.1

作用情况	梁的类型（跨长 l，线刚度 i）					
	编号	两端固定梁	编号	一端固定一端铰支	编号	一端固定一端滑动
支座移动	4	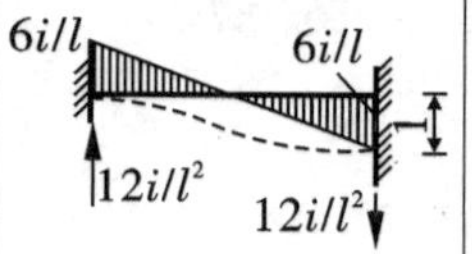	5	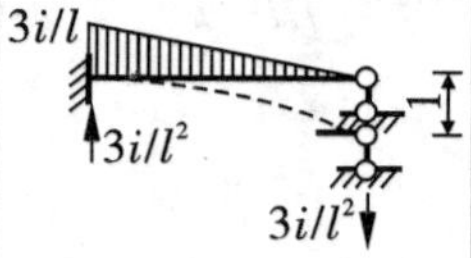	6	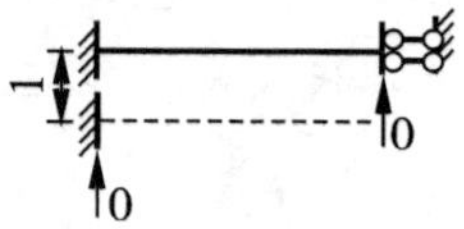
集中力作用	7	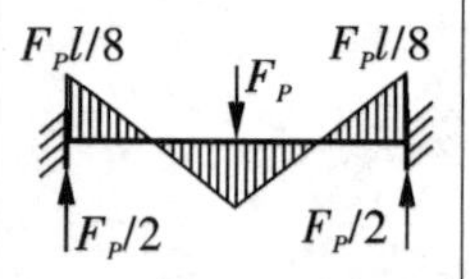	8	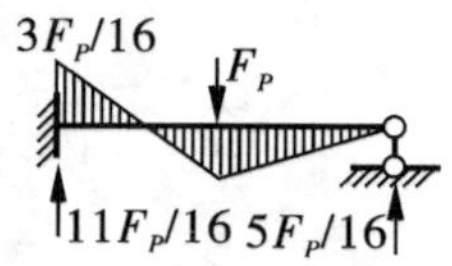	9	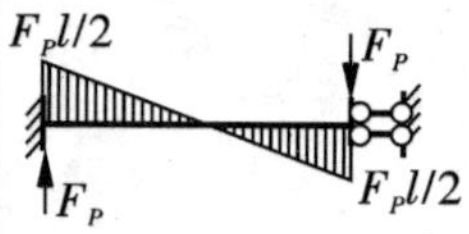
均布力作用	10	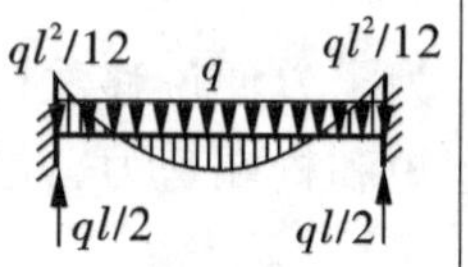	11	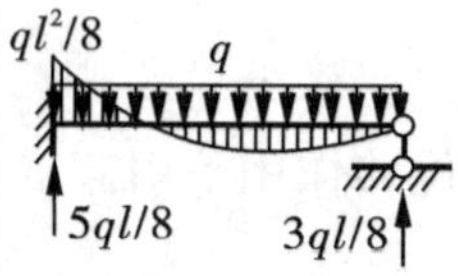	12	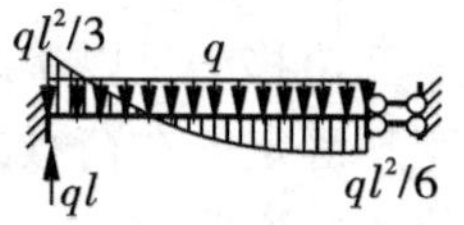

二、位移法的基本原理

下面以图 14.13 所示结构为例，介绍位移法的基本原理。

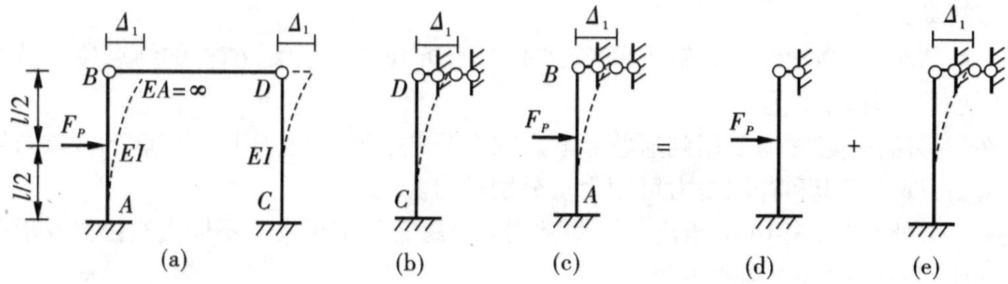

图 14.13

图 14.13(a)所示结构在荷载作用下发生变形，D 点产生水平位移 Δ_1，因为 BD 杆刚度无穷大无轴向变形，故 B 点水平位移也为 Δ_1，如图 14.13(a)所示。如果 Δ_1 为已知量，我们可借助于表 14.1 所提供的杆端力做出结构的弯矩图：CD 杆件上无荷载作用，其变形与图 14.13(b)相同，故内力相同。而图 14.13(b)的弯矩图可由表 14.1 直接作出。AB 杆件上有荷载作用，其内力与图 14.13(c)所示杆件的内力相同。根据叠加法，图 14.13(c)所示杆件的受力可分解为图 14.13(d)和图 14.13(e)两种情况来求，并可由表 14.1 分别查出。可见，对该结构而言，只需求出结点位移 Δ_1，即能做出弯矩图。

下面讨论结点位移 Δ_1 的求解方法。图 14.14(a)所示结构在加荷载前先在 D 点加水平支杆，如图 14.14(b)所示，则 D 点无水平位移，因为 BD 杆刚度无穷大无轴向变形，故 B 点也无水平位移，使得 AB 杆和 CD 杆均相当于下端固定上端铰支的单跨梁，称该结构为位移法的基本结构。在基本结构上加荷载，D 点被约束无位移，支杆会产生反力，而原体系在 D 点有位移 Δ_1，无支杆反力。为了消除基本结构在荷载作用下与原体系的差别，可令支杆发生位移，计算简图中用 ⟛→ 表示支杆沿箭头方向位移。随着支杆发生位移，支杆中的反力也在变化，当支杆的位移等于原结构 D 点位移 Δ_1 时，支杆不起作用，支杆反力 $F_1=0$，如图 14.14(c)所示，这时原结构的受力和变形与图 14.14(a)相同。

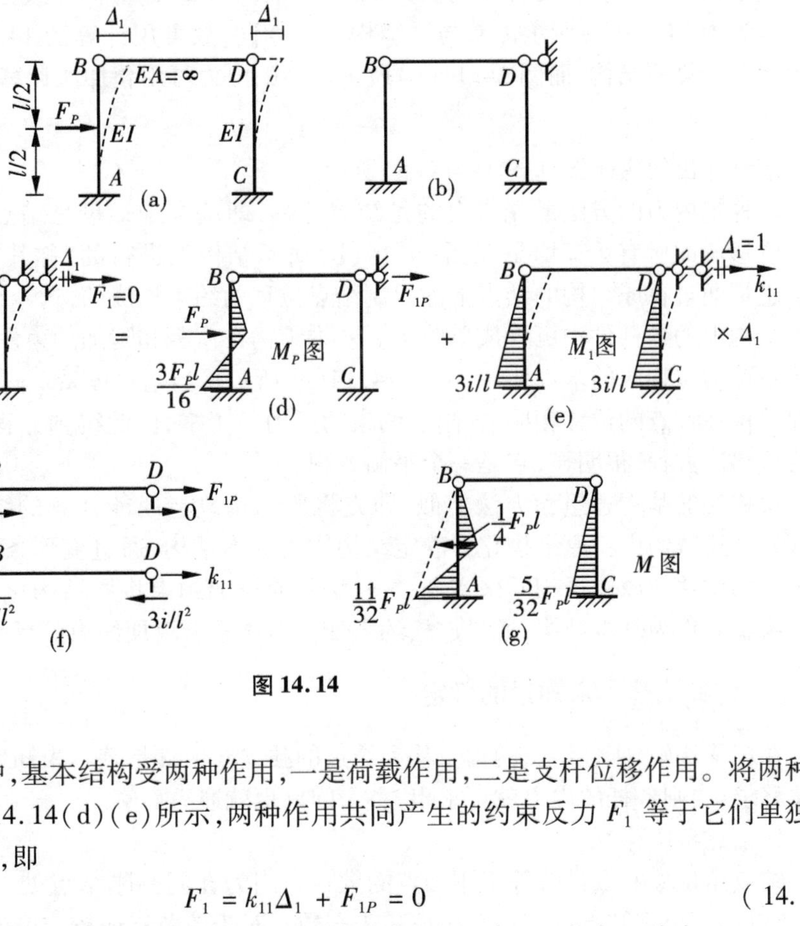

图 14.14

图 14.14(c)中，基本结构受两种作用，一是荷载作用，二是支杆位移作用。将两种作用分开计算，如图 14.14(d)(e)所示，两种作用共同产生的约束反力 F_1 等于它们单独作用引起的反力之和，即

$$F_1 = k_{11}\Delta_1 + F_{1P} = 0 \qquad (14.7)$$

式中　k_{11}——支杆沿 Δ_1 方向发生单位位移时的支杆反力，与 Δ_1 方向一致为正；

$k_{11}\Delta_1$——支杆发生位移 Δ_1 时的支杆反力；

F_{1P}——支杆不动时荷载产生的支杆反力，与 Δ_1 方向一致为正。

只要求出 k_{11} 和 F_{1P}，即可由方程求解出位移 Δ_1。

为了计算 k_{11} 和 F_{1P}，可利用表 14.1 分别作出基本结构在荷载作用下的弯矩图，称为荷载弯矩图，记作 M_P 图，如图 14.14(d)所示；基本结构在支杆发生单位位移时的弯矩图，称为单位弯矩图，记作 $\overline{M}_1$ 图，如图 14.14(e)所示。取隔离体如图 14.14(f)所示，可求得

$$k_{11}=\frac{3i}{l^2}+\frac{3i}{l^2}=\frac{6i}{l^2},F_{1P}=-\frac{5F_P}{16}$$

将 k_{11} 和 F_{1P} 代入方程（14.7），解出 D 点位移为

$$\Delta_1=\frac{5F_Pl^2}{96i}$$

求解前，位移 Δ_1 的大小和方向是未知的，对于本例，因为受力简单不用计算也可以确定 Δ_1 的方向是向右的。当荷载或结构复杂一些，方向并不能事先确定，这时可先假定 Δ_1 的方向，当计算结构为正时，Δ_1 的实际方向与假定相同，为负时，实际方向与假定方向相反。假定 Δ_1 的方向后，支杆中的反力 k_{11} 和 F_{1P} 均与 Δ_1 的方向一致为正。

因为图 14.14(c)所示体系与原结构受力相同，故可用计算图 14.14(c)所示体系的内力代替计算原结构，而图 14.14(c)所示体系的内力可用叠加法计算，即

$$M=\overline{M}_1\Delta_1+M_P$$

最终作出的弯矩图如图 14.14(g)所示。

这种求内力的方法最先求出的是结点位移，即基本未知量是结点位移，故称为位移法。位移法的所有运算均是在图 14.14(b)所示结构上进行的，称其为位移法的基本结构。它是通过在原结构的结点上加限制结点位移的约束构成的，这个约束称为附加约束，基本结构上的各杆件均可看成单跨梁。基本结构在荷载和附加约束发生位移共同作用时的体系称为位移法的基本体系，如图 14.14(c)所示。当基本体系上附加约束发生的位移与原结构在该点的位移相同时，附加约束的反力等于零，由此得到方程式(14.7)，该方程称为位移法方程，很明显，它是一个平衡方程。

位移法的基本思想和力法类似，即先将原结构改造成能计算的结构——基本结构。力法是通过减约束将原结构化成静定结构作为基本结构，通过变形条件使基本体系解除约束处的位移与原体系相同来实现；位移法是通过加约束将原结构化成若干单跨梁组成的单跨梁系作为基本结构，通过放松约束使基本体系上附加约束的反力为零来实现的。

三、位移法基本未知量的确定

在位移法中，刚性结点的角位移和结点的独立线位移是基本未知量，如果能设法将这些位移求出，则各杆的内力就可求出，整个问题也就迎刃而解。

1.结点角位移

结点角位移的数目就等于刚结点的数目。因为在同一刚结点处，各杆端的转角都相等，所以每一个刚结点只有一个角位移未知数。对于铰节点或铰支座处各杆端的转角，因为不独立，所以不被选作基本未知量。例如，图 14.15 所示刚架有一个刚结点 1，因此其独立角位移的数目为 1。

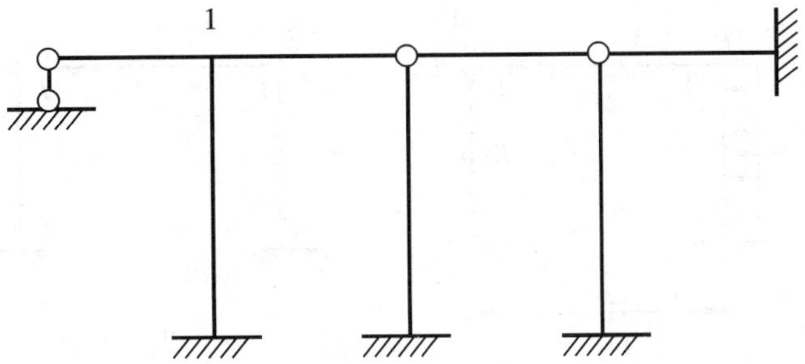

图 14.15

2. 结点线位移

确定独立的结点线位移数目时，忽略受弯杆件的轴向变形且弯曲变形也很小，对于一些简单的结构，可直接判断独立的结点线位移数。例如图 14.16 所示的刚架，其横梁上的三个结点 D、E、F 的竖向线位移均为零，水平位移相等，即只要求出其中某一结点的线位移，其他两个结点的线位移就为已知，因此这 3 个结点只有一个独立线位移。

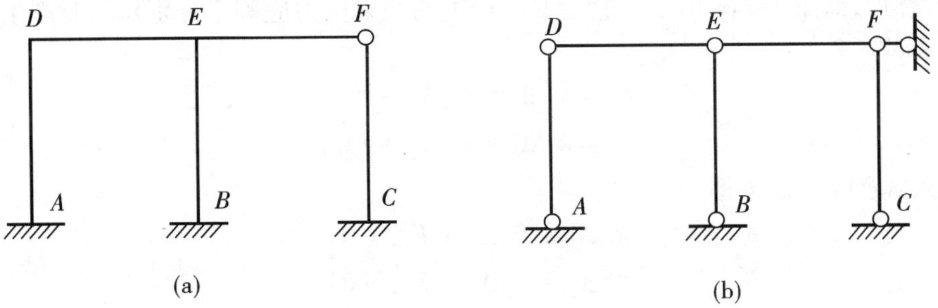

图 14.16

对于复杂结构，仅凭直观判断独立线位移数目是比较困难的，因为各结点的线位移并不都是独立的。我们可以采用铰化结点法来判断独立线位移的数目，将结构上所有刚结点（包括限制转动的支座）用铰结点代替，使原结构转化成铰结体系，然后判断此铰结体系是否几何可变。如果此铰结体系为几何不变体系，则说明原结构没有独立的结点线位移；反之，如果铰结体系为几何可变体系，则需添加链杆约束使其称为几何不变体系。所需添加的链杆数目，就是原结构的独立线位移数目。例如，图 14.16(a) 所示的刚架，把所有刚性结点都变成铰结后，可以判断此铰结体系是具有一个自由度的几何可变体系，因此应在 F 点添加一根水平链杆使此铰结体系恢复几何不变，如图 14.16(b) 所示，故原结构具有一个独立线位移。

四、位移法典型方程

前述通过求解一个基本未知量讲述了位移法的基本原理，在此基础上本节以图14.17(a) 所示结构为例来推导位移法典型方程。

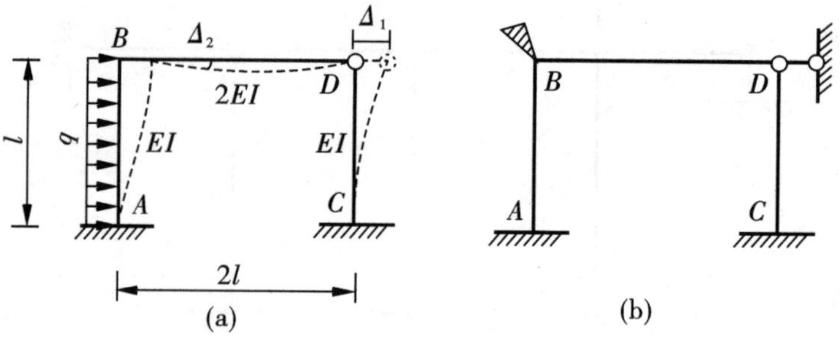

图 14.17

该结构有两个未知量，一个是 B 结点的转角，另一个是 D 结点水平线位移，基本结构如图 14.17(b)所示。基本结构上加荷载并放松约束，得基本体系如图 14.18(a)所示。

若使基本体系与原体系受力相同，需使放松约束时的附加约束反力满足如下条件

$$\left.\begin{array}{l}F_1=0\\F_2=0\end{array}\right\}\tag{14.8}$$

图 14.18(a)所示基本体系上有三种因素作用：荷载、支杆移动、刚臂转动。分开计算，然后叠加，如图 14.18 所示。它们共同产生的约束反力应等于分别作用时产生的约束反力之和，即

$$\left.\begin{array}{l}F_1=k_{11}\Delta_1+k_{12}\Delta_2+F_{1P}\\F_2=k_{21}\Delta_1+k_{22}\Delta_2+F_{2P}\end{array}\right\}\tag{14.9}$$

代入式(14.8)，可得

$$\left.\begin{array}{l}k_{11}\Delta_1+k_{12}\Delta_2+F_{1P}=0\\k_{21}\Delta_1+k_{22}\Delta_2+F_{2P}=0\end{array}\right\}\tag{14.10}$$

式(14.10)即位移法基本方程，也称为位移法典型方程。它所表示的是消除基本体系与原体系差别的条件，其实质是平衡条件。在图 14.18(a)中，若将 AB 杆上端和 CD 杆上端切断，取上侧部分为隔离体，$F_1=0$ 相当于两个杆端剪力满足水平方向平衡方程；同样，$F_2=0$ 相当于结点 B 的力矩平衡方程。

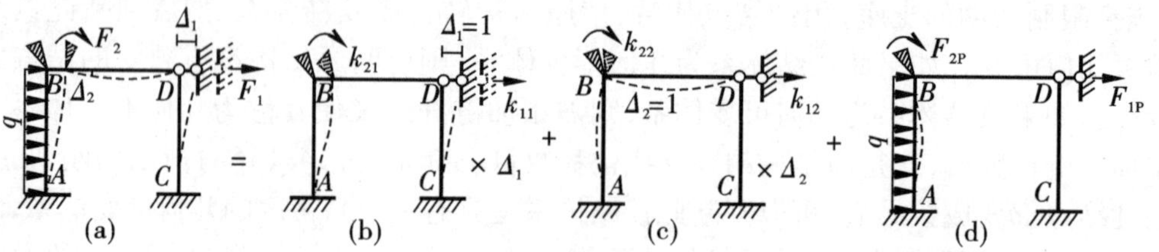

图 14.18

式(14.10)具有典型意义，即无论什么结构，只要具有两个基本未知量，位移法方程均为式(14.10)所示形式。典型方程中的第一个方程表示基本体系上各因素产生的第一个附加约束中的反力为零，方程中各项均为一种因素单独产生的反力，每个系数的下角标分别表示为：第一个角标表示在哪个约束中产生的反力，第二个角标表示哪个因素产生的

这个反力。

当结构有 n 个基本未知量时,不难写出其位移法典型方程为

$$\left.\begin{aligned}k_{11}\Delta_1 + k_{12}\Delta_2 + \cdots + k_{1n}\Delta_n + F_{1P} = 0\\ k_{21}\Delta_1 + k_{22}\Delta_2 + \cdots + k_{2n}\Delta_n + F_{2P} = 0\\ \cdots\\ k_{n1}\Delta_1 + k_{n2}\Delta_2 + \cdots + k_{nn}\Delta_n + F_{nP} = 0\end{aligned}\right\} \tag{14.11}$$

方程中的系数 k_{ij} 称为刚度系数,是体系常数,与外部作用无关。其意义是:当第 j 个约束发生单位位移 $\Delta_j = 1$ 时,在第 i 个约束中产生的反力。$i = j$ 时称为主系数,恒大于零;$i \neq j$ 时称为副系数,满足关系 $k_{ij} = k_{ji}$(反力互等定理)。F_{iP} 称为荷载项或常数项,是荷载单独作用于基本结构时,在第 i 个约束中产生的反力。刚度系数和常数项均以与假设基本未知量的方向相同为正。

从位移法方程中解出未知量 $\Delta_j(j = 1,2,\cdots,n)$ 后,就可利用叠加原理求出最后内力,即

$$M = \overline{M_1}\Delta_1 + \overline{M_2}\Delta_2 + \cdots + \overline{M_n}\Delta_n + M_P$$

五、位移法计算示例

【例 14.3】　试用位移法计算图 14.19(a)所示结构,作弯矩图。

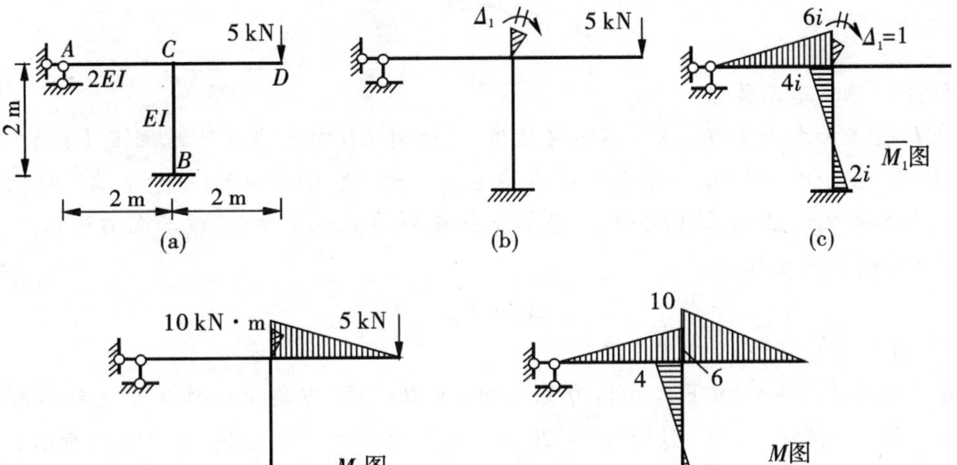

图 14.19

解: C 点无线位移,在 C 点加刚臂,得位移法基本体系,如图 14.19(b)所示。单位弯矩图(图中 $i = \dfrac{EI}{2}$)和荷载弯矩图如图 14.19(c)(d)所示。位移法方程为

$$k_{11}\Delta_1 + F_{1P} = 0$$

系数、常数项为

$$k_{11}=10i, F_{1P}=-10\ \mathrm{kN}\cdot\mathrm{m}$$

代入方程，解得结点转角为

$$\Delta_1=1\ \mathrm{kN}\cdot\mathrm{m}/\mathrm{i}$$

故弯矩图如图14.19(e)所示。

【例14.4】 用位移法计算图14.20(a)所示结构，作弯矩图。

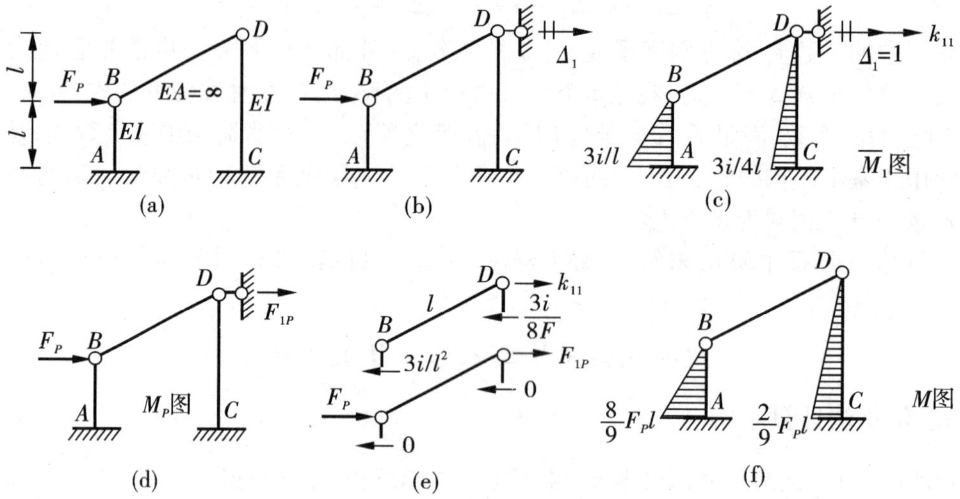

图14.20

解：(1)确定基本体系。

在D结点加水平支杆，D点不能发生位移，这时CD杆相当于下端固定上端铰支梁，因为BD杆无轴向变形，D点不动使得B点也不能动，故AB杆也相当于下端固定上端铰支梁。基本体系如图14.20(b)所示，基本未知量为D点水平位移，设其向右为正。

(2)列位移法方程。

$$k_{11}\Delta_1+F_{1P}=0$$

(3)作单位弯矩图、荷载弯矩图。

基本结构在荷载作用下只有轴力无弯矩(可以证明，当集中力作用于无线位移的结点上时不会产生弯矩)，M_P图如图14.20(d)所示，单位弯矩图如图14.20(c)所示。因为不计柱子的轴向变形，D、B两点无竖向位移，刚杆BD只能发生平动，平动时各点位移相等，故D点产生单位水平位移时B点也产生单位水平位移。注意AB杆与CD杆的长度不同，线刚度也不同，设$i=\frac{EI}{l}$，AB杆线刚度为i，CD杆线刚度为$\frac{i}{2}$。

(4)求系数和常数项。

取隔离体如图14.20(e)所示，由隔离体的平衡，可得

$$k_{11}=\frac{27i}{8l^2}, F_{1P}=-F_P$$

(5)解方程，求位移。

$$\Delta_1 = \frac{8F_P l^2}{27i}$$

(6)叠加法作弯矩图。

由叠加法公式 $M = \overline{M_1}\Delta_1 + M_P$ 作出弯矩图，如图 14.20(f)所示。

章后小结

实际工程上常见结构多为超静定结构，本章在学习了静定结构的内力计算和位移计算方法的基础上，讲述超静定结构的内力计算。主要内容包括：

1. 对比静定结构和超静定结构，引出超静定结构的概念，并讲解超静定次数的判断方法和内力计算方法。

2. 力法是分析超静定结构的最基本、最悠久的方法。力法主要包含的内容有：

(1)主要是理解力法的基本未知量的确定、力法的基本体系和力法的基本方程这三个环节。

(2)掌握力法的基本原理。力法是通过减约束将原结构化成静定结构作为基本结构，通过变形条件是基本体系解除约束处的位移与原体系相同来实现。

3. 计算超静定结构的另一种基本方法——位移法。

(1)位移法中的基本未知量的确定。在位移法中，基本未知量包括刚结点的角位移和独立的结点线位移。

(2)掌握位移法的基本原理。位移法是通过加约束将原结构化成若干单跨梁组成的单跨梁系作为基本结构，通过放松约束使基本体系上附加约束的反力为零来实现的。

习　题

14.1　试确定图 14.21 所示结构的超静定次数。

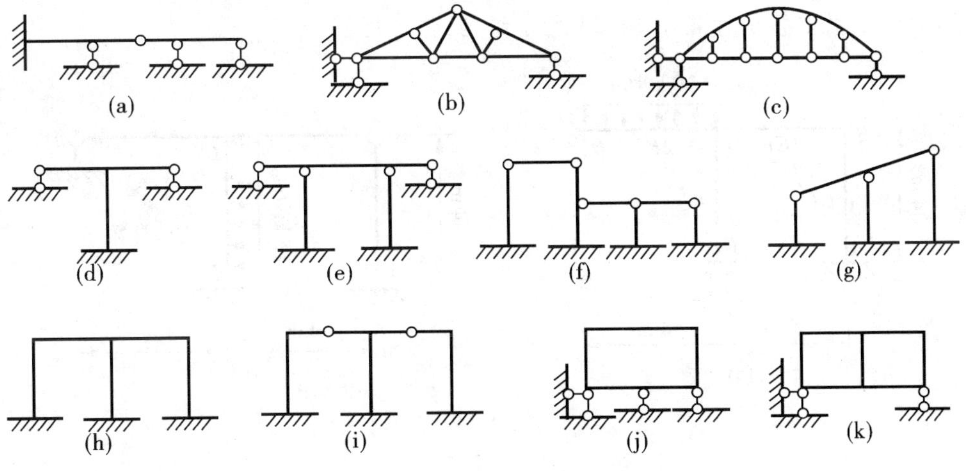

图 14.21

14.2 试用力法计算图 14.22 所示结构，作弯矩图。

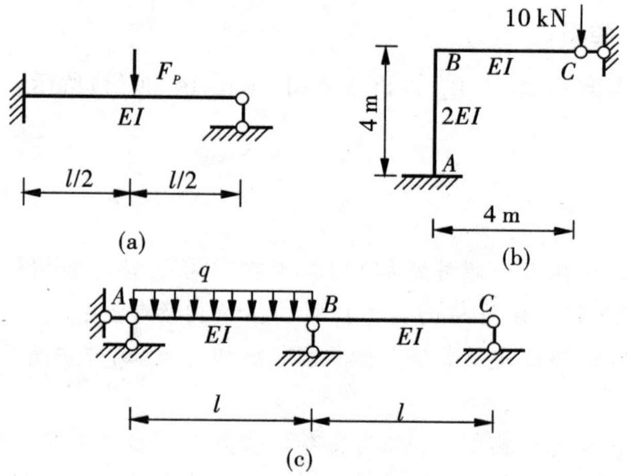

图 14.22

14.3 试确定图 14.23 所示体系位移法基本未知量（ EI = 常数 ）。

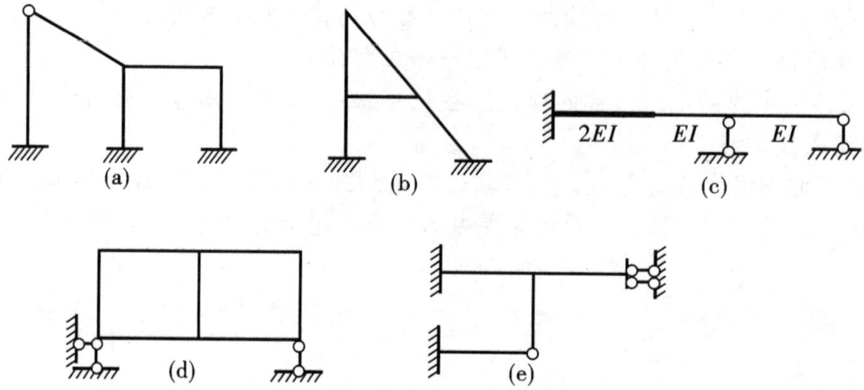

图 14.23

14.4 试用位移法计算图 14.24 所示结构，作弯矩图。

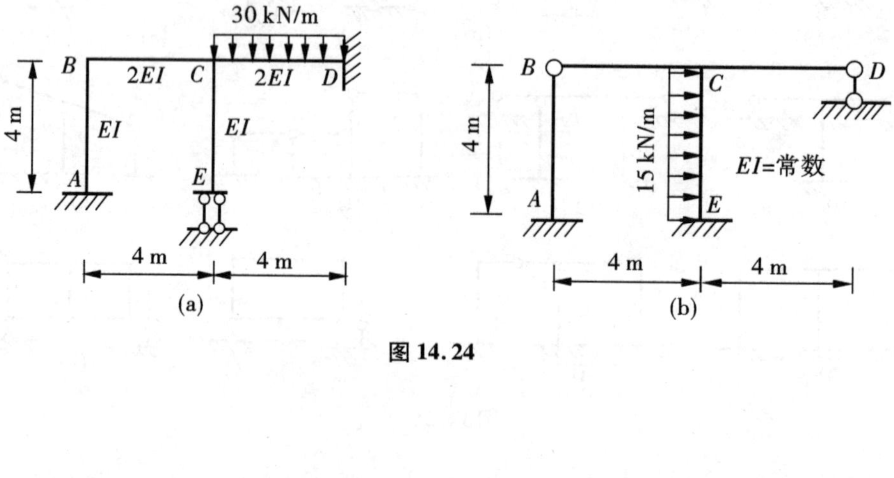

图 14.24

附录 型钢表

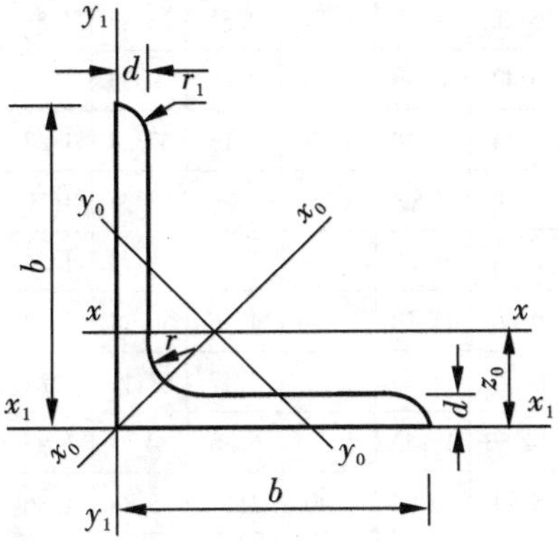

表 1　热轧等边角钢(GB 9787—88)

符号意义：

b—边宽度；　　I—惯性矩；

d—边厚度；　　i—惯性半径；

r—内圆弧半径；　　W—截面系数；

r_1—边端内圆弧半径；　　z_0—重心距离。

角钢号数	尺寸/mm			截面面积/cm²	理论重量/(kg/m)	外表面积/(m²/m)	参考数值										z_0/cm²
							x-x			x_0-x_0			y_0-y_0			x_1-x_1	
	b	d	r				I_x/cm⁴	i_x/cm	W_x/cm³	I_{x_0}/cm⁴	i_{x_0}/cm	W_{x_0}/cm³	I_{y_0}/cm⁴	i_{x_0}/cm	W_{y_0}/cm³	I_{x_1}/cm⁴	
2	20	3	3.5	1.132	0.889	0.078	0.40	0.59	0.29	0.63	0.75	0.45	0.17	0.39	0.20	0.81	0.60
		4		1.459	1.145	0.077	0.50	0.58	0.36	0.78	0.73	0.55	0.22	0.38	0.24	1.09	0.64
2.5	25	3		1.432	1.124	0.098	0.82	1.76	0.46	1.29	0.95	0.73	0.34	0.49	0.33	1.57	0.73
		4		1.859	1.459	0.097	1.03	0.74	0.59	1.62	0.93	0.92	0.43	0.48	0.40	2.11	0.76
3.0	30	3	4.5	1.749	1.373	0.117	1.46	0.91	0.68	2.31	1.15	1.09	0.61	0.59	0.51	2.71	0.85
		4		2.276	1.786	0.117	1.84	0.90	0.87	2.92	1.13	1.37	0.77	0.58	0.62	3.63	0.89
3.6	36	3		2.109	1.656	0.141	2.58	1.11	0.99	4.09	1.39	1.61	1.07	0.71	0.76	4.68	1.00
		4		2.756	2.163	0.141	3.29	1.09	1.28	5.22	1.38	2.05	1.37	0.70	0.93	6.25	1.04
		5		3.382	2.654	0.141	3.95	1.08	1.56	6.24	1.36	2.45	1.65	0.70	1.09	7.84	1.07
4.0	40	3	5	2.359	1.852	0.157	3.59	1.23	1.23	5.69	1.55	2.01	1.49	0.79	0.96	6.41	1.09
		4		3.086	2.422	0.157	4.60	1.22	1.60	7.29	1.54	2.58	1.91	0.79	1.19	8.56	1.13
		5		3.791	2.976	0.156	5.53	1.21	1.96	8.76	1.52	3.10	2.30	0.78	1.39	10.74	1.17
4.5	45	3		2.659	2.088	0.177	5.17	1.40	1.58	8.20	1.76	2.58	2.14	0.89	1.24	9.12	1.22
		4		3.486	2.736	0.177	6.65	1.38	2.05	10.56	1.74	3.32	2.75	0.89	1.54	12.18	1.26
		5		4.292	3.369	0.176	8.04	1.37	2.51	12.74	1.72	4.00	3.33	0.88	1.81	15.25	1.30
		6		5.076	3.985	0.176	9.33	1.36	2.95	14.76	1.70	4.64	3.89	0.88	2.06	18.36	1.33

角钢号数	尺寸/mm			截面面积 /cm^2	理论重量 /(kg/m)	外表面积 /(m^2/m)	参考数值										z_0 /cm^2
							$x-x$			x_0-x_0			y_0-y_0			x_1-x_1	
	b	d	r				I_x /cm^4	i_x /cm	W_x /cm^3	I_{x_0} /cm^4	i_{x_0} /cm	W_{x_0} /cm^3	I_{y_0} /cm^4	i_{x_0} /cm	W_{y_0} /cm^3	I_{x_1} /cm^4	
5	50	3	5.5	2.971	2.332	0.197	7.18	1.55	1.96	11.37	1.96	3.22	2.98	1.00	1.57	12.50	1.34
		4		3.897	3.059	0.197	9.26	1.54	2.56	14.70	1.94	4.16	3.82	0.99	1.96	16.69	1.38
		5		4.803	3.770	0.196	11.21	1.53	3.13	17.79	1.92	5.03	4.64	0.98	2.31	20.90	1.42
		6		5.688	4.465	0.196	13.05	1.52	3.68	20.68	1.91	5.85	5.42	0.98	2.63	25.14	1.46
5.6	56	3	6	3.343	2.624	0.221	10.19	1.75	2.48	16.14	2.20	4.08	4.24	1.13	2.02	17.56	1.48
		4		4.390	3.446	0.220	13.18	1.73	3.24	20.92	2.18	5.28	5.46	1.11	2.52	23.43	1.53
		5		5.415	4.251	0.220	16.02	1.72	3.97	25.42	2.17	6.42	6.61	1.10	2.98	29.33	1.57
		8		8.367	6.568	0.219	23.63	1.68	6.03	37.37	2.11	9.44	9.89	1.09	4.16	47.24	1.68
6.3	63	4	7	4.978	3.907	0.248	19.03	1.96	4.13	30.17	2.46	6.78	7.89	1.26	3.29	33.35	1.70
		5		6.143	4.822	0.248	23.17	1.94	5.08	36.77	2.45	8.25	9.57	1.25	3.90	41.73	1.74
		6		7.288	5.721	0.247	27.12	1.93	6.00	43.03	2.43	9.66	11.20	1.24	4.46	50.14	1.78
		8		9.515	7.469	0.247	34.46	1.90	7.75	54.56	2.40	12.25	14.33	1.23	5.47	67.11	1.85
		10		11.657	9.151	0.246	41.09	1.88	9.39	64.85	2.36	14.56	17.33	1.22	6.36	84.31	1.93
7	70	4	8	5.570	4.372	0.275	26.39	2.18	5.14	41.80	2.74	8.44	10.99	1.40	4.17	45.74	1.86
		5		6.875	5.397	0.275	32.21	2.16	6.32	51.08	2.73	10.32	13.34	1.39	4.95	57.21	1.91
		6		8.160	6.406	0.275	37.77	2.15	7.48	59.93	2.71	12.11	15.61	1.38	5.67	68.73	1.95
		7		9.424	7.398	0.275	43.09	2.14	8.59	68.35	2.69	13.81	17.82	1.38	6.34	80.29	1.99
		8		10.667	8.373	0.274	48.17	2.12	9.68	76.37	2.68	15.43	19.98	1.37	6.98	91.92	2.03
7.5	75	5	9	7.412	5.818	0.295	39.97	2.33	7.32	63.30	2.92	11.94	16.63	1.50	5.77	70.56	2.04
		6		8.797	6.905	0.294	46.95	2.31	8.64	74.38	2.90	14.02	19.51	1.49	6.67	84.55	2.07
		7		10.160	7.976	0.294	53.57	2.30	9.93	84.96	2.89	16.02	22.18	1.48	7.44	98.71	2.11
		8		11.503	9.030	0.294	59.96	2.28	11.20	95.07	2.88	17.93	24.86	1.47	8.19	112.97	2.15
		10		14.126	11.089	0.293	71.98	2.26	13.64	113.92	2.84	21.48	30.05	1.46	9.56	141.71	2.22
8	80	5	9	7.912	6.211	0.315	48.79	2.48	8.34	77.33	3.13	13.67	20.25	1.60	6.66	85.36	2.15
		6		9.397	7.376	0.314	57.35	2.47	9.87	90.98	3.11	16.08	23.72	1.59	7.65	102.50	2.19
		7		10.860	8.525	0.314	65.58	2.46	11.37	104.07	3.10	18.40	27.09	1.58	8.58	119.70	2.23
		8		12.303	9.658	0.314	73.49	2.44	12.83	116.60	3.08	20.61	30.39	1.57	9.46	136.97	2.27
		10		15.126	11.874	0.313	88.43	2.42	15.64	140.09	3.04	24.76	36.77	1.56	11.08	171.74	2.35
9	90	6	10	10.637	8.350	0.354	82.77	2.79	12.61	131.26	3.51	20.63	34.28	1.80	9.95	145.87	2.44
		7		12.301	9.656	0.354	94.83	2.78	14.54	150.47	3.50	23.64	39.18	1.78	11.19	170.30	2.48
		8		13.944	10.946	0.353	106.47	2.76	16.42	168.97	3.48	26.55	43.97	1.78	12.35	194.80	2.52
		10		17.167	13.476	0.353	128.58	2.74	20.07	203.90	3.45	32.04	53.26	1.76	14.52	244.07	2.59
		12		20.306	15.940	0.352	149.22	2.71	23.57	236.21	3.41	37.12	62.22	1.75	16.49	293.76	2.67

角钢号数	尺寸/mm			截面面积/cm^2	理论重量/(kg/m)	外表面积/(m^2/m)	参考数值										z_0/cm^2
							$x-x$			x_0-x_0			y_0-y_0			x_1-x_1	
	b	d	r				I_x/cm^4	i_x/cm	W_x/cm^3	I_{x_0}/cm^4	i_{x_0}/cm	W_{x_0}/cm^3	I_{y_0}/cm^4	i_{x_0}/cm	W_{y_0}/cm^3	I_{x_1}/cm^4	
10	100	6	12	11.932	9.366	0.393	114.95	3.01	15.68	181.98	3.90	25.74	47.92	2.00	12.69	200.07	2.67
		7		13.796	10.830	0.393	131.86	3.09	18.10	208.97	3.89	29.55	54.74	1.99	14.26	233.54	2.71
		8		15.638	12.276	0.393	148.24	3.08	20.47	235.07	3.88	33.24	61.41	1.98	15.75	267.09	2.76
		10		19.261	15.120	0.392	179.51	3.05	25.06	284.68	3.84	4JD.26	74.35	1.96	18.54	334.48	2.84
		12		22.800	17.898	0.391	208.90	3.03	29.48	330.95	3.81	46.80	86.84	1.95	21.08	402.34	2.91
		14		26.256	20.611	0.391	236.53	3.00	33.73	374.06	3.77	52.90	99.00	1.94	23.44	470.75	2.99
		16		29.627	23.257	0.390	262.53	2.98	37.82	414.16	3.74	58.57	110.89	1.94	25.63	539.80	3.06
11	110	7	12	15.196	11.928	0.433	177.16	3.41	22.05	280.94	4.30	36.12	73.38	2.20	17.51	310.64	2.96
		8		17.238	13.532	0.433	199.46	3.40	24.95	316.49	4.28	40.69	82.42	2.19	19.39	355.20	3.01
		10		21.261	16.690	0.432	242.19	3.38	30.60	384.39	4.25	49.42	99.98	2.17	22.91	444.65	3.09
		12		25.200	19.782	0.431	282.55	3.35	36.05	448.17	4.22	57.62	116.93	2.15	26.15	534.60	3.16
		14		29.056	22.809	0.431	320.71	3.32	41.31	508.01	4.18	65.31	133.40	2.14	29.14	625.16	3.24
12.5	125	8	14	19.750	15.504	0.492	297.03	3.88	32.52	470.89	4.88	53.28	123.16	2.50	25.86	521.01	3.37
		10		24.373	19.133	0.491	361.67	3.85	39.97	573.89	4.85	64.93	149.46	2.48	30.62	651.93	3.45
		12		28.912	22.696	0.491	423.16	3.83	41.17	671.44	4.82	75.96	174.88	2.46	35.03	783.42	3.53
		14		33.367	26.193	0.490	481.65	3.80	54.16	763.73	4.78	86.41	199.57	2.45	39.13	915.61	3.61
14	140	10		27.373	21.488	0.551	514.65	4.34	50.58	817.27	5.46	82.56	212.04	2.78	39.20	915.11	3.82
		12		32.512	25.522	0.551	603.68	4.31	59.80	958.79	5.43	96.85	248.57	2.76	45.02	1099.28	3.90
		14		37.567	29.490	0.550	688.81	4.28	68.75	1093.56	5.40	110.47	284.06	2.75	50.45	1284.22	3.98
		16		42.539	33.393	0.549	770.24	4.26	77.46	1221.81	5.36	123.42	318.67	2.74	55.55	1470.07	4.06
16	160	10	16	31.502	24.729	0.630	779.53	4.98	66.70	1237.30	6.27	109.36	321.76	3.20	52.76	1365.33	4.31
		12		37.441	29.391	0.630	916.58	4.95	78.98	1455.68	6.24	128.67	377.49	3.18	60.74	1639.57	4.39
		14		43.296	33.987	0.629	1048.36	4.92	90.95	1665.02	6.02	147.17	431.70	3.16	68.24	1914.68	4.47
		16		49.067	38.518	0.629	1175.08	4.89	102.63	1865.57	6.17	164.89	484.59	3.14	75.31	2190.82	4.55
18	180	12		42.241	33.159	0.710	1321.35	5.59	100.82	2100.10	7.05	165.00	542.61	3.58	78.41	2332.80	4.89
		14		48.896	38.383	0.709	1514.48	5.56	116.25	2407.42	7.02	189.14	625.53	3.56	88.38	2723.48	4.97
		16		55.467	43.542	0.709	1700.99	5.54	131.13	2703.37	6.98	212.40	698.60	3.55	97.83	3115.29	5.05
		18		61.955	48.634	0.708	1875.12	5.50	145.64	2988.24	6.94	234.78	762.01	3.51	105.14	3502.43	5.13
20	200	14	18	54.642	42.894	0.788	2103.55	6.20	144.70	3343.26	7.82	236.40	863.83	3.98	111.82	3734.10	5.46
		16		62.013	48.680	0.788	2366.15	6.18	163.65	3760.89	7.79	265.93	971.41	3.96	123.96	4270.39	5.54
		18		69.301	54.401	0.787	2620.64	6.15	182.22	4164.54	7.75	294.48	1076.74	3.94	135.52	4808.13	5.62
		20		76.505	60.056	0.787	2867.30	6.12	200.42	4554.55	7.72	322.06	1180.04	3.93	146.55	5347.51	5.69
		24		90.661	71.168	0.785	3338.25	6.07	236.17	5294.97	7.64	374.41	1381.53	3.90	166.65	6457.16	5.87

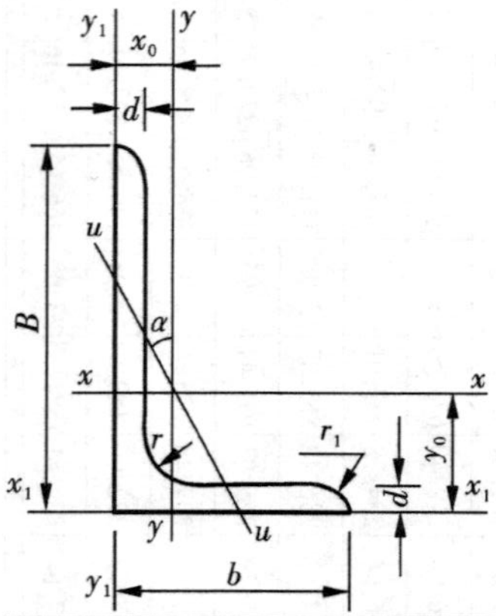

表 2　热轧不等边角钢(GB 9788—88)

符号意义:

B— 长边宽度;　　b— 短边宽度;

d— 边厚度;　　r— 内圆弧半径;

r_i— 边端内圆弧半径;　　I— 惯性矩;

i— 惯性半径;　　W— 截面系数;

x_0— 重心距离;　　y_0— 重心距离。

角钢号数	尺寸 /mm				截面面积 /cm²	理论重量 /(kg/m)	外表面积 /(m²/m)	参考数值													
								x-x			y-y			x_1-x_1		y_1-y_1		u-u			
	B	b	d	r				I_x /cm⁴	i_x /cm	W_x /cm³	I_y /cm⁴	i_y /cm	W_y /cm³	I_{x1} /cm⁴	y_0 /cm	I_{y1} /cm⁴	x_0 /cm	I_u /cm⁴	i_u /cm	W_u /cm³	tan α
2.5/1.6	25	16	3	3.5	1.162	0.912	0.080	0.70	0.78	0.43	0.22	0.44	0.19	1.56	0.86	0.43	0.42	0.14	0.34	0.16	0.392
			4		1.499	1.176	0.079	0.88	0.77	0.55	0.27	0.43	0.24	2.09	0.90	0.59	0.46	0.17	0.34	0.20	0.381
3.2/2	32	20	3		1.492	1.171	0.102	1.53	1.01	0.72	0.46	0.55	0.30	3.27	1.08	0.82	0.49	0.28	0.43	0.25	0.382
			4		1.939	1.522	0.101	1.93	1.00	0.93	0.57	0.54	0.39	4.37	1.12	1.12	0.53	0.35	0.42	0.32	0.374
4/2.5	40	25	3	4	1.890	1.484	0.127	3.08	1.28	1.15	0.93	0.70	0.49	5.39	1.32	1.59	0.59	0.56	0.54	0.40	0.385
			4		2.467	1.936	0.127	3.93	1.26	1.49	1.18	0.69	0.63	8.53	1.37	2.14	0.63	0.71	0.54	0.52	0.381
4.5/2.8	45	28	3	5	2.149	1.687	0.143	4.45	1.44	1.47	1.34	0.79	0.62	9.10	1.47	2.23	0.64	0.80	0.61	0.51	0.383
			4		2.806	2.203	0.143	5.69	1.42	1.91	1.70	0.78	0.80	12.13	1.51	3.00	0.68	1.02	0.60	0.66	0.380
5/3.2	50	32	3	5.5	2.431	1.908	0.161	6.24	1.60	1.84	2.02	0.91	0.82	12.49	1.60	3.31	0.73	1.20	0.70	0.68	0.404
			4		3.177	2.494	0.160	8.02	1.59	2.39	2.58	0.90	1.06	16.65	1.65	4.45	0.77	1.53	0.69	0.87	0.402

角钢号数	尺寸/mm				截面面积/cm^2	理论重量/(kg/m)	外表面积/(m^2/m)	参考数值														
								x-x			y-y			x_1-x_1		y_1-y_1		u-u				
	B	b	d	r				I_x/cm^4	i_x/cm	W_x/cm^3	I_y/cm^4	i_y/cm	W_y/cm^3	I_{x1}/cm^4	y_0/cm	I_{y1}/cm^4	x_0/cm	I_u/cm^4	i_u/cm	W_u/cm^3	tan α
5.6/3.6	56	36	3	6	2.743	2.153	0.181	8.88	1.80	2.32	2.92	1.03	1.05	17.54	1.78	4.70	0.80	1.73	0.79	0.87	0.408
			4		3.590	2.818	0.180	11.45	1.79	3.03	3.76	1.02	1.37	23.39	1.82	6.33	0.85	2.23	0.79	1.13	0.408
			5		4.415	3.466	0.180	13.86	1.77	3.71	4.49	1.01	1.65	29.25	1.87	7.94	0.88	2.67	0.78	1.36	0.404
6.3/4	63	40	4	7	4.058	3.185	0.202	16.49	2.02	3.87	5.23	1.14	1.70	33.30	2.04	8.63	0.92	3.12	0.88	1.40	0.398
			5		4.993	3.920	0.202	20.02	2.00	4.74	6.31	1.12	2.71	41.63	2.08	10.86	0.95	3.76	0.87	1.71	0.396
			6		5.908	4.638	0.201	23.36	1.96	5.59	7.29	1.11	2.43	49.98	2.12	13.12	0.99	4.34	0.86	1.99	0.393
			7		6.802	5.339	0.201	26.53	1.98	6.40	8.24	1.10	2.78	58.07	2.15	15.47	1.03	4.97	0.86	2.29	0.389
7/4.5	70	45	4	7.5	4.547	3.570	0.226	23.17	2.26	4.s6	7.55	1.29	2.17	45.92	2.24	12.26	1.02	4.40	0.98	1.77	0.410
			5		5.609	4.403	0.225	27.95	2.23	5.92	9.t3	1.28	2.65	57.10	2.28	15.39	1.06	5.40	0.98	2.19	0.407
			6		6.647	5.218	0.225	32.54	2.21	6.95	10.62	1.26	3.12	68.35	2.32	18.58	1.09	6.35	0.98	2.59	0.404
			7		7.657	6.011	0.225	37.22	2.20	8.03	12.01	1.25	3.57	79.99	2.36	21.84	1.13	7.16	0.97	2.94	0.402
(7.5/5)	75	50	5	8	6.125	4.808	0.245	34.86	2.39	6.83	12.61	1.44	3.30	70.00	2.40	21.04	1.17	7.41	1.10	2.74	0.435
			6		7.260	5.699	0.245	41.12	2.38	8.12	14.70	1.42	3.88	84.30	2.44	25.37	1.21	8.54	1.08	3.19	0.435
			8		9.467	7.431	0.244	52.39	2.35	10.52	18.53	1.40	4.99	112.50	2.52	34.23	1.29	10.87	1.07	4.10	0.429
			10		11.590	9.098	0.244	62.71	2.33	12.79	21.96	1.38	6.04	140.80	2.60	43.43	1.36	13.10	1.06	4.99	0.423
8/5	80	50	5		6.375	5.005	0.255	41.96	2.56	7.78	12.82	1.42	3.32	85.21	2.60	21.06	1.14	7.66	1.10	2.74	0.388
			6		7.560	5.935	0.255	49.49	2.56	9.25	14.95	1.41	3.91	102.53	2.65	25.41	1.18	8.85	1.08	3.20	0.387
			7		8.724	6.848	0.255	56.16	2.54	10.58	16.96	1.39	4.48	119.33	2.69	29.82	1.21	10.18	1.08	3.70	0.384
			8		9.867	7.745	0.254	62.83	2.52	11.92	18.85	1.38	5.03	136.41	2.73	34.32	1.25	11.38	1.07	4.16	0.381

角钢号数	尺寸/mm				截面面积/cm²	理论重量/(kg/m)	外表面积/(m²/m)	参考数值													
								x-x			y-y			x_1-x_1		y_1-y_1		u-u			
	B	b	d	r				I_x /cm⁴	i_x /cm	W_x /cm³	I_y /cm⁴	i_y /cm	W_y /cm³	I_{x1} /cm⁴	y_0 /cm	I_{y1} /cm⁴	x_0 /cm	I_u /cm⁴	i_u /cm	W_u /cm³	tan α
9/5.6	90	56	5	9	7.212	5.661	0.287	60.45	2.90	9.92	18.32	1.59	4.21	121.32	2.91	29.53	1.25	10.98	1.23	3.49	0.385
			6		8.557	6.717	0.286	71.03	2.88	11.74	21.42	1.58	4.96	145.59	2.95	35.58	1.29	12.90	1.23	4.13	0.384
			7		9.880	7.756	0.286	81.01	2.86	13.49	24.36	1.57	5.70	169.60	3.00	41.71	1.33	14.67	1.22	4.72	0.382
			8		11.183	8.779	0.286	91.03	2.85	15.27	27.15	1.56	6.41	194.17	3.04	47.93	1.36	16.34	1.21	5.29	0.380
10/6.3	100	63	6	10	9.617	7.550	0.320	99.06	3.21	14.64	30.94	1.79	6.35	199.71	3.24	50.50	1.43	18.42	1.38	5.25	0.394
			7		11.111	8.722	0.320	113.45	3.20	16.88	35.26	1.78	7.29	233.00	3.28	59.14	1.47	21.00	1.38	6.02	0.394
			8		12.584	9.878	0.319	127.37	3.18	19.08	39.39	1.77	8.21	266.32	3.32	67.88	1.50	23.50	1.37	6.78	0.391
			10		15.467	12.142	0.319	153.81	3.15	23.32	47.12	1.74	9.98	333.06	3.40	85.73	1.58	28.33	1.35	8.24	0.387
10/8	100	80	6		10.637	8.350	0.354	107.04	3.17	15.19	61.24	2.40	10.16	199.83	2.95	102.68	1.97	31.65	1.72	8.37	0.627
			7		12.301	9.656	0.354	122.73	3.16	17.52	70.08	2.39	11.71	233.20	3.00	119.98	2.01	36.17	1.72	9.60	0.626
			8		13.944	10.946	0.353	137.92	3.14	19.81	78.58	2.37	13.21	266.61	3.04	137.37	2.05	40.58	1.71	10.80	0.625
			10		17.167	13.476	0.353	166.87	3.12	24.24	94.65	2.35	16.12	333.63	3.12	172.48	2.13	49.10	1.69	13.12	0.622
11.7	110	70	6		10.637	8.350	0.354	133.37	3.54	17.85	42.92	2.01	7.90	265.78	3.53	69.08	1.57	25.36	1.54	6.53	0.403
			7		12.301	9.656	0.354	153.00	3.53	20.60	49.01	2.00	9.09	310.07	3.57	80.82	1.61	28.95	1.53	7.50	0.402
			8		13.944	10.946	0.353	172.04	3.51	23.30	54.87	1.98	10.25	354.39	3.62	92.70	1.65	32.45	1.53	8.45	0.401
			10		17.167	13.476	0.353	208.39	3.48	28.54	65.88	1.96	12.48	443.13	3.70	116.83	1.72	39.20	1.51	10.29	0.397
12.5.8	125	80	7	11	14.096	11.066	0.403	227.98	4.02	26.86	74.42	2.30	12.01	454.99	4.01	120.32	1.80	43.81	1.76	9.92	0.408
			8		15.989	12.551	0.403	256.77	4.01	30.41	83.49	2.28	13.56	519.99	4.06	137.85	1.84	49.15	1.75	11.18	0.407
			10		19.712	15.474	0.402	312.04	3.98	37.33	100.67	2.26	16.56	650.09	4.14	173.40	1.92	59.45	1.74	13.64	0.404
			12		23.351	18.330	0.402	364.41	3.95	44.01	116.67	2.24	19.43	780.39	4.22	209.67	2.00	69.35	1.72	16.01	0.400

角钢号数	尺寸/mm				截面面积/cm^2	理论重量/(kg/m)	外表面积/(m^2/m)	参考数值													
								$x-x$			$y-y$			x_1-x_1		y_1-y_1		$u-u$			
	B	b	d	r				I_x/cm^4	i_x/cm	W_x/cm^3	I_y/cm^4	i_y/cm	W_y/cm^3	I_{x1}/cm^4	y_0/cm	I_{y1}/cm^4	x_0/cm	I_u/cm^4	i_u/cm	W_u/cm^3	tan α
14.9	140	90	8	12	18.038	14.160	0.453	365.64	4.50	38.48	120.69	2.59	17.34	730.53	4.50	195.79	2.04	70.83	1.98	14.31	0.411
			10		22.261	17.475	0.452	445.50	4.47	47.31	140.03	2.56	21.22	913.20	4.58	245.92	2.12	85.82	1.96	17.48	0.409
			12		26.400	20.724	0.451	521.59	4.44	55.87	169.79	2.54	24.95	1096.09	4.66	296.89	2.19	100.21	1.95	20.54	0.406
			14		30.456	23.908	0.451	594.10	4.42	64.18	192.10	2.51	28.54	1279.26	4.74	348.82	2.27	114.13	1.94	23.52	0.403
16.10	160	100	10	13	25.315	19.872	0.512	668.69	5.14	62.13	205.03	2.85	26.56	1362.89	5.24	336.59	2.28	121.74	2.19	21.92	0.390
			12		30.054	23.592	0.511	784.91	5.11	73.49	239.06	2.82	31.28	1635.56	5.32	405.94	2.36	142.33	2.17	25.79	0.388
			14		34.709	27.247	0.510	896.30	5.08	84.56	271.20	2.80	35.83	1908.50	5.40	476.42	2.43	162.23	2.16	29.56	0.385
			16		39.281	30.835	0.510	1003.04	5.05	95.33	301.60	2.77	40.24	2181.79	5.48	548.22	2.51	182.57	2.16	33.44	0.382
18.11	180	110	10	14	28.373	22.273	0.571	956.25	5.80	78.96	278.11	3.13	32.49	1940.40	5.89	447.22	2.44	166.50	2.42	26.88	0.376
			12		33.712	26.464	0.571	1124.72	5.78	93.53	325.03	3.10	38.32	2328.38	5.98	538.94	2.52	194.87	2.40	31.66	0.374
			14		38.967	30.589	0.570	1286.91	5.75	107.76	369.55	3.08	43.97	2716.60	6.06	631.95	2.59	222.30	2.39	36.32	0.372
			16		44.139	34.649	0.569	1443.06	5.72	121.64	411.85	3.06	49.44	3105.15	6.14	726.46	2.67	248.94	2.38	40.87	0.369
20.12.5	200	125	12		37.912	29.761	0.641	1570.90	6.44	116.73	483.16	3.57	49.99	3193.85	6.54	787.74	2.83	285.79	2.74	41.23	0.392
			14		43.867	34.436	0.640	1800.97	6.41	134.65	550.83	3.54	57.44	3726.17	6.02	922.47	2.91	326.58	2.73	47.34	0.390
			16		49.739	39.045	0.639	2023.35	6.38	152.18	615.44	3.52	64.69	4258.86	6.70	1058.86	2.99	366.21	2.71	53.32	0.388
			18		55.526	43.588	0.639	2238.30	6.35	169.33	677.19	3.49	71.74	4792.00	6.78	1197.13	3.06	404.83	2.70	59.18	0.385

注：①括号内型号不推荐使用；②截面图中的 $r_1=1/3d$ 及表中 r 的数据用于孔型设计，不做交货条件。

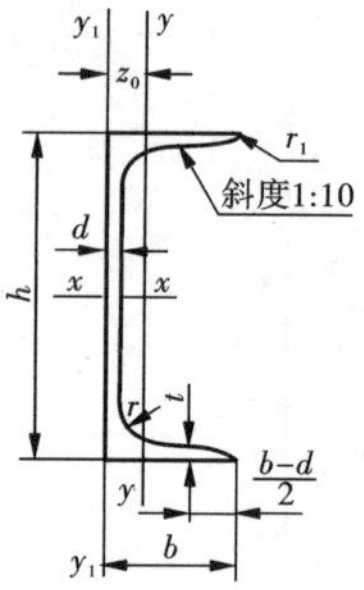

表3 热轧槽钢(GB 707—88)

符号意义：

h— 高度； r_i— 腿端圆弧半径；

b— 腿宽度； I—惯性矩；

d— 腰厚度； W— 截面系数；

t— 平均腿厚度； i— 惯性半径；

r— 内圆弧半径； z_0—y_1-y_1 轴与 y-y 轴间距离。

型号	尺寸 /mm						截面面积 /cm²	理论重量 /(kg/m)	参考数值							
									x-x			y-y			y_1-y_1	z_0 /cm
	h	b	d	i	r	r_i			W_x /cm³	I_x /cm⁴	i_x /cm	W_y /cm³	I_y /cm⁴	i_y /cm	I_{y1} /cm⁴	
5	50	37	4.5	7	7.0	3.5	6.928	5.438	10.4	26.0	1.94	3.55	8.30	1.10	20.9	1.35
6.3	63	40	4.8	7.5	7.5	3.8	8.451	6.634	16.1	50.8	2.45	4.50	11.9	1.19	28.4	1.36
8	80	43	5.0	8	8.0	4.0	10.248	8.045	25.3	101	3.15	5.79	16.6	1.27	37.4	1.43
10	100	48	5.3	8.5	8.5	4.2	12.748	10.007	39.7	198	3.95	7.8	25.6	1.41	54.9	1.52
12.6	126	53	5.5	9	9.0	4.5	15.692	12.318	62.1	391	4.95	10.2	38.0	1.57	77.1	1.59
14a	140	58	6.0	9.5	9.5	4.8	18.516	14.535	80.5	564	5.52	13.0	53.2	1.70	107	1.71
b	140	60	8.0	9.5	9.5	4.8	21.316	16.733	87.1	609	5.35	14.1	61.1	1.69	121	1.67
16a	160	63	6.5	10	10.0	5.0	21.962	17.240	108	866	6.28	16.3	73.3	1.83	144	1.80
16	160	65	8.5	10	10.0	5.0	25.162	19.752	117	935	6.10	17.6	83.4	1.82	161	1.75
18a	180	68	7.0	10.5	10.5	5.2	25.699	20.174	141	1270	7.04	20.0	98.6	1.96	190	1.88
18	180	7.0	9.0	10.5	10.5	5.2	29.299	23.000	152	1370	6.84	21.5	111	1.95	210	1.84
20a	200	73	7.0	11	11.0	5.5	28.837	22.637	178	1780	7.86	24.2	128	2.11	244	2.01
20	200	75	9.0	11	11.0	5.5	32.837	25.777	191	1910	7.46	25.9	144	2.09	268	1.95
22a	220	77	7.0	11.5	11.5	5.8	31.846	24.999	218	2390	8.67	28.2	158	2.23	298	2.10
22	220	79	9.0	11.5	11.5	5.8	36.246	28.453	234	2570	8.42	30.1	176	2.21	326	2.03
a	250	78	7.0	12	12.0	6.0	34.917	27.410	270	3370	9.82	30.6	176	2.24	322	2.07
25b	250	80	9.0	12	12.0	6.0	39.917	31.335	282	3530	9.41	32.7	196	2.22	353	1.98
c	250	82	11.0	12	12.0	6.0	44.917	35.260	295	3690	9.07	35.9	218	2.21	384	1.92
a	280	82	7.5	12.5	12.5	6.2	40.034	31.427	340	4760	10.9	35.7	218	2.33	388	2.10
28b	280	84	9.5	12.5	12.5	6.2	45.634	35.823	366	5130	10.6	37.9	242	2.30	428	2.02
c	280	86	11.5	12.5	12.5	6.2	51.234	40.219	393	5500	10.4	40.3	268	2.29	463	1.95
a	320	88	8.0	14	14.0	7.0	48.513	38.083	475	7600	12.5	46.5	305	2.50	552	2.24
32b	320	90	10.0	14	14.0	7.0	54.913	43.107	509	8140	12.2	49.2	336	2.47	593	2.16
c	320	92	12.0	14	14.0	7.0	61.313	48.131	543	8690	11.9	52.6	374	2.47	643	2.09
a	360	96	9.0	16	16.0	8.0	60.910	47.814	660	11900	14.0	63.5	455	2.73	818	2.44
36b	360	98	11.0	16	16.0	8.0	68.110	53.466	703	12700	13.6	66.9	497	2.70	880	2.37
c	360	100	13.0	16	16.0	8.0	75.310	59.118	746	13400	13.4	70.0	536	2.67	948	2.34
a	400	100	10.5	18	18.0	9.0	75.068	58.928	879	17600	15.3	78.8	592	2.81	1070	2.49
40b	400	102	12.5	18	18.0	9.0	83.068	65.208	932	18600	15.0	82.5	640	2.78	1140	2.44
C	400	104	14.5	18	18.0	9.0	91.068	71.488	986	19700	14.7	86.2	688	2.75	1220	2.42

注：截面图和表中标注的圆弧半径 r、r_1 的数据用于孔型设计，不做交货条件。

表 4 热轧工字钢(GB 706—88)

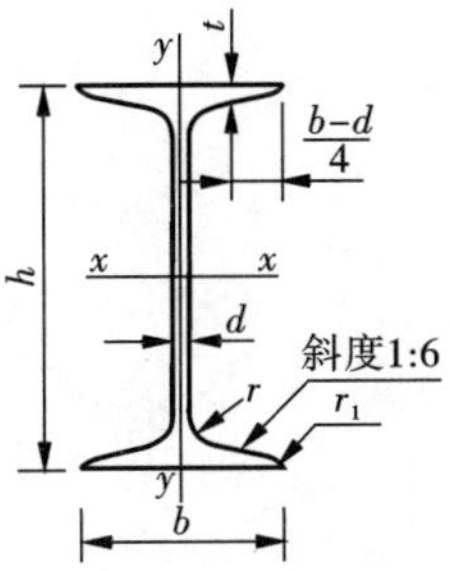

符号意义:

h— 高度;	r_i— 腿端圆弧半径;
b— 腿宽度;	I— 惯性矩;
d — 腰厚度;	W—截面系数;
t — 平均腿厚度;	i—惯性半径;
r— 内圆弧半径;	S—半截面的静矩。

型号	尺寸/mm						截面面积	理论重量	参考数值						
									$x-x$				$y-y$		
	h	b	d	i	r	r_i	/cm^2	/(kg/m)	I_x /cm^4	W_x /cm^3	i_x /cm	$I_x:S_x$	I_y /cm^4	W_y /cm^3	i_y /cm
10	100	68	4.5	7.6	6.5	3.3	14.345	11.261	245	49.0	4.14	8.59	33.0	9.72	1.52
12.6	126	74	5.0	8.4	7.0	3.5	18.118	14.223	488	77.5	5.20	10.8	46.9	12.7	1.61
14	140	80	5.5	9.1	7.5	3.8	21.516	16.890	712	102	5.76	12.0	64.4	16.1	1.73
16	160	88	6.0	9.9	8.0	4.0	26.131	20.513	1130	141	6.58	13.8	93.1	21.2	1.89
18	180	94	6.5	10.7	8.5	4.3	30.756	24.143	1660	185	7.36	15.4	122	26.0	2.00
20a	200	100	7.0	11.4	9.0	4.5	35.578	27.929	2370	237	8.15	17.2	158	31.5	2.12
20b	200	102	9.0	11.4	9.0	4.5	39.578	31.069	2500	250	7.96	16.9	169	33.1	2.06
22a	220	110	7.5	12.3	9.5	4.8	42.128	33.070	3400	309	8.99	18.9	225	40.9	2.31
22b	220	112	9.5	12.3	9.5	4.8	46.528	36.524	3570	325	8.78	18.7	239	42.7	2.27
25a	250	116	8.0	13.0	10.0	5.0	48.541	38.105	5020	402	10.2	21.6	280	48.3	2.40
25b	250	118	10.0	13.0	10.0	5.0	53.541	42.030	5280	423	9.94	21.3	309	52.4	2.40
28a	280	122	8.5	13.7	10.5	5.3	55.404	43.492	7110	508	11.3	24.6	345	56.6	2.50
28b	280	124	10.5	13.7	10.5	5.3	61.004	47.888	7480	534	11.1	24.2	379	61.2	2.49
32a	320	130	9.5	15.0	11.5	5.8	67.156	52.717	11100	692	12.8	27.5	460	70.8	2.62
32b	320	132	11.5	15.0	11.5	5.8	73.556	57.741	11600	726	12.6	27.1	502	76.0	2.61
32e	320	134	13.5	15.0	11.5	5.8	79.956	62.765	12200	760	12.3	26.8	544	81.2	2.61
36a	360	136	10.0	15.8	12.0	6.0	76.480	60.037	15800	875	14.4	30.7	552	81.2	2.69
36b	360	138	12.0	15.8	12.0	6.0	83.680	65.689	16500	919	14.1	30.3	582	84.3	2.64
36c	360	140	14.0	15.8	12.0	6.0	90.880	71.341	17300	962	13.8	29.9	612	87.4	2.60
40a	400	142	10.5	16.5	12.5	6.3	86.112	67.598	21700	1090	15.9	34.1	660	93.2	2.77
40b	400	144	12.5	16.5	12.5	6.3	94.112	73.878	22800	1140	15.6	33.6	692	96.2	2.71
40e	400	146	14.5	16.5	12.5	6.3	102.112	80.158	23900	1190	15.2	33.2	727	99.6	2.65
45a	450	150	11.5	18.0	13.5	6.8	102.446	80.420	32200	1430	17.7	38.6	855	114	2.89
45b	450	152	13.5	18.0	13.5	6.8	111.446	87.485	33800	1500	17.4	38.0	894	118	2.84
45c	450	154	15.5	18.0	13.5	6.8	120.446	94.550	35300	1570	17.1	37.6	938	122	2.79
50a	500	158	12.0	20.0	14.0	7.0	119.304	93.654	46500	1860	19.7	42.8	1120	142	3.07
50b	500	160	14.0	20.0	14.0	7.0	129.304	101.504	48600	1940	19.4	42.4	1170	146	3.01
50c	500	162	16.0	20.0	14.0	7.0	139.304	109.354	50600	2080	19.0	41.8	1220	151	2.96
56a	560	166	12.5	21.0	14.5	7.3	135.435	106.316	65600	2340	22.0	47.7	1370	165	3.18
56b	560	168	14.5	21.0	14.5	7.3	146.635	115.108	68500	2450	21.6	47.2	1490	174	3.16
56e	560	170	16.5	21.0	14.5	7.3	157.835	123.900	71400	2550	21.3	46.7	1560	183	3.16
63a	630	176	13.0	22.0	15.0	7.5	154.658	121.407	93900	2980	24.5	54.2	1700	193	3.31
63b	630	178	15.0	22.0	15.0	7.5	167.258	131.298	98100	3160	24.2	53.5	1810	204	3.29
63e	630	180	17.0	22.0	15.0	7.5	179.858	141.189	102000	3300	23.8	52.9	1920	214	3.27

注:截面图和表中标注的圆弧半径 r、r_1 的数据用于孔型设计,不做交货条件。

参考答案

第二章

2.1　$F_{Rx} = 294\ \text{N}$, $F_{Ry} = 193\ \text{N}$

2.2　(a) $F_{AB} = 0.577P, F_{AC} = -1.155P$;(d) $F_{AB} = F_{AC} = 0.577P$

2.3　$F_A = F_C = 0.707F$

2.4　$F_{\min} = 15\ \text{kN}$

2.5　$F_{AB} = -0.414\ \text{kN}$ (压), $F_{AC} = -3.146\ \text{kN}$ (压)

2.6　$F_{CD} = 2.5\ \text{kN}, F_B = 1.8\ \text{kN}$

2.7　(a) $F_{Ax} = 15.8\ \text{kN}, F_B = 7.07\ \text{kN}$;(b) $F_A = 22.4\ \text{kN}$, $F_B = 10\ \text{kN}$

2.8 (a) $F_{Ax} = 2F\ (\leftarrow)$, $F_{Ay} = F\ (\uparrow)$;(b) $F_{Ax} = 2F\ (\leftarrow)$, $F_{Ay} = F\ (\downarrow)$
(c) $F_{Ax} = 0.707F\ (\leftarrow)$, $F_{Ay} = 0.707F\ (\uparrow)$

2.9　$F_A = 0.8\ \text{kN}, F_B = 0.8\ \text{kN}, F_C = 1.2\ \text{kN}$

2.10　$F_D = \dfrac{l}{h}F$

2.11　$F_2 : F_1 = 0.61$

第三章

3.1　(a) $Fl\sin\alpha$;(b) $lF\sin\theta$;(c) $\sqrt{l^2 + a^2}F\sin\alpha$

3.2　$M_A(F) = -Fb\cos\alpha, M_A(F) = \alpha F\sin\alpha - bF\cos\alpha$

3.3　$F_A = F_B = \dfrac{0.866aF}{l}$

3.4　$F_A = F_C = 0.471\ \text{kN}$

3.5　$F_N = 100\ \text{kN}$

3.6　$0.866F\alpha$

3.7　$F_A = F_B = 3.33\ \text{N}$

3.8 $M_{e2}=3\ \text{N}\cdot\text{m}, F_{AB}=5\ \text{N}$

3.9 $M_{e2}=36.8\ \text{N}\cdot\text{m}$

第四章

4.1 $F_{Rx}=66.9\ \text{N}, F_{Ry}=132.4\ \text{N}, \sum M_{O1}(F)=728.7\ \text{N}\cdot\text{m}$

4.2 $F_T=\dfrac{P\cos\beta}{2\sin(\alpha-\beta)}, F_{Ax}=-\dfrac{P\cos\beta\cos\alpha}{2\sin(\alpha-\beta)}(\leftarrow), F_{Ay}=P-\dfrac{P\cos\beta\sin\alpha}{2\sin(\alpha-\beta)}(\uparrow)$

$F_{Cx}=880\ \text{N}(\rightarrow), F_{Cy}=480\ \text{N}(\downarrow)$

4.4 $F_{Ax}=0, F_{Ay}=ql+F(\uparrow), M_A=\dfrac{1}{2}ql^2+Fl$

4.5

(a) $F_A=-\dfrac{M_e+Fa}{2a}(\downarrow), F_B=\dfrac{3Fa+M_e}{2a}(\uparrow)$

(b) $F_A=F+qa-\dfrac{3Fa+M_e+\frac{1}{2}qa^2}{2a}(\uparrow), F_B=\dfrac{3Fa+M_e-\frac{1}{2}qa^2}{2a}(\uparrow)$

4.6 (a) $F_{Ax}=169.9\ \text{kN}(\rightarrow), F_{Ay}=309.9\ \text{kN}(\uparrow), F_B=196.2\ \text{kN}$;

(b) $F_{Ax}=75\ \text{kN}(\rightarrow), F_{Ay}=0\ \text{kN}(\uparrow), F_B=125\ \text{kN}$

4.7 $F_C=1.94\ \text{kN}$

4.8 $\theta=2\arcsin\dfrac{P_2}{P_1}$

4.9 ① $F_N=\dfrac{P\cos\theta}{2(\cos\theta-\sin\theta)}, \tan\theta=\dfrac{2F_N-P}{2F_N}$; ② $\theta=36.9°$

4.10 $F_{Ax}=0, F_{Ay}=-15\ \text{kN}(\downarrow), F_B=40\ \text{kN}(\uparrow)$;

$F_{Cx}=0, F_{Cy}=5\ \text{kN}(\uparrow), F_D=15\ \text{kN}(\uparrow)$

第六章

6.1 图(a)解:(1)求1-1截面轴力: $F_{N1}=F$

(2)求2-2截面轴力: $F_{N2}=0$

(3)作轴力图。

图(b)解:(1)求1-1截面轴力: $F_{N1}=F$

(2)求2-2截面轴力: $F_{N2}=-F$

(3)作轴力图。

图(c)解:(1)求1-1截面轴力: $F_{N1}=-2\ \text{kN}$(压)

(2)求2-2截面轴力: $F_{N2}=1\ \text{kN}$(拉)

(3)求3-3截面轴力: $F_{N3}=-3\ \text{kN}$(压)

(4)作轴力图。

图(d)解:(1)求1-1截面轴力: $F_{N1}=1\ \text{kN}$(拉)

(2)求2-2截面轴力: $F_{N2}=-1\ \text{kN}$(压)

(3)作轴力图。

6.2 (1)求1-1、2-2截面上轴力: $F_{N1}=30\ \text{kN}$(拉), $F_{N2}=40\ \text{kN}$(拉)

(2)求1-1、2-2截面上应力: $\sigma_1=\dfrac{F_{N1}}{A_1}=75\ \text{MPa}$(拉应力), $\sigma_2=\dfrac{F_{N2}}{A_2}=133.3\ \text{MPa}$(拉应力)

6.3 (1) $\sigma_1=3\ \text{MPa}$; $\sigma_2=5.33\ \text{MPa}$ (2) $\Delta l=-2.57\ \text{mm}$

6.4 (1)(a) $\sigma_1=-\dfrac{F}{A}$, $\sigma_2=\dfrac{F}{A}$ (b) $\sigma_1=-\dfrac{F}{A}$, $\sigma_2=\dfrac{F}{A}$, $\sigma_3=\dfrac{2F}{A}$

(2)(a) $\Delta l=-\dfrac{Fl}{3EA}$ (b) $\Delta l=\dfrac{2Fl}{3EA}$

6.5 (1) $F_{N1}=60\ \text{kN}$, $F_{N2}=-20\ \text{kN}$, $F_{N3}=30\ \text{kN}$ (2) $\Delta l=0.17\ \text{mm}$

6.6 $\sigma_{max}=75\ \text{MPa}$, $\Delta l=0.122\ \text{mm}$

6.7 图(a) $\sigma_{max}=-191.08\ \text{MPa}$

图(b) $\sigma_{max}=254.78\ \text{MPa}$

图(c) $\sigma_{max}=254.78\ \text{MPa}$

6.8 $\sigma=2\ \text{MPa}$

6.9 $\sigma_{AB}=25\ \text{MPa}$, $\sigma_{AC}=33.3\ \text{MPa}$, $\sigma_{BC}=-41.7\ \text{MPa}$, $\sigma_{CD}=-25\ \text{MPa}$

6.10 (1) $\sigma_{max}=11.2\ \text{MPa}>[\sigma]$ 强度不够 (2) $\sigma_{max}=9.16\ \text{MPa}<[\sigma]$ 强度满足

6.11 $\sigma_{AB}=103\ \text{MPa}$, $\sigma_{AC}=93.2\ \text{MPa}$

6.12 (1) $\sigma_1=100\ \text{MPa}$, $\sigma_2=80\ \text{MPa}$, $\sigma_3=-83.3\ \text{MPa}$ (2) $\Delta l=1.93\ \text{mm}$

6.13 $A=125\ \text{mm}^2$

6.14 $[F]=35.5\ \text{kN}$

6.15 (1) $\sigma_1=-6.67\ \text{MPa}$, $\sigma_2=88.9\ \text{MPa}$

(2) $[F]=84\ \text{kN}$

(3) $A_1=9520\ \text{mm}^2$, $A_2=333\ \text{mm}^2$

6.16 (1) AB 杆 $\sigma_{max}=122.2\ \text{MPa}$

(2) AC 杆的横截面面积 $A=5196\ \text{mm}^2$

6.17 $[F]=36\ \text{kN}$

第七章

7.1 首先求任意截面的扭矩,一般步骤为:“假截留半,内力代换,内外平衡”。熟练后也可用简捷方法计算而无须画出分离体受力图。

取平行于轴线的横坐标表示横截面的位置,用纵坐标表示扭矩的代数值,画出各截面扭矩的变化图,即为扭矩图。

7.2 空心圆轴比实心轴能充分发挥材料的作用,其原因在于圆轴扭转时,横截面上应力呈线性分布,越接近截面中心,应力越小,那里的材料就没有充分发挥作用。做成空心轴,使得截面中心处的材料安置到轴的外缘,材料得到了充分利用,而且也减轻了构件的自重。

7.3　截面上与 M_X 对应的切应力分布图如下:

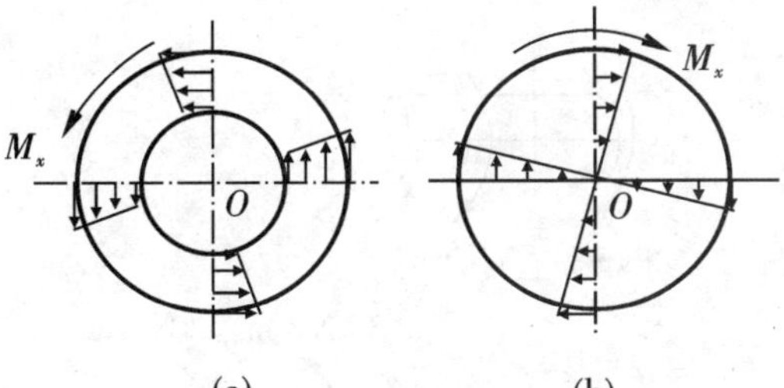

题 7.3 解图

7.4　图(a)采用截面法计算扭矩,见题 7.4 解图(a)。

1-1 截面: $T_{1-1}=-3\ \text{kN}\cdot\text{m}$。

2-2 截面: $T_{2-2}=3\ \text{kN}\cdot\text{m}$。

3-3 截面: $T_{3-3}=1\ \text{kN}\cdot\text{m}$。

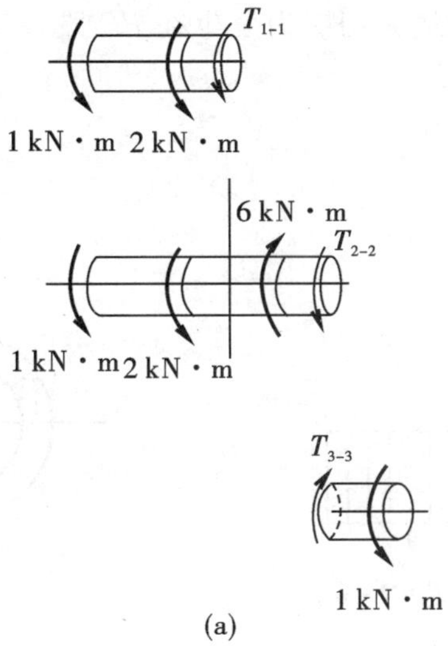

(a)

题 7.4 解图

图(b)采用截面法计算扭矩,见题 7.4 解图(b)。

1-1 截面: $T_{1-1}=-5\ \text{kN}\cdot\text{m}$。

2-2 截面: $T_{2-2}=-10\ \text{kN}\cdot\text{m}$。

3-3 截面: $T_{3-3}=-6\ \text{kN}\cdot\text{m}$。

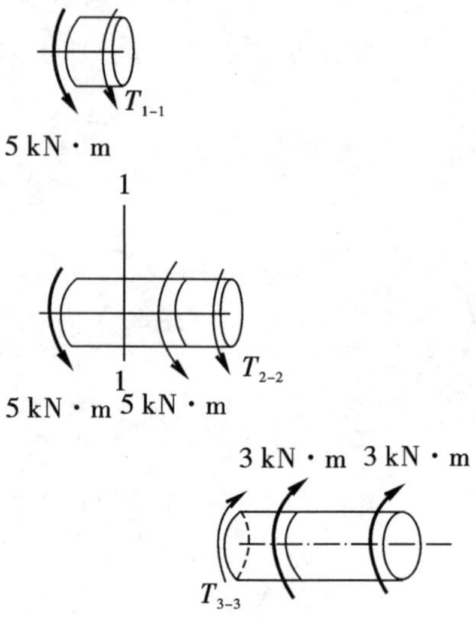

(b)

题 7.4 解图

7.5 （略）

7.6 (1)如题 7.6 解图(a)　$M_{x1}=2\ \text{kN}\cdot\text{m}, M_{x2}=-4\ \text{kN}\cdot\text{m}$

(2)如题 7.6 解图(b)　最大切应力发生在 BC 段各截面的周边上各点处，其值为 $\tau_{max}=34.5\ \text{MPa}$

(3) $\varphi_{CA}=-0.124°$

$\varphi_{CB}=-0.247°$

负号表示顺时针转动。

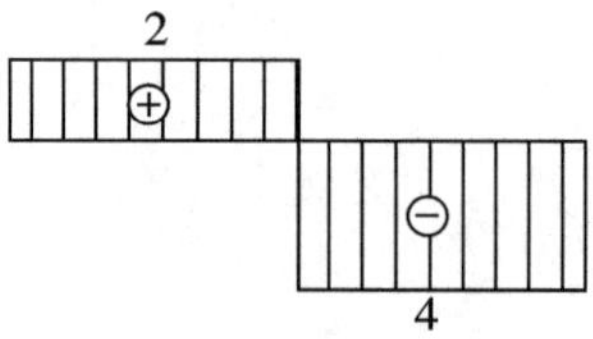

(a)M_x图(kN · m)

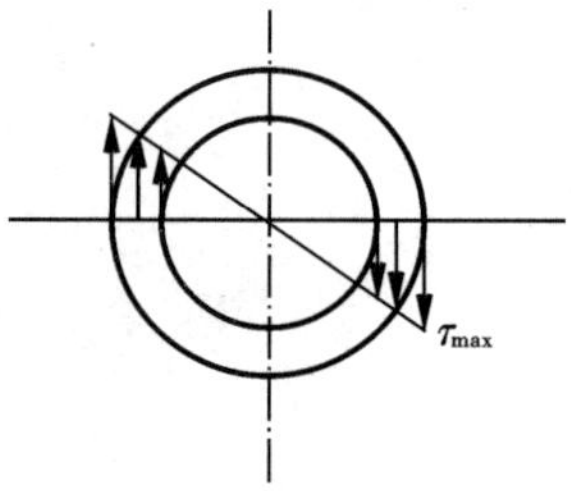

(b)

题 7.6 解图

7.7 因杆不是等截面，φ_{CA} 应分段计算。

$$\varphi_{CA}=\frac{M_e l_1}{GI_{P1}}+\frac{M_e l_2}{GI_{P2}}=\frac{M_e}{G}\left(\frac{l}{\pi d_1^4/32}+\frac{l}{\pi d_2^4/32}\right)=\frac{32M_e}{\pi G}\left(\frac{1}{d_1^4}+\frac{1}{d_2^4}\right)$$

因 $\varphi_{CA}\leqslant 0.01\ \text{rad}$

$$M_{max} = \frac{\varphi_{CA}\pi G}{32l\left(\frac{1}{d_1^4} + \frac{1}{d_2^4}\right)} = 123\ \text{N} \cdot \text{m}$$

7.8 (1)扭矩 $M_x = M_e = 1.6\ \text{kN} \cdot \text{m}$

(2)强度校核：$\tau_{max} = 45.5\ \text{MPa} < [\tau] = 60\ \text{MPa}$，可满足强度要求。

(3)刚度校核：$\theta_{max} = 0.72°/\text{m} < [\theta] = 1.49°/\text{m}$，也满足刚度要求。

第八章

8.1 如图(a)

$$F_S = -F_C = \frac{F}{2}$$

$$M = -F_S \cdot \frac{l}{2} = -\frac{Fl}{4}$$

如图(b)

$$F_S = 6\ \text{kN}$$
$$M = -18\ \text{kN} \cdot \text{m}$$

如图(c)

$$F_S = 7\ \text{kN}$$
$$M = 2\ \text{kN} \cdot \text{m}$$

如图(d)

$$F_S = 2\ \text{kN}$$
$$M = 4\ \text{kN} \cdot \text{m}$$

8.2 如图(a)

$$F_S = 0$$
$$M = \frac{Fl}{3}$$

如图(b)

$$F_S = -7\ \text{kN}$$
$$M = 15\ \text{kN} \cdot \text{m}$$

8.3 如图(a)

$$F_S(x) = -\frac{M_e}{l}$$

$$M(x) == M_e(1 - \frac{x}{l})$$

作出 F_S 、M 图如题 8.3(a)解图。

AB 段

$$F_S(x) = -qx$$

$$M(x) = -\frac{q}{2}x^2$$

BC 段

$$F_S(x) = -\frac{ql}{8}$$

$$M(x) = -\frac{ql}{8}(\frac{3}{2}l - x)$$

作出 F_S、M 图如题 8.3(b)解图。

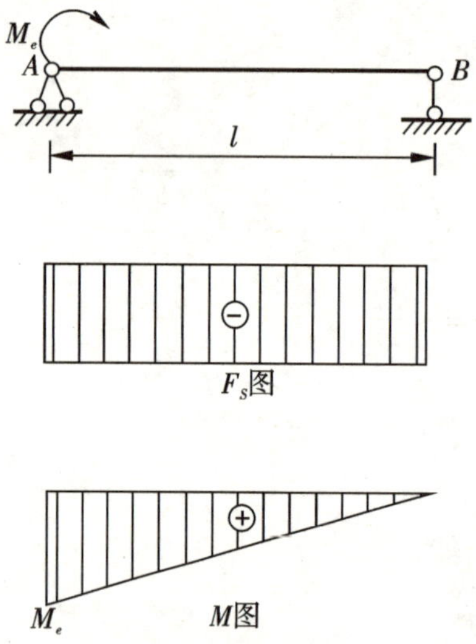

题 8.3(a)解图

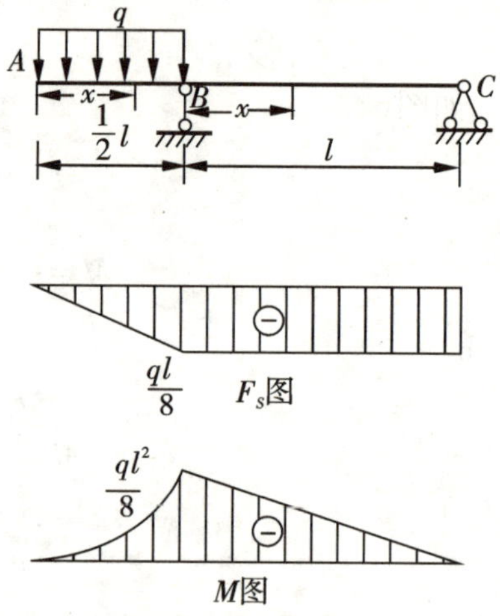

题 8.3(b)解图

8.4 如图(a)

确定 1、2、3、4 为控制截面,求出各截面的剪力和弯矩值:

$F_{S1} = 10\ \text{kN}$ $\quad\quad$ $M_1 = -M_e = -8\ \text{kN}\cdot\text{m}$

$F_{S2} = 10\ \text{kN}$ $\quad\quad$ $M_2 = 12\ \text{kN}\cdot\text{m}$

$F_{S3} = -10\ \text{kN}$ $\quad\quad$ $M_3 = 12\ \text{kN}\cdot\text{m}$

$F_{S4} = -10\ \text{kN}$ $\quad\quad$ $M_4 = -8\ \text{kN}\cdot\text{m}$

利用微分关系作出剪力、弯矩图如题 8.4(a)解图。

如图(b)

确定 1-1、2-2、3-3、4-4 为控制截面,求出剪力与弯矩值:

$F_{S1} = 0$ $\quad\quad$ $M_1 = 0$

$F_{S2} = 4\ \text{kN}$ $\quad\quad$ $M_2 = 30\ \text{kN}\cdot\text{m}$

$F_{S3} = -4\ \text{kN}$ $\quad\quad$ $M_3 = 30\ \text{kN}\cdot\text{m}$

$F_{S4} = 0$ $\quad\quad$ $M_4 = 0$

利用微分关系,作出剪力与弯矩图如题 8.4(b)解图。

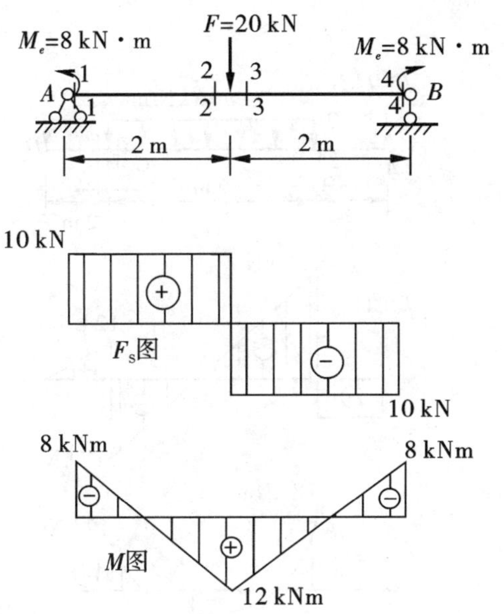

题 8.4(a)解图

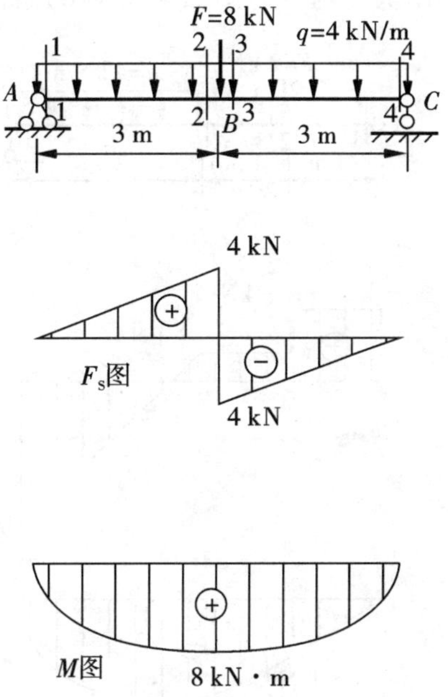

题 8.4(b)解图

如图(c)

确定 1-1、2-2、3-3、4-4、5-5 为控制截面,求出截面处的剪力和弯矩

$F_{S1}=\dfrac{7}{2}$ kN　　　　$M_1=0$

$F_{S2}=\dfrac{7}{2}$ kN　　　　$M_2=\dfrac{7}{2}$ kN · m

$F_{S3}=\dfrac{3}{2}$ kN　　　　$M_3=\dfrac{7}{2}$ kN · m

$F_{S4}=\dfrac{3}{2}$ kN　　　　$M_4=5$ kN · m

$F_{S5}=-\dfrac{13}{2}$ kN　　　　$M_5=0$

作出剪力与弯矩图如题 8.4(c)解图。

如图(d)

确定 1-1、2-2、3-3、4-4、5-5、6-6 为控制截面,并求出各截面的剪力与弯矩

$F_{S1}=-9$ kN　　　　$M_1=0$

$F_{S2}=-9$ kN　　　　$M_2=-18$ kN

$F_{S3}=19$ kN　　　　$M_3=-18$ kN

$F_{S4}=-17$ kN　　　　$M_4=-12$ kN

$F_{S5}=-12$ kN　　　　$M_5=-12$ kN

$F_{S6}=0$　　　　$M_6=0$

作出剪力与弯矩图如题 8.4(d)解图。

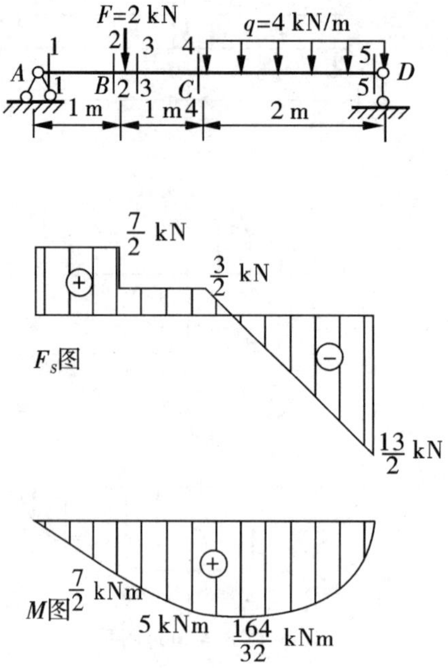

题 **8.4(c)** 解图

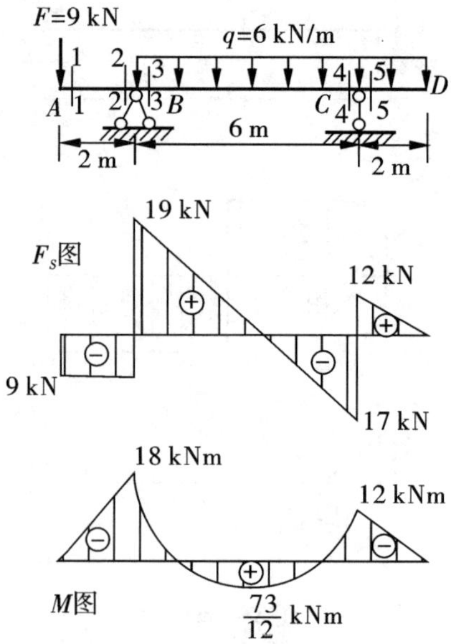

题 **8.4(d)** 解图

8.5

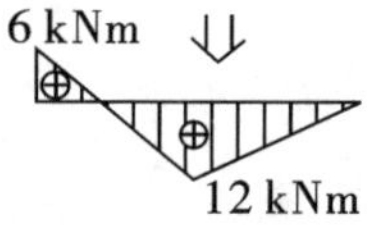

题 **8.5(a)** 解图

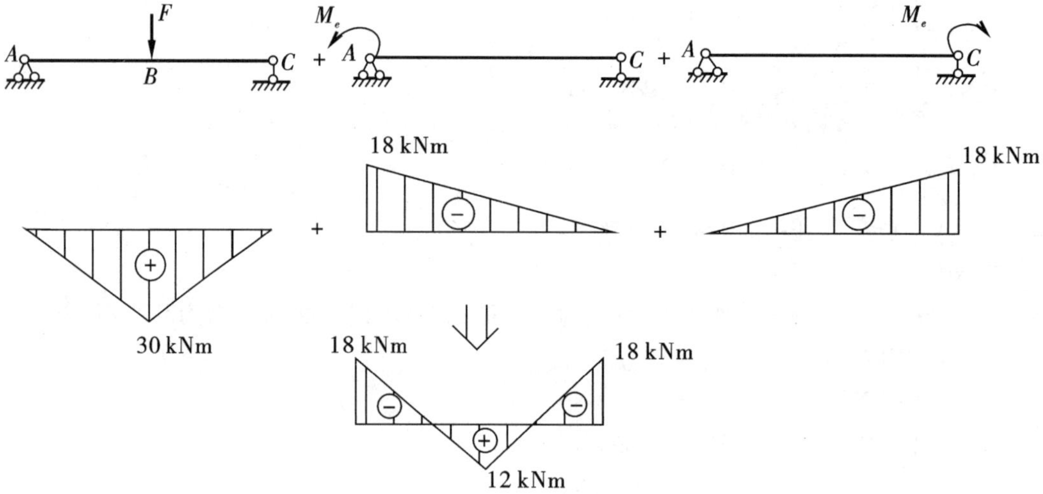

题 **8.5(b)** 解图

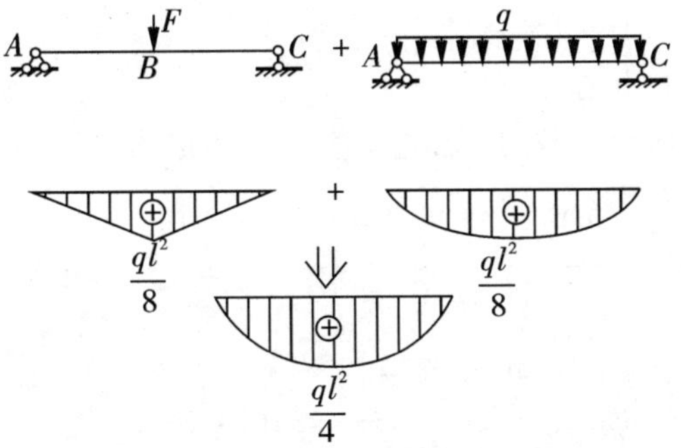

题 8.5(c)解图

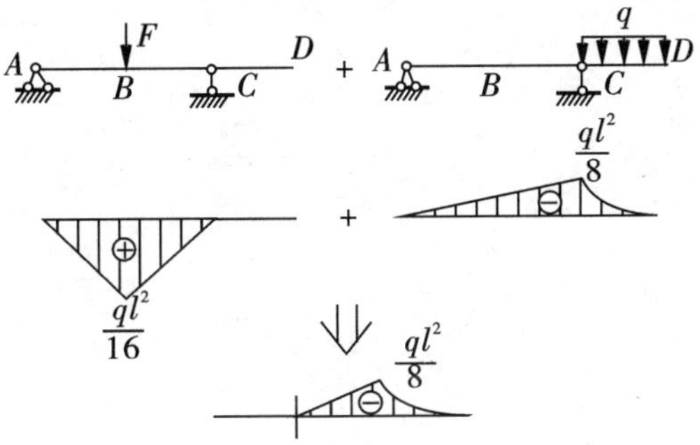

题 8.5(d)解图

8.6　最大剪力与弯矩

$$F_{S\max}\ \frac{F}{2}=10\ \text{kN}\qquad\qquad M_{\max}=\frac{Fl}{4}=30\ \text{kN}\cdot\text{m}$$

最大正应力和最大剪应力

$$\sigma_{\max}=\frac{M_{\max}}{W_z}=\frac{30\times30^3}{237\times10^{-6}}=126.6\ \text{MPa}\quad(W_z\ \text{由查表所得})$$

$$\tau_{\max}=\frac{F_{S\max}\cdot S_{z\max}^*}{bI_z}=\frac{10\times10^3}{7\times10^{-3}}\times\frac{1}{17.2\times10^{-2}}=8.3\ \text{MPa}\ (b\ \text{与}\ \frac{I_z}{S_{z\max}^*}\ \text{由查表所得})$$

8.7　最大弯矩值

$$M_{\max}^{+}=\frac{8}{81}ql^2=\frac{16}{9}\ \text{kN}\cdot\text{m}$$

$$M_{\max}^{-}=\frac{1}{18}ql^2=1\ \text{kN}\cdot\text{m}$$

确定形心位置

$$h_1=\frac{100\times40\times20+80\times40\times80}{100\times40+80\times40}=46.7\ \text{mm}$$

$$I=\frac{1}{12}\times100\times40^3+100\times40\times(46.7-20)^2+\frac{1}{12}\times40\times80^3+40\times80\times(80-46.7)^2$$

$= 8.21 \times 10^6$ mm

最大拉应力和最大压应力

因为截面为T形，则最大正弯矩处的拉应力大于最大负弯矩处的拉应力

$$\sigma_{t\max} = \frac{M^{+}_{\max} \cdot h_2}{I} = \frac{\frac{16}{9} \times 10^3 \times (120 - 46.7) \times 10^{-3}}{8.21 \times 10^6 \times 10^{-12}} = 15.9\ \text{MPa}$$

$$\sigma_{c\max} = \frac{M^{+}_{\max} h_1}{I} = \frac{\frac{16}{9} \times 10^3 \times 46.7 \times 10^{-3}}{8.21 \times 10^6 \times 10^{-12}} = 10.1\ \text{MPa}$$

$$\sigma_{c\max} = \frac{M^{-}_{\max} h_2}{I} = \frac{1 \times 10^3 \times (120 - 46.7) \times 10^{-3}}{8.21 \times 10^6 \times 10^{-12}} = 8.9\ \text{MPa}$$

$\sigma_{c\max} = 10.1$ MPa

8.8 (1)弯矩最大值

$$M_{\max} = \frac{Fl}{4}$$

(2)截面最大应力

$$\sigma_{\max} = \frac{M_{\max}}{W_z} = \frac{Fl}{4} / \frac{bh^2}{6} = \frac{Fl}{4bh^2}$$

(3)强度校核

$\sigma_{\max} = \leqslant [\sigma]$

$\dfrac{6 \times F \times 4}{4 \times 0.12 \times 0.18^2} \leqslant 10 \times 10^6$

$F \leqslant 6.48$ kN

取 $F_{\max} = 6.48$ kN

8.9 最大正弯矩和最大负弯矩

$M^{+}_{\max} = \dfrac{32}{3}$ kN · m$M^{-}_{\max} = -6$ kN · m

$M^{+}_{\max} > M^{-}_{\max}$

最大应力值

$$\sigma_{\max} = \frac{M^{+}_{\max}}{W} = \frac{\frac{32}{3} \times 10^3}{\frac{\pi \cdot d^3}{3}} \leqslant [\sigma] = 10 \times 10^3$$

$d \geqslant 22.1$ cm

取 $d = 23$ cm

8.10 (1)最大剪力值和弯矩值

$F_{S\max} = 28$ kN　　$M_{\max} = 57$ kN · m

(2)根据正应力选择型号

$$\sigma_{max} = \frac{M_{max}}{W_z} = \frac{57 \times 10^3}{W_z} \leqslant 170 \times 10^6$$

$W_z \geqslant 335.3\ \text{cm}^3$

选择 N$\underline{O}$25a

(3)根据剪应力确定型号

$$\tau_{max} = \frac{F_{Smax} S_{zmax}^*}{bI_z} = \frac{F_{Smax}}{b \cdot \dfrac{I_z}{S_{zmax}^*}} \leqslant 100 \times 10^6$$

$$b \cdot \frac{I_z}{S_{zmax}^*} \geqslant 280\ \text{cm}^2$$

选择 N$\underline{O}$28a 工字钢

8.11 (1)最大剪力值和弯矩值

$F_{Smax} = 74\ \text{kN} \qquad M_{max} = 86\ \text{kN} \cdot \text{m}$

(2)最大剪应力与最大正应力(W_z 由查表所得)

$$\sigma_{max} = \frac{M_{max}}{W_z} = 169.24\ \text{MPa} < [\sigma] = 170\ \text{MPa}$$

$$\tau_{max} = \frac{F_{Smax} S_{zmax}^*}{bI_z} = 35.36\ \text{MPa} < [\tau] = 100\ \text{MPa}$$

所以该梁满足强度条件。

8.12

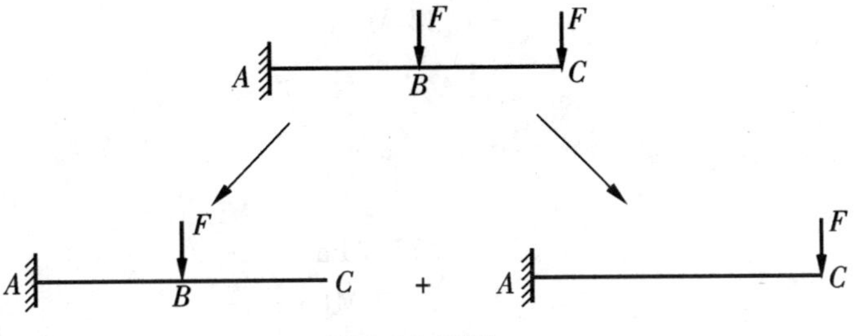

题 8.12 解图

$$y_C = y_{C1} + y_{C2} = \frac{7Fa^3}{2EI}$$

$$\theta_C = \theta_{C1} + \theta_{C2} = \frac{5Fa^2}{2EI}$$

8.13

分解

$$f_q = \frac{5ql^4}{384EI} = 0.0135\ \text{m}$$

$$f_F = \frac{Fl^3}{48EI} = 0.009\ \text{m}$$

$$f = f_q + f_F = 0.0225\ \text{m}$$

$$\frac{f}{l} = \frac{15}{400} \geqslant \left[\frac{f}{l}\right] = \frac{1}{400}$$

不能满足刚度条件。

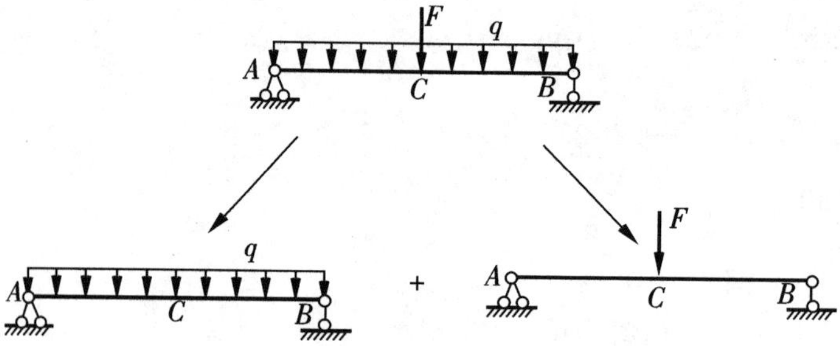

题 8.13 解图

8.14

(a)图

$$\sigma_\alpha = -17.32\ \text{MPa}$$

$$\tau_\alpha = -44.64\ \text{MPa}$$

(b)图

$$\sigma_\alpha = 52.32\ \text{MPa}$$

$$\tau_\alpha = 1.34\ \text{MPa}$$

8.15

图(a)

(1)

$$\left.\begin{matrix}\sigma_{max}\\ \sigma_{min}\end{matrix}\right\} = \begin{cases}57\ \text{MPa}\\ -7\ \text{MPa}\end{cases}$$

$$\sigma_1 = 57 \qquad \sigma_2 = 0 \qquad \sigma_3 = -7$$

$$\tan 2\alpha_0 = +0.8$$

$$2\alpha_0 = +38.6° \alpha_0 = +19.3°$$

(2) $\tau_{max} = \pm 32\ \text{MPa}$

作图如题 8.15 解图(a)

图(b)

(1)

$$\left.\begin{matrix}\sigma_{max}\\ \sigma_{min}\end{matrix}\right\} = \begin{cases}+25\ \text{MPa}\\ -25\ \text{MPa}\end{cases}$$

$$\sigma_1 = 25 \qquad \sigma_2 = 0 \qquad \sigma_3 = -25$$

$$\tan 2\alpha_0 = -\frac{2\tau_{xy}}{\sigma_x - \sigma_y} = -\infty$$

$$2\alpha_0 = -90° \alpha_0 = -45°$$

(2) $\tau_{\max} = \dfrac{\sigma_{\max} - \sigma_{\min}}{2} = 25\ \text{MPa}$

作图如题 8.15 解图(b)

图(c)

$$\left.\begin{matrix}\sigma_{\max}\\ \sigma_{\min}\end{matrix}\right\} = \begin{cases}11.23\ \text{MPa}\\ -71.23\ \text{MPa}\end{cases}$$

$$\sigma_1 = 11.23 \qquad \sigma_2 = 0 \qquad \sigma_3 = -71.23$$

$$\tan 2\alpha_0 = -\frac{2\tau_{\max}}{\sigma_x - \sigma_y} = -4$$

$$2\alpha_0 = -76° \alpha_0 = -38°$$

$$\tau_{\max} = \frac{\sigma_{\max} - \sigma_{\min}}{2} = 41.23\ \text{MPa}$$

作图如题 8.15 解图(c)

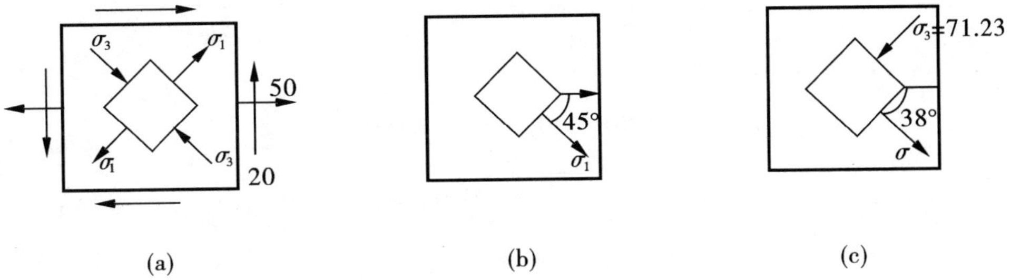

题 8.15 解图

8.16 A 点的应力 σ_{xA}、τ_{xyA}

$$\sigma_{xA} = -\frac{M_A y}{I_z} = -24\ \text{MPa}$$

$$\tau_{xyA} = \frac{F_{SA} S_z^*}{b I_z} = 0.45\ \text{MPa}$$

作出 σ_{xA}、τ_{xyA} 图如题 8.16 解图(a)。

B 点的应力 σ_{xB}、τ_{xyB}

$$\sigma_{xB} = -\frac{M_B y}{I_z} = 24\ \text{MPa}$$

$$\tau_{xyB} = \frac{F_{SB}S_z^*}{bI_z} = -0.45\ \text{MPa}$$

作出 σ_{xB} 、τ_{xyB} 图如题 8.16(b)解图。

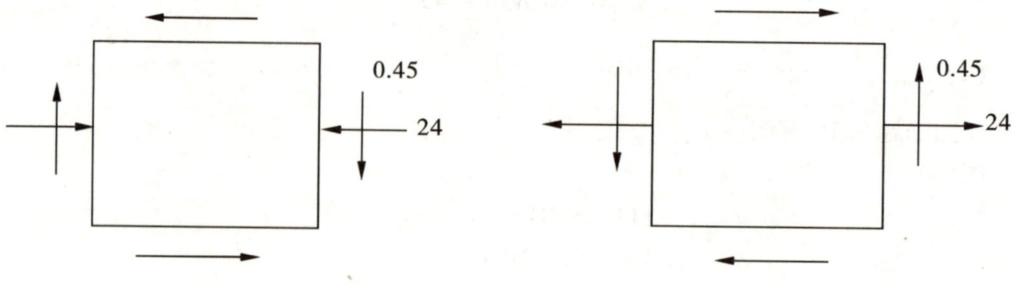

题 8.16 解图

求 A 、B 两点的主应力,并作出微元体图。

A 点

$$\left.\begin{matrix}\sigma_{max}\\ \sigma_{min}\end{matrix}\right\} = \frac{\sigma_x + \sigma_y}{2} \pm \sqrt{\left(\frac{\sigma_x - \sigma_y}{2}\right)^2 + \tau_{xy}^{\ 2}}$$

$$= -12 \pm 12.008\ \text{MPa}$$

$$\sigma_1 = 0.008 \sigma_2 = 0 \sigma_3 = -24.008$$

$$\tan 2\alpha_0 = -\frac{2\tau_{xy}}{\sigma_x - \sigma_y} = 0.0375$$

$$2\alpha_0 = 2.15° \alpha_0 = 1.08°$$

作出图如题 8.16(c)解图。

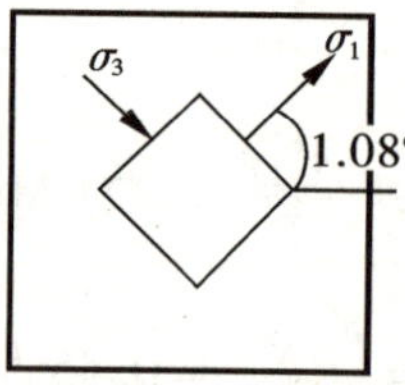

题 8.16 解图

第九章

9.1 (1)最大拉应力$\frac{8F}{a^2}$,最大压应力$-\frac{4F}{a^2}$;

(2)8 倍

9.2 $\sigma_{max} = 8.76$ MPa $< [\sigma]$,檩条强度足够安全。

9.3 $\sigma_{max} = 140$ MPa

9.4 5.25 mm

第十章

10.1 图(a)所示柱的 F_{cr}小于图(b)所示柱的 F_{cr},图(a)所示柱的μ 大于2。

10.2 均相同

10.3 $P_{cr} = 11365$ kPa

10.4 $P_{cr} = 346.5$ kPa

10.5 安全

10.6 $F = 302.4$ kN

10.7 $d = 193.7$ mm

第十三章

13.1 $\Delta_{Cx} = \frac{4.83}{EA}Fa(\rightarrow)$

13.2 $\Delta_{Dy} = 32.32\frac{l}{EA}(\downarrow)$,$\Delta_{Dx} = 15.98\frac{l}{EA}(\leftarrow)$

13.3 图(a)$\varphi_B = \frac{qa^3}{3EI}$(顺时针),$\Delta_{Cy} = \frac{qa^4}{24EI}(\uparrow)$

图(b)$\varphi_B = \frac{ql^3}{24EI}$(顺时针),$\Delta_{Cy} = \frac{qa^4}{24EI}(\downarrow)$

图(c)$\varphi_B = \frac{qa^3}{24EI}$(顺时针),$\Delta_{Cy} = \frac{11ql^4}{384EI}(\downarrow)$

13.4 图(a)$\varphi_B = -\frac{60}{EI}$(逆时针),$\Delta_{Bx} = \frac{120}{EI}(\rightarrow)$

图(b)$\varphi_A = \frac{9ql^3}{16EI}$(顺时针),$\varphi_B = \frac{11ql^3}{48EI}$(顺时针)

图(c)$\Delta_{Cy} = \frac{1985}{6EI}(\downarrow)$

图(d)$\varphi_B = \frac{Fa^2}{12EI}$(顺时针),$\Delta_{Cy} = \frac{Fa^3}{12EI}(\downarrow)$

13.5 $\Delta_{Cx}=\frac{Hb}{l}(\rightarrow)$

13.6 $\Delta_{Ey}=\frac{1}{2}\Delta_1(\uparrow)$

第十四章

14.1 (a)2;(b)2;(c)1;(d)1;(e)3;(f)3;(g)3;(h)6;(i)4;(j)4;(k)6

14.2

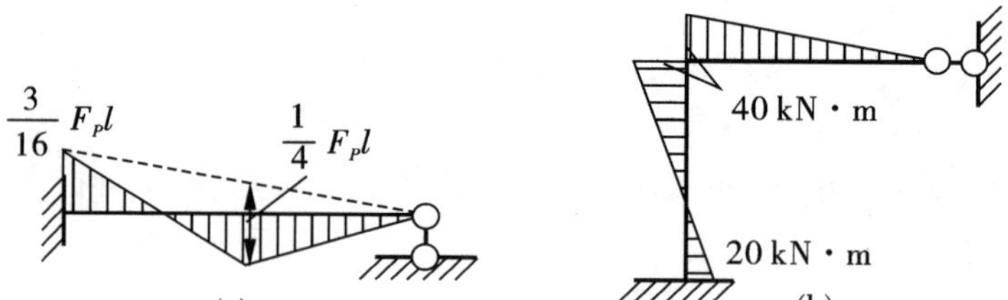

(a) (b)

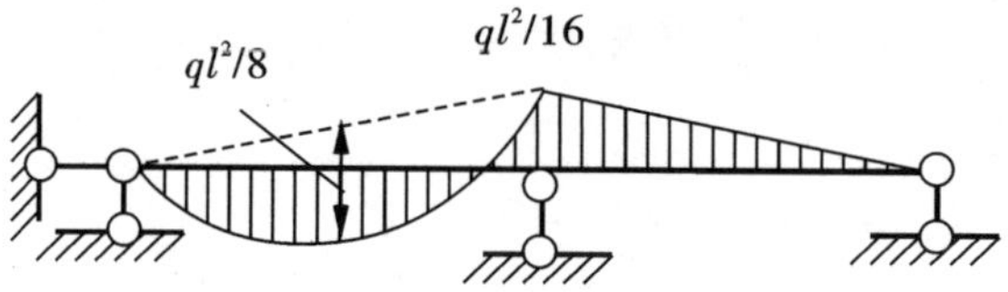

(c)

14.3 图(a)两个刚臂,一个水平支杆。

图(b)三个刚臂,一个水平支杆。

图(c)两个刚臂,一个竖向支杆。

图(d)六个刚臂,中间一个竖向支杆,顶端一个水平支杆。

图(e)一个刚臂,中间一个竖向支杆。

14.4

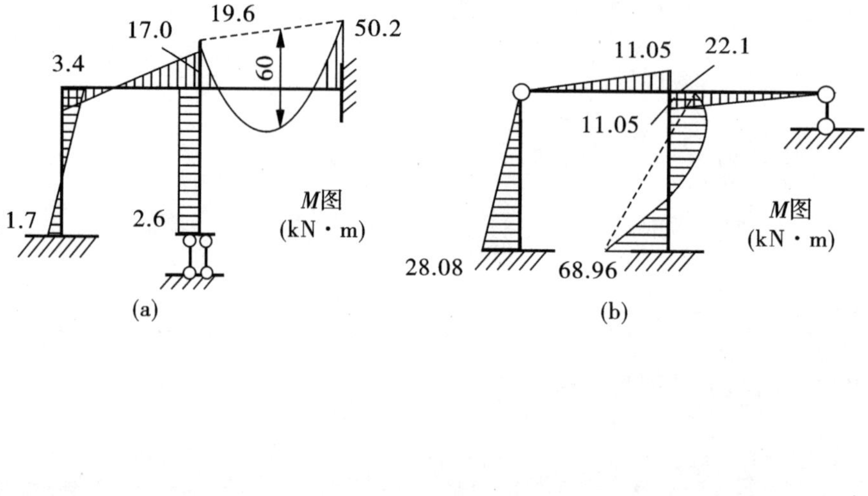

(a) (b)

参考文献

[1]刘玉清,张成.建筑力学[M].北京:化学工业出版社,2012.
[2]沈养中.建筑力学(上册)[M].2版.北京:科学出版社,2009.
[3]西南交通大学应用力学与工程系.工程力学教程[M].北京:高等教育出版社,2004.
[4]张金生,唐克东.结构力学[M].大连:大连理工大学出版社,2015.
[5]张春玲,苏德利.建筑力学[M].北京:北京邮电大学出版社,2013.
[6]龙驭球,包世华,袁驷.结构力学[M].北京:高等教育出版社,2017.